機械設計

陳炯錄　編著

全華圖書股份有限公司

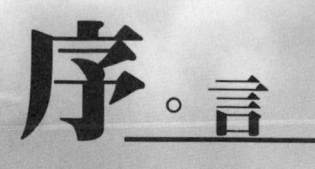

序。言

　　本書係參考教育部最新頒布課程標準及編者擔任工廠工程師、從事教學工作之多年經驗編輯而成，並基於靜力學、動力學、材料力學、工程材料、機械製造、機械振動、熱工學等基本學科理論，進行分析各種機械元件設計的過程及其所需相關技術之佑識，而且儘量避免使用經驗公式，俾使讀者能習得設計機械的能力，同時能保持設計之彈性，並充分了解機械元件之工業規格、種類及其使用之計算公式。

　　全書共分二十章：第一章概論主要說明一般機械元件設計之程序。第二章至第四章是複習一些設計機械時經常使用之基礎力學、機械工程材料及機械振動等相關學料，以奠定分析元件設計之基礎。第五章至第六章將介紹一般機械之靜態強度、疲勞強度、剛性、穩定性及抗磨損等各方面之設計準則。第七章至第十九章是利用前面各章節所獲得之基本公式及設計準則，進而討論軸、鍵、銷、軸承、潤滑、齒輪、制動器、彈簧、飛輪、螺紋件、聯軸器、離合器、凸輪、摩擦輪、撓性傳動輪、熔接、膠合、壓入配合及鉚接等各種機械元件之設計及其相關之公式，最後一章則是討論壓力容器、封環、填料、襯墊、封蓋、管、閥、端板及馬達轉速等其他雜項元件之設計問題。將各系皆須研讀的各章（第一～十二章）以紙稿方式印行，其餘各章（第十三～二十章）則存放光碟中，如讀者有需要可自行閱讀。

　　為了配合公制化之需要，所以本書以採用公制單位為主，且在每章最後，均附有習題，供讀者練習，以期融會貫通之效，假如需要公英制混合使用或更多題型分析及解題技巧，可參考作者所著"高考機動學及機動設計"。

　　本書承蒙鍾玉堆博士校閱、愛妻純慧之協助、全華圖書公司之鼎力支持，使本書得以順利付梓，在此表示致謝。筆者編著本書時雖力求審慎，並經詳細校正，但疏漏之處，仍恐難免，尚祈諸先進不吝指正，俾再版時得以訂正，不勝感激。

陳炯錄　謹識

編。輯部序

「系統編輯」是我們的編輯方針，我們所提供給您的，絕不只是一本書，而是關於這門學問的所有知識，它們由淺入深，循序漸進。

本書作者將多年來的執鞭教學經驗，彙整出書，書中以基本學科理論為主，經驗公式為輔，再分析機械元件，並採公制單位為主，以配合學習之便利，本書循序漸進且系統化的編寫方式，可加深讀者機械設計的能力，非常適合做為大專院校「機械設計」課程用書，同時也是設計工程師的工作寶典。

同時，為了使您能有系統且循序漸進研習相關方面的叢書，我們以流程圖方式，列出各有關圖書的閱讀順序，以減少您研習此門學問的摸索時間，並能對這門學問有完整的知識。若您在這方面有任何問題，歡迎來函聯繫，我們將竭誠為您服務。

相關叢書介紹

書號：05903067
書名：工程圖學－與電腦製圖之關聯
　　　(第七版)(附多媒體光碟)
編著：王輔春、楊永然、朱鳳傳、
　　　康鳳梅、詹世良
16K/656 頁/780 元

書號：049070C0
書名：丙級電腦輔助機械設計製圖學
　　　術科試題精要
　　　(附學科測驗卷、術科測試參考
　　　資料、範例光碟)
編著：圖研社
菊 8/456 頁/450 元

書號：0103603
書名：機械設計製圖便覽(第 12 版)
日譯：王建義、張晏誠
20K/880 頁/650 元

書號：06298066
書名：乙級檢定學術科完全攻略－電
　　　腦輔助機械設計製圖
　　　(附參考解答、學科測驗卷)
編著：win cad 工作室、魏義峰、
　　　李維華
菊 8/484 頁/660 元

書號：0385776
書名：機械設計製造手冊(第七版)
　　　(精裝本)
編著：朱鳳傳、康鳳梅、黃泰翔、
　　　施議訓、劉紀嘉、許榮添、
　　　簡慶郎、詹世良
32K/544 頁/520 元

書號：05607
書名：機械設計學
日譯：施議訓
16K/328 頁/350 元

書號：0211606
書名：實用機工學－知識單
　　　(第七版)
編著：蔡德藏
16K/536 頁/500 元

◎上列書價若有變動，請以
　最新定價為準。

流程圖

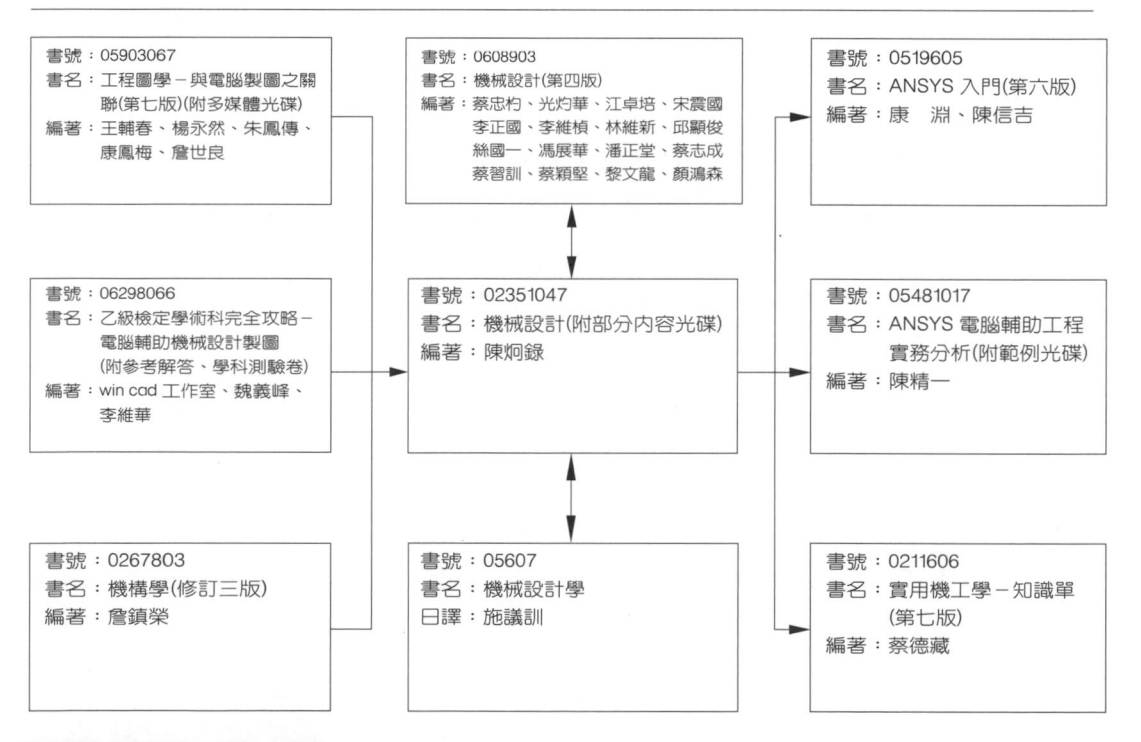

目。錄

第六章　穩定性與抗磨損設計 6-1

第七章　軸、鍵及銷 7-1

第八章　軸承與潤滑　　　　　　　　　　　　　　　　　　　8-1

第九章　齒輪　　　　　　　　　　　　　　　　　　　　　　9-1

第十章　制動器　　　　　　　　　　　　　　　　　　　　　**10-1**

附錄　　　　　　　　　　　　　　　　　　　　　　　　　附-1

附書光碟內容

第十三章　聯軸器

第十四章　離合器

第十五章　凸輪

第十六章　摩擦輪

第十七章　撓性傳動輪

第十八章　熔接、膠合與壓力配合

第十九章　鉚接

第二十章　其他元件

第一章　概論

本章大綱

1.1　機械

　　凡是用來傳遞能量或運用能量之裝置均稱為機械，又稱**機器**(Machine)。通常可將機械分成四大類：

(1)　動力機：是指能將自然能轉變為機械能之原動機，例如電動機、水輪機、內燃機、蒸汽機、蒸汽渦輪機等。

(2)　工作機：是指能將機械能轉變為其他種機械能或功之裝置，例如車床、銑床、鑽床、打字機、割草機、帶鋸機、混泥機等。

(3)　轉變機械能為其他種能量之機械：例如發電機，就是將機械能轉變為電能的一種機械。

(4)　合併機械：是指前面三類機械合併而成之裝置，例如汽車、火車、機器人等。

　　有時為了製造某種產品，常常將多種機械集合在一起並做適當之安置，此種機械之集合稱之機械系統。例如生產電能的發電機、玩具工廠、製鞋廠等，均是利用機械系統來達成製造產品之目的。

1.2　機械元件

　　組成一完整機械之元件稱之**機械元件**。例如圖 1.1(a)所示之液體輸送系統，是利用圖1.1(b)之馬達帶動泵浦，將位於低位儲槽之液體經由管路送到高位儲槽(或壓力容器)，圖1.1(c)表示泵浦之元件組合圖。由此可見，此一輸送系統是由很多機械元件所組成。如果依使用的目的來分類，可將機械元件分成：

(1)　轉動之軸系元件：軸、鍵、銷、聯軸器、離合器、軸承等。

(2)　傳遞動力之設備：齒輪、凸輪、摩擦輪、皮帶、鏈條、繩索等。

(3)　制動與緩衝裝置：制動器、彈簧、飛輪等。

(4)　鎖緊元件：熔接、鉚接、螺栓、承件、扣接件等。

(5)　密封裝置：封環、填料、襯墊、封蓋等。

(6)　管系元件：管、閥、端板、壓力容器等。

(7)　電力裝置：馬達。

(8)　外殼與構架。

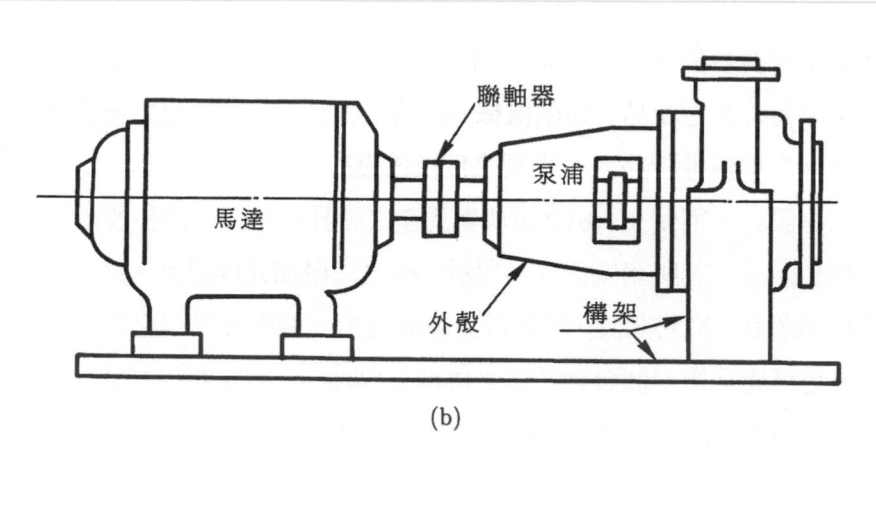

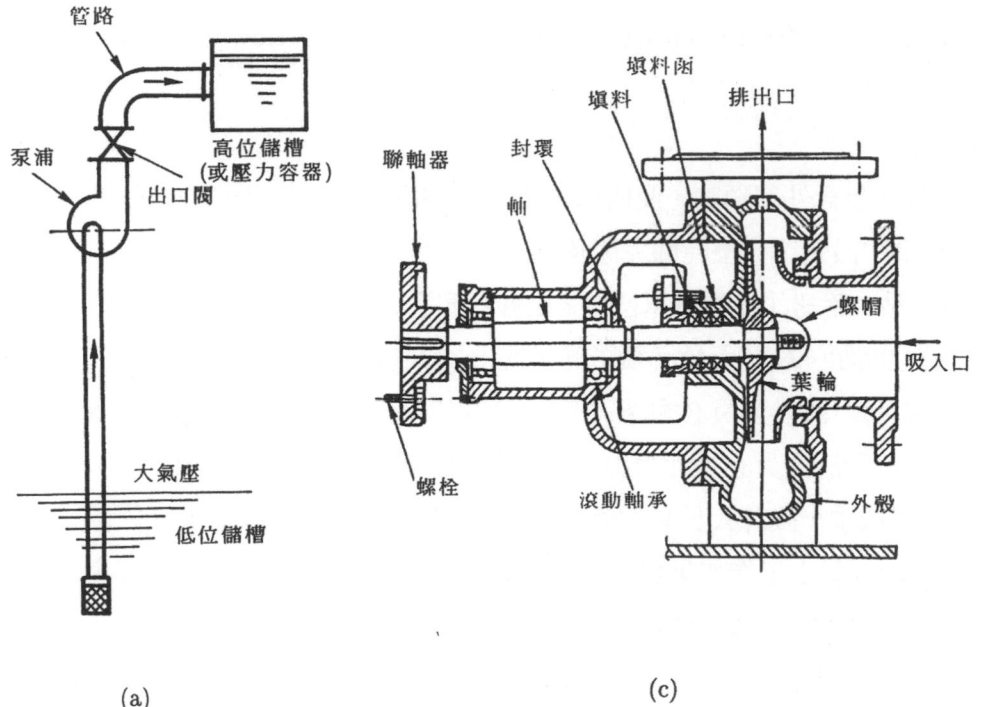

(a)　　　　　　　　　　(c)

● 圖 1.1　機械元件圖

1.3　設計之意義與相關知識

　　設計是一種依據一定的計畫，以期滿足人類需要為目的的工作。若依其工作的性質，可將設計分成服裝設計、室內設計、造園設計、產品設計、外觀設計、工程設計、儀表設計、系統設計、程序設計、機械設計、建築設計、船舶設計、橋樑設計等各種。其中所指

工程設計就是綜合藝術與科學兩種學問,利用宇宙自然資源,設計出各種有關醫藥、化學、建築、機械等各方面之產品。如就機械方面的工程設計,則稱之為**機械工程設計**;若僅對具有機械特性之機器進行設計,則稱之為**機械設計**。例如圖 1.1(a)之液體輸送系統設計是屬於機械工程設計,而圖 1.1(b)之泵浦與馬達之設計則是屬於機械設計。不論是機械工程設計或是機械設計,其所組成之元件設計,稱之為**機械元件設計**,為了方便起見,常將三者統稱為機械設計。換句話說,機械設計可能是指一個極複雜組合體上之微小螺栓的機械元件設計,也可能是指一個發電系統之機械工程設計。因此要學好機械設計,就必須從機械元件之設計開始,這也是本書所要探討的主要對象。

　　機械設計程序常用 5W2H 分析法又稱為「七何分析法」,包括:Who(由誰做)、When(何時做)、Where(在哪裡做)、What(做什麼)、Why(為什麼做)、How(如何做)、How much(成本是多少)。

　　其內容如下:

Who 是對象,包含外部顧客,及內部設計人員並指明「由誰來做?誰來完成?」

When 是時間,設定「什麼時間完成及使用時機?」

Where 是地點,確認「在哪個單位做?由哪裡著手?」

What 是確立問題,設計人員必須了解「設計之目的是什麼?做什麼工作?」

Why 是說明背景,設計人員必須深入了解並能提出問題「為什麼要這麼做?原因是什麼?」

How 是方法,設計人員必須能提出「怎麼做?如何實施?做法是什麼?」

How much 是成本,設計人員必須能計算「要花多少預算?金額是多少?」

　　任何設計人員之工作如果缺少了這 7 個步驟,即使有了提案,也不容易有具體進展。舉例來說,如果設計人員只傳達「下禮拜一要開設計會議」,但未事先告知「開會之時程為何?」「在什麼地點開?」「開會主題是什麼?」等訊息,與會者將無所適從,更無法安排自己的時間表。

　　當設計人員接到工作指令時,不妨試著用 5W2H 的角度去思考,相信設計人員做起事來,更能達事半功倍之效。

　　機械設計所涉及之學科相當廣泛,如數學、物理、經濟、統計、熱力、流力、製圖等各種學科。其中較為重要的學科與其所涉及的設計過程有:

(1) 靜力學與動力學:是分析受力的基礎。

(2) 材料力學:是強度設計、剛性設計與穩定性設計之基礎。

(3) 機構學：是機械元件運動分析與選用之基礎。

(4) 材料科學：是機械元件材質選用與抗磨損設計之基礎。

(5) 機械製造學：是產品精度設計與其可生產性之基礎。

(6) 振動學與噪音：是穩定性設計與環境安全之基礎。

1.4　機械設計程序與其考慮因素

　　欲設計一部機器，其可能進行的方式有多種，而需考慮的因素也很多，但一般所採用之基本程序與考慮因素，大致相同，其步驟如下：

(1) 確認需求並詳列機械系統必備之條件。

(2) 選擇傳遞動力之適當機構。

(3) 對各個機械元件，進行力學分析，以求出元件之受力與傳遞功的能力。

(4) 進行各元件之強度設計、剛性設計、穩定性設計與抗磨損設計。

(5) 依據前面的分析數據，配合過去的經驗並考慮各項影響因素，決定各元件之材質、尺寸、製造方法與生產計畫。

　　以上之設計程序與影響因素，依其流程表示於圖 1.2，其中有關設計之考慮因素簡要說明如下：

(1) 成本：一個最佳的設計，並非是指使用最貴的材質或最精密的加工，而是須視成本的高低來選擇適當材質或加工程度，以達成產品需求的條件。

(2) 外觀：外殼、構架等外形之設計，必須美觀，以滿足人類的舒適感。

(3) 安全性：設計出來的機器，必須保證不會對操作人員或附近人員造成傷害，也就是安全第一。例如機器的振動與噪音等問題都必須在設計時，就予以詳加考慮。

(4) 市場性質：在設計之初，就必須詳加調查與分析市場對產品需求的情況，以便做最佳的設計。

(5) 操作與修護：機器常須經由人的操作來達成其功能，而且要做定期的保養與檢修，以期維持原有的性能，因此設計出來的機器必須易於操作、保養與修理。

(6) 可製造性：設計的最終目標就是希望能依此製造出滿足人類需求的產品，如果設計出來的機械，有部份無法製造，那此種設計就毫無意義。

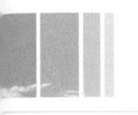

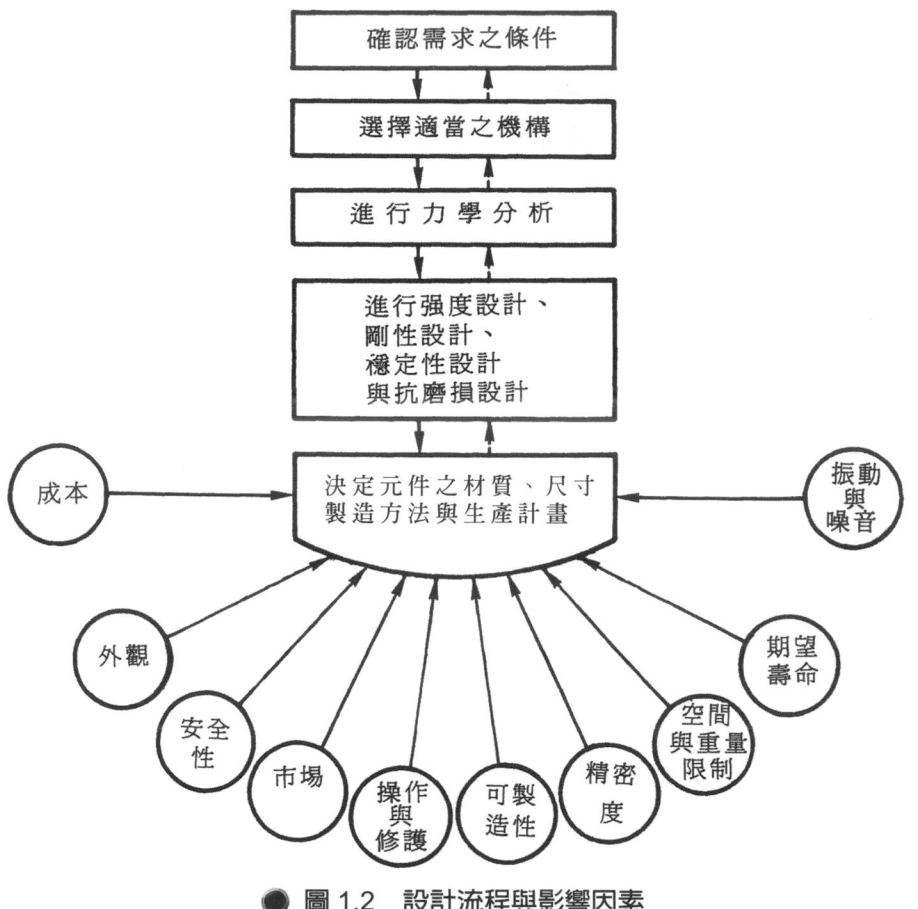

● 圖 1.2　設計流程與影響因素

(7) 精密度：一部機械之精度，必須視其用途與成本而決定。例如對於機械構架之外表面做精密的加工是沒有必要的，如此會造成成本的提高，但是針對其環境腐蝕與美觀的考量，做適當的加工是有必要的。

(8) 空間與重量限制：若產品要求體積不能太大，重量不能太重，此時在進行強度設計並決定元件尺寸時，可能需考慮高強度輕重量的材質，以便減小尺寸與重量。

(9) 期望壽命：設計時必須考量市場對產品所要求的壽命，以便保證在期望的壽命範圍內，能維持產品優良的性能。

(10) 振動與噪音：高振動與大噪音的機械，會增加元件的損害、降低機器的性能並造成對操作人員器官的傷害，因此設計時應特別注意這方面的考量，必要時須設計振動探測器或隔音設備。

　　就經濟上之考量，機械設計時應考慮：標準尺寸、使用較大公差、損益平衡點、成本估算。

就生態(環保)上之考量,機械設計時應考慮:減少振動噪音、選可再循環材料並不造成空氣及水的污染、減少不可再循環能源之消耗及熱污染。

1.5　法規與標準

在設計一部機械時,必須考慮是否易於製造或修護,而材料的取得常是考慮的重點:若元件必須由市面購買原料來加工製造者,在設計時就要考慮選用標準規格的材料,才易於取得,而且製造出來的零件也要標準化,以便大量生產時能裝在任意一部機械上,也就是要具有良好的互換性;若元件可直接由市面購得者,在設計時就要考慮選用市面的標準規格,例如螺絲元件之設計。又一部機械或其元件也常是來自國外,因此一些常用的機械元件不僅要在廠內標準化,在國內或國外市場也應達到標準化。如今世界各國也正朝著國際標準化的目標進行,目前這些標準化的工作都是由一此組織或協會所建立而成的法規與標準。常見機械方面的各國組織如下:

- 國際標準化組織(International Organization for Standardization)ISO。
- 中華民國國家標準(Chinese National Standards)CNS。
- 日本工業標準(Japanese Industrial Standards)JIS。
- 德國標準(Deutscher Industrie Normen)DIN。
- 英國標準(British Standards)BS。
- 美國石油協會(American Petroleum Institute)API。
- 美國材料試驗學會(American Society for Testing and Materials)ASTM。
- 美國金屬學會(American Society for Metals)ASM。
- 美國汽車工程師學會(Society of Automotive Engineers, U. S. A)SAE。
- 美國空調冷凍協會(Air-Condition and Refrigeration Institute, U. S. A)ARI。
- 美國國家標準協會(American National Standard Institute)ANSI。
- 美國焊接學會(American Welding Society)AWS。
- 美國機械工程師學會(American Society of Mechanical Engineers)ASME。
- 美國鋁學協會(Aluminum Association U. S. A)AA。
- 美國齒輪製造協會(American Gear Manufactures Association)AGMA。
- 美國鋼結構協會(American Institute of Steel Construction)AISC。

- 美國鋼鐵協會(American Iron and Steel Institute)AISI。
- 抗磨軸承製造協會(Anti-Friction Bearing Manufacturers Association)AFBMA。
- 公業扣件協會(Industrial Fasteners Institute)IFI。
- 大陸標準(Guóbiāo)GB。

1.6　單位系統

在力學中所使用之三個基本單位量是長度(L)、時間(T)與質量(M)或力量(F)。其中質量與力量僅能選擇一個做為基本單位量，而另一個則稱為導出量。例如選擇長度、時間與質量為基本量時，則力量就成為導出量；如選擇長度、時間與力量為基本量時，則質量為導出量。而三個基本量與導出量之間的關係則是利用牛頓第二定律推得：

$$\overline{F} = M\overline{a} \tag{1.1a}$$

$$[F] = [M]\,[L]\,[T]^{-2} \tag{1.1b}$$

(1.1a)式為向量表示式，其中 $\overline{a}$ 為加速度。而(1.1b)式為單位因次之表示式。目前常用的單位系統有三種：

(1) 國際單位系統(簡稱 SI)：長度以米(m)為單位；時間以秒(s)為單位；質量以公斤(kg)為單位；而力量是導出量以牛頓(N)表示，因此又稱公制單位系統。其關係由(1.1)式推得：

$$N = kg \cdot m \cdot s^{-2} = \frac{kg \cdot m}{s^2} \tag{1.2}$$

若以 g 為標準重力加速度= 9.8m/s²，則 1kg 之重為

$$W = Mg = 1kg \cdot 9.8\ m/s^2 = 9.8kg \cdot m/s^2 = 9.8N$$

(2) 公制重量單位：長度以米為單位；時間以秒為單位；力量以公斤重(kgf)為單位；質量為導出量，以公制斯勒格(Slug)表示。由(1.1)式得其關係為：

$$kgf = slug \cdot m \cdot s^{-2} \Rightarrow slug = \frac{kgf \cdot s^2}{m}\ (公制) \tag{1.3}$$

因質量為 $\frac{1}{9.8}$ slug 之重為：

$$W = \frac{1}{9.8}\ slug \cdot 9.8\ m/s^2 = 1 \cdot slug \cdot m/s^2 = 1 \cdot kgf$$

所以得知：

1 slug 質量 ＝9.8kg 之質量 　　　　　　　　　　　　　　　　　　(1.4)

(3) 美國慣用單位(簡稱 FPS)：長度以呎(ft)為單位；時間以秒為單位；力量以磅重(lbf)
為單位；質量為導出量，以英制 slug 表示。由(1.1)式推得：

$$\text{lbf} = \text{slug} \cdot \text{ft} \cdot \text{s}^{-2} \Rightarrow \text{slug} = \frac{\text{lbf} \cdot \text{s}^2}{\text{ft}} \text{(英制)} \qquad (1.5)$$

因質量為 $\frac{1}{32.2}$ slug 之重：

$$W = \frac{1}{32.2} \text{slug} \cdot 32.2\text{ft/s}^2 = \text{slug} \cdot \text{ft/s}^2 = \text{lbf}$$

所以得知：

1 英制 slug 質量 ＝32.2lb 之質量 　　　　　　　　　　　　　　(1.6)

以上三種單位系統簡列於表 1.1。一些常用物理量之單位與其轉換，參考附錄 A。

● 表 1.1　單位系統(*表示導出量)

單位系統	長度	時間	質量	力量
國際單位(SI)	米(m)	秒(s)	公斤(kg)	牛頓(N)*
公制重量單位	米(m)	秒(s)	公制 slug*	公斤重(kgf)
美國慣用單位(FPS)	呎(ft)	秒(s)	英制 slug*	磅重(lbf)

1.7　設計之計算

在設計的過程中，常遭遇很多的計算，而這些計算可能是屬於複雜性的計算、重複性的計算或統計學的計算：

(1) 複雜性的計算：在進行元件的力學分析時，常借助於一些近似解法，如有限元素法
(Finite Element Method)。這些方法常將一元件切割成很多的元素進行分析，而且切割的元素愈多則計算的結果愈精確，因此隨著精確度的要求，計算就愈加複雜。

(2) 重複性的計算：在設計分析過程，常常須要解出方程式中的一個未知數，而且又無法直接由其方程式求得該未知數。例如在設計電纜線與其支架桿時，所遭遇的電纜線的撓曲方程式：

$$y = \frac{T_0}{q}\left[\cosh\left(\frac{qx}{T_0}\right) - 1\right] \tag{1.7}$$

若已知 y、q 與 x 值，而欲求得 T_0 值時，就必須利用試誤法做重複的假設與計算，使答案逼近正確值。又如近似解法中所使用的有限差分法(Finite Difference Method)，也是一種重複計算的疊代法。

(3) 統計學的計算：在進行機械元件壽命與可靠性的分析時，常利用統計學中的回歸分析、常態分配與韋伯分配等方法，以便在樣品試驗中的結果，能準確地代表機械的壽命與可靠性，使產品獲得市場的肯定與信賴。

以上所面臨的計算，常常需要借助於電腦，而且也只有電腦才能最快速而準確地完成這些複雜或重複性的計算。進而對於相同產品的整體設計，甚至於設計圖的繪製等，亦可借助於電腦，這就是所謂的電腦輔助設計。儘管如此，身為一位優良的機械設計工程師，也必須充分了解各種機械元件的基本設計原理，才能有效地利用電腦輔助設計或進行新產品的開發。本節所述的各種計算方法與電腦輔助設計，將不在本書的討論範圍，讀者視需要再參考其他相關的書籍。

習　題

1.1　試舉出一部完整機械可能具有之機械元件有哪些？

1.2　依據習題 1.1 所舉機械，若欲進行設計，其設計之程序與應考慮因素如何？

1.3　試說明 1kgf 與 1N(牛頓)之區別。

　　答：1kgf = 9.8N

1.4　試將下面之英制計算式轉換為公制計算式，已知 1 kg/cm^2 = 14.223 psi，1 cm^2 = 0.155 in^2，1 in = 2.54 cm。

$$l = \frac{0.04A\sigma_1}{\sqrt{\sigma_2}} \text{ (英制計算式)}$$

符號	l	A	σ_1	σ_2
英制單位	in	in^2	psi	psi
轉換單位	cm	cm^2	kg/cm^2	kg/cm^2

　　答：$l = \dfrac{0.059A\sigma_1}{\sqrt{\sigma_2}}$

1.5　試敘述產品由原材料至上市所必經之過程。

1.6　試繪流程圖，並說明機械產品廣義設計之程序。

第二章　基礎力學

本章大綱

2.1 緒論

　　機械設計過程中，最基本的工作就是進行各機械元件之力學分析，以便求出元件之受力，然後才能繼續進行強度設計，最後決定元件的尺寸。由此可見力學分析之重要性，因此本章將針對靜力學、動力學與材料力學中之基本力學原理，進行簡要的討論，以便做為往後進行機械元件設計之基礎與依據。關於力學中更深入之應用，如振動力學、樑之撓曲、樑之挫曲等問題，將留待以後各章節之需要再個別予以討論。

2.2 力與力矩之定義

2.2-1 力

　　力是指一個物體對另一個物體之作用，也是一種滑動向量或拘束向量，具有大小、方向與作用點。力又可分成內力與外力兩種：其中內力經常是成對且相互平衡，對物體之運動則沒有任何影響；外力則是造成物體運動之主因。有關力的特性如下：

(1) 內力與外力之互變：當一群物體形成一物系時，如果利用自由體原理，則物體與物體間之內力經物體之分離後即變成為該分離物體之外力。

(2) 力的**運動效果**：當一力作用於一物體時，可以使物體的運動狀態發生變化，則稱之為力的運動效果。如在動力學之應用。

(3) 力的**變形效果**：當物體受力時，可以使其形狀與大小發生變化，則稱之為力的變形效果。如在材料力學之應用。

(4) 力的**可傳性**：力的作用點可在其力的方向線上自由移動時稱之，也就是將力視為滑動向量。當研究力的運動效果時，力的可傳性是適用的，例如在靜力學與動力學中所指的力；當研究力的變形效果時，則力的可傳性就不可使用。

(5) 力的**平行四邊形定律**：欲求兩個力的合力時，可將兩力當成平行四邊形之兩鄰邊，而通過兩力交點之平行四邊形的對角線，即為合力。

(6) 力的向量表示法：若以 $\vec{F}$ 表示力，則其表示法有下列兩種：

① 分量法：

$$\vec{F} = F_x\vec{i} + F_y\vec{j} + F_z\vec{k} \tag{2.1}$$

② 單位向量法：

$$\vec{F} = F\vec{e_f} \tag{2.2}$$

式中 F 表示 $\vec{F}$ 之大小；$\vec{e_f}$ 表示沿 $\vec{F}$ 方向之單位向量。

2.2-2　力矩

力矩表示物體在力的作用下，除了使物體沿施力方向有移動的傾向外，並使物體繞任一軸轉動，其表示法有兩種：

(1) 力對一點所生力矩：以 $\vec{M_o}$ 表示一力 $\vec{F}$ 對一點 O 所生力矩，$\vec{r}$ 表示從 O 點指到 $\vec{F}$ 上任一點之位置向量，則：

$$\vec{M_o} = \vec{r} \times \vec{F} \tag{2.3}$$

(2) 力對軸所生力矩：以 $\vec{M_s}$ 表示一力 $\vec{F}$ 對一軸 S 所生之力矩，$\vec{r}$ 表示 S 軸上任一點 O 指到 $\vec{F}$ 上任一點之位置向量，則：

$$\vec{M_s} = [(\vec{r} \times \vec{F}) \cdot \vec{e_s}]\vec{e_s} = (\vec{M_o} \cdot \vec{e_s})\vec{e_s} \tag{2.4}$$

2.2-3　力偶與力偶矩

力偶表示大小相等、方向相反且不共線之兩個力，稱之力偶，此力偶僅會產生轉動而沒有使物體移動之傾向。**力偶矩**表示一力偶對任一點所生之力矩，此力偶矩在靜力學與動力學之應用，視為一自由向量；在材料力學之應用，則視為一拘束向量。

2.3 牛頓定律與力矩定理

2.3-1 牛頓三大定律

(1) 第一定律：若無任何不平衡力作用在一質點上，則該質點將會保持靜止不動或做直線等速運動。

(2) 第二定律：一質點之加速度 $\vec{a}$ 與作用在該質點之合力 $\vec{F}$ 的大小成正比關係，且方向相同。若以 m 表示該質點之質量，則其間關係為：

$$\vec{F} = m\vec{a} \tag{2.5}$$

(3) 第三定律：在相互作用之兩物體間的作用力與反作用力，其大小相等，方向相反且共線。

2.3-2 萬有引力定律

以 M 與 m 分別表示相距 r 之兩質點之質量，G 為由實驗求得之萬有引力常數(6.673×10^{-11} m^3 / kg · s^2)，則此兩質點間之相互吸引力 F 稱為**萬有引力**，其間之關係為：

$$F = \frac{GMm}{r^2} \tag{2.6}$$

依據牛頓第三定律，分別對 M 與 m 而言，F 之大小相同，方向相反且沿兩質點中心線。若以 M 表示地球質量(5.976×10^{24} kg)，r 為地球半徑(6.371×10^6 m)，則一質量為 m 之物體的重力 W 為：

$$W = \frac{GMm}{r^2} = mg \tag{2.7}$$

其中，$g = \dfrac{GM}{r^2} = 9.8$ m / s^2(或者 32.2 ft / s^2)

2.3-3 力矩定理

一力對一點所生之力矩等於該力之一群分力分別對該點所生之力矩和，稱之**力矩定理**，又稱 Varignon 定理。令 $\vec{F}_1$，$\vec{F}_2$，$\vec{F}_3$，……，$\vec{F}_n$ 為合力 $\vec{F}$ 之一群分力，$\vec{r}$ 表示一點 O 至合力 $\vec{F}$ 之位置向量，如圖 2.1 所示，則力矩定理的數學式為：

$$\overrightarrow{M}_o = \vec{r} \times \vec{F}$$

$$= \vec{r} \times (\vec{F}_1 + \vec{F}_2 + \vec{F}_3 + \cdots + \vec{F}_n)$$

$$= \vec{r} \times \vec{F}_1 + \vec{r} \times \vec{F}_2 + \vec{r} \times \vec{F}_3 + \cdots + \vec{r} \times \vec{F}_n$$

$$= \overrightarrow{M}_1 + \overrightarrow{M}_2 + \overrightarrow{M}_3 + \cdots + \overrightarrow{M}_n$$

註：有關向量之基本性質參考附錄 B。

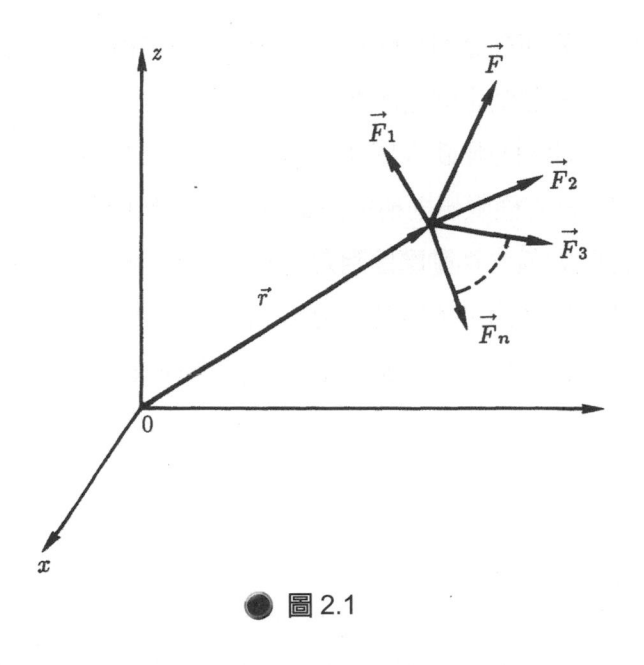

● 圖 2.1

2.4　摩擦力

　　摩擦之形式可分成乾摩擦、流體摩擦與內摩擦等三種，其中乾摩擦常稱為庫倫摩擦，是本節所要討論之對象。當兩物體互相以乾燥面接觸且其間具有運動之企圖，或是已經發生相對運動時，其接觸面上即產生相當之阻力，阻止其運動，此種阻力稱之摩擦阻力，簡稱**摩擦力**。而摩擦力的方向則與企圖運動的方向相反，且與接觸面相切。有關摩擦力之理論與術語如下：

2.4-1　摩擦阻力定律

(1) 接觸面上所生摩擦力與接觸面積大小無關。

(2) 接觸面上所生摩擦力與接觸面所受正壓力大小成正比。

(3) 當兩物體間之相對運動速率不太大時,則其接觸面上之摩擦力大小與其速率無關。

2.4-2　摩擦係數

　　摩擦阻力之大小,隨運動企圖而變化。當兩物體間無相對運動之企圖時,其接觸面下就沒有摩擦阻力;當相對運動企圖逐漸增加時,摩擦阻力之大小必隨之增加;當相對運動即將開始時,摩擦阻力即達極限值。對兩物體相對靜止,其接觸面所生大小不同之摩擦力,統稱為**靜摩擦阻力** f;對其極限值則稱為靜摩擦阻力之極限值 f_s;對已發生相對運動之兩物體接觸面上的摩擦阻力稱之為**動摩擦阻力** f_d,且其值恆較靜摩擦阻力之極限值為小。動摩擦阻力又可分成滑動摩擦阻力 f_k 與純滾動摩擦阻力 f_r,對滑動中帶有滾動者,視為滑動摩擦。然而所謂之靜摩擦係數 μ_s、滑動摩擦係數 μ_k 與純滾動摩擦係數 μ_r,如下所示:

(1) 靜摩擦係數:

$$\mu_s = \frac{f_s}{N} \tag{2.8}$$

(2) 滑動摩擦係數:

$$\mu_k = \frac{f_k}{N} \tag{2.9}$$

(3) 純滾動摩擦係數:有兩種表示法,

$$\mu_r = a \text{ 或 } \mu_r = \frac{a}{r} \doteq \frac{f_r}{N} \tag{2.10}$$

　　式中 N 為接觸面之正壓力,如圖 2.2(a)所示;a 相當於表面粗糙度,如圖 2.2(b)所示;r 為滾子半徑。通常在靜摩擦與滑動摩擦的問題中,常使用 μ_s 與 μ_k。但是在純滾動摩擦係數中,常不使用 μ_r,而以運動學關係式 $x = r\theta$ 代替,如圖 2.2(c),此時 $f_r < \mu_s N$。

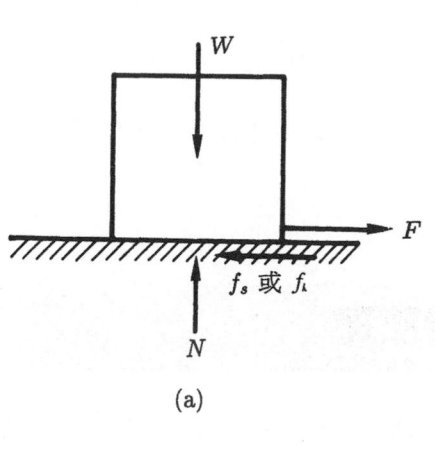

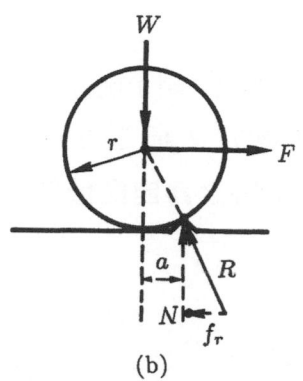

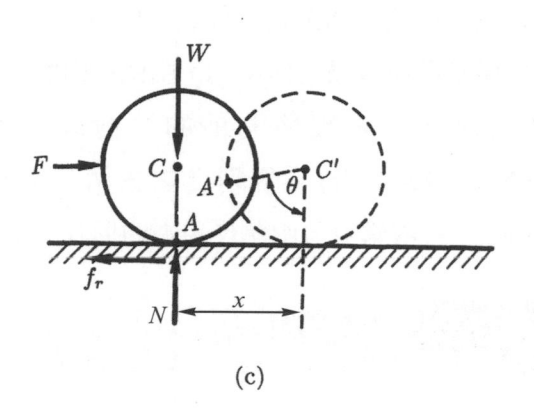

圖 2.2

例 2.1

如圖 2.3 所示，有一木箱，$m = 50$ kg，靜止於地面，施加一作用力 $P = 500$ N，動摩擦係數 $\mu_k = 0.60$，試問木箱移動 10 公尺後之速度為若干？

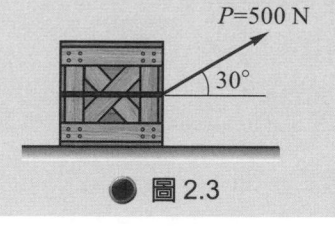

圖 2.3

【解】

由功能原理

$$W = \Delta T$$

$$\Rightarrow P \cos 30° \times 10 - \mu mg \times 10 = \frac{1}{2} mv^2$$

$$\Rightarrow 500 \cos 30° \times 10 - 0.6 \times 50 \times 9.8 \times 10 = \frac{1}{2} \times 50 \times v^2$$

$$\Rightarrow v = 7.46 \text{ (m/s)}$$

2.5　自由體原理

　　當分析一部在平衡或運動中之機器(可視為一群元件所組成)時，為了方便起見，從機器中取出一個或一部份元件稱之為自由體，使與其他元件分離，並劃出其自由體之重力與經由接觸點間所傳遞之作用力，由此自由體之受力情形，可列出一組平衡方程式，且該自由體仍保持它未被移開前的平衡或運動狀態，此種方法稱之為**自由體原理** (Free-Body Principle)。所劃出之各個分離元件之受力圖稱之為**自由體圖**(Free-Body Diagram)。一些常見自由體作用力的形式，請參考附錄 C。

2.6　靜力平衡

　　若一組力系對一機械元件不發生運動效果時，則稱此力系為一靜力平衡力系。合力為零之力系即為平衡力系，以平衡方程式之向量法表示為：

$$\Sigma \vec{F} = 0 , \quad \Sigma \vec{M} = 0 \tag{2.11}$$

(2.11)式可寫成六個平衡代數式，代表空間一般力系之平衡。又可依下列七種不同之力系，列出互相獨立之平衡代數式，其代數式之型態可能有很多種，其中一種表示法是不具任何條件，其他則必須滿足某些條件才可成立。

2.6-1　同直線力系

　　此力系僅存在一個力的代數式，即：

$$\Sigma F_x = 0 \tag{2.12}$$

若有僅受兩個力之平衡力系，則此兩力必位於同一直線。

2.6-2　同平面共點力系

此力系存在有兩個代數式，可能爲合力或合力矩的代數式，其型態有下列三種：

(1) 力法：有兩個力的平衡代數式且不具任何限制條件，

$$\Sigma F_x = 0 \text{，} \Sigma F_y = 0 \tag{2.13}$$

(2) 力與力矩法：有一個力與一個力矩平衡代數式，其中力矩式必須滿足：力矩中心 A(或 B)點爲力系平面任意點，但不在通過共點之 y(或 x)軸上，

$$\Sigma F_x = 0 \text{，} \Sigma M_A = 0 \tag{2.14}$$

或 $\Sigma F_y = 0 \text{，} \Sigma M_B = 0$

(3) 力矩法：有兩個力矩平衡代數式且必須滿足：兩力矩中心 A 與 B 爲力系平面任意點且 AB 連線不通過共點，

$$\Sigma M_A = 0 \text{，} \Sigma M_B = 0 \tag{2.15}$$

2.6-3　空間共點力系

此力系存在有三個代數式，其型態有下面兩種：

(1) 力法：有三個力的平衡代數式且不具任何限制條件，

$$\Sigma F_x = 0 \text{，} \Sigma F_y = 0 \text{，} \Sigma F_z = 0 \tag{2.16}$$

(2) 力矩法：有三個力矩平衡代數式，但其三個力矩軸 A，B 與 C 必須同時滿足下列三個條件：

① 三軸不可交於一點。

② 三軸不可互相平行。

③ 三軸不同時與通過力系共點之任一直線相交。

$$\Sigma M_A = 0 \text{，} \Sigma M_B = 0 \text{，} \Sigma M_C = 0 \tag{2.17}$$

2.6-4　同平面平行力系

此力系有兩個平衡代數式，其型態有下列兩種：

(1)　力與力矩法：有一個力與力矩平衡代數式且不具任何限制條件，是同平面平行力系中最常見者。

$$\Sigma F_x = 0 , \quad \Sigma M = 0 \tag{2.18}$$

(2)　力矩法：有兩個力矩平衡代數式，但其兩個力矩中心必須滿足：A 與 B 為力系平面之任意兩點，但 AB 連線不可平行於力系之各力，

$$\Sigma M_A = 0 , \quad \Sigma M_B = 0 \tag{2.19}$$

2.6-5　空間平行力系

此力系有三個平衡代數式，其中有一個力平衡式與兩個力矩平衡式，

$$\Sigma F_z = 0 , \quad \Sigma M_x = 0 , \quad \Sigma M_y = 0 \tag{2.20}$$

2.6-6　同平面一般力系

此力系有三個平衡代數式，其型態有三種：

(1)　力與力矩法(一)：有兩個力平衡式與一個力矩平衡式，且無任何限制條件，

$$\Sigma F_x = 0 , \quad \Sigma F_y = 0 , \quad \Sigma M_o = 0 \tag{2.21}$$

式中 o 點為 xy 平面上任一點，xy 平面為力系所在的平面。

(2)　力與力矩法(二)：有一個力平衡式與兩個力矩平衡式，但是必須滿足：兩個力矩中心 A 與 B 為力系平面上任意點，但不同時位於垂直 x 軸(或 y 軸)的線上，

$$\Sigma F_x = 0 , \quad \Sigma M_A = 0 , \quad \Sigma M_B = 0 \tag{2.22}$$

$$\text{或 } \Sigma F_y = 0 , \quad \Sigma M_A = 0 , \quad \Sigma M_B = 0$$

(3)　力矩法：有三個力矩平衡式，但必須滿足：三個力矩中心 A，B，C 為力系平面上任意點，但不可同在一直線上，

$$\Sigma M_A = 0 , \quad \Sigma M_B = 0 , \quad \Sigma M_C = 0 \tag{2.23}$$

2.6-7　空間一般力系

此力系有六個平衡代數式，其中含三個力平衡式與三個力矩平衡式，且不具任何限制條件，

$$\Sigma F_x = 0 \text{，} \Sigma F_y = 0 \text{，} \Sigma F_z = 0$$

$$\Sigma M_x = 0 \text{，} \Sigma M_y = 0 \text{，} \Sigma M_z = 0 \tag{2.24}$$

例 2.2

一 400 N 力施於操縱桿之 A 點，此操縱桿連結於一固定軸於 OB。請用向量來表示此力作用於 O 點的等效力偶 M？

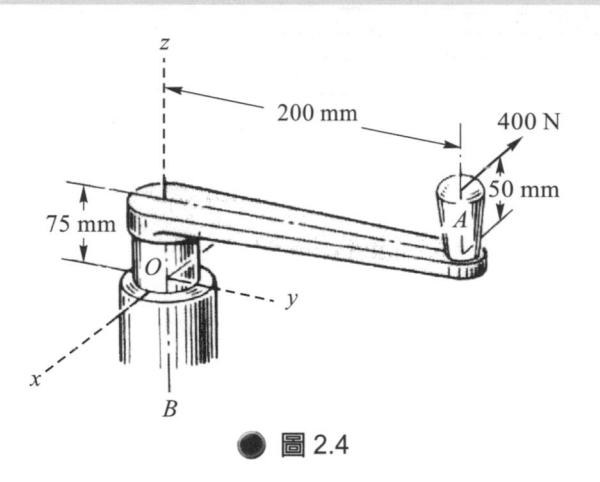

● 圖 2.4

【解】

$$\overrightarrow{M_0} = \overrightarrow{OA} \times \overrightarrow{F}$$

$$= (0.2\vec{j} + 0.125\vec{k}) \times (-400\vec{i})$$

$$= -50\vec{j} + 80\vec{k} \text{ (N-m)}$$

2.7　形心

任何一個機械元件之重心是由一群小重力所形成的空間共點力系，其共點位置是地球中心。但因地球半徑遠大於元件之最大尺度，所以將此共點力系看成空間一組平行力系，其中心就是元件之**重心**。假設重力加速度 g 視為常數，則 W = mg，所以此時重心與**質心**

重合；假設爲均質元件，則密度 $\rho = \dfrac{m}{V} =$ 常數，所以此時質心與**形心**重合。一般均假設機械元件爲均質且重力加速度爲常數，所以重心、質心與形心是重合，因此僅須求得其中之一，就表示其他兩者也在相同之位置。有關形心、質心或重心之求法，可分質點系、剛體、組合體與旋轉體四種。

2.7-1　質點系的質心

假設 m_1，m_2，……，m_n 分別表示 n 個質點之質量，其質點位置分別爲(x_1, y_1, z_1)，(x_2, y_2, z_2)，……，(x_n, y_n, z_n)，且 $G(\overline{X}, \overline{Y}, \overline{Z})$表示質心位置，則：

$$\overline{X} = \frac{x_1 m_1 + x_2 m_2 + \cdots + x_n m_n}{m_1 + m_2 + \cdots + m_n} = \frac{\displaystyle\sum_{i=1}^{n} x_i m_i}{\displaystyle\sum_{i=1}^{n} m_i} \tag{2.25}$$

同理，

$$\overline{Y} = \frac{\displaystyle\sum_{i=1}^{n} y_i m_i}{\displaystyle\sum_{i=1}^{n} m_i}$$

$$\overline{Z} = \frac{\displaystyle\sum_{i=1}^{n} z_i m_i}{\displaystyle\sum_{i=1}^{n} m_i}$$

2.7-2　剛體形心

剛體形心可分成三類：由體積 V 求空間剛體之形心；由面積 A 求平面剛體之形心；由曲線 S 求線剛體之形心。其積分式分別爲：

$$\overline{X} = \frac{\displaystyle\int x\,dV}{V} \ , \ \overline{X} = \frac{\displaystyle\int x\,dA}{A} \ , \ \overline{X} = \frac{\displaystyle\int x\,dS}{S} \tag{2.26}$$

$$\overline{Y} = \frac{\displaystyle\int y\,dV}{V} \ , \ \overline{Y} = \frac{\displaystyle\int y\,dA}{A} \ , \ \overline{Y} = \frac{\displaystyle\int y\,dS}{S}$$

$$\overline{Z} = \frac{\int zdV}{V} \ , \ \overline{Z} = \frac{\int zdA}{A} \ , \ \overline{Z} = \frac{\int zdS}{S}$$

2.7-3　組合體

將組合體分割成 n 個簡單形狀之個體，其質量分別為 m_1，m_2，……，m_n 並找出各個體之質心位置分別為(x_1, y_1, z_1)，(x_2, y_2, z_2)，……，(x_n, y_n, z_n)，則組合體之質心 $G(\overline{X}$，$\overline{Y}$，$\overline{Z})$，依質點系之求法為：

$$\overline{X} = \frac{\sum\limits_{i=1}^{n} x_i m_i}{\sum\limits_{i=1}^{n} m_i} \ , \ \overline{Y} = \frac{\sum\limits_{i=1}^{n} y_i m_i}{\sum\limits_{i=1}^{n} m_i} \ , \ \overline{Z} = \frac{\sum\limits_{i=1}^{n} z_i m_i}{\sum\limits_{i=1}^{n} m_i} \tag{2.27}$$

2.7-4　旋轉體之表面積與體積

旋轉體之表面積與體積可利用 PAPPUS 定理求得，其原理敘述如下：

(1)　一平面曲線與一軸在同一平面內，彼此並未相交。當該曲線繞該軸旋轉時，必形成一曲面，此曲面面積等於該曲線之形心在迴轉中所行經之距離乘以該曲線之長度。以代數式表示為：

$$A = \theta \overline{r} S \tag{2.28}$$

式中 A 是旋轉體表面積；θ 為旋轉角度，$\theta \le 2\pi$；$\overline{r}$ 為曲線形心至轉動軸距離；S 為曲線長。

(2)　一平面圖形與一軸在同一平面內，彼此並未相交。當該圖形繞該軸旋轉時，將形成一立體空間，此立體體積等於該圖形之形心在旋轉中所行經距離乘以該圖形之面積。以代數式表示為：

$$V = \theta \overline{r} A \tag{2.29}$$

式中 V 為旋轉體體積；A 為平面圖形之面積。一些常用物體的體積、面積與形心位置，請參考附錄 D。

2.8　慣性矩與慣性積

慣性矩與慣性積有面積慣性矩(積)與質量慣性矩(積)兩種，其中面積慣性矩又稱面積二次矩；質量慣性矩又稱剛體慣性矩。其定義與特性討論於後。

2.8-1　定義

以 I_{xx}，I_{yy}，I_{zz} 為慣性矩，I_{xy}，I_{xz}，I_{yz} 為慣性積，其積分式為：

面積慣性矩(積)：　　　　　　**質量慣性矩**(積)：

$$I_{xx} = \int y^2 \, dA \qquad\qquad I_{xx} = \int (y^2 + z^2) \, dm = \int \rho_x^2 \, dm$$

$$I_{yy} = \int x^2 \, dA \qquad\qquad I_{yy} = \int (x^2 + z^2) \, dm = \int \rho_y^2 \, dm$$

$$I_{xy} = \int xy \, dA \qquad\qquad I_{zz} = \int (x^2 + y^2) \, dm = \int \rho_z^2 \, dm \qquad (2.30)$$

$$J_0 = \int (x^2 + y^2) \, dA \qquad\qquad I_{xy} = \int xy \, dm$$

$$ = \int \rho_z^2 \, dA \qquad\qquad I_{yz} = \int yz \, dm$$

$$ = I_{xx} + I_{yy} \qquad\qquad I_{xz} = \int xz \, dm$$

2.8-2　主慣性矩

當慣性積為零(即 $I_{xy} = I_{yz} = I_{zx} = 0$)，其慣性矩 I_{xx}，I_{yy} 與 I_{zz} 稱為**主慣性矩**。對於面積慣性積中之兩個軸，若有一軸或兩軸為面積之對稱軸，則其慣性積 $I_{xy} = 0$，表示其對應之 I_{xx} 與 I_{yy} 為主慣性矩；對於質量慣性積中，若僅有一 $x-y$ 面為剛體之對稱面，則 $I_{xz} = I_{yz} = 0$；若有兩個面為剛體之對稱面，如 $x-y$ 面與 $y-z$ 面，或 $x-z$ 面與 $y-z$ 面，則質量慣性積將全為零，即 $I_{xy} = I_{yz} = I_{zx} = 0$，此時所對應之慣性矩 I_{xx}，I_{yy} 與 I_{zz}，稱之為主慣性矩。

2.8-3　迴轉半徑

(1) **面積迴轉半徑**：

$$I_{xx} = \int y^2 \, dA = r_x^2 A \qquad (2.31)$$

$$I_{yy} = \int x^2 \, dA = r_y^2 A$$

式中 r_x 與 r_y 分別稱為面積對 x 軸與 y 軸之迴轉半徑。

(2) **剛體迴轉半徑：**

$$I_{xx} = \int (y^2 + z^2) \, dm = \int \rho_x^2 \, dm = r_x^2 m \tag{2.32}$$

$$I_{yy} = \int (x^2 + z^2) \, dm = \int \rho_y^2 \, dm = r_y^2 m$$

$$I_{zz} = \int (x^2 + y^2) \, dm = \int \rho_z^2 \, dm = r_z^2 m$$

式中 r_x，r_y 與 r_z 分別稱為剛體對 x 軸、y 軸與 z 軸的迴轉半徑。

2.8-4　平行軸定理

以 xyz 表示通過物體形心之三個直角坐標軸，而 x'，y'，z' 三個垂直軸分別與 x，y，z 三個軸互相平行且相距 a，b，c，若已知 I_{xx}，I_{yy}，I_{zz}，I_{xy}，I_{yz} 與 I_{zx}，則可由平行軸定理求得對 $x'y'z'$ 之慣性矩與慣性積：

(1) 面積慣性矩與慣性積：

$$I_{x'x'} = I_{xx} + b^2 A，I_{x'y'} = I_{xy} + abA \tag{2.33}$$

$$I_{y'y'} = I_{yy} + a^2 A，J'_0 = J_0 + r^2 A$$

(2) 質量慣性矩與慣性積：

$$I_{x'x'} = I_{xx} + m(b^2 + c^2)，I_{x'y'} = I_{xy} + mab$$

$$I_{y'y'} = I_{yy} + m(a^2 + c^2)，I_{y'z'} = I_{yz} + mbc \tag{2.34}$$

$$I_{z'z'} = I_{zz} + m(a^2 + b^2)，I_{z'x'} = I_{zx} + mca$$

2.8-5　面積轉動軸定律

假設 x 與 y 為原來直角座標軸，經原點 O 不移動而僅轉動 θ 角後，改以 x' 與 y' 分別代表原來之 x 與 y，利用摩爾圓，如圖 2.5 所示，利用 $\triangle O'A'B' \cong \triangle O'AB$ 與 $\angle BO'B' = \angle AO'A' = 2\theta$ 之幾何關係，可求得：

$$I_{x'x'} = \frac{1}{2}(I_{xx} + I_{yy}) + \frac{1}{2}(I_{xx} - I_{yy})\cos 2\theta - I_{xy}\sin 2\theta \qquad (2.35)$$

$$I_{x'x'} = \frac{1}{2}(I_{xx} - I_{yy})\sin 2\theta + I_{xy}\cos 2\theta$$

再由 $I_{x'x'} + I_{y'y'} = I_{xx} + I_{yy}$

代入(2.35)式可求得：

$$I_{yy'} = \frac{1}{2}(I_{xx} + I_{yy}) - \frac{1}{2}(I_{xx} - I_{yy})\cos 2\theta + I_{xy}\sin 2\theta$$

(a)　　　　　　　　　(b)

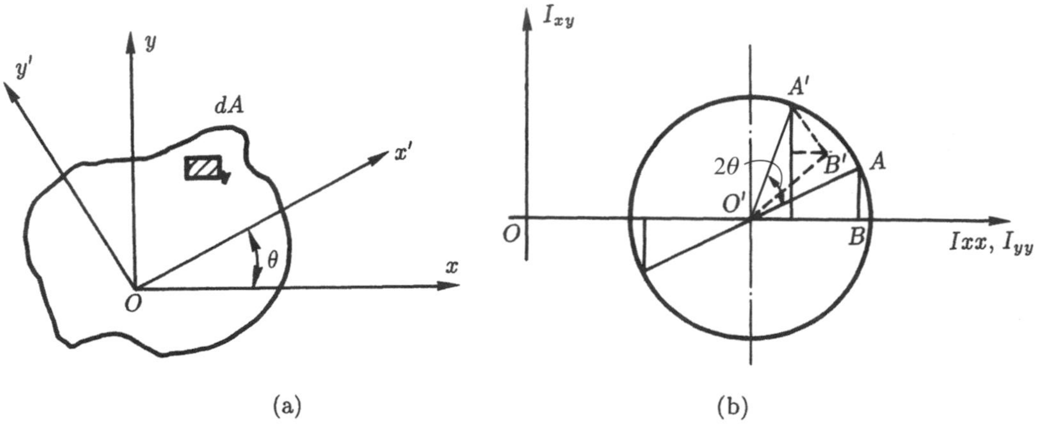

● 圖 2.5

2.8-6　任意軸之質量慣性矩

若已知物體對 $oxyz$ 之直角坐標之質量慣性矩與質量慣性積為 I_{xx}, I_{yy}, I_{zz}, I_{xy}, I_{yz} 與 I_{xz}，如圖 2.6 所示，則對通過 O 點之任意軸 L，其慣性矩為：

$$I_L = I_{xx}\lambda_x^2 + I_{yy}\lambda_y^2 + I_{zz}\lambda_z^2 - 2I_{xy}\lambda_x\lambda_y - 2I_{yz}\lambda_y\lambda_z - 2I_{zx}\lambda_z\lambda_x \qquad (2.36)$$

式中 λ_x, λ_y 與 λ_z 分別表示 L 軸之方向餘弦，即 $\lambda_x = \cos\alpha$，$\lambda_y = \cos\beta$，$\lambda_z = \cos\gamma$。

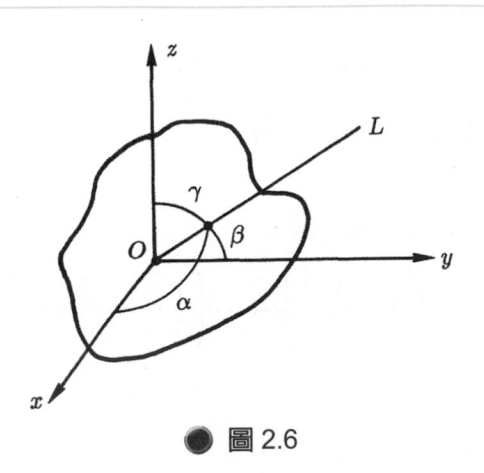

● 圖 2.6

一些常用物體之面積與質量慣性矩，請參考附錄 E。

例 2.3

求圖 2.7 之面積對於 x 軸與 y 軸的慣性矩與迴轉半徑？

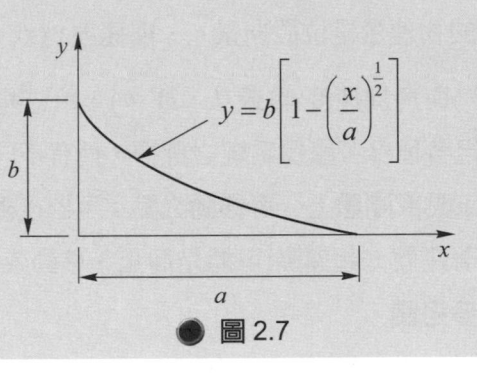

$$y = b\left[1 - \left(\frac{x}{a}\right)^{\frac{1}{2}}\right]$$

● 圖 2.7

【解】

(1) 計算對 x 軸之慣性矩 I_x 及迴轉半徑 r_x

① 取 $dA = x\,dy = a\left(1 - \frac{y}{b}\right)^2 dy = \frac{a}{b^2}(b^2 - 2by + y^2)dy$

$$I_x = \int y^2 dA = \int_0^b y^2 \times \frac{a}{b^2}(b^2 - 2by + y^2)dy$$

$$= \frac{a}{b^2}\left(\frac{b^2}{3}y^3 - \frac{b}{2}y^4 + \frac{1}{5}y^5\right)\Bigg|_0^b = \frac{ab^3}{30}$$

② $A = \int_0^a y\,dx = \int_0^a b\left[1 - \left(\frac{x}{a}\right)^{\frac{1}{2}}\right]dx = b\left[x - \frac{2a}{3}\left(\frac{x}{a}\right)^{\frac{1}{2}}\right]\Bigg|_0^a = \frac{ab}{3}$

③ $I_x = Ar_x^2 \Rightarrow r_x = \sqrt{\dfrac{I_x}{A}} = \sqrt{\dfrac{\dfrac{ab^3}{30}}{\dfrac{ab}{3}}} = \dfrac{b}{\sqrt{10}}$

(2) 計算對 y 軸之慣性矩 I_y 及迴轉半徑 r_y

① $I_x = \displaystyle\int x^2 dA = \int_0^a x^2 \times b\left[1-\left(\dfrac{x}{a}\right)^{\frac{1}{2}}\right]dx = b\left(\dfrac{1}{3}x^3 - \dfrac{2}{7\sqrt{a}}x^{\frac{7}{2}}\right)_0^a = \dfrac{a^3 b}{21}$

② $I_y = Ar_y^2 \Rightarrow r_y = \sqrt{\dfrac{I_y}{A}} = \sqrt{\dfrac{\dfrac{a^3 b}{21}}{\dfrac{ab}{3}}} = \dfrac{a}{\sqrt{7}}$

2.9 運動學

運動學中有六個重要的物理量是位置向量 $\vec{r}$、線速度 $\vec{v}$(或 $\dot{\vec{r}}$)、線加速度 $\vec{a}$(或 $\ddot{\vec{r}}$)、角位移($d\vec{\theta}$)、角速度 $\vec{\omega}$(或 $\dot{\vec{\theta}}$)與角加速度 $\vec{\alpha}$(或 $\ddot{\vec{\theta}}$，或 $\dot{\vec{\omega}}$)，用這些量就可描述物體運動的情況，而其間的關係式，將視各種參考座標系統之選擇，而有不同的表示法。所描述的物體可以是質點，剛體上一固定點或剛體上一可移動之點；至於後兩者的運動，所選擇的座標系統是固定在剛體上，隨著剛體一起運動(可能是靜止、移動或轉動)，而此參考座標系統所附著的剛體，常稱之為**參考體**。

2.9-1 直角座標系統

如圖 2.8 所示，x，y，z 為固定不動之三座標軸，一質點 P 之位置、速度與加速度可以用三座標軸表示為

$$r = x\vec{i} + y\vec{j} + z\vec{k}$$
$$\vec{v} = \dot{\vec{r}} = \dot{x}\vec{i} + \dot{y}\vec{j} + \dot{z}\vec{k}$$
$$\vec{a} = \ddot{\vec{r}} = \ddot{x}\vec{i} + \ddot{y}\vec{j} + \ddot{z}\vec{k} \tag{2.37}$$

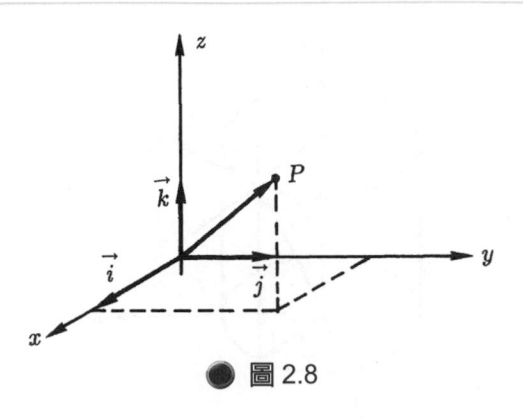

● 圖 2.8

2.9-2　切線法線座標系統

如圖 2.9 所示，$\vec{e_t}$ 為沿運動路徑切線方向之單位向量，$\vec{e_n}$ 為沿運動路徑之主法線方向的單位向量，$\vec{e_b}$ 為副法線單位向量，即 $\vec{e_b} = \vec{e_t} \times \vec{e_n}$。沿運動路徑行走之任一質點 P 之速度與加速度為：

$$\vec{v} = \dot{S}\vec{e_t}$$

$$\vec{a} = \ddot{S}\vec{e_t} + \frac{\dot{S}^2}{\rho}\vec{e_n} \tag{2.38}$$

式中 $\dot{S}$ 為切線速率；$\ddot{S}$ 為切線加速度；ρ 為質點所在位置之路徑曲率半徑。

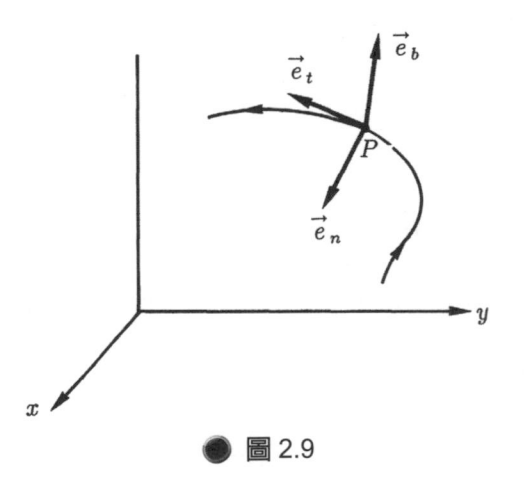

● 圖 2.9

2.9-3　圓柱座標與極座標系統

如圖 2.10 所示之圓柱面座標，其中 $\vec{e_\phi}$ 為垂直於 $\vec{e_r}$ 與 $\vec{e_z}$，且箭頭指向角 ϕ 增加的方向，對一質點 P 之運動方程式為：

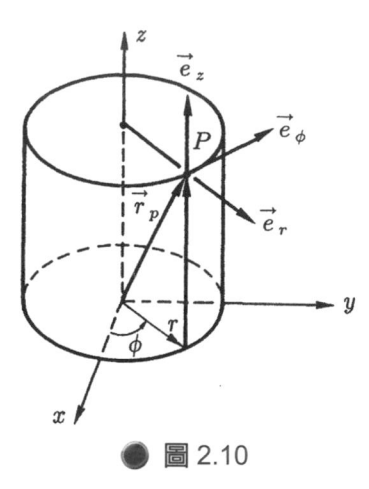

● 圖 2.10

$$\vec{r}_p = r\vec{e}_r + z\vec{e}_z$$

$$\vec{v} = \dot{\vec{r}}_p = \dot{r}\vec{e}_r + r\dot{\phi}\vec{e}_\phi + \dot{z}\vec{e}_z$$

$$\vec{a} = \ddot{\vec{r}}_p = (\ddot{r} - r\dot{\phi}^2)\vec{e}_r + (r\ddot{\phi} + 2\dot{r}\dot{\phi})\vec{e}_p + \ddot{z}\vec{e}_z \qquad (2.39)$$

(2.38)式中，若令 $z = \dot{z} = \ddot{z} = 0$，則所得方程式表示平面之極座標系統。

2.9-4　球座標系統

如圖 2.11 所示，採用球面三互相垂直之單位向量 $\vec{e}_r$，$\vec{e}_\phi$ 與 $\vec{e}_\theta$ 為座標系統，對任意質點 P 之速度與加速度為：

$$\vec{r}_p = r\vec{e}_r$$

$$\vec{v} = \dot{r}\vec{e}_r + r\dot{\theta}\vec{e}_\theta + r\dot{\phi}\sin\theta\vec{e}_\phi \qquad (2.40)$$

$$\vec{a} = (\ddot{r} - r\dot{\theta}^2 - r\dot{\phi}^2\sin^2\theta)\vec{e}_r + (2\dot{r}\dot{\theta} + r\ddot{\theta} - r\dot{\phi}^2\sin\theta\cos\theta)\vec{e}_\theta$$

$$+ (2\dot{r}\dot{\phi}\sin\theta + 2r\dot{\theta}\dot{\phi}\cos\theta + r\ddot{\phi}\sin\theta)\vec{e}_\phi \qquad (2.41)$$

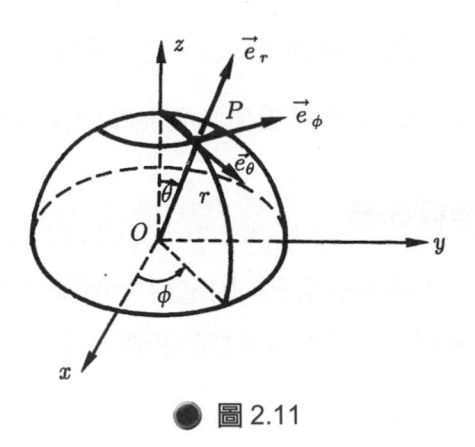

● 圖 2.11

2.9-5 動座標系統

如圖 2.12 所示，$o'x'y'z'$ 為固定座標，$oxyz$ 為動座標。若選擇 $oxyz$ 固定在剛體上固定點 O，且隨著剛體做移動與繞 O 點轉動，則剛體上一可移動之質點 P 之速度與加速度為：

$$\vec{r_P} = \vec{r_o} + \vec{\rho}$$

$$\vec{v_P} = \dot{\vec{r_P}} = \dot{\vec{r_o}} + \dot{\vec{\rho}}_r + \vec{\Omega} \times \vec{\rho}$$

$$\vec{a_P} = \ddot{\vec{r_P}} = \ddot{\vec{r_o}} + \ddot{\vec{\rho}}_r + \vec{\Omega} \times (\vec{\Omega} \times \vec{\rho}) + \dot{\vec{\Omega}} \times \vec{\rho} + 2\vec{\Omega} \times \dot{\vec{\rho}}_r \tag{2.42}$$

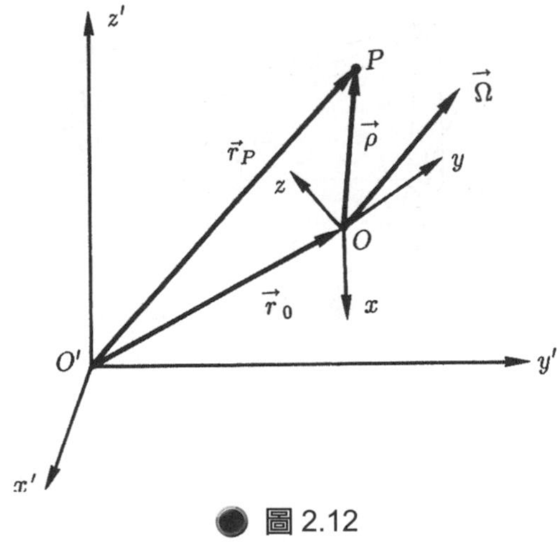

● 圖 2.12

式中 $\vec{\Omega}$ 與 $\dot{\vec{\Omega}}$ 分別表示動座標 $oxyz$(或剛體)之角速度與角加速度；$\vec{r_o}$，$\dot{\vec{r_o}}$ 與 $\ddot{\vec{r_o}}$ 分別表示動座標原點 O(或剛體上固定點 O)相對固定座標 $o'x'y'z'$ 之位置向量、線速度與線加速度；

$\vec{\rho}$，$\overline{\dot{\rho_r}}$ 與 $\overline{\ddot{\rho_r}}$ 分別表示質點 P 相對於動座標 $oxyz$ 之位置向量、相對速度與相對加速度；$\vec{\Omega}\times(\vec{\Omega}\times\vec{\rho})$ 表示向心加速度；$\dot{\vec{\Omega}}\times\vec{\rho}$ 為切線加速度；$2\vec{\Omega}\times\overline{\dot{\rho_r}}$ 為科氏加速度。

2.9-6　相對運動之動座標系統

將動座標系統中之 $oxyz$ 平移至空間上一固定點，而剛體上固定點 O 視爲任一質點 A，利用質點 P 相對於 A 之運動觀念，來描述 P 點的運動，且其空間固定的座標 $oxyz$ 表示其速度與加速度。

$$\vec{v_P}=\vec{v_A}+\overline{\dot{\rho_r}}+\vec{\Omega}_A\times\vec{\rho}_{AP}$$

$$\vec{a_P}=\vec{a_A}+\overline{\ddot{\rho_r}}+\vec{\Omega}_A\times(\vec{\Omega}_A\times\vec{\rho}_{AP})+\dot{\vec{\Omega}}_A\times\vec{\rho}_{OA}+2\vec{\Omega}_A\times\overline{\dot{\rho_r}} \tag{2.43}$$

式(2.43)與(2.42)相似，但以 A 點取代 O 點。

例 2.4

曲柄 BC 繞 C 轉動並帶動曲柄 OA 繞 O 轉動，當連桿通過圖 2.13 所示 CB 水平且 OA 鉛直的位置時，CB 的角速度爲 2 rad/sec(逆時針)，求此瞬間 OA 與 AB 的角速度？

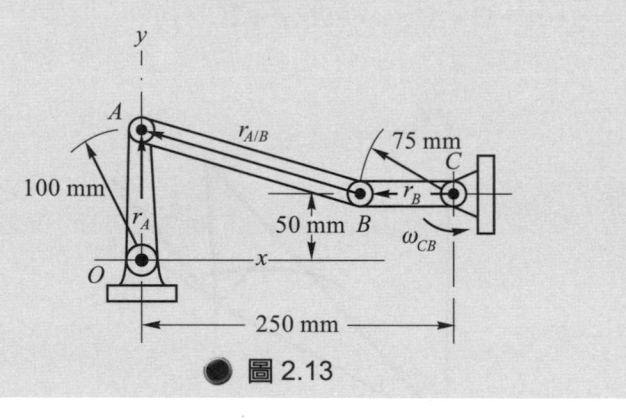

● 圖 2.13

【解】

由瞬心法求解

(1) B 繞 C 作圓周運動

$$V_B=\overline{BC}\omega_{CB}=75\times2=150\ (\text{mm/s})$$

(2) D 點爲 AB 桿之瞬心

$$\Rightarrow V_B = 175\omega_{AB} \Rightarrow \omega_{AB} = \frac{150}{175} = 0.857 \text{ (rad/s)} (\downarrow)$$

$$V_A = 50\omega_{AB} = 42.85 \text{ (mm/s)} (\rightarrow)$$

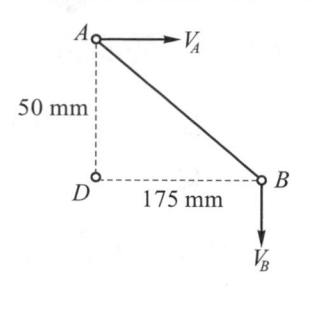

(3) 且 A 繞 O 作圓周運動

$$V_A = \overline{OA}\omega_{OA} \Rightarrow \omega_{OA} = \frac{42.85}{100} = 0.4285 \text{ (rad/s)} (\circlearrowleft)$$

2.10　運動力學

在進行機械元件之動力分析時，常將機械元件視爲質點或剛體，利用合力與合力矩法、功能法、衝量與動量法等三種方法，列出動力平衡方程式，然後聯合運動學關係式，完成所須之動力分析。

2.10-1　合力與合力矩法

對於一剛體的動力分析，必須同時滿足力與力矩的動力平衡，但是爲了簡化力矩的動力平衡方程式，必須選擇質心 C 或固定點 O 爲力矩中心，由於剛體必有質心，但未必有固定點，所以下面將以選擇質心爲力矩中心爲主，同時假設質量慣性矩與積不隨時間而變，而且 xyz 三軸爲剛體之主慣性軸，以 $\vec{F}$ 與 $\vec{M}$ 分別表示剛體所受外力之合力與合力矩，

$$\vec{F} = m\vec{a}_c \tag{2.44}$$

$$\vec{M}_C = \dot{H}_x\vec{i} + \dot{H}_y\vec{j} + \dot{H}_z\vec{k} + \vec{\Omega}\times\vec{H}_C$$

$$= (I_{xx}\dot{\omega}_x + I_{zz}\Omega_y\omega_z - I_{yy}\Omega_z\omega_y)\vec{i} + (I_{yy}\dot{\omega}_y + I_{xx}\Omega_z\omega_x - I_{zz}\Omega_x\omega_z)\vec{j}$$

$$+ (I_{zz}\dot{\omega}_z + I_{yy}\Omega_x\omega_y - I_{xx}\Omega_y\omega_x)\vec{k}$$

式中 Ω 表示動座標之角速度；ω 表示剛體之角速度。若將機械元件視爲質點，則僅須滿足(2.44)式即可。合力與合力矩法有時常以惰力法所取代，此兩種方法很接近。所謂惰力法是指將 $m\vec{a}_c$ 與 $\vec{H}_C$ 視爲其方向相反的外力與外力矩，而使動力的問題變爲靜力問題。

2.10-2 功能法

功能法是指作用在剛體質心之合力所作功與作用在質心之合力矩所作之功之合等於動能的變化，即：

$$\int_1^2 \vec{F} \cdot d\vec{r}_C + \int_1^2 \vec{M}_C \cdot d\vec{\theta} = \frac{1}{2}mv_C^2 \Big|_1^2 + \frac{1}{2}\vec{\omega} \cdot \vec{H}_C \tag{2.45}$$

其中 $\vec{H}_C = (I_{xx}\omega_x - I_{xy}\omega_y - I_{xz}\omega_z)\vec{i} + (I_{yy}\omega_y - I_{yx}\omega_x - I_{yz}\omega_z)\vec{j} + (I_{zz}\omega_z - I_{zx}\omega_x - I_{zy}\omega_y)\vec{k}$。

若將機械元件視為質點，則(2.45)式可化簡為：

$$\int_1^2 \vec{F} \cdot d\vec{r} = \frac{1}{2}mv^2 \Big|_1^2 \tag{2.46}$$

$$或 \int_1^2 \vec{M} \cdot d\vec{\theta} = \frac{1}{2}I\omega^2 \Big|_1^2$$

2.10-3 衝量與動量法

對於剛體動力分析之衝量與動量法，必須同時滿足線衝量動量與角衝量動量的動力平衡方程式，

$$\int_1^2 \vec{F}\,dt = m\vec{v}_C \Big|_1^2 \tag{2.47a}$$

$$\int_1^2 \vec{M}_C\,dt = \vec{H}_C \Big|_1^2 \tag{2.47b}$$

若將機械元件視為質點，則僅須滿足(2.47a)式或(2.47b)式其中之一即可。

例 2.5

如圖 2.14 所示，桿質量為 10 公斤，繞 O 點轉動(垂直平面上)，在如圖所示之位置瞬間，桿之角速度 $\omega = 3$ rad/s，試問在此瞬間

(1) 桿之角加速度為若干？

(2) O 點作用於桿之反力為若干？

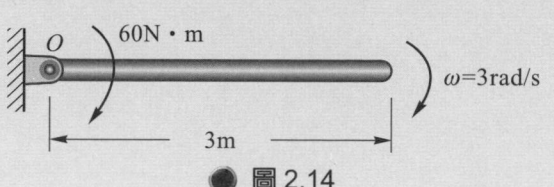

60N・m

$\omega = 3$rad/s

3m

● 圖 2.14

【解】

由牛頓第二定律

$$\Sigma M_0 = I_0 \alpha$$

$$\Rightarrow 60 + 10 \times 9.8 \times 1.5 = \left(\frac{1}{3} \times 10 \times 3^2 \right) \alpha$$

$$\Rightarrow \alpha = 6.9 \ (\text{rad/s}^2) \ (\circlearrowleft)$$

$$\Sigma F_n = ma_{Gn} \Rightarrow O_n = 10 \times 1.5 \times 3^2 = 135 \ (\text{N})$$

$$\Sigma F_t = ma_{Gt} \Rightarrow O_t + 10 \times 9.8 = 10 \times 1.5 \times 6.9$$

$$\Rightarrow O_t = 5.5 \ (\text{N})$$

$$R_0 = \sqrt{O_t^2 + O_n^2} = 135.11 (\text{N})$$

2.11　應力與應變

　　應力分成垂直應力與剪應力，而**應變**亦分成垂直應變與剪應變。空間任一剖面之應力可由三個垂直應力 σ_{xx}，σ_{yy}，σ_{zz} 與六個剪應力 τ_{xy}，τ_{yz}，τ_{zx}，τ_{yx}，τ_{zy}，τ_{xz} 來表示，並由靜力平衡得知 $\tau_{xy} = \tau_{yx}$，$\tau_{yz} = \tau_{zy}$，$\tau_{zx} = \tau_{xz}$，因此六個剪應力減為三個。其中對垂直應力 σ 與剪應力 τ 均有兩個下標：前面下標表示作用面的方向；後面下標表示作用力的方向。若 σ 與 τ 之兩個下標均在正方向或負方向，則定義為正；若一下標為正而另一下標為負，則定義為負。

　　應變與應力類似，空間任一剖面之應變，可由三個垂直應變 ε_x，ε_y，ε_z 與六個剪應變 γ_{xy}，

γ_{yz}，γ_{zx}，γ_{xz}，γ_{yz}，γ_{zy} 來表示，其中 $\gamma_{xy} = \gamma_{yx}$，$\gamma_{zx} = \gamma_{xz}$，$\gamma_{yz} = \gamma_{zy}$。並定義桿件受拉應力所生之拉應變為正；桿件受壓應力所生之壓應變為負；兩正面或兩負面間之夾角減小時，所對應之剪應變為正；兩正面或兩負面間之夾角增加時，所對應之剪應變為負。

如圖 2.15 所示，有一桿長為 L，剖面 $m-n$ 之截面積為 A，受一軸向力 F 後伸長 δ，則該桿所受之垂直應力 σ、垂直應變 ε 與其間的線性關係式為：

$$\sigma = \frac{F}{A} \tag{2.48}$$

$$\varepsilon = \frac{\delta}{L}$$

$$\sigma = E\varepsilon$$

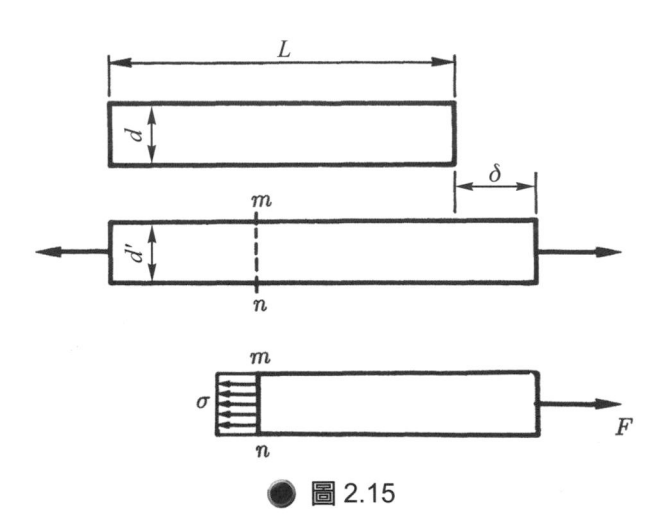

● 圖 2.15

(2.48)式中 E 稱之為材料的彈性模數，而此方程式稱為**虎克定律**。在圖 2.15 中受拉力之桿件，在橫向之長度由 d 變小為 d'，而產生一橫向應變，此橫向應變與軸向應變之比稱為**蒲松氏比**(Poission's Ratio)v(nu)，即：

$$v = -\frac{\text{橫向應變}}{\text{軸向應變}} \tag{2.49}$$

如圖 2.16 所示，有一厚度 h 之延性材料，在截面 $m-n$ 上覆以一面積為 $A = a \times b$ 之薄鋼板，並在鋼板上作用一水平力 F，則該材料所承受之平均剪應力、平均剪應變 γ 與其間之線性關係為：

$$\tau = \frac{F}{A} \tag{2.50}$$

$$\gamma = \tan^{-1} \frac{d}{h} \approx \frac{d}{h}$$

$$\tau = G\gamma$$

(2.50)式中之 G 稱為該材料之**剪力彈性模數**，其與拉力彈性模數 E 之關係為：

$$G = \frac{E}{2(1+\nu)} \tag{2.51}$$

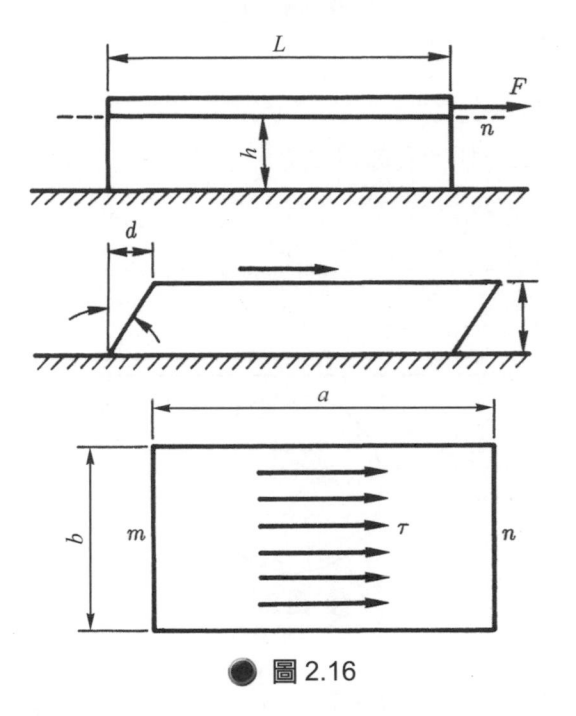

● 圖 2.16

2.12　扭轉應力

　　當一機械元件受到繞其縱軸旋轉之力偶時，該元件將在其截面與軸表面承受剪應力且產生扭曲。如圖 2.17 所示，T 為力偶(或稱扭力)，R 為軸半徑($D = 2R$)，τ 為截面 $m-n$ 任意半徑 r 處之剪應力，$\tau_{\max}$ 為軸表面 R 處之最大剪應力，J 為截面對軸心之面積慣性矩 $\frac{\pi D^4}{32}$，其剪應力為：

$$\tau = \frac{Tr}{J} \tag{2.52}$$

$$\tau_{\max} = \frac{TR}{J}$$

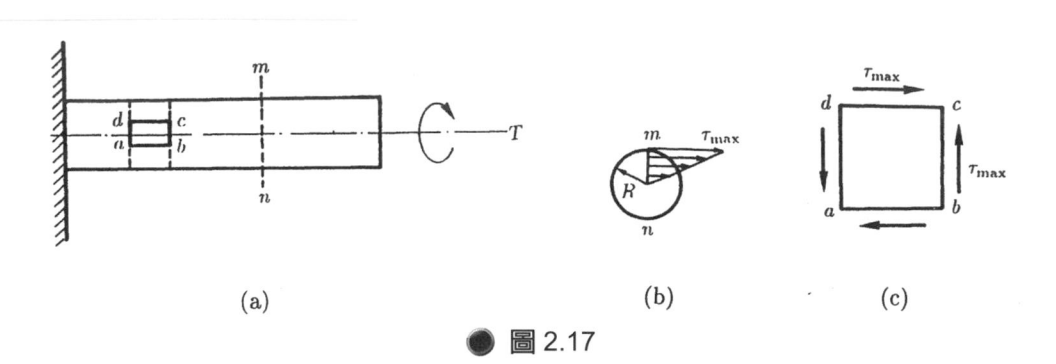

(a)   (b)   (c)

● 圖 2.17

例 2.6

求如圖 2.18 所示煞車之 a 值，若鼓輪之直徑為 200mm，扭矩為 5000N-mm，摩擦係數為 0.25，$P = 100$ N。

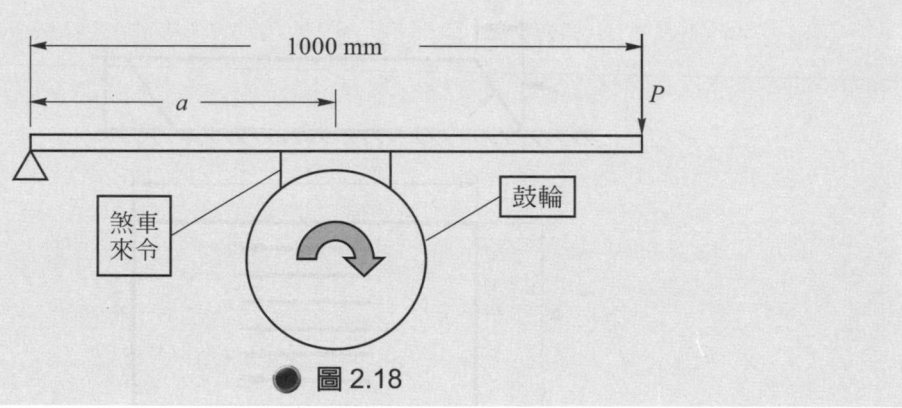

● 圖 2.18

【解】

忽略煞車來令摩擦面到槓桿支撐點中心之距離

$T = F_f r$，$5000 = F_f \times 1000$

得鼓輪與煞車令間之摩擦力 $F_f = 50$ N

$N = \dfrac{F_f}{\mu} = \dfrac{50}{0.25} = 200$ N

對煞車槓桿支點取力矩平衡，如圖所示

$P \times 1000 = N \times a$

$100 \times 1000 = 200 \times a$

得 $a = 500$ mm

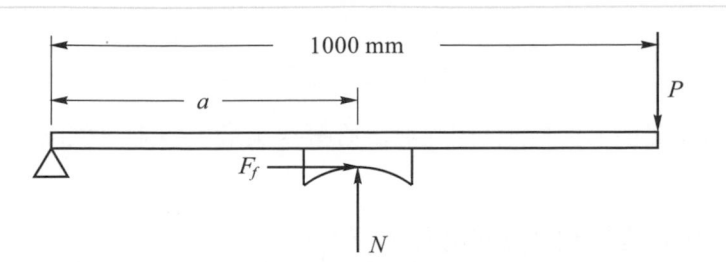

2.13 樑中剪力與彎曲力矩

機械元件中承受垂直負荷而產生彎曲抗力者,稱之為**樑**(Beam)。一般的樑除了垂直負荷之作用外,可能還承受彎矩、軸向力、熱效應等。對樑類之機械元件進行強度設計前,必須先求得樑中所受剪力與彎曲力矩之分佈情形,然而其分析的方法有三種:截面法、函數法與面積法。

2.13-1 分佈負荷、剪力與彎矩之關係

如圖 2.19 所示,q 為單位長之分佈力並以向下為正,V 與 M 分別為 x 處之剪力與彎矩,且依圖 2.19(b)與(c)定義其正負號。有關 q、V 與 M 之間的關係式為:

$$\frac{dV}{dx} = -q \tag{2.53}$$

$$\frac{dM}{dx} = V$$

(a)   (b)   (c)

● 圖 2.19

2.13.2　截面法

此法適用於求解某特定斷面之剪力與彎矩，因此無法直接找出最大彎矩之截面位置與其大小。求解步驟為：

(1) 先取整個樑之自由體，求得支撐點之反作用力。

(2) 從欲求取之斷面剖開該樑，並取左半部或右半部為自由體後，利用靜平衡方程式求得該截面之剪力與彎矩。

2.13-3　函數法

此法適用於求解整個樑之剪力與彎矩的分佈情形，但常因承受多個不連續力，而須列出多個方程式，始能繪出分佈圖，以致計算過程複雜。其求解步驟為：

(1) 先取整個樑之自由體，求得支撐點之反作用力。

(2) 取樑之左端或右端為座標系統之原點，利用集中負荷、外力偶矩與不連續分佈荷重等處，將樑分成若干段，並分別對原點取自由體，以求得各段之剪力與彎矩為位置 x 之各個不同之函數。

(3) 利用各段剪力與彎矩之函數，劃出其分佈圖。

2.13-4　面積法

此法與函數法一樣適用於求解整個樑之剪力與彎矩之分佈圖。當樑上荷重非常複雜時，則面積法將較函數法顯得容易些，也是機械元件設計中常用的方法，其步驟為：

(1) 先取整個樑之自由體，求得支撐點之反作用力。

(2) 以集中負荷、加外偶矩與不連續分佈荷重等處為分段點，然後利用分佈荷重、剪力與彎矩之關係，求得各段點之剪力與彎矩之差值，如：

$$V_b = V_a - \int q \, dx$$

$$M_b = M_a + \int V \, dx$$

(2.54)

由(2.54)式可知在剪力圖中之面積和為零時，表示樑中不受外加偶矩。

(3) 劃出各段之剪力與彎矩之分佈圖，其要點如下：

　① 無分佈荷重區段，剪力圖為水平直線，彎矩圖為傾斜直線。

　② 均勻分佈荷重區段，剪力圖為傾斜直線，彎矩圖為二次曲線(拋物線)。

③　斜直分佈荷重區段，剪力圖為二次曲線，彎矩圖為三次曲線。

例 2.7

如圖 2.20 所示，懸臂樑受集中力 F = 10000 N 及分佈力 w = 8000 N/m 作用，$L_1 = L_2$ = 1.0 m，請繪出此樑沿 x 方向分佈之

(1)　剪力分佈(shear diagram)

(2)　彎矩分佈(moment diagram)

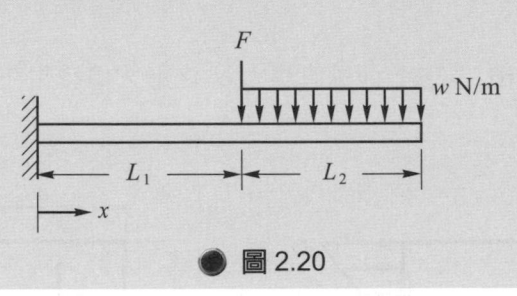

● 圖 2.20

【解】

(1)　由靜力平衡式計算支承反力

$$\Sigma F_y = 0 \Rightarrow R_y = 10000 + 8000 \times 1 = 18000 \text{ (N) } (\uparrow)$$

$$\Sigma M = 0 \Rightarrow M = 10000 \times 1 + 8000 \times 1.5 = 22000 \text{ (N-m) } (\circlearrowleft)$$

(2)　剪力圖及彎矩圖

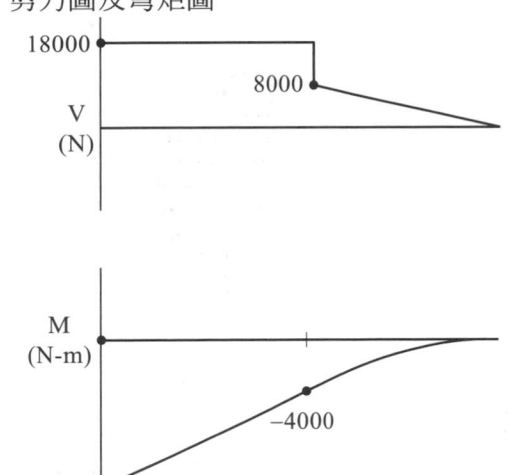

2.14　樑中彎曲應力與剪應力

由圖 2.19(a)樑中 x 處所獲知之彎矩，可求得該剖面垂直應力之分佈情形，如圖 2.21(a)所示，其方程式為：

$$\sigma_x = \frac{My}{I} \tag{2.55}$$

式中 I 為截面對 z 軸之面積二次矩。而垂直應力 σ_x 之最大值發生在 $y = C_1$ 或 $-C_2$ 之兩端點，在方形截面時 $C_1 = C_2$。

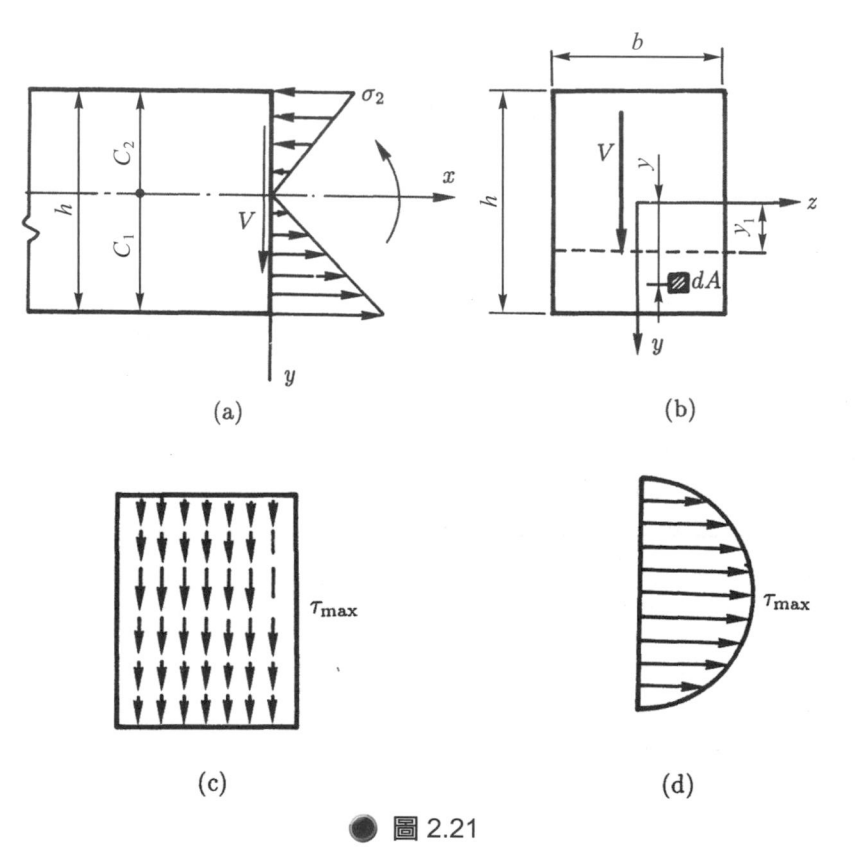

(a)　　　　　(b)

(c)　　　　　(d)

● 圖 2.21

由圖 2.19(a)樑中 x 處所獲知剪力 V，可求得該剖面剪應力之分佈情形，如圖 2.21(b)、(c)與(d)所示，其方程式表示為：

$$\tau = \frac{VQ}{Ib} = \frac{V}{Ib} \int_{y_1}^{c_1} y \, dA \tag{2.56}$$

式中可看出 τ 之最大值是位於 $y_1 = 0$ 之處(即形心軸 x, y, z)；當截面積為方形時 $\tau_{\max} = \dfrac{3V}{2A}$；

圓形截面時 $\tau_{\max} = \dfrac{4V}{3A}$。

例 2.8

一截面積 $A = 1200$ mm^2 之柱，受 $P = 90$ kN 的壓縮軸向力(如圖 2.22)，請計算並繪出一個平行截面 pq 的微小元素 a 之應力分佈圖。

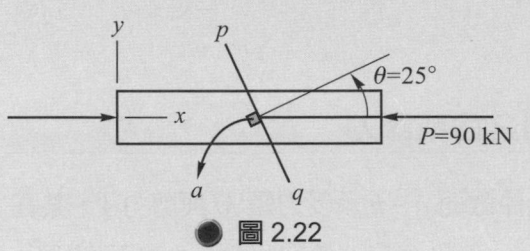

● 圖 2.22

【解】

(1) 應力分析

$$\sigma_x = \frac{-90000}{1200} = -75 \,(\text{MPa})$$

$$\sigma_y = 0$$

$$\tau_{xy} = 0$$

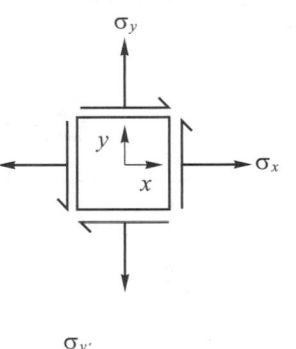

(2) 元素 a 之應力態

由平面應力轉換公式

$$\sigma_{x'} = \frac{\sigma_x + \sigma_y}{2} + \frac{\sigma_x - \sigma_y}{2}\cos 50° + \tau_{xy}\sin 50°$$

$$= 61.6 \,(\text{MPa})$$

$$\sigma_{y'} = \sigma_x + \sigma_y - \sigma_{x'} = -13.4 \,(\text{MPa})$$

$$\tau_{x'y'} = \frac{\sigma_x - \sigma_y}{2}\sin 50° + \tau_{xy}\cos 50° = 28.73 \,(\text{MPa})$$

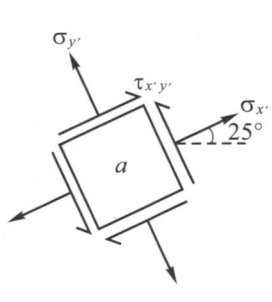

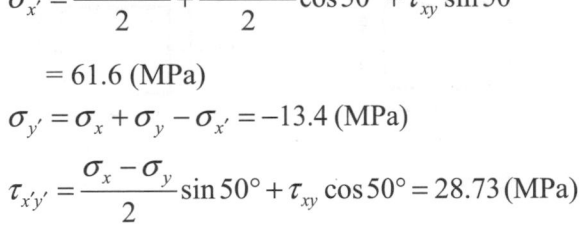

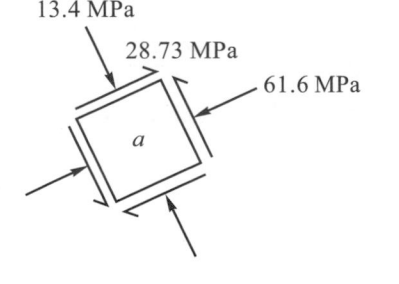

2.15　合成應力

　　一機械元件之截面可能同時承受軸向力、扭力、彎矩與剪力等四種負載，或是僅受其中三種或兩種負載，此種機械元件之應力稱為**合成應力**。例如臥式泵浦之轉軸常考慮為扭力、彎矩與剪力之合成應力；立式泵浦之轉軸為軸向力與扭力之合成應力；螺旋彈簧為扭力與剪力之合成應力；受偏心負載之桁架元件為軸向力與彎矩之合成應力；受彎矩與剪力之合成應力樑。

2.15-1　彎矩與剪力之合成應力

　　如圖 2.23 之機械元件截面 $n-n$ 承受力矩 M 與剪力 V，其在 A，B 與 C 三點所受之應力如圖 2.23(c)、(d)與(e)，然後利用下節即將討論之摩爾圓找出主應力，再選用適當之破壞理論進行強度設計，決定元件之尺寸。

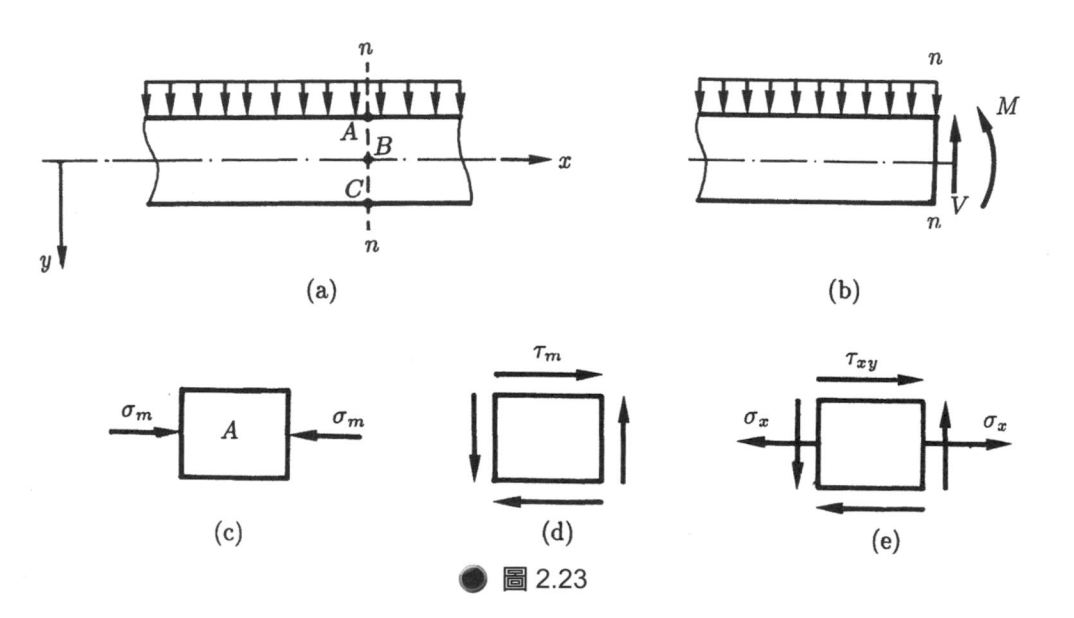

● 圖 2.23

2.15-2　軸向力與彎矩之合成應力

　　如圖 2.24 所示之機械元件承受一偏心之軸向荷重 F，因此在截面 $n-n$ 上形成一軸向應力 σ_a 與彎曲應力 σ_M 之合成應力，如圖 2.24(c)。

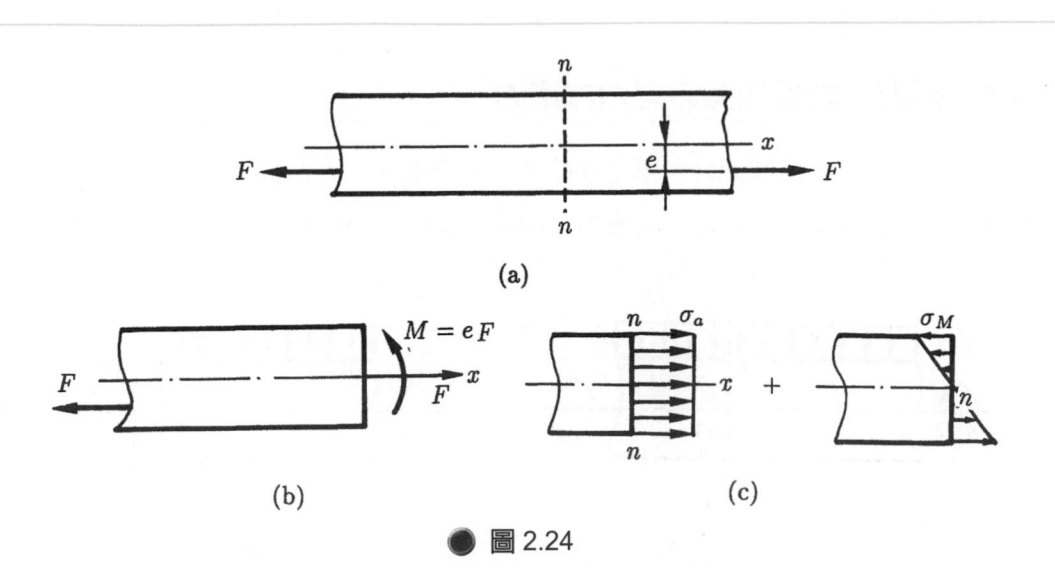

(a)

(b)　(c)

● 圖 2.24

2.15-3　扭力與剪力之合成

如圖 2.25 所示之機械元件(螺旋彈簧)，承受一 V 力後，在截面 $n-n$ 上形成一剪應力 τ_s 與扭轉應力 τ_t 之合成應力，如圖 2.25(b)。

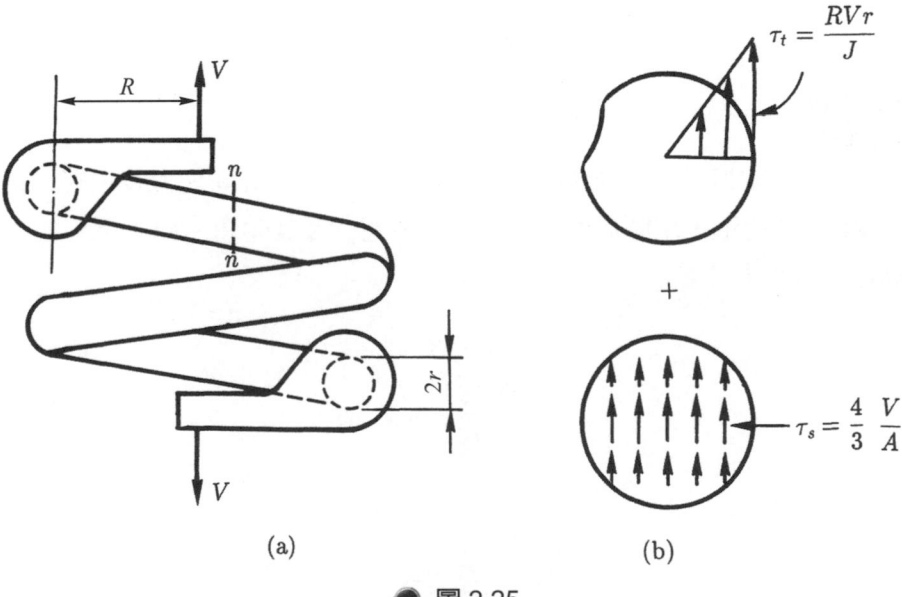

(a)　(b)

● 圖 2.25

2.15-4　扭力、彎矩與剪力之合成應力

　　如圖 2.26 所示之機械元件，承受扭力及分佈負載後，在截面 $n-n$ 上形成一扭轉應力 τ_t、彎曲應力 σ_M 與剪應力 τ_s 之合成應力，如圖 2.26(c)、(d)與(e)。

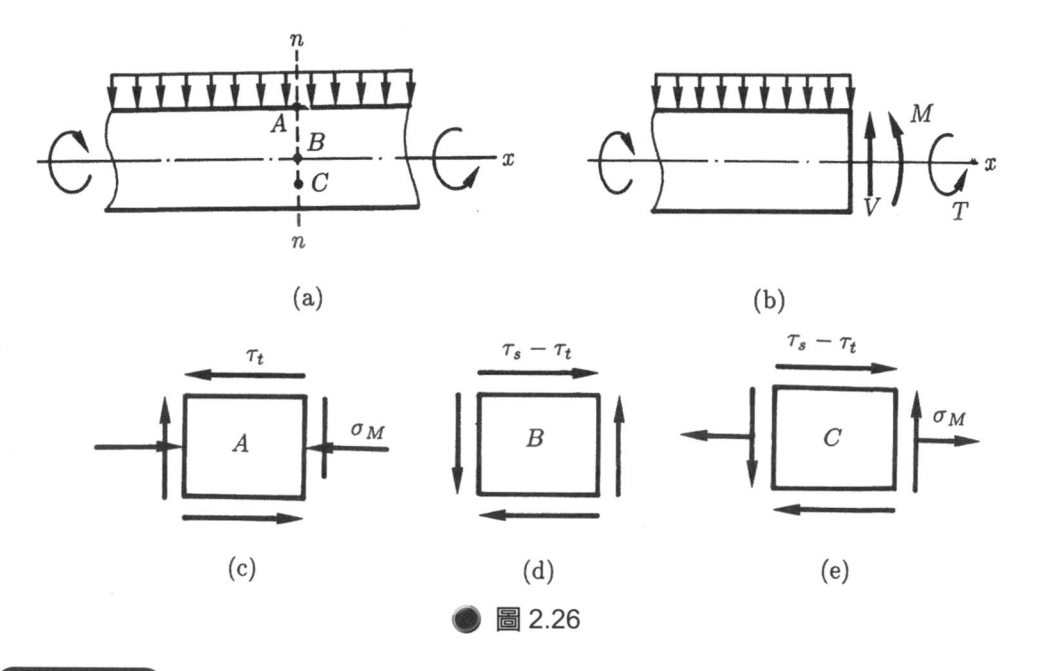

(a)　　　　　　　　　　　　　　　(b)

(c)　　　　　　　　(d)　　　　　　　　(e)

● 圖 2.26

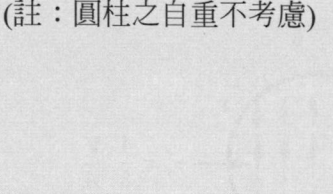

例 2.9

有一直徑 40 mm 之圓柱，下端固定，上端承載 900 N 之軸向拉力及逆時針扭矩 2.50 N-m，如圖 2.27 所示，求圓周面上 P 點之主軸應力及其轉角。

(註：圓柱之自重不考慮)

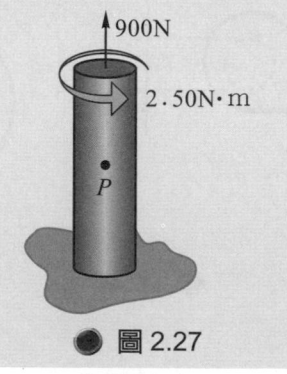

● 圖 2.27

【解】

(1) P 點之應力態

$\sigma_x = 0$

$\sigma_y = \dfrac{90}{\dfrac{\pi}{4}(40)^2} = 0.716 \text{ (MPa)}$

$\sigma_{xy} = \dfrac{2500 \times 20}{\dfrac{\pi}{4}(20)^2} = 0.2 \text{ (MPa)}$

(2) 主應力及主壓力面

$\sigma_{1,2} = \dfrac{\sigma_x + \sigma_y}{2} \pm \sqrt{\left(\dfrac{\sigma_x - \sigma_y}{2}\right)^2 + \tau_{xy}^2} = 0.768,\ -0.052 \text{ (MPa)}$

$\theta_P = \dfrac{1}{2}\tan^{-1}\left(\dfrac{2\tau_{xy}}{\sigma_x - \sigma_y}\right) = -14.6°,\ 75.4°$

2.16　摩爾圓

考慮機械元件在平面所受軸向力、扭轉力、彎矩與剪力之應力狀態稱之為平面應力，如圖 2.28 所示。如欲求得轉動 θ 角後之應力狀態，如圖 2.28(b)，則可利用摩爾圓進行分析。以水平向右為垂直應力 σ 之正方向，垂直向下為剪應力 τ 之正方向，以 $\dfrac{1}{2}(\sigma_x + \sigma_y)$ 為圓心 C，$\left[\dfrac{1}{4}(\sigma_x - \sigma_y)^2 + \tau_{xy}^2\right]^{\frac{1}{2}}$ 為半徑劃出一圓，如圖 2.29 所示。將 $\triangle ABC$ 以 C 為圓心順著圖 2.28(b)之轉動方向旋轉 2θ，則可求出 σ'_x，τ'_{xy} 與 σ'_y 為：

$$\sigma'_x = \frac{1}{2}(\sigma_x + \sigma_y) + \frac{1}{2}(\sigma_x - \sigma_y)\cos 2\theta + \tau_{xy}\sin 2\theta \qquad (2.57)$$

$$\tau_{x'y'} = \tau_{xy}\cos 2\theta - \frac{1}{2}(\sigma_x - \sigma_y)\sin 2\theta$$

$$\sigma'_y = \sigma_x + \sigma_y - \sigma'_x = \frac{1}{2}(\sigma_x + \sigma_y) - \frac{1}{2}(\sigma_x - \sigma_y)\cos 2\theta - \tau_{xy}\sin 2\theta$$

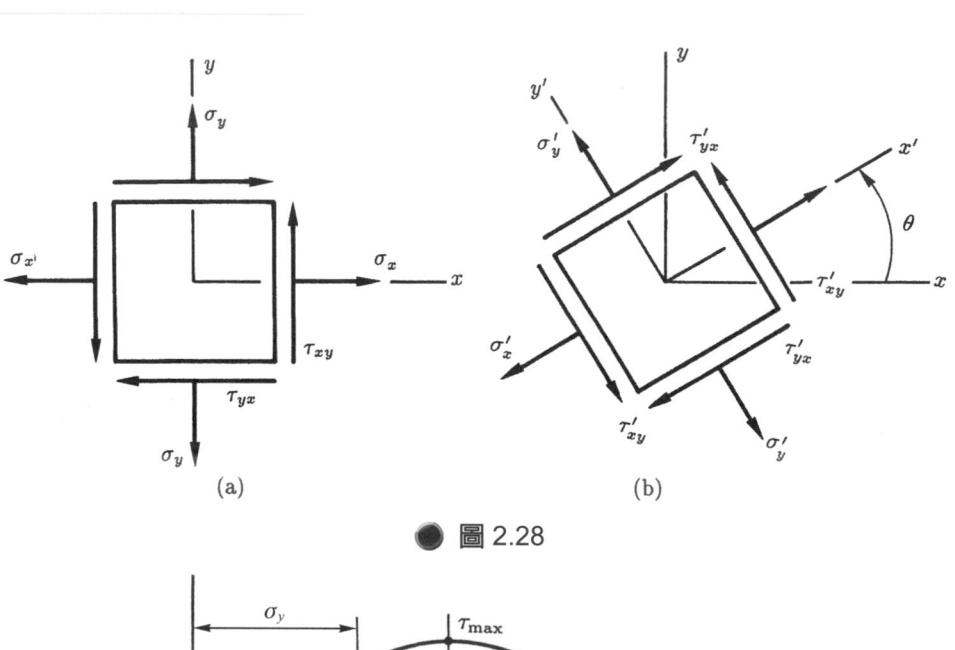

(a)   (b)

● 圖 2.28

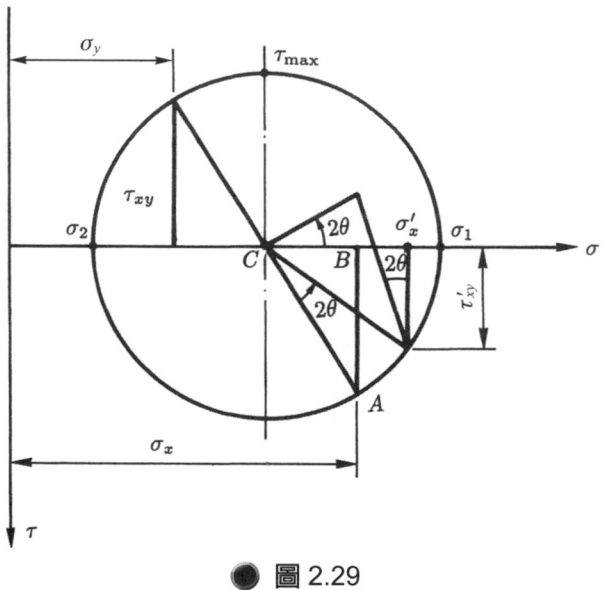

● 圖 2.29

圖 2.29 之圓稱為**摩爾圓**，其中 σ_1 與 σ_2 稱為**主應力**，也是最大與最小之垂直應力，而最大剪應力 τ_{xy} 就是摩爾圓半徑的大小。

$$\sigma_1 = \frac{1}{2}(\sigma_x + \sigma_y) + \left[\frac{1}{4}(\sigma_x - \sigma_y)^2 + \tau_{xy}^2\right]^{\frac{1}{2}} \tag{2.58}$$

$$\sigma_2 = \frac{1}{2}(\sigma_x + \sigma_y) - \left[\frac{1}{4}(\sigma_x - \sigma_y)^2 + \tau_{xy}^2\right]^{\frac{1}{2}}$$

$$\tau_{max} = \left[\frac{1}{4}(\sigma_x - \sigma_y)^2 + \tau_{xy}^2\right]^{\frac{1}{2}}$$

(2.58)式常用爲強度設計之參考值。

關於平面應變之摩爾圓，則類似應力之摩爾圓，但必須以 ε_x，ε_y，$\dfrac{\gamma_{xy}}{2}$，ε'_x，ε'_y 與 $\dfrac{\gamma'_{xy}}{2}$

分別取代 σ_x，σ_y，τ_{xy}，σ'_x，σ'_y 與 τ'_{xy}，

$$\varepsilon'_x = \frac{1}{2}(\varepsilon_x + \varepsilon_y) + \frac{1}{2}(\varepsilon_x - \varepsilon_y)\cos 2\theta + \frac{1}{2}\gamma_{xy}\sin 2\theta \tag{2.59}$$

$$\frac{1}{2}\gamma'_{xy} = \frac{1}{2}\gamma_{xy}\cos 2\theta - \frac{1}{2}(\varepsilon_x - \varepsilon_y)\sin 2\theta$$

$$\varepsilon'_y = \varepsilon_x + \varepsilon_y - \varepsilon'_x$$

關於受三維應力之一般情況，如圖 2.30 所示。首先必須利用(2.60)式求得三個實根即主應力 σ_1，σ_2 與 σ_3：

$$\sigma^3 - A\sigma^2 + B\sigma - C = 0 \tag{2.60}$$

式中：$\begin{cases} A = \sigma_x + \sigma_y + \sigma_z \\ B = \sigma_x\sigma_y + \sigma_x\sigma_z + \sigma_y\sigma_z - \tau_{xy}^2 - \tau_{xz}^2 - \tau_{yz}^2 \\ C = \sigma_x\sigma_y\sigma_z + 2\tau_{xy}\tau_{yz}\tau_{xz} - \sigma_x\tau_{yz}^2 - \sigma_y\tau_{xz}^2 - \sigma_z\tau_{xy}^2 \end{cases}$

然後依此劃出圖 2.30(b)之摩爾圓，做爲強度設計之參考。

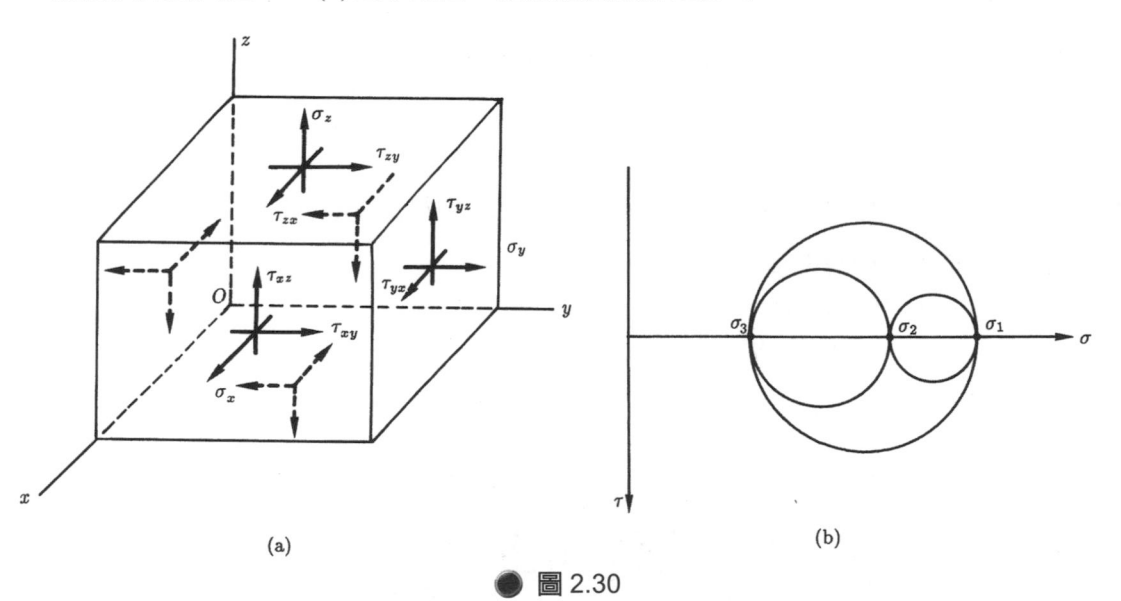

(a)　　　　　　　　　　(b)

● 圖 2.30

習 題

2.1　何謂慣性參考座標(Inertia Reference Frame)？

2.2　何謂自由體原理(Free-Body Principle)，詳細說明之。

2.3　試解釋力偶(Couples)與偶矩(Couple Moment)之意義？

2.4　如圖所示，P、Q、S為已知作用力作用於一平面桁架上，如果要求出 A、B 兩點的反作用力，依照平面一般力系的平衡，我們可能列出下列三種平衡方程式：

(1) $\Sigma F_x = 0$，$\Sigma F_y = 0$，$\Sigma M_A = 0$；

(2) $\Sigma F_x = 0$，$\Sigma M_A = 0$，$\Sigma M_B = 0$；

(3) $\Sigma M_A = 0$，$\Sigma M_B = 0$，$\Sigma M_o = 0$(可為任意點)。

如果已知(1)式成立，請以(1)式為準討論(2)和(3)成立的原因和條件。

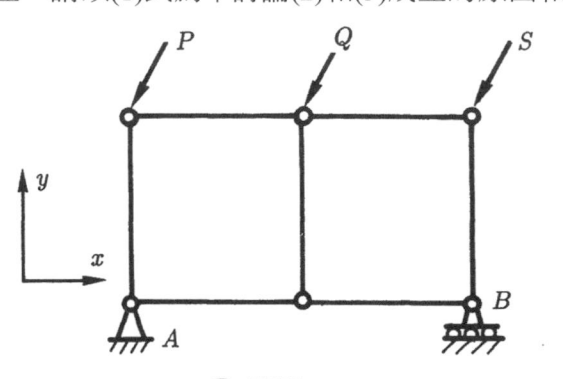

● 習題 2.4

2.5　如圖所示，圓柱 A 及 B 重量分別為 W_1 和 W_2，半徑分別 r_1 和 r_2。若不計接觸面的摩擦力，試求平衡時的 β 角。

答：$\beta = \dfrac{\tan^{-1}(W_2 \cot \alpha_1 - W_1 \cot \alpha_2)}{(W_1 + W_2)}$

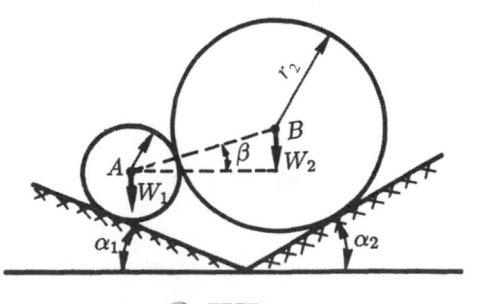

● 習題 2.5

2.6　一 15m 的均勻桿，質量 150kg，藉著靠於垂直牆的平滑端，與垂直線之拉力 T 支撐，試求 A 與 B 的反力。

答：$N_A = 327$N，$N_B = 327$N

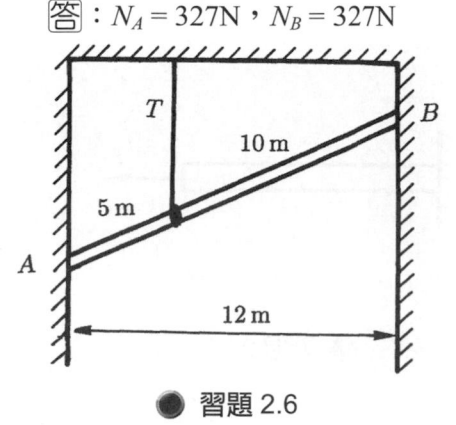

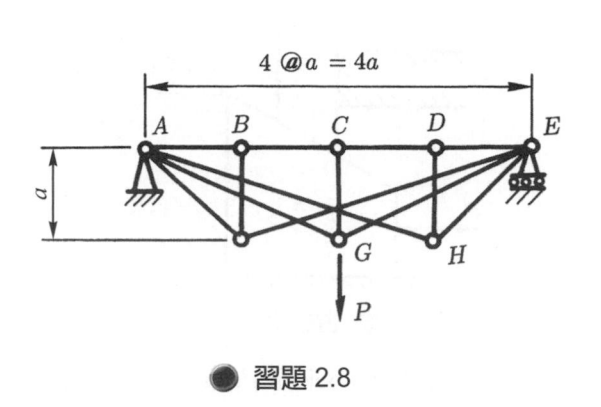

● 習題 2.6　　　　　　　　　　　● 習題 2.8

2.7　何謂靜不定樑？其物理意義為何？

2.8　如圖所示之桁架，試決定各桿件的內力。

答：$S_{GE} = S_{GA} = \dfrac{\sqrt{5}}{2} P$(拉力)，$S_{AB} = S_{BC} = S_{CD} = S_{DE} = -P$(壓力)

2.9　有一繩索對一固定圓柱圍繞兩圈，如圖所示。若繩子的右端承受 1500N 的拉力，左端承受 30N 的拉力時，剛好可拉住該繩而免於滑動，試求所須的摩擦係數。

答：$\mu = 0.311$

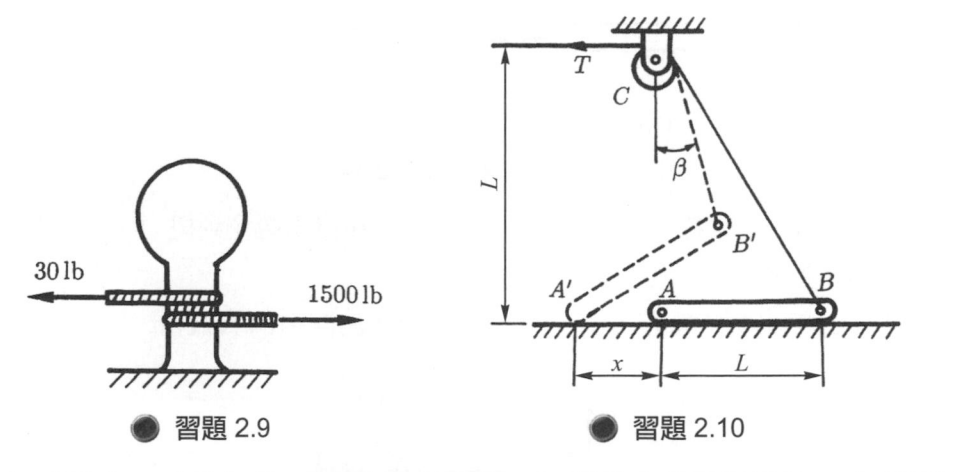

● 習題 2.9　　　　　　　　　　　● 習題 2.10

2.10　長度 l 與重量為 W 之均勻桿，其最初之位置為 AB。當施力於跨過滑輪 C 之繩子時，樑將首先在地板上滑動而後升高。試分析該樑慢慢提高到 $\theta = 30°$ 之位置 $A'B'$ 時之 β 值為何？假設桿子與地面間靜摩擦係數 $\mu = 0.4$。

答：$\beta = 36.5°$

2.11 如圖所示，方塊 A 與 B 之重量，分別為 800N 與 400N。試決定使方塊 A 向左移動所須之最小力 F。假設所有接觸面之摩擦係數均為 0.25。

答：F = 1516.6N

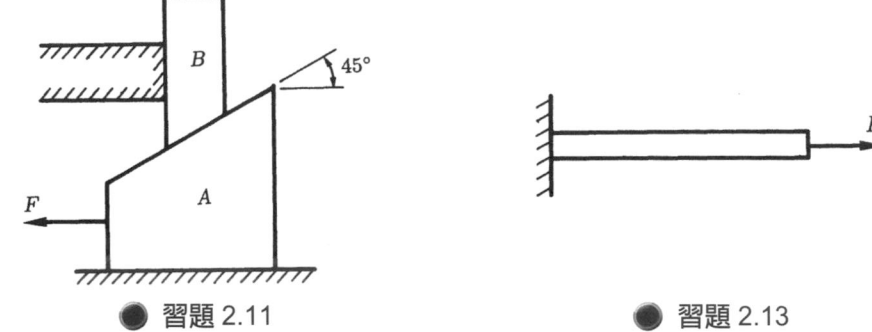

● 習題 2.11   ● 習題 2.13

2.12 何謂自鎖(Self-Locking)？試說明其意義？

2.13 如圖一矩形桿，桿長 1500mm，截面積 75mm × 13mm，彈性係數 E = 206900MPa。當桿受 P = 22500N 拉力時，求桿之應力？

答：σ = 23.08MPa

2.14 如圖中桿件受一 P = 50kN 的力，圓銷直徑為 25mm。試求圖(a)和(b)情形下，分別求出圓銷所受剪應力。

答：τ_a = 102MPa，τ_b = 51MPa

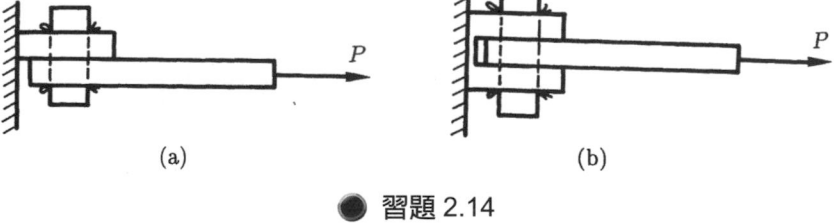

(a)   (b)

● 習題 2.14

2.15 如圖所示一懸臂樑，長 10cm，直徑 2cm，在自由端受到扭力、拉力及橫向力，求 A 點處所受之最大剪應力及主應力。

答：τ_m = 4481N / cm^2，σ_1 = 8778 N / cm^2，σ_2 = −184 N / cm^2

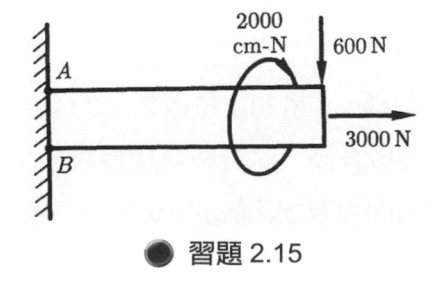

● 習題 2.15

第三章　機械工程材料

本章大綱

3.1　緒論

　　機械元件所用的材料，是設計者所必須決定的一項重要工作，材料的選擇是元件尺寸決定的主要因素，如果不知道材料的強度，則元件的應力分析就變成毫無意義，所以了解各種機械工程所用材料的性質是非常必要的。另外在選擇材料時，亦不能僅考慮到元件的應力與應變值，也必須同時考慮其他因素之影響，例如設計時常須考慮材料的抗蝕性、溫度效應或耐磨耗性等。

3.2　金屬材料機械性質及試驗

1. 物理性質：某一物體的重量和同體積的 4℃的水之重比叫做比重。

   (1) 比重：比重大於 4 者為重金屬，以鋨(Os)比重(22.57)最大，其次是銥(Ir)比重(22.5)。比重小於 4 為輕金屬如鋁(2.7)，鎂(1.74)及鈹(1.85)。

   (2) 比熱：係使 1 克的某金屬在標準狀態下，溫度升高 1℃所需之熱量(卡)。比熱與金屬種類、成分、純度及加熱溫度有關。

   (3) 熔點：金屬加溫至溶解時的溫度，謂之熔點。常溫為固態的金屬以鎢(W)最高(3410℃)，以錫(Sn)最低(232℃)。

   (4) 沸點：金屬材料由液態加溫使成氣態時之溫度。以鎢最高 5930℃，以汞最低 357℃。

   (5) 熱膨脹係數：分為體膨脹係數(升溫 1℃或 1℉)，體積之增加率及線膨脹係數(升溫 1℃或 1℉長度之增加率)，而體為線約 3 倍多，一般熔點低膨脹係數愈大，其中以鋅為最大其次鉛(Pb)，鎂(Mg)等。鎢(W)，鉬(Mo)線膨脹係數最小。

   (6) 導熱度：1cm 立方體之相對兩面間；溫差為 1℃時，在 1 秒內由高溫面移動至低溫面的熱量叫做導熱度，以 cal/cm-sec℃ 為單位。金屬導熱度與其成分純度成正比。而導熱度低者，其熱膨脹係數較大(反比)。導熱度以銀(Ag)為最高，其次為銅(Cu)及鋁(A1)，最低者為鉍(Bi)及鎘(Cd)。

   (7) 電阻係數：又稱比電阻及比阻力以 ρ 表示之，單位為 $\mu\,\Omega cm$，在上式中 R 是電阻(Ω, Ohm)，L 是長度(cm)，A 是斷面積(cm^2)，金屬電阻隨溫度增加而增大，其中以銀(Ag)最小。

(8) 磁性：具有吸引鐵金屬之能力，謂之磁性，一般分爲：

① 強(鐵)磁性體：受磁極強力吸引，並可將磁力線高度集中，強(鐵)磁性材料有鐵(Fe)，鈷(Co)，鎳(Ni)等。

② 常(順)磁性體：極性與 Fe 同，但磁化強度微弱而不被吸引，有鋁(A1)，鉑(Pt)等。

③ 反(逆)磁性體：被磁極微弱排斥的物質，如銅(Cu)，銀(Ag)，金(Au)及鋅(Zn)。

2. 機械性質

機械性質含義甚廣，一般指金屬材料承受機械力作用時所表現之各種性質，茲將一些重要之機械性質定義如下：

(1) 強度(Strength)：強度爲材料承受各種外加負載，在不破壞之範圍內所能承受之最大應力，如抗拉強度、抗壓強度、抗彎強度、抗剪強度、抗扭強度、疲勞強度及潛變強度等。

(2) 硬度(Hardness)：硬度爲材料表面對於被局部穿透之抵抗能力，硬度愈大之材料對於磨耗、刮刻及壓傷之抵抗能力較高。一般鋼材之硬度約與強度成正比。

(3) 延性(Ductility)：指在不破壞的範圍內，材料能發生永久變形的能力，如伸長率、斷面收縮率等。

(4) 韌性(Toughness)：爲材料對於衝擊負載之抵抗能力，或承受衝擊負載時，材料吸收衝擊能量之能力，如衝擊值。

(5) 展性(Malleability)：爲材料鎚鍛爲薄片時，不破裂之能力，展性與材料之延性及柔軟程度有關。

3.2-1　拉伸試驗(或抗拉試驗，Tensile test)

1. 目的：拉伸試驗的目的在測定材料的強度和延性。

2. 設備及試驗：將欲試驗之材料作成一定形狀及尺寸之標準試片並夾緊於拉伸驗機上之兩夾頭，然後沿試片之軸方向逐漸增加荷重，徐徐拉伸，直至破裂爲止。

P：比例極限　　　　　　　P_P：比例極限時之荷重

E：彈性極限　　　　　　　P_E：彈性極限時之荷重

Y：降(屈)服點　　　　　　P_Y：降(屈)服點之荷重

M：極限強度　　　　　　　P_M：極限強度時之荷重

B：破壞點

3. 應力應變圖

(1) 比例限

$$\sigma_P = \frac{P_P}{A_O} \, (\text{kg/mm}^2) \tag{3.1}$$

P 點以下材料荷重與伸長量成正比，而能維持此正比關係之最大應力即為比例限。在比例限內，荷重與伸長量遵循虎克定律而變化。(即伸長量與荷重成正比)

(2) 彈性限

$$\sigma_E = \frac{P_E}{A_O} \, (\text{kg/mm}^2) \tag{3-2}$$

E 點以下材料所能承受荷重，而荷重除去後，不呈現永久變形之最大應力即為彈性限。

(3) 降(屈)伏點

Y_1，Y_2 及 Y_3 點為降伏點，當所加荷重超過比例限 P 點時，荷重－伸長量不成正比，而在 Y_1 點與 Y_2 點之間產生較大的伸長量變化，此現象稱為降伏；其中 Y_1 點為上降伏點，Y_2 點為下降伏點。

降伏之產生現象，乃由於原子平面之滑動造成差排移動，而發生塑性變形之現象，也稱為屈伏。

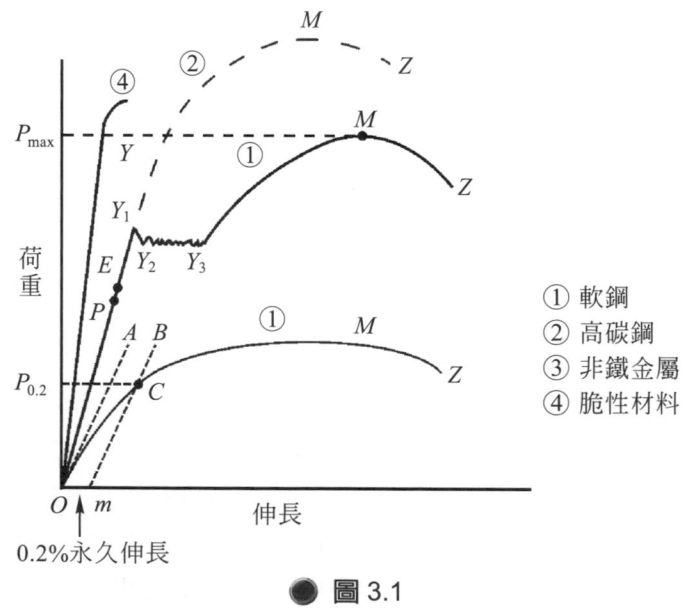

① 軟鋼
② 高碳鋼
③ 非鐵金屬
④ 脆性材料

● 圖 3.1

(4) 降伏強度(屈服強度，Yielding strength)：當荷重超過比例限界 P 點時，荷重與其伸長曲線便不依虎克定律成正比例，但荷重如超過彈性限界 E 點時，材料即開始發生永久變形。超過 Y_2 點後，變形突然急速增，雖然荷重不增加或減小，而變形量仍繼續增加，Y_1 點稱為降伏點，或稱上降伏點，也稱屈服點。降伏強度(σ_Y)即是降伏點的荷重 P_{Y_1} 除以試片原斷面積 A_O

$$\sigma_Y = \frac{P_{Y_1}}{A_O} \tag{3.3}$$

3.2-2　硬度試驗

1. 目的：測量材料表面對被硬物穿透的抵抗力。

2. **洛氏硬度**(HR，Rockwell Hardness)。依材料之軟硬不同可區分數種標度，在此僅就常用之 A，B，C 三種尺度分述之：

(1) A 尺度(HRA)：為試驗超硬材料者；如燒結碳化物，試驗的方法是加 60kg 之荷重，而由黑色刻度讀出。

(2) B 尺度(HRB)：為試驗如低碳鋼、銅合金等之一般硬度不太高金屬之尺度。試驗的方法是加 100kg 之荷重於 1/16 硬鋼球之壓痕器，由其壓入試件表面之壓痕器深度得硬度值。此法適用於 HRB 0 至 HRB 100 之材料，(HRB 100 約 HRC 22)，為紅色刻度盤。

(3) C 尺度(HRC)：為試驗高碳鋼，合金鋼等之一般硬度較高金屬之尺度。試驗的方法是加 150kg 之荷重於頂角 120° 之金鋼石圓錐之壓痕器，由其壓入試件表面之壓痕深度得知硬度值。此法適用於 HRC 20 至 HRC 70 材料，由黑色刻度盤讀出硬度。

$$\begin{aligned} &\text{HRC} = 100 - 500\text{t} \\ &\text{HRB} = 130 - 500\text{t} \end{aligned} \tag{3.4}$$

實際上要測定 HRA、HRB 或 HRC 時都要先加 10kg 小荷重，再加上 50kg、90kg 或 140kg 之大荷重。

3. **勃氏硬度**(HB，Brinell Hardness , BHN)

   (1) 為鋼珠壓痕試驗，較常用的鋼珠直徑有 5mm 及 10mm。

   (2) 若鋼珠直徑為 10mm 時，加於鋼材上之荷重為 3000kg，非鐵金屬材料為 500kg。

   (3) 硬度的計算：

$$HB = \frac{P}{\dfrac{\pi D}{2}(D - \sqrt{D^2 - d^2})} = \frac{P}{\pi Dh} \tag{3.5}$$

   (4) 鋼之抗拉強度約為 $\fallingdotseq 500$ BHN

   此試驗一般凹痕頗大，不適於直接測試成品的表面硬度。

4. **維克氏硬度**(HV，Vickers Hardness , VHN)

   係藉兩對面夾角為 136° 之金鋼石正方錐壓痕器，加荷重 P，將試片表面壓出一倒立的方錐體，量測對角線長度 d (mm)，代入下式計算出維克氏硬度。此硬度量測，應用於薄金屬及表面硬化之材料，如氮化層之表面硬度測定。

$$HV = 2\sin 68° \frac{P}{d^2} = 1.8544 \frac{P}{d^2} \tag{3.6}$$

5. **蕭氏硬度**(HS，Shore Hardness)

   是用衝擊荷重，為一動力試驗。以下端嵌有金鋼石之圓形小錘由一定高度 h_0 落下，撞擊水平試件之表面，以其落下後反跳之高度 h 決定硬度 HS，其特點是不在試件表面留下痕跡，且機種小巧，攜帶方便，適於檢驗及品管之應用，而由下式求出硬度值。

$$HS = \frac{10000}{65} \times \frac{h}{h_0} \tag{3.7}$$

3.2-3　衝擊試驗

1. 目的：測定材料之韌性，決定材料承受衝擊荷之能力。

2. 單位：kg-m/cm^2；ft-1b/in^2；J/m^2；kg-m

3. 種類：目前最常用有夏比(Charpy)及依佐得(Izod)試驗機。

W：擺錘重量(kg)

α：衝擊前擺角

β：衝擊後擺角

R：擺錘重心到迴轉中心距離(mm)

h_0：衝擊前擺高

h：衝擊後擺高

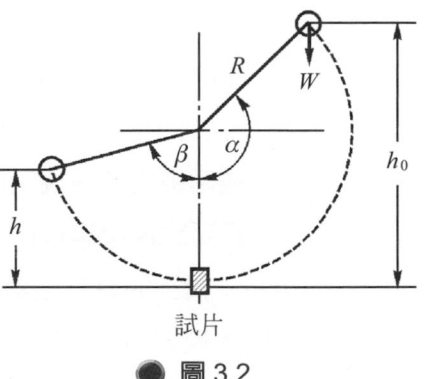

● 圖 3.2

若不考慮擺錘受空氣阻力或軸承摩擦力之影響，則：

因衝擊時被材料吸收之能量 E=擺動前後之位能差

由圖可知：

擺錘擺動前的位能= Wh_0

擺錘擺動後的位能= Wh

故　$E = Wh_0 - Wh = W(h_0 - h)$

$h_0 = R + R\cos(180° - \alpha) = R - R\cos\alpha$

$h = R - R\cos\beta$

所以　$E = W[(R - R\cos\alpha) - (R - R\cos\beta)]$

$\qquad = WR(\cos\beta - \cos\alpha)$ (kg-m)

愛曹特試驗法衝擊值的單位是 kg-m，沙孟試驗法衝擊值的單位為 kg-m/cm^3，cm^2 為
試片折斷部之斷面積，一般之試驗機都可由刻度盤讀出擺角或被吸收之能量。

4. 原理：

α：擺錘被提高到規定位置角度。

β：打斷試片後擺錘自由上升的角度。

擺錘的原有能量= $Wh_1 = WR(1 - \cos\alpha)$

擺錘的餘留能量= $Wh_2 = WR(1 - \cos\beta)$

若不考慮摩擦損失，則被材料吸收的能量(U)為

$U = Wh_1 - Wh_2 = WR(\cos\beta - \cos\alpha)$ \qquad\qquad\qquad (3.8)

其中

W：擺錘的重量(kg)

R：擺錘的重心到旋轉中心的距離(m)

α：擺錘被提高到規定位置(h_1)的角度

β：打斷試片後擺錘自由上升到高度 h_2 時的角度

Wh_1：擺錘的原有能量

Wh_2：擺錘的餘留能量

U 值叫做衝擊值，上式中的 W、R 和 α 是試驗機的定數，所以讀出 β 後即可計算出衝擊值；一般的試驗機都附有經過校正的刻度盤，可讀出擺角或被吸收的能量。艾氏試驗直接以 U 值為衝值(kgf-m)，而夏比試驗則將 U 值除以試片缺口之截面積(cm^2)作為衝擊值($kgf\text{-}m/cm^2$)。

3.2-4　疲勞試驗(Fatigue test)

材料在受到反覆或變化的應力作用時，雖然此應力遠低於抗拉強度或降伏強度，但經過多次反覆作用後，亦能使材料斷裂。這種由變化性應力所造成的破裂通常發生在機械使用一段時間以後，故稱為疲勞。

1. 目的：測定材料對於覆變應力(負荷)的抵抗能力，即決定材料的疲勞強度。

2. 設備及原理：最常見疲勞試驗機為旋轉樑式撓曲型試驗機；此式試驗機又分為橫樑型與懸壁型二種。

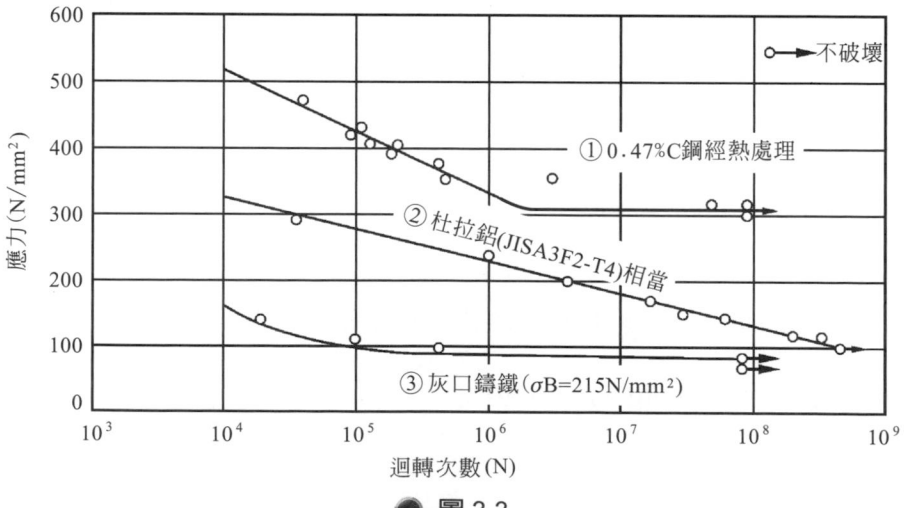

● 圖 3.3

3.2-5　潛變試驗

1. 目的：在高溫下，受到比較彈性限小的力量作用，材料會隨時間而漸漸發生變形稱
   為潛變；以潛變試驗測定材料的潛變界限(Creep limit)。

2. 試驗設備及原理：
   將材料置於高溫的環境中，以拉伸法測驗材料之潛變。

3. 潛變的三個階段：通常潛變曲線可分為三個階段，初加荷重時立即發生彈性應變 ε。
   其應變率(又稱潛變率，Creep rate)較大，隨時間的增加而逐漸減緩，這個階段叫做
   初期潛變(Primary creep)或過渡潛變(Transient Creep)。接著潛變增加率保持恆定，且
   為全部潛變過程中潛變率最低而所佔的時間最長，這個階段叫做第二期潛變
   (Secondary creep)或恆定潛變(Steady state creep, Steady rate creep)這個階段的潛變是
   機械設計的依據，而構件之使用壽命以第二期潛變結束以前為限。隨著時間增加，
   潛變率會加速增大，最後發生頸縮現象終至斷裂為止，這個階段叫做末期潛變(Final
   creep)或加速潛變(Accelerating creep)。

3.2-6　金相試驗及非破壞檢測

1. 金相顯微試驗
   (1) 目的：觀察晶粒形狀、大小、較大析出物、不純物及金相組織。
   (2) 試驗步驟：取樣⇒埋覆樹脂⇒粗研磨⇒精磨⇒蝕刻⇒顯微鏡觀察。

2. 穿透式電子顯微鏡(TEM)：可放大至六百倍至五十萬倍，適於觀察晶格子中的缺陷，
   差排的分佈，固相變態的過程及析出物等。

3. 掃描式電子顯微鏡(SEM)：放大二十倍至十萬倍，適於觀察材料表面之組織，檢查
   金屬之破壞斷面等。

4. 非破壞檢驗(NDT，Nondesfractive Inspection Test)
   (1) 液滲檢測法 (PT)：利用液體滲透劑被表面裂隙之毛細作用吸入，以呈現裂隙位
       置的方法。最常用的滲透劑是螢光滲透劑。
   (2) 磁粉探傷法 (MT)：用來測定表面或接近表面的裂隙。將磁粉撒在磁化工件的
       表面上，則磁粉在金屬不連續處(裂隙)匯集。
   (3) 超音波探傷法 (UT)：利用高頻率音束探測金屬缺陷的方法。缺陷的大小及位置
       均可準確測出。

(4) 放射線探傷法(RT)：利用放射線穿過物質內部，以觀察內部缺陷的方法。最常用的有兩種：一是 x－光探傷法，另一是 γ－射線探傷法。

3.3　碳鋼

　　金屬材料中使用最普遍的是鐵、鋼與鑄鐵材料，其中含碳量為 0.02%以下之鐵碳合金稱**鐵**，含碳量在 2%～6.67%以上之鐵碳合金稱為**鑄鐵**，而含碳量在 0.02%～2%之鐵碳合金稱為**碳鋼**。目前工業上使用材料中以碳鋼為最多，用途也最廣，其各種碳鋼的用途如表 3.1 所示。碳鋼除了含 C 以外又常含有 Mn，Si，P，S 等不純物，這些不純物的量太多時會影響鋼的性質。

● 表 3.1　各種碳鋼之用途

碳鋼含碳量(%)	用途
0.04～0.1	鎖、熔接棒、管、白鐵皮、深衝用鐵板
0.1～0.2	螺栓、螺帽、鉚釘、洋釘、建築用鋼筋、滲碳用鋼材
0.2～0.3	橋樑、柱子、鍋爐、起重機
0.3～0.4	軸、齒輪、螺栓
0.4～0.5	軸、鏟、船殼
0.5～0.6	鐵軌、軸、外輪胎
0.6～0.7	木工鋸、鍛造用模、外輪胎
0.7～0.8	鎚、砧、衝頭、鋸條、剪斷機刀口
0.8～0.9	針、衝床用模、圓鋸、岩石用鑽頭
0.9～1.0	彈簧、刀具
1.0～1.1	刀具
1.1～1.2	刀具、銑刀、螺絲攻、鑽頭、絞刀
1.2～1.3	安全剃刀片、銼刀
1.3～1.4	雕刻用刀具
1.4～1.5	冷硬鑄鐵用刀具、模具

(1) Mn：

　　　　普通鋼中大約含有 0.2～0.8% 之 Mn，而 Mn 中一部份溶在鋼中，其餘部份則與 S 合成 MnS。溶在鋼中之 Mn 會降低鋼的變態點，且使其變態速度減慢，可以增加硬化能，Mn 可抑制晶粒的生長，使鋼的硬度、強度及韌性增加，同時使鋼在高溫時容易鍛造及軋延。

(2) Si：

　　　　Si 固溶在肥粒鐵內，可以使鋼的硬度、彈性限及強度增加，但是會減小伸長率與韌性。Si 會使晶粒變粗，通常含 Si 量在 0.3% 以下。

(3) P：

　　　　普通鋼中含 P 量約在 0.06% 以下，P 的一部份與鐵合成 Fe_3P，其餘部分固溶在肥粒鐵中，使晶粒變粗，能使鋼的硬度及抗拉強度稍增，但會減小延性與韌性，易使鋼產生常溫脆性，並產生偏折，在軋延或鍛造時變為細長的帶狀組織，造成鋼料的破壞。P 之不良影響對含碳量較高之鋼大為顯著。

(4) S：

　　　　鋼的不純物中以 S 之影響最為不良，含量在 0.02% 時就會減小鋼的強度、伸長率及韌性，會產生鋼的高溫脆性，一般含 S 量須在 0.03% 以下。

(5) 其他含量：

　　　　鋼中亦常含有 Cu，O_2，N_2，H_2 等不純物；Cu 含量在 0.2% 以下時無影響，但是超過時會使鋼變脆；O_2 會使鋼呈高溫脆性；N_2 及 H_2 會使鋼變脆。

3.4　合金鋼

　　碳鋼是工業上很重要的材料且應用很廣，由於科技需求的提高，使得碳鋼的性質或其缺點無法達成所要求的目的，此時就必須利用具有特殊性質之合金鋼來取代碳鋼。所謂**合金鋼**就是在碳鋼中添加一種或一種以上之特殊元素來改善碳鋼原來的性質，以適合各種不同的使用目的。目前合金鋼所使用的添加元素有 Ni，Cr，W，Si，Mn，Mo，Co，V，Ti，B 等。其各種合金鋼的使用如表 3.2 所示。

● 表 3.2　各種合金鋼所含金屬元素

分類		鋼之種類	常用合金鋼
構造用合金鋼		高強度低合金鋼	低 Mn 鋼、低 Si-Mn 鋼、Mn-Cu 鋼、Ni 鋼
		熱處理用中合金鋼	Mn 鋼、Mn-Cr 鋼、Cr 鋼、Ni-Cr 鋼、Cr-Mo 鋼
		(強韌鋼)	Ni-Cr-Mo 鋼、B 鋼
		彈簧鋼	C 鋼、Si-Mn 鋼、Si-Cr 鋼、Nr-V 鋼
		滲碳鋼	Cr 鋼、Ni-Cr 鋼、Cr-Mo 鋼、Ni-Cr-Mo 鋼
		氮化鋼	Al-Cr 鋼、Al-Cr-Mo 鋼、Al-Cr-Mo-Ni 鋼
特殊用鋼	工具鋼	切削用鋼	W 鋼、Cr-W 鋼、Cr-W-B 鋼、高速鋼
		耐衝擊用鋼	Cr-W 鋼、Cr-W-V 鋼
		耐磨用鋼	高 C-高 Cr 鋼、Cr-W 鋼、Cr-Mo-V 鋼
		熱加工用鋼	Mn 鋼、Cr-W-V 鋼、Ni-Cr-Mo 鋼、Mn-Cr 鋼
	軸承鋼		高 C-高 Cr 鋼、高 C-Cr-Mn 鋼
	耐蝕鋼	不銹鋼	Cr 鋼、Ni-Cr 鋼
		耐酸鋼	Ni 鋼、高 Cr-高 Cr-高 Ni 鋼、高 Si 合金
	耐熱鋼		高 Cr 鋼、高 Cr-高 Ni 鋼、Si-Cr 鋼、Ni-Cr 合金、Cr-Al 合金
	電氣用鋼	非磁性鋼	Ni 鋼、Cr-Ni 鋼、Cr-Mn 鋼
		矽鋼	矽鋼板(電氣鐵板)
		磁石鋼	Cr 鋼、W 鋼、Cr-W-Co 鋼、Ni-Al-Co 鋼

3.5　鑄鐵材料

鑄鐵的機械性質，不能單以成分來決定，所以鑄鐵的規格通常不以其成分分類，而是以其機械性質來分類，因為各種機械性質中以抗拉強度最能代表鑄鐵品質的優劣，所以通常是用抗拉強度來定鑄鐵的規格。鑄鐵的種類如下：

(1) 普通鑄鐵：是指不大重視強度或硬度的鑄鐵而言，一般用來做為家庭器具鑄件，價格便宜、鑄造和加工容易。

(2) 高級鑄鐵：機械中重要之元件，須使用強度大而且富有耐磨耗性之鑄鐵，適合此種目的者稱為**高級鑄鐵**。

(3) 高強度合金鑄鐵：鑄鐵中加入特殊元素以改良其各種機械性質，如耐磨耗性、耐蝕性、耐熱性等，稱之**高強度合金鑄鐵**。

(4) 冷硬鑄鐵：將碳量 3～3.7%、Si 0.7%、Mn 0.5～1.2%、P 0.3%、S 0.08%之鑄鐵熔融後注入金屬模時，和金屬模相接觸的部份會被急冷，使鑄件表面的碳完全變為 Fe_3C，而得白鑄鐵者稱之**冷硬鑄鐵**。

(5) 展性鑄鐵：將白鑄鐵鑄件施以適當之熱處理，使鑄件發生脫碳或使它的 Fe_3C 石墨化，而獲得延性者稱之**展性鑄鐵**。

(6) 延性鑄鐵：或稱**球狀石墨鑄鐵**，是在鑄鐵熔液中添加 Mg 或 Mg 合金後加以處理，即可在鑄造狀態獲得球狀石墨組織。

3.6　非鐵金屬材料

　　一般機械用金屬材料是碳鋼、合金鋼、鑄鐵等為主體，其使用量很多而且價格便宜，但是這些鋼鐵材料在特性上有各種缺點，例如其耐蝕性比鎳、銅等差很多，又若考慮比重、導熱度等方面也無法與鋁相比。所以在特殊的用途上，常常須採用鋼鐵以外的金屬材料，即所謂的**非鐵金屬材料**。常用的非鐵金屬材料有銅和銅合金、鋁和鋁合金、鎂和鎂合金、鋅和鋅合金、軸承合金及其他特殊合金。其中銅合金用在須要耐蝕性之元件或熱交換器；鋁合金常用在航空機、車輛等；軸承合金常使用鉛、錫等軟質合金；Ni、Co 等耐熱合金可用在一般鋼鐵材料所無法使用的高溫之處。

3.7　非金屬材料

　　機械工程所用的非金屬材料可分成**陶瓷材料**(無機物)及**高分子材料**(有機物)。其中陶瓷材料是金屬元素及非金屬元素的化合物，而高分子材料是以碳氫化合物為基本物質所構成多分子量的物質。非金屬材料依元素的組合與構造之不同，而有多種的物質，有天然所存在的，也有人工合成的物質。其中用在機械材料的主要陶瓷材料有耐熱材料、耐火材料、超硬工具材料、玻璃、石材、黏土、水泥、混凝土等；高分子材料有木材、橡膠、皮革、纖維、油、塑膠等，其中以塑膠用途最廣。

3.8　CNS 金屬材料規範

3.8-1　鑄造用生鐵及合金生鐵

其表示法為：

(1)F　(2)X　(3)X　(4)X

其中：

(1) 表示生纖 F(Ferro)。

(2) 代表所含合金元素，如 W(鎢)、Mn(錳)。

(3) 含碳量高低：L(低碳)、M(中碳)、H(高碳)。

(4) 表示主要合金元素或其他化學成份之多寡，其種類常以 1，2，3，……代號表示。

例如 FMnH2 表示第 2 種高碳錳鑄鐵。

3.8-2　鋼之規範

其表示法為：

(6)□　(1)S　(2)X　(3)X　(4)X　(5)X

其中：

(1) 表示鋼(Steel)。

(2) 代表含碳量，以該數字乘以 0.01%即為其含碳量，如 1 表示 0.01%含碳量，20 表示 0.2%。

(3) 代表鐵以外之主要元素符號。

(4) 主要合金元素含量之種類。

(5) 表示鋼料之種別或用途：C 為碳鋼、FC 為易切鋼、CR 為不銹鋼、N 為氮化用鋼、HS 為高速鋼、T 為工具鋼、BB 為球軸承鋼等。

(6) 煉鋼法：以下面三種表示，亦可省略，B 表是轉爐法、O 表示平爐法、E 表示電爐法。

例如 S20C1 表示含碳量 0.2%之第 1 類機械構造用碳鋼；S140C(T)表示工具用碳鋼，其含碳量 1.4%。

3.9　ISO 鋼鐵規範

其表示法為：

(1)　(2)　(3)　(4)

□　　□　　□　　□

其中：

(1) 表示鋼鐵種類，如 S 為鋼，F 為鐵。

(2) 表示製品之名稱，如 P 為薄板、U 為特殊用、T 為管、C 為鑄件、K 為工具、F 為鍛造件。

(3) 表示材料種類或最小抗拉強度(kgf / mm^2)或含碳量，材料種類常以 1，2，3，⋯⋯或 *A*，*B*，⋯⋯來表示。

(4) 表示形狀之符號或製造法之符號，或表示熱處理，如 F 為扁條、W 為鋼絲、D 為拉製、N 為正常化、A 為退火。

例如 SUS304 表示不銹鋼 304 種類。

SS34-D 表示抗拉強度 34kgf / mm^2 之拉製構造用鋼。

S40C 表示含碳量 0.4% 之碳鋼。

SC37 表示抗拉強度 37 kgf / mm^2 之鑄鋼。

FC10 表示抗拉強度 10 kgf / mm^2 之鑄鐵。

SUP1 表示第一種彈簧鋼。

SCS2 表示第 2 種不銹鋼鑄件。

FCD40 表示球狀石墨鑄鐵，其抗拉強度為 40 kgf / mm^2。

3.10　SAE 及 AISI 鋼鐵規範

其表示法為：

SAE ⟹　[X]　[X]　[X]　[X]　□

AISI ⟹　[X]　[X]　[X]　[X]　□

種類或　　含碳量　　煉鋼法
合金類別　數字 ×0.01%
　　　　（有時是三位數）

其中前面兩位數之種類意義如表 3.3 所示。例如 1045 表示普通中碳鋼。其含碳量為 0.45%。通常含碳是 0.3%以下稱為低碳鋼，含碳量在 0.3～0.6%之間稱為中碳鋼，含碳量在 0.6%以上稱為高碳鋼。

● 表 3.3　SAE 鋼鐵規範

鋼鐵種類	代號	鋼鐵種類	代號
碳鋼	1xxx	鉬鋼	4xxx
普通碳鋼	10xx	碳-鉬鋼	40xx
易切鋼	11xx	鉻-鉬鋼	41xxx
錳鋼	13xx	鉻-鎳-鉬鋼	43xxx
鎳鋼	2xxx	鎳(3.5%)-鉬鋼	48xx
3.50% Ni	23xxx	鉻鋼	5xxx
5.00% Ni	25xxx	低鉻鋼	51xx
鎳鉻鋼	3xxx	中鉻鋼	52xx
1.25% Ni，0.6% Cr	31xxx	鉻釩鋼	6xxx
1.75% Ni，1.00% Cr	32xxx	1.0%鉻	61xxx
3.50% Ni，1.50% Cr	33xxx	鉻-鎳-鉬鋼	86xxx
耐蝕耐熱鋼	30xxx		87xxx
		矽-錳鋼	9xxx
		2.00%矽	92xx

習 題

3.1　針對亞共析鋼從沃斯田鐵相緩慢冷卻到室溫的過程：

　　(1)　試說明在冷卻過程中此鋼材微結構的變化。

　　(2)　試畫一示意圖說明此鋼材在室溫時的組織。

3.2　(1)　簡述疲勞試驗(fatigue test)之測試方法，如何定義疲勞限(endurance limit)。

　　(2)　舉出 2 種提升材料疲勞強度之方法。

3.3　請分別說明鋼鐵材料的淬火及回火處理的目的及其熱處理過程。

3.4　試敘述工業界常用之鋼材退火(annealing)之方法及其功效。

3.5　試列出下列金屬之結晶構造。

　　Ag；Al；Fe；Cu；Co；Mg；Pt；Ti；Mo；Li

3.6　請依破壞檢驗與非破壞檢驗兩種方式，敘述檢驗焊接強度之方法。

3.7　試敘述何謂材料之變形抵抗。

第四章　機械振動

本章大綱

4.1　緒論

機械在運轉中若承受一些變動的外力，即會促使機械產生振動的現象。通常一部機械必須避免過大的振動，以免影響元件壽命或造成工廠重大的損失，但是也有一些設備須要給於一些特別的振動以達成其目的，如振動式之輸送器。本章主要是討論單自由度之振動理論，進而說明一些振動的術語及產生振動的原因。

4.2　單自由度之振動

如圖 4.1 所示一質量為 m 之物體受一彈簧常數為 k 之彈簧、阻尼係數為 C 之阻尼器與一擾動外力 $F(t) = F_0\sin\omega t$ 之作用，而沿水平 x 軸作來回之運動，就形成一種單自由度之振動，由牛頓第二定律得：

$$\Sigma F_x = m\ddot{x} \Rightarrow F_0\sin\omega t - kx - c\dot{x} = m\dot{x}$$

$$m\ddot{x} + c\dot{x} + kx = F_0\sin\omega t \tag{4.1}$$

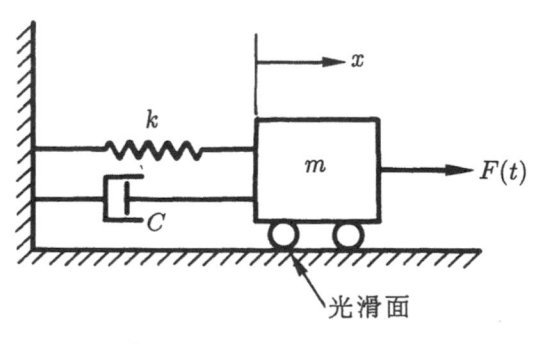

● 圖 4.1　單自由度振動

(4.1)式稱為單自由度之振動方程式，其中 ω 稱為擾動力之**角頻率**，若令 $P^2 = k \,/\, m$，$2n = c \,/\, m$，$\overline{F} = F_0 \,/\, m$ 代入(4.1)式簡化為：

$$\ddot{x} + 2n\dot{x} + P^2 x = \overline{F} \sin \omega t \tag{4.2}$$

$n = $ 阻尼比

$P = $ 自然頻率

將(4.2)式分四種情形進行分析：

(1) 無阻尼之自由振動：

(4.2)式中之 $C = 0$ 與 $\overline{F} = 0$ 就形成一種無阻尼之自由振動，其運動方程式變為：

$$\ddot{x} + P^2 x = 0 \tag{4.3}$$

(4.3)式之解為 $x = C_1 \cos Pt + C_2 \sin Pt$ (a)

式中 C_1 與 C_2 是決定於初始條件，例如令時間 $t = 0$ 時，$x = x_0$，$\dot{x} = \dot{x}_0$ 代入(a)式可求得 $C_1 = x_0$，$C_2 = \dot{x}_0 / P$，所以：

$$x = x_0 \cos Pt + \dot{x}_0 / P \sin Pt = A\cos(Pt - \phi) \tag{4.4}$$

式中 A 稱為**振幅** $A = \sqrt{x_0^2 + \left(\dfrac{\dot{x}_0}{P}\right)^2}$，$\phi = \tan^{-1}\dfrac{\dot{x}_0}{x_0 P}$ 稱為**相角**，

週期　$T = \dfrac{2\pi}{P} = 2\pi\sqrt{\dfrac{m}{k}}$

自然頻率　$f_0 = \dfrac{P}{2\pi} = \dfrac{1}{2\pi}\sqrt{\dfrac{k}{m}}$，或 $\omega_n = P = \sqrt{\dfrac{k}{m}}$

(2) 有阻尼之自由振動：

(4.2)式中之 $\overline{F} = 0$，即為有阻尼之自由振動，得：

$$\ddot{x} + 2n\dot{x} + P^2 x = 0 \tag{4.5}$$

令 $x = e^{rt}$ 代入(4.5)式可得一特徵方程式：

$$r^2 + 2nr + P^2 = 0 \Rightarrow r = -n \pm \sqrt{n^2 - P^2}$$

其中 r 之解視 $(n^2 - P^2) > 0$，$(n^2 - P^2) < 0$ 或 $(n^2 - P^2) = 0$ 之情況而變化：

① 當 $n^2 - P^2 > 0$：

此時稱為**過度阻尼**(Overdamping)其解為：

$$x = C_1 e^{(-n + \sqrt{n^2 - P^2})t} + C_2 e^{(-n - \sqrt{n^2 - P^2})t} \tag{4.6}$$

(4.6)式之振動值 x 將隨時間之增加而趨近於零，表示不會發生振動。

② 當 $n^2 - P^2 < 0$：

此時稱為不足阻尼(Underdamping)，其解為：

$$x = e^{-nt}(C_1 \cos \sqrt{P^2 - n^2}\, t + C_2 \sin \sqrt{P^2 - n^2}\, t) \tag{4.7}$$

(4.7)式表示會發生振動，其**振動頻率** $f = \dfrac{1}{2\pi}\sqrt{P^2 - n^2}$ ，但是此振動將隨時間之增加而消失。

③ 當 $n^2 - P^2 = 0$：

此時稱為**臨界阻尼**(Critical Damping)，其解為：

$$x = (A + Bt)e^{-nt} \tag{4.8}$$

(4.8)式表示不會發生振動。

(3) 無阻尼之強迫振動：

(4.2)式中之 $C = 0$，即為無阻尼之強迫振動，可得：

$$\ddot{x} + P^2 x = \overline{F} \sin \omega t \tag{4.9}$$

(4.12)式之解可求得為：

$$x = A\cos(Pt - \phi) + \frac{\overline{F}}{P^2 - \omega^2} \sin \omega t \tag{4.10}$$

(4.10)式中當 $P = \omega$ 時表示擾動頻率 ω 等於自然頻率，而(4.10)之振動 x 值將變成無窮大，此種現象稱為**共振**(Resonance)，實際上均存在有阻尼，所以共振時振幅通常會增加幾倍，但不致於變成無窮大。

(4) 受阻尼之強迫振動：

(4.2)式中之每一項均存在，其解可求得為：

$$x = e^{-nt} C \cos(\sqrt{P^2 - \omega^2}\, t - \phi) + X \sin(\omega t - \theta) \tag{4.11}$$

式中，

$$X = \frac{\overline{F}}{\sqrt{(P^2 - \omega^2)^2 + 4n^2\omega^2}} \tag{4.12}$$

$$\theta = \tan^{-1}\left[\frac{2n\omega}{(P^2 - \omega^2)}\right] \tag{4.13}$$

(4.11)式中在邊第一項將隨時間之增加而消失，所以稱此項解為**暫態解**，但右邊第二項將不受時間的影響，所以稱此項為**穩態解**，而此穩態解代表了強迫振動的運動情況，而其頻率即為擾動力的頻率 ω。將(4.12)式之穩態振幅重新整理可得一**放大因子**(Magnification Factor)R 為：

$$R = \frac{X}{\frac{F_0}{k}} = \frac{k/m}{\sqrt{\left(\frac{k}{m}-\omega^2\right)^2 + \left(\frac{C\omega}{m}\right)^2}} = \frac{1}{\sqrt{\left(1-\frac{\omega^2}{\omega_n^2}\right)^2 + \left(\frac{C\omega}{k}\right)^2}} \tag{4.14}$$

4.3　振動術語

由 4.2 節所述單自由度的振動理論可獲知一些機械振動有關的重要術語，茲說明於下：

- 自由振動：假設在時間 t 大於零以後，沒有擾動力加於該系統，此時系統之振動稱為自由振動。
- 自然頻率：系統作自由振動之頻率稱之。
- 強迫振動：假設在時間 t 大於零以後，有擾動力作用於該系統，此時系統之振動稱為強迫振動。
- 共振：當擾動頻率等於自然頻率時稱為共振，理論上振幅會變成無窮大，但是實際上僅是增大幾倍。
- 簡諧運動：以 Sine 或 Cosine 函數為其週期性之運動者稱之。

4.4　機械振動之原因

造成機械振動的原因非常複雜，也常常出現很多因素的組合，以下提出四種最常出現之振動原因。

- 機械製造過程或運轉中，所造成質心偏離迴轉中心之不平衡而引起之機械振動。此種現象通常會在 1 倍轉速之頻率產生高振幅。
- 迴轉軸彎曲或對心不良所造成幾何中心偏離迴轉中心而引起之機械振動。此種現象通常會在 1 倍、2 倍及 3 倍轉速之頻率產生高振幅。
- 固定機械之螺絲鬆動所造成之機械振動，通常會在 2 倍轉速之頻率產生高振幅。
- 同步馬達頻率所引起之振動，通常會在 1 倍、2 倍轉速或同步馬達頻率產生高振動。

習題

4.1 有一送風機運轉時發生振動，其可能原因爲何？

4.2 試解釋下列專有名詞：

(1)自然頻率；

(2)共振；

(3)簡諧運動；

(4)放大因子；

(5)暫態解；

(6)穩態解。

4.3 如圖所示之實心半球，半徑爲 R，質量爲 m，試求微小振幅之振動頻率爲何？

答：$\omega = \dfrac{1}{2\pi}\sqrt{\dfrac{0.577g}{R}}$ Hz

● 習題 4.3

● 習題 4.4

4.4 球之質量爲 m，半徑爲 r 在圖示位置由靜止釋放。若球以純滾動而不滑動的情況在半徑爲 R 之圓形柱孔內運動(在 $A\sim B$ 間)。試求：

(a)當球到達最低點時所受之垂直反力。

(b)小振幅時球之振動頻率。

答：(a)$N = \dfrac{1}{7}mg(17-10\cos\theta)$ ；(b)$\omega = \dfrac{1}{2\pi}\sqrt{\dfrac{5}{7}\left(\dfrac{g}{R-r}\right)}$

4.5 如圖所示，兩完全相同之圓柱形滾子，互相平行且兩者之間的距離爲 a，兩者以相同之角速率作反向之轉動。一根質量均勻之水平桿，長爲 l，重爲 W，放在兩滾子頂部，水平桿與滾子之間的動摩擦係數爲 μ，假定桿之質心不在距離 a 之中間上方，桿將產生振動，試求其振動頻率。

答：$f = \dfrac{1}{2\pi}\sqrt{\dfrac{2\mu g}{a}}$ Hz

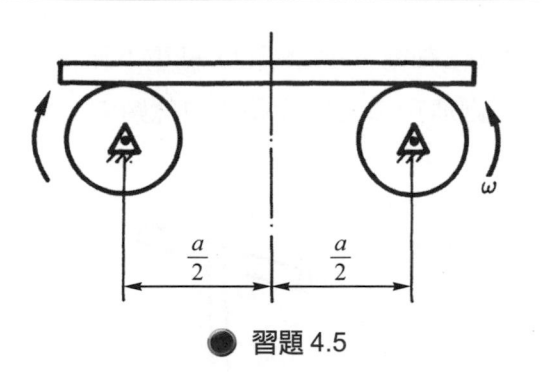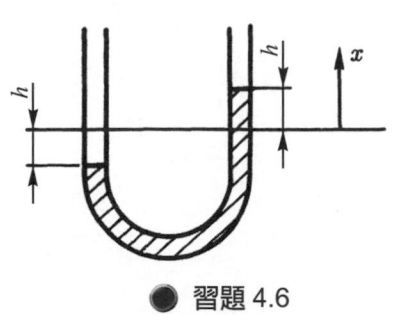

● 習題 4.5 　　　　　● 習題 4.6

4.6　如圖所示，U 型管內填裝密度為 ρ 之液體，佔有管長 l，今將液體向下壓低 h 距離後，然後釋放使其運動。若已知液體速率 v 時，將受管壁之黏滯力 cv。試就不同之 c 值討論其運動，並求其自然頻率。

答：$f = \dfrac{1}{2\pi}\sqrt{\dfrac{2g}{l} - \left(\dfrac{c}{2\rho Al}\right)^2}$

4.7　如圖所示，物體與栓塞總重為 12 lb，其上端連接彈簧常數為 $k = 20$ lb/in 之彈簧，下端連接一黏滯性阻尼，當此柱塞之速率為 20 in/sec 時，其阻尼力為 10 lb。試問此時物塊會不會振動？若有振動，其振動頻率為何？

答：$f = 3.82$Hz

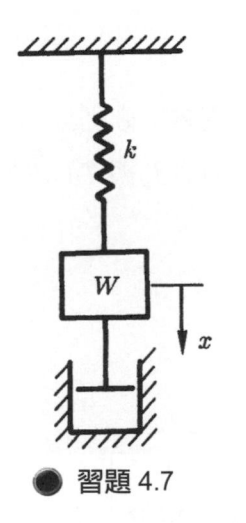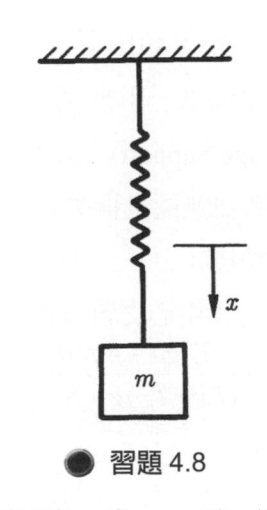

● 習題 4.7 　　　　　● 習題 4.8

4.8　如圖所示，一質量 m 被一彈簧常數為 k 之彈簧懸吊不動，當 $t = 0$ 時，開始受一向下且不變之力 F，作用 t_0 的時間後，移開 F 力，試證明，在 $t > t_0$ 後質量 m 距靜平衡的位移是 $x - x_0 = F\dfrac{[\cos\omega(t - t_0) - \cos\omega t]}{k}$，此處 $\omega^2 = k/m$。

4.9 如圖所示之質點，質量為 m，以長度 l 之細繩繫於定點 O，繩重不計，空氣阻力亦不計。當質點在直立線之左右作微小擺動時，試求此單擺之自然頻率。

答：$f = \dfrac{1}{2\pi}\sqrt{\dfrac{g}{l}}$ Hz

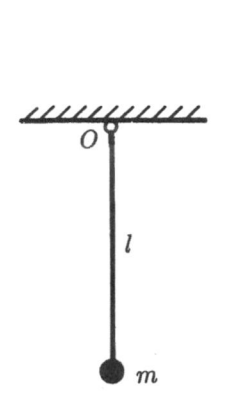

● 習題 4.9

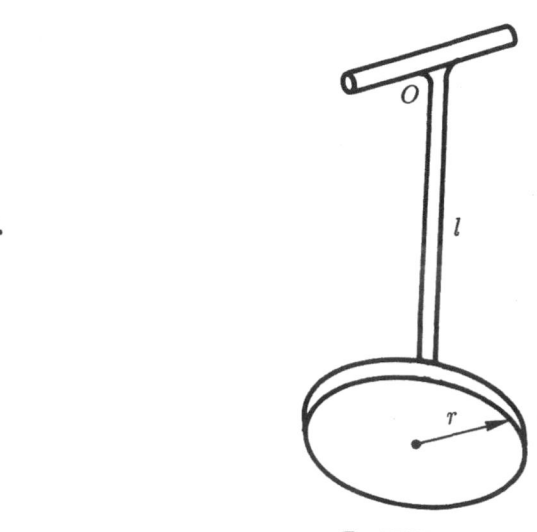

● 習題 4.10

4.10 如圖所示，一複擺由一細長桿與一圓盤所組成，懸於 O 點。桿長 l，質量 m，圓盤半徑為 r，質量為 M，假定 $l = 4r$，$M = 3m$，求其振動頻率。

答：$f = \dfrac{1}{2\pi}\sqrt{\dfrac{102g}{491r}}$ Hz

4.11 今以實驗法做一引擎活塞連桿(如圖示)之擺動實驗，分別以 a，b 兩點為樞紐(用 Knife-Edge Support)，微小擺動所測得之週期分別為 T_a 與 T_b($\overline{ab}$ 連線通過質心 G，且設擺動時並無能量損失)，試求：

(a)質心位置；

(b)以質心為中心之質量慣性矩(I_G)。

答：$l_1 = \dfrac{T_b^2 gd - 4\pi^2 d^2}{(T_a^2 + T_b^2)g - 8\pi^2 d}$

$$I_G = \dfrac{mgT_a^2(T_b^2 gd - 4\pi^2 d^2)}{4\pi^2[(T_a^2 - T_b^2)g - 8\pi^2 d]} - m\left[\dfrac{T_b^2 gd - 4\pi^2 d^2}{(T_a^2 + T_b^2)g - 8\pi^2 d}\right]^2$$

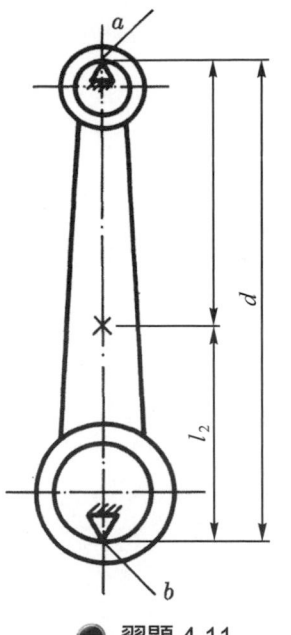

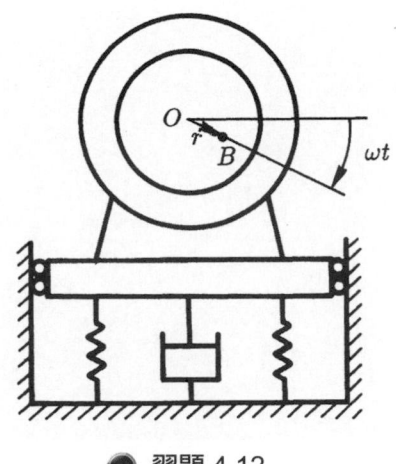

●習題 4.11

●習題 4.12

4.12 如圖所示之馬達連同不平衡配重之總重為 10kg。而不平衡配重 B 之重為 0.26kg，離軸心 25mm。而兩彈簧各具彈簧常數 $\frac{k}{2} = 6000 \text{ N / m}$，阻尼常數為 $C = 80 \text{N} \cdot \text{S / m}$，今馬達以 300rpm 旋轉，試決定：

(a)馬達運動之振幅與相角。

(b)由彈簧所提供之最大力，由阻尼提供之最大力，兩者共同提供之最大力。

(c)共振角頻率與振幅。

答：(a)振幅 $= 0.0193$m，相角 $\phi = 0.703$rad $= 40.3°$

(b)$(F_S)_{max} = 329.6$N，$(F_C)_{max} = 48.5$N，$(F_S + F_C)_{max} = 335$N

(c)$\omega_n = 34.64$ rad / s，振幅 0.0279m

第五章　強度與剛性設計

本章大綱

5.1　緒論－強度

　　強度設計為設計工作中最重要的一環，是利用前面力學分析所獲得元件受力之情況，配合材料力學、破壞理論與材料之強度性質，以完成決定元件材質與尺寸之工作。強度設計可分成靜態強度與疲勞強度設計兩種：**靜態強度設計**是考慮元件之負載不隨時間而變之情況下，進行分析元件在承受何種負載會造成材料破壞；**疲勞強度設計**則是考慮一隨時間而變之變動負載，此變動負載對元件所生之應力雖然未超過靜態強度設計之破壞應力，但是由於負載之變動仍會造成材料之破壞。另外也需考慮應力集中因數與完全因數對設計之影響。

5.2　靜態強度

　　強度是元件材料固有的一種性質或是材料經熱處理與加工後所獲得的一種特性，而且此性質與負載之情況無關。所以設計者希望能利用此強度性質來設計出承受各種負載之機械元件的尺寸，同時藉此了解元件在何種負載下會造成破壞與如何選擇適當強度之材料。材料之強度性質，常利用簡單之拉伸試驗獲得，如圖 5.1(a)與(b)，分別表示延性與脆性材料之應力與應變圖。圖中 P 點為**比例限**、E 點為**彈性限**、Y 點為**降伏點**、U 點為**極限強度**(又稱**抗拉強度**，Tensile Strength)。對於一些材料，如非鐵金屬，其降伏點顯現不出來，因此改由 0.2%應變，劃平行於比例線(或經原點之切線)之直線，而與曲線之交點 Y_e 稱之**降伏強度**。一般所稱強度值；對延性材料而言是指降伏強度；對脆性材料而言是指抗拉強度。此強度值再加上安全因數後，常用為判定材料破壞之參考。常用之中碳鋼，其抗拉強度大約為 60 kg / mm^2(或 600MPa)。

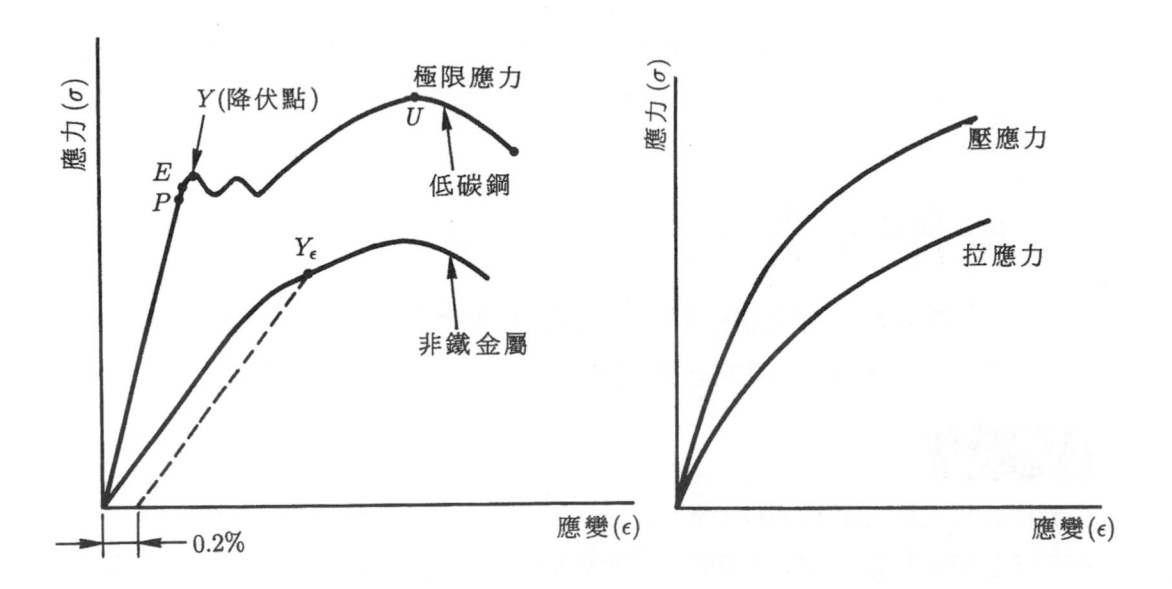

(a)低碳鋼與非鐵金屬　　　　　　　　(b)鑄鐵

● 圖 5.1　材料之應力應變圖

5.3　工作應力與安全因數

　　用來求取強度值之試驗材料與真正安裝在機械上之元件材料，在名義上是相同規格之材料，但實際卻不是相同之元件，因此材料之強度值本身具有其不確定性；另外負載之大小同樣有其不確定性。所以在設計時，考慮一**安全因數**來解決不確定之問題。在考慮安全因數而求得元件所能承受之最大負載與最大應力，稱之**容許負載**與**容許應力**(或稱**工作應力**)。有關容許負載、工作應力、安全因數與強度之關係式有三種表示法：

(1) 僅考慮強度值之不定性：

$$(\sigma_a)_s = \frac{\sigma_s}{(FS)_s} \tag{5.1a}$$

　　　　式中 σ_a 為工作應力；σ_s 材料強度值；FS 為安全因數。

(2) 僅考慮負載大小之不定性：

$$(F_a)_p = \frac{F_u}{(FS)_p} \tag{5.1b}$$

式中 F_a 為考慮安全因數之最大負載；F_u 為未考慮安全因數時材料所能承受之最大負載。

(3) 同時考慮強度值與負載大小之不確定性：

$$F_a = \frac{F_u}{FS} \ \text{或} \ \sigma_a = \frac{\sigma_s}{FS} \tag{5.1c}$$

其中 $FS = (FS)_s(FS)_p$ 是一般在設計時所指之安全因數，因此在沒有特別說明之情況，將以(5.1c)式為計算之標準。

例 5.1

一元件材料之強度值為 600MPa，若規定其安全因數為 3，試問該元件之容許應力為多少？若該元件經力學分析知其受 300MPa 之拉應力，試問該元件是否安全？

【解】

容許應力：$\sigma_a = \dfrac{\sigma_s}{FS} = \dfrac{600}{3} = 200\text{MPa}$

已知元件受拉力 300MPa > 200MPa，表示超過容許應力，所以不安全。

另一判定的方法：$FS = \dfrac{600}{300} = 2 < 3$ 表示不安全。

例 5.2

一部機器之各元件受力情形為：元件 1 是 100MPa；元件 2 是 200MPa；元件 3 是 300MPa。已知各元件材料之強度值同為 600MPa，試問該機械之安全係數應定為多少？那個元件最安全？

【解】

元件 1：$(FS)_1 = \dfrac{\sigma_s}{\sigma_1} = \dfrac{600}{100} = 6$

元件 2：$(FS)_2 = \dfrac{\sigma_s}{\sigma_2} = \dfrac{600}{200} = 3$

元件 3：$(FS)_3 = \dfrac{\sigma_s}{\sigma_3} = \dfrac{600}{300} = 2$

選擇元件 1，2，3 中最小之 FS 做為機械之安全因數，即 FS = 2。其中以元件 1 為最安全。

例 5.3

一延性材料製成的圓棒，其降伏強度 $S_y = 380$ MPa，圓棒所承受之應力狀態為 $\sigma_x = 90$ MPa，$\sigma_y = 24$ MPa，$\tau_{xy} = 84$ MPa，試以兩種延性材料適用的失效理論計算該圓棒的安全係數？

【解】

(1) 最大剪應力理論

$$\sigma_1 = \frac{\sigma_x + \sigma_y}{2} + \sqrt{\frac{\sigma_x - \sigma_y}{2} + \tau_{xy}^2} = \frac{90 + 24}{2} + \sqrt{\frac{90 - 24}{2}^2 + 84^2} = 57 + 90 = 147 \text{ MPa}$$

$$\sigma_2 = \frac{\sigma_x + \sigma_y}{2} - \sqrt{\frac{\sigma_x - \sigma_y}{2} + \tau_{xy}^2} = 57 - 90 = -33 \text{ MPa}$$

∵ 兩主應力異號

$$\therefore \tau_{max} = \frac{1}{2}[147 - (-33)] = 90 \text{ MPa}$$

剪降伏強度 $S_{xy} = 0.5 S_y = 0.5 \times 380 = 190$ MPa

安全係數 $N_{fs} = \dfrac{190}{90} = 2.1$

(2) Mises-Hencky 理論

等效應力
$$S = \sqrt{\sigma_1^2 - \sigma_1 \sigma_2 + \sigma_2^2} = \sqrt{147^2 - (147)(-33) + (-33)^2} = 166 \text{ MPa}$$

安全係數 $N_{fs} = \dfrac{300}{166} = 2.3$

5.4　破壞理論

　　在設計機械元件時，為了防止其破壞，設計者通常使元件之最大內應力不超過元件材料之強度，而此強度值可選擇降伏強度或是極限強度，此時必須由材料是屬於延性或脆性而決定。一般而言，對於延性材料，因元件之永久變形會造成元件之損壞，所以選擇降伏強度做為判定元件破壞之標準；對於脆性材料，則以抗拉強度做為判定元件破壞之標準。當然此一原則也有例外。

　　上面所述之強度值是由單一拉力或壓力所獲得，若所受之應力狀態是一般之平面應力或是空間應力，如圖 5.2 所示之平面應力，此時判定元件破壞之標準將有所不同，且方法

有多種。一般而言，對於延性材料，所選擇之判定標準有**最大之垂直應力理論**、**最大剪應力理論**與**畸變能理論**等三種；對脆性材料，所選用之判定標準有**最大垂直應力理論**、**Coulomb-Mohr(庫倫-摩爾)理論**與**修正 Mohr 理論**等三種。

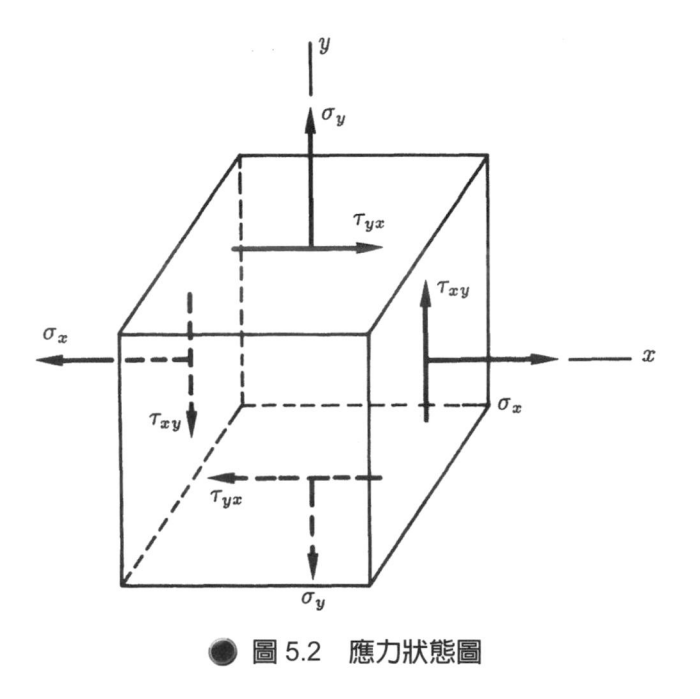

● 圖 5.2　應力狀態圖

例 5.4

延展性材料承受靜態負載時，畸變能理論(distortion energy theory)可用以判斷材料破壞與否，試說明此理論，與其安全係數之決定？

【解】

畸變能理論乃在說明承受負荷之材料,當單位體積材料內之畸變能等於拉伸試片降伏時單位體積材料內之畸變能時，材料將會因降伏而破壞。

爲方便解析和設計起見，亦可解釋成當材料內所承受之等效應力(effective strese；亦稱爲 Von Mises 應力)到達降伏強度時，材料將會產生降伏破壞。畸變能理論有時亦稱爲剪力能理論(shear-energy theory)或八面的剪應力理論(octahedral-shear-stress theory)。

畸變能理論之重點乃在於求得已知應力狀態的等效簡單拉應力(或稱爲 Von Mises 應力)，再將其與材料之阪強度作比較，以判定是否會產生破壞。

(1) 元件承受二維應力(σ_x，σ_y，τ_{xy})

　① 由下式求得元件之等效簡單拉應力(或 Von Mises 應力)：

$$S = \sqrt{\sigma_x{}^2 - \sigma_x\sigma_y + \sigma_y{}^2 + 3\tau_{xy}{}^2}$$

或將 $\sigma_1, \sigma_2 = \dfrac{\sigma_x + \sigma_y}{2} \pm \sqrt{\left(\dfrac{\sigma_x - \sigma_y}{2}\right)^2 + \tau_{xy}^2}$ 代入上式，可得：

$$S = \sqrt{\sigma_1{}^2 + \sigma_2{}^2 - \sigma_1\sigma_2}$$

　② 將所求得之 S 值視為等效(等值)簡單拉應力以求解；即把 S 當成單軸向拉應力的
σ 來解題，故畸變能理論可表示成：$N_{fs} = \dfrac{S_{yp}}{S}$

(2) 元件承受三維應力時

$$S = \sqrt{\dfrac{(\sigma_1 - \sigma_2)^2 + (\sigma_2 - \sigma_3)^2 + (\sigma_1 - \sigma_3)^2}{2}}$$

且 $N_{fs} = \dfrac{S_{yp}}{S}$ ，其中 $\sigma_1, \sigma_2, \sigma_3$ 為三維應力狀態的三個主應力。

5.5　延性材料之破壞

　　延性材料常用之破壞標準有最大垂直應力理論、最大剪應力理論、與畸變能理論三
種，且具有兩個特性：以降伏強度做為判斷材料破壞之標準；材料受拉力與受壓力之應力
應變圖相同，也就是說在受拉力與壓力時有相同之降伏強度(即 $\sigma_{yc} = \sigma_{yt} = \sigma_{ys}$)。

5.5-1　最大垂直應力理論

　　此理論是以絕對值之最大主應力值達到材料之降伏強度時，就產生破壞，如圖 5.3 所
示之破壞標準線，在此線內安全，此線外即視為破壞。

　　以空間任一應力狀態而言，如圖 2.30，首先利用方程式(2.60)求出三個主應力，分別
假設為 $\sigma_1 > \sigma_2 > \sigma_3$，並將最大值 σ_1 與最小值 σ_3 標示於圖 5.3 上。若是位於破壞標準線內就
表示安全，例如圖中 D 點，則必有一安全因數為：

$$FS = \dfrac{\overline{OE}}{\overline{OD}} = \dfrac{\sigma_{ys}}{\sigma_1} \tag{5.2}$$

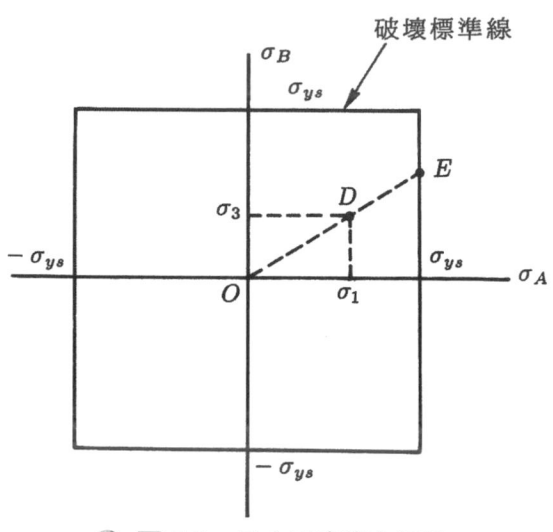

● 圖 5.3　最大垂直應力理論

　　假設一受純扭力之狀況，則由摩爾圓可獲得 $\sigma_1 = \tau = -\sigma_3$，$\sigma_2 = 0$。由最大垂直應力理論判定元件所受剪應力 $\tau = \sigma_{ys}$ 時才會產生破壞。但由實驗顯示最大扭轉應力值僅達降伏強度 σ_{ys} 之百分之六十左右時，就會造成元件永久變形而破壞，由此可見最大垂直應力理論此時不可用為判定破壞之標準，此乃設計者不用此理論而改用其他破壞標準之原因。

5.5-2　最大剪應力理論

　　此理論是針對圖 5.3 之最大垂直應力理論在第二與第四象限修正為圖 5.4 之斜線，但是在第一與第三象限仍維持不變。也就是說，在元件受一空間應力狀態時，若其所對應之最大與最小主應力，位於圖 5.4 之第二與第四象限，則以其所對應最大剪應力達到材料拉伸試驗之降伏強度所對應最大剪應力時，就產生降伏破壞，以式子表示為：

$$\tau_{\max} = \tau_y = \frac{1}{2}\sigma_{ys} \tag{5.3}$$

當 $\tau_{\max} < \tau_y$ 時，表示安全，其安全因數為：

$$FS = \frac{\tau_y}{\tau_{\max}} \tag{5.4}$$

　　若要以最大與最小主應力來判定破壞的標準，則首先須找出第二(第四)象限之斜線方式(即破壞標準線)為：

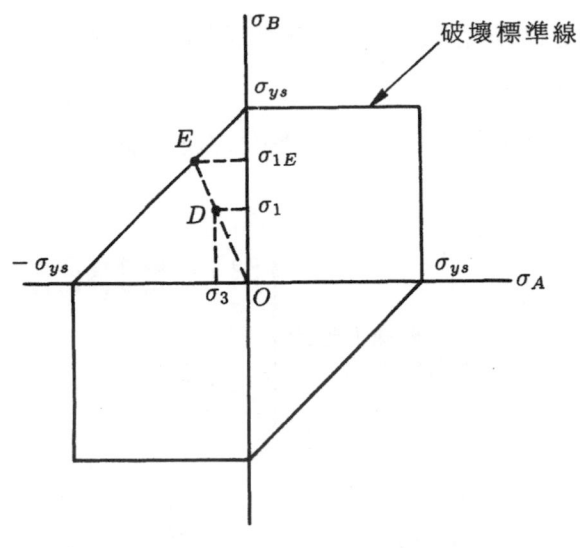

● 圖 5.4 最大剪應力理論

$$\frac{\sigma_A - 0}{\sigma_B - (\sigma_{ys})} = \frac{0 - (-\sigma_{ys})}{\sigma_{ys} - 0}$$

$$\Rightarrow \sigma_B - \sigma_A = \sigma_{ys} \,(\text{或}\, \sigma_A - \sigma_B = \sigma_{ys}) \tag{5.5}$$

假設有一應力狀態爲 $\sigma_1 > \sigma_2 > \sigma_3$，且 $\sigma_3 < 0$，$\sigma_1 > 0$ 之情況；若 σ_1 與 σ_3 位於圖 5.4 之破壞標準線內 D 點，則連接 0 與 D 之直線方程式爲：

$$\frac{\sigma_A}{\sigma_B} = \frac{\sigma_3}{\sigma_1} \,(\text{或}\, \frac{\sigma_A}{\sigma_B} = \frac{\sigma_1}{\sigma_3}) \tag{5.6}$$

由(5.5)式與(5.6)求得交點 E 之垂直量爲：

$$\sigma_{1E} = \sigma_B = \frac{\sigma_1 \sigma_{ys}}{\sigma_1 - \sigma_3} \tag{5.7}$$

所以安全因數爲：

$$FS = \frac{\overline{OE}}{\overline{OD}} = \frac{\sigma_{1E}}{\sigma_1} = \frac{\sigma_{ys}}{\sigma_1 - \sigma_3} \tag{5.8}$$

5.5-3 畸變能理論(The Distorsion Energy Theorem)

此理論是以受應力元件之角畸變能量達到材料拉伸試驗在降伏強度所產生角畸變能量時，就會產生降伏破壞。其雙軸向應力之破壞標準線爲如圖 5.5 所示之實線，而虛線部

份表示最大剪應力理論之破壞標準線與最大垂直應力理論之破壞標準線。此理論又稱**剪力能理論**或 Von Mises Henky 理論。

所謂**畸變能** U_d 就是總應變能 U 減去體積變化之應變能 U_v，即：

$$U_d = U - U_v \tag{5.9}$$

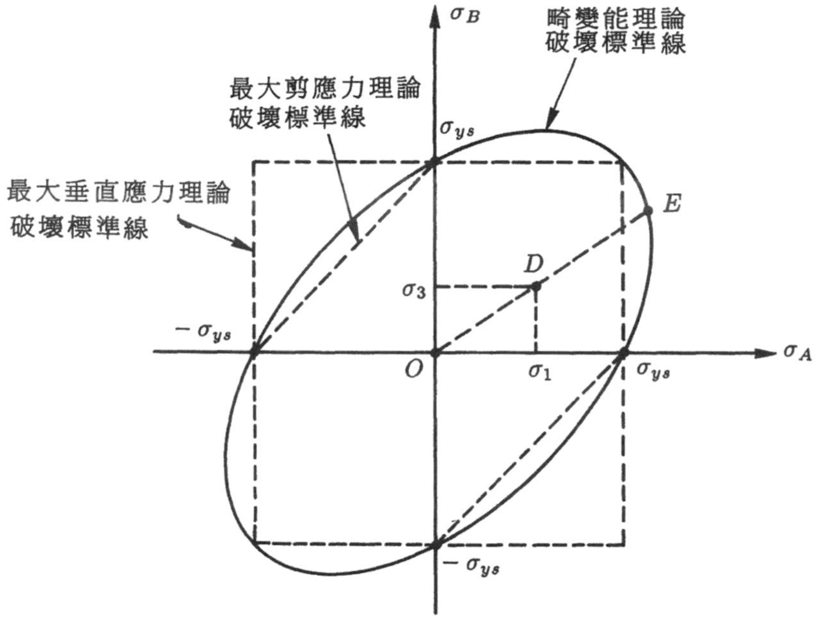

● 圖 5.5　畸變能理論

以 σ_1，σ_2，σ_3 表示空間任一應力狀態之主應力，其總應變能為：

$$
\begin{aligned}
U &= \frac{1}{2}\sigma_1\epsilon_1 + \frac{1}{2}\sigma_2\epsilon_2 + \frac{1}{2}\sigma_3\epsilon_3 \\
&= \frac{1}{2}\sigma_1\left[\frac{\sigma_1}{E} - \frac{v}{E}(\sigma_2 + \sigma_3)\right] + \frac{1}{2}\sigma_2\left[\frac{\sigma_2}{E} - \frac{v}{E}(\sigma_1 + \sigma_3)\right] + \frac{1}{2}\sigma_3\left[\frac{\sigma_3}{E} - \frac{v}{E}(\sigma_1 + \sigma_2)\right] \\
&= \frac{1}{2E}[\sigma_1^2 + \sigma_2^2 + \sigma_3^2 - 2v(\sigma_1\sigma_2 + \sigma_2\sigma_3 + \sigma_3\sigma_1)]
\end{aligned}
\tag{5.10}
$$

定義 σ_{av} 為平均應力，其值是：

$$\sigma_{av} = \frac{1}{3}(\sigma_1 + \sigma_2 + \sigma_3) \tag{5.11}$$

取 $\sigma_1 = \sigma_2 = \sigma_3 = \sigma_{av}$，代入(5.10)式即可求得體積變化之應變能為：

$$U_v = \frac{3}{2}\sigma_{av}\left[\frac{\sigma_{av}}{E} - \frac{\nu}{E}(\sigma_{av} + \sigma_{av})\right]$$

$$= \frac{(1-2\nu)}{6E}(\sigma_1 + \sigma_2 + \sigma_3)^2 \tag{5.12}$$

將(5.10)式與(5.12)式帶入(5.9)式，得：

$$U_d = \frac{1+\nu}{3E}\left[\frac{(\sigma_1-\sigma_2)^2 + (\sigma_2-\sigma_3)^2 + (\sigma_3-\sigma_1)^2}{2}\right] \tag{5.13}$$

對於拉伸試驗在降伏強度(即$\sigma_1 = \sigma_{ys}$，$\sigma_2 = \sigma_3 = 0$)下之畸變能，可代入(5.13)式得：

$$U_d = \frac{1+\nu}{3E}\sigma_{ys}^2 \tag{5.14}$$

由(5.13)式與(5.14)式之關係得：

$$(\sigma_1-\sigma_2)^2 + (\sigma_2-\sigma_3)^2 + (\sigma_3-\sigma_1)^2 = 2\sigma_{ys}^2 \tag{5.15}$$

若$(\sigma_1-\sigma_2)^2 + (\sigma_2-\sigma_3)^2 + (\sigma_3-\sigma_1)^2 < 2\sigma_{ys}^2$表示安全，其安全因數爲：

$$FS = \frac{\sigma_{ys}}{\sqrt{\dfrac{(\sigma_1-\sigma_2)^2 + (\sigma_2-\sigma_3)^2 + (\sigma_3-\sigma_1)^2}{2}}} \tag{5.16}$$

對一平面應力狀態，假設$\sigma_2 = 0$，$\sigma_1 = \sigma_A$，$\sigma_3 = \sigma_B$主應力，代入式(5.16)可得圖 5.5 所示畸變能理論之破壞標準線方程式爲：

$$\sigma_A^2 - \sigma_A\sigma_B + \sigma_B^2 = \sigma_{ys}^2 \tag{5.17}$$

若有一平面應力狀態之主應力σ_1與σ_3位於圖 5.5 之破壞標準線內 D 點，則表示安全，其安全係數方法：首先找$\overline{OD}$線之方程式爲：

$$\frac{\sigma_A}{\sigma_B} = \frac{\sigma_1}{\sigma_3} \tag{5.18}$$

由(5.17)式與(5.18)式求得$\overline{OD}$線與破壞標準線交點 E 之水平分量：

$$\sigma_{1E} = \sigma_A = \frac{\sigma_1\sigma_{ys}}{\sqrt{(\sigma_1^2 - \sigma_1\sigma_3 + \sigma_3^2)}} \tag{5.19}$$

依相似三角形之幾何關係得：

$$FS = \frac{\overline{OE}}{\overline{OD}} = \frac{\sigma_{1E}}{\sigma_1} = \frac{\sigma_{ys}}{\sqrt{(\sigma_1^2 - \sigma_1\sigma_3 + \sigma_3^2)}} \tag{5.20}$$

對一受純扭力之應力狀態，若其主應力為 $\sigma_3 = -\sigma_1$，$\sigma_2 = 0$，$\tau_y = \sigma_1$，代入(5.17)式得：

$$\tau_y = 0.577\,\sigma_{ys} \tag{5.21}$$

對任一平面應力狀態，可得畸變能破壞標準線之另一表示法為：

$$\sigma_x^2 - \sigma_x\sigma_y + \sigma_y^2 + 3\tau_{xy}^2 = \sigma_{ys}^2 \tag{5.22}$$

由圖 5.5 比較延性材料之三個**破壞理論**：最大剪應力理論最為保守，而最大垂直應力理論存在著不準確性，其中以畸變能理論最為適中。一般未加以說明時，均採用最大剪應力理論，以確保其準確性。

例 5.5

已知材料之降伏強度 $\sigma_{ys} = 600\text{MPa}$，試以最大垂直應力、最大剪應力與畸變能等三種破壞理論，分別計算下列三種應力狀態之安全因數。

(a) $\sigma_1 = 450\text{MPa}$，$\sigma_3 = 450\text{MPa}$，$\sigma_2 = 0$；

(b) $\sigma_1 = 450\text{MPa}$，$\sigma_3 = 350\text{MPa}$，$\sigma_2 = 0$；

(c) $\sigma_1 = 450\text{MPa}$，$\sigma_3 = -350\,\text{MPa}$，$\sigma_2 = 0$。

【解】

最大垂直應力理論：

(a) $\sigma_1 = \sigma_3 > \sigma_2 = 0$，表示位於第一象限，所以 $FS = \dfrac{600}{450} = 1.33$。

(b) $\sigma_1 > \sigma_3 > \sigma_2 = 0$，表示位於第一象限，所以 $FS = \dfrac{600}{450} = 1.33$。

(c) $\sigma_1 > \sigma_2 > \sigma_3$，$\sigma_3 < 0$，表示位於第四象限，所以 $FS = \dfrac{600}{450} = 1.33$。

最大剪應力理論：

(a) $\sigma_1 = \sigma_3 > \sigma_2 = 0$ 位於第一象限，所以 $FS = \dfrac{600}{450} = 1.33$。

(b) $\sigma_1 > \sigma_3 > \sigma_2 = 0$ 位於第一象限，所以 $FS = \dfrac{600}{450} = 1.33$。

(c) $\sigma_1 > \sigma_2 > \sigma_3$ 且 $\sigma_3 < 0$ 位於第四象限，所以 $FS = \dfrac{600}{450 + 350} = 0.75$。

畸變能理論：

(a) $\sigma_1 = \sigma_3 > \sigma_2 = 0$ 位於第一象限，所以：

$$FS = \frac{600}{\sqrt{(450)^2 - (450)(450) + (450)^2}} = 1.33$$

(b) $FS = \dfrac{600}{\sqrt{(450)^2 - (450)(350) + (350)^2}} = 1.47$

(c) $FS = \dfrac{600}{\sqrt{(450)^2 - (450)(-350) + (-350)^2}} = 0.86$

以上三種理論之安全因數比較於表 5.1，其主應力所在之位置如圖 5.6 所示。

● 表 5.1

應力狀態	(a)	(b)	(c)
最大垂直應力理論	1.33	1.33	1.33
最大剪應力理論	1.33	1.33	0.75
畸變能理論	1.33	1.47	0.86

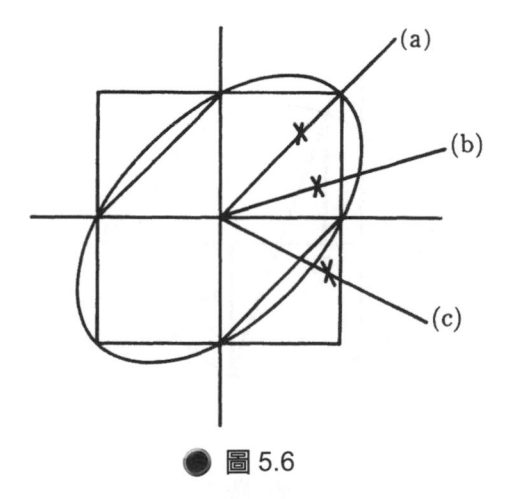

● 圖 5.6

例 5.6

有一元件材料之應力狀態為 $\sigma_x = 12$MPa，$\sigma_y = 2$MPa，$\tau_{xy} = 10$MPa，已知材料降伏強度為 45MPa，試以最大垂直應力、最大剪應力與畸變能三種破壞理論計算元件之安全因數。

【解】

首先利用摩爾圓求主應力為：

$$\sigma_1 = \frac{\sigma_x + \sigma_y}{2} + \sqrt{\left(\frac{\sigma_x - \sigma_y}{2}\right)^2 + \tau_{xy}^2} = 18.18\text{MPa}$$

$$\sigma_3 = \frac{\sigma_x + \sigma_y}{2} - \sqrt{\left(\frac{\sigma_x - \sigma_y}{2}\right)^2 + \tau_{xy}^2} = -4.18\text{MPa}$$

最大垂直應力理論：由 $\sigma_1 > \sigma_2 > \sigma_3$，$\sigma_2 = 0$，$\sigma_3 < 0$，表示位於第四象限，所以安全因數為：

$$FS = \frac{45}{18.18} = 2.48$$

最大剪應力理論：

$$FS = \frac{45}{18.18 + 4.18} = 2.01$$

畸變能理論：

$$FS = \frac{45}{\sqrt{(18.18)^2 - (18.18)(-4.18) + (-4.18)^2}} = 2.19$$

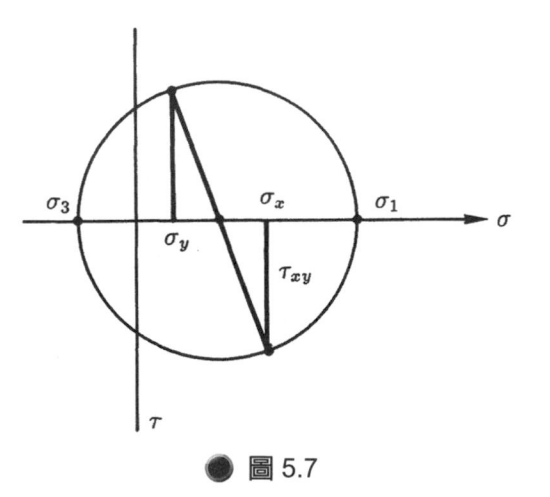

● 圖 5.7

5.6　脆性材料之破壞

　　脆性材料具有三個特性：因脆性材料無降伏點，所以選擇極限強度值做為判定破壞之標準；抗壓強度(σ_{uc})不等於抗拉強度(σ_{ut})(通常前者為後者若干倍)；材料極限抗扭強度

近似等於抗拉強度。利用這三個特性建立了最大垂直應力理論、Coulomb-Mohr 理論與修正 Mohr 理論等三種破壞標準。

5.6-1　最大垂直應力理論

此理論與延性材料中所討論之最大垂直應力理論類似，僅僅不同的是 $\sigma_{ut} \neq \sigma_{uc}$，其破壞標準線如圖 5.8 所示。若有一材料之應力狀態位於破壞標準線內，則表示安全，其安全因數之計算將依其所在不同象限而有所不同。假設該應力狀態之主應力為 $\sigma_1 > \sigma_2 > \sigma_3$，則選擇 σ_1 與 σ_3 計算如下：

(1) 第一象限：$\sigma_1 > \sigma_3 > 0$，則安全因數為：

$$FS = \frac{\sigma_{ut}}{\sigma_1} \tag{5.23a}$$

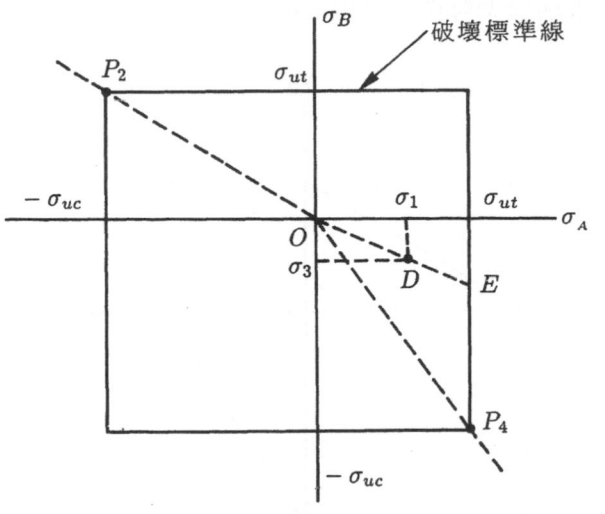

● 圖 5.8　最大垂直應力理論

(2) 第四(或第二)象限：$\sigma_1 > 0$，$\sigma_3 < 0$，首先必須判斷 σ_1 與 σ_3 所對應之 D 點是位於圖 5.8 之 $\overline{OP_4}$ 線之上方或下方：

①位於 $\overline{OP_4}$ 之上方，則安全因數為：

$$FS = \frac{\overline{OE}}{\overline{OD}} = \frac{\sigma_{ut}}{\sigma_1} \tag{5.23b}$$

②位於 $\overline{OP_4}$ 之下方，則安全因數為：

$$FS = \frac{\sigma_{uc}}{|\sigma_3|} \qquad (5.23c)$$

或是取(5.23b)式與(5.23a)式中較小值即為其安全因數。

(3) 第三象限：$\sigma_3 < \sigma_1 < 0$，則安全因數為：

$$FS = \frac{\sigma_{uc}}{|\sigma_3|} \qquad (5.23d)$$

5.6-2　Coulomb-Mohr 理論

除了 $\sigma_{ut} \neq \sigma_{uc}$ 以外，此理論與延性材料之最大剪應力理論類似，但是在第二與第四象限之破壞標準線方程式大有差異。如圖 5.9 所示，假設一材料應力狀態之主應力為 σ_1，σ_2 與 σ_3，其在各象限之破壞標準線與安全因數如下：

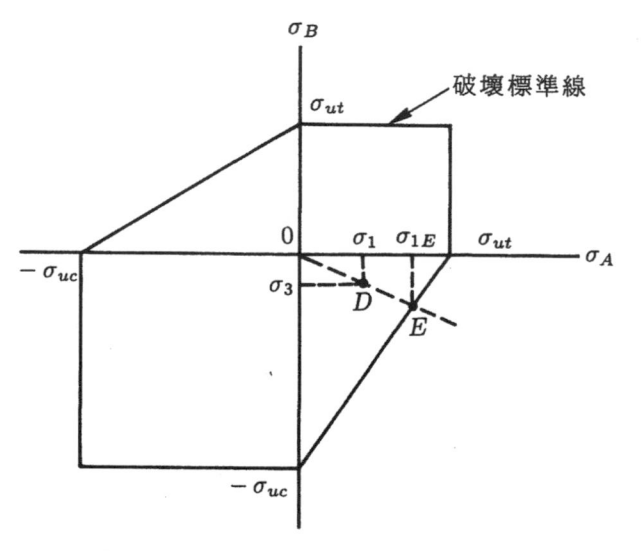

● 圖 5.9　Caulomb-Mohr 破壞理論

(1) 第一象限：$\sigma_1 > \sigma_2 > \sigma_3 > 0$，且 σ_1 與 σ_3 位於破壞標準線內，則安全因數為：

$$FS = \frac{\sigma_{ut}}{\sigma_1}$$

(2) 第三象限：$\sigma_3 < \sigma_2 < \sigma_1 < 0$，且 σ_1 與 σ_3 位於破壞標準線內，則安全因數為：

$$FS = \frac{\sigma_{uc}}{|\sigma_3|}$$

(3) 第四(或第二)象限：$\sigma_1 > \sigma_2 > \sigma_3$ 且 $\sigma_3 < 0$ 位於破壞標準線上，則其方程式為：

$$\frac{\sigma_A}{\sigma_{ut}} - \frac{\sigma_B}{\sigma_{uc}} = 1(\text{或} \frac{\sigma_B}{\sigma_{ut}} - \frac{\sigma_A}{\sigma_{uc}} = 1) \tag{5.24}$$

假設 σ_1 與 σ_3 位於破壞標準線內之 D 點，則 $\overline{OD}$ 線方程式為：

$$\frac{\sigma_A}{\sigma_B} = \frac{\sigma_1}{\sigma_3}(\text{或} \frac{\sigma_B}{\sigma_A} = \frac{\sigma_1}{\sigma_3}) \tag{5.25}$$

由(5.24)式與(5.25)式得其交點 E 之水平分量為：

$$\sigma_{1E} = \frac{\sigma_1}{\dfrac{\sigma_1}{\sigma_{ut}} - \dfrac{\sigma_3}{\sigma_{ut}}} \tag{5.26}$$

此式安全因數為：

$$\frac{1}{FS} = \frac{\overline{OD}}{\overline{OE}} = \frac{\sigma_1}{\sigma_{1E}} = \frac{\sigma_1}{\sigma_{ut}} - \frac{\sigma_3}{\sigma_{uc}} \tag{5.27}$$

5.6-3　修正 Mohr 理論

對純扭轉之應力狀態，其主應力關係為 $\sigma_B = -\sigma_A$，所以由 $\dfrac{\sigma_B}{\sigma_A} = -1$ 之直線與最大垂直

應力理論線之交點 P_2 與 P_4，因此選擇此交點做修正線通過之點，如圖 5.10 所示。圖中第一及第三象限，與最大垂直應力理論及 Coulomb-Mohr 理論相同，因此不再說明。但是在第二與第四象限，則有很大的不同。假設有一材料應力狀態為 $\sigma_1 > \sigma_2 > \sigma_3$ 且 $\sigma_3 < 0$，首先須先判斷該應力狀態是位於第四象限 $\overline{OP_4}$ 線之上方或下方，再做進一步討論：

(1) 位於 $\overline{OP_4}$ 線上方時，即 $\sigma_1 > |\sigma_3|$，則其安全因數為：

$$FS = \frac{\sigma_{ut}}{\sigma_1}$$

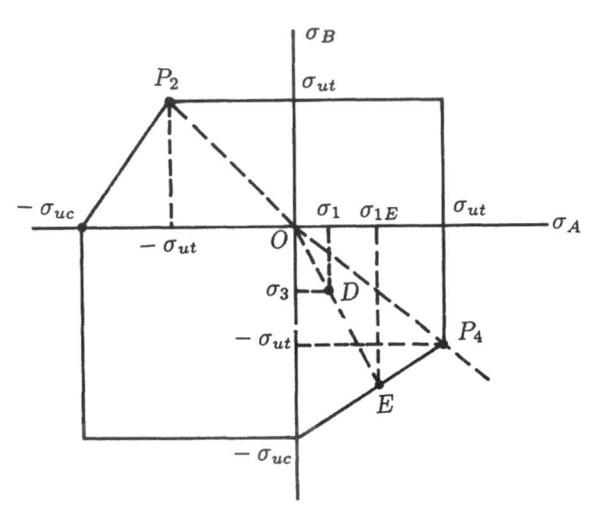

● 圖 5.10   修正 Mohr 理論

(2) 位於 $\overline{OP_4}$ 線下方時，即 $\sigma_1 < |\sigma_3|$，則其破壞標準方程式為：

$$\frac{\sigma_A}{\sigma_{ut}} - \frac{\sigma_B}{(\sigma_{uc} - \sigma_{ut})} = \frac{\sigma_{uc}}{(\sigma_{uc} - \sigma_{ut})} \tag{5.28}$$

　　　若材料之應力狀態位於破壞標準線內，如圖 5.10 所示之 D 點，則 $\overline{OD}$ 直線之方程式為：

$$\frac{\sigma_A}{\sigma_B} = \frac{\sigma_1}{\sigma_3} \tag{5.29}$$

　　　由(5.28)式與(5.29)式之交點 E 在水平之分量為：

$$\sigma_{1E} = \frac{\sigma_1 \sigma_{uc}}{\left(\dfrac{\sigma_{uc} - \sigma_{ut}}{\sigma_{ut}}\right)\sigma_1 - \sigma_3} \tag{5.30}$$

　　　此時，安全因數為：

$$FS = \frac{\overline{OE}}{\overline{OD}} = \frac{\sigma_{1E}}{\sigma_1} = \frac{\sigma_{uc}}{\left(\dfrac{\sigma_{uc} - \sigma_{ut}}{\sigma_{ut}}\right)\sigma_1 - \sigma_3} \tag{5.31}$$

　　　將脆性材料之三個**破壞理論**繪於圖 5.11，並做比較：其中**最大垂直應力理論**存在著不準確性；修正 Mohr 理論(**修正摩爾理論**)最接近實驗值，Coulomb-Mohr 理論(**庫倫摩爾理論**)最為保守，因此一般未說明時，均以 Coulomb-Mohr 理論為破壞標準。

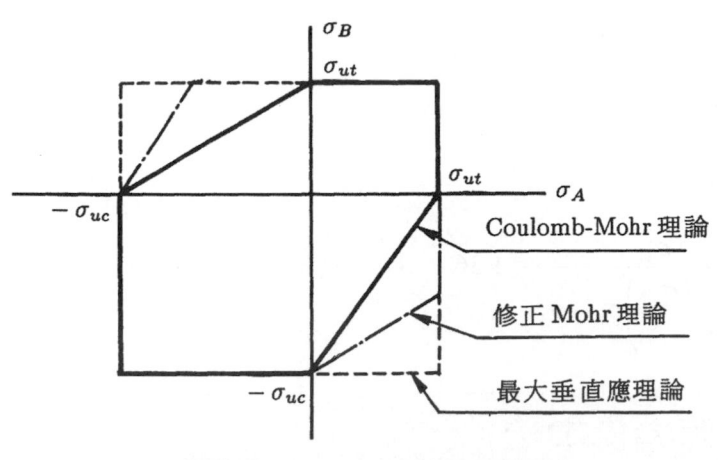

● 圖 5.11　脆性材料破壞理論

例 5.7

有一銷子元件之鑄鐵材料，承受 $\sigma_x = -125\text{MPa}$，$\tau_{xy} = 230\text{MPa}$ 之壓力與剪應力，且已知鑄鐵抗拉強度 $\sigma_{ut} = 290\text{MPa}$、抗壓強度 $\sigma_{uc} = 960\text{MPa}$，試以脆性材料之最大垂直應力、Coulomb-Mohr 與修正 Mohr 等三種破壞理論計算銷子的安全因數。

【解】

利用 Mohr 圓求出主應力為：

$$\sigma_1 = \frac{\sigma_x + \sigma_y}{2} + \sqrt{\left(\frac{\sigma_x - \sigma_y}{2}\right)^2 + \tau_{xy}^2} = 175.8\text{MPa}$$

$$\sigma_3 = \frac{\sigma_x + \sigma_y}{2} - \sqrt{\left(\frac{\sigma_x - \sigma_y}{2}\right)^2 + \tau_{xy}^2} = -300.8\text{MPa}$$

$$\sigma_2 = 0$$

表示應力狀態位於第四象限。

最大垂直應力理論：

因 $\quad \left|\dfrac{\sigma_3}{\sigma_1}\right| = 1.71 < \left|\dfrac{\sigma_{uc}}{\sigma_{ut}}\right| = 3.31$

所以 $FS = \dfrac{\sigma_{ut}}{\sigma_1} = \dfrac{290}{175.8} = 1.65$

Coulomb-Mohr 理論：

$$\frac{1}{FS} = \frac{\sigma_1}{\sigma_{ut}} - \frac{\sigma_3}{\sigma_{uc}} \Rightarrow FS = 1.09$$

修正 Mohr 理論：

因 $\left|\dfrac{\sigma_3}{\sigma_1}\right| = 1.71 > 1$

所以 $FS = \dfrac{\sigma_{uc}}{\left(\dfrac{\sigma_{uc} - \sigma_{ut}}{\sigma_{ut}}\right)\sigma_1 - \sigma_3} = 1.36$

5.7 應力集中

在推導拉伸、壓縮、彎曲與扭轉之應力公式時，均假設元件並無不規則形狀之變化，但是在實際設計時，卻很難保持元件之斷面大小與形狀沒有變化。因元件形狀發生不連續之變化所造成應力不規則之分佈情況，稱之為**應力集中**。通常都是在含內圓角、孔、凹口、槽、栓、工具留痕或刮痕之元件，就會產生應力集中，例如圖 5.12 所示受拉力之含孔桿件，產生應力集中的情形。應力集中所造成應力升高之情形，常以應力集中因數 k 表示為：

$$k = \frac{內圓角或凹口等處實際應力之最高值}{由公式所求出之最小截面應力}$$

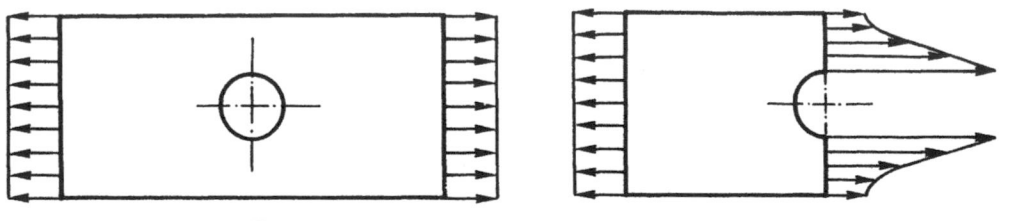

● 圖 5.12　受拉力之含孔桿件的應力集中

對承受靜態負載之延性材料而言，雖然應力集中因數所造成之應力提升，但是也同時增加了元件之強度，因此對材料破壞情形沒有多大影響，所以可不予以考慮。但是對脆性材料或受變動負載之延性材料而言，則有所影響，必須予以考慮。如果考慮應力集中因數，則前面所討論脆性材料破壞理論所有公式中有關 σ_1，σ_2 或 σ_3，均須改為 $k\sigma_1$，$k\sigma_2$ 或 $k\sigma_3$ 等，例如 Coulomb-Mohr 理論所討論之安全因數公式應改為：

$$\frac{1}{FS} = \frac{k\sigma_1}{\sigma_{ut}} - \frac{k\sigma_3}{\sigma_{uc}}$$

$$(5.32)$$

例 5.8

已知一鑄鐵材料之抗拉強度 $\sigma_{ut} = 172.5\text{MPa}$，抗壓強度 $\sigma_{uc} = 586.5\text{MPa}$，應力集中因數為 2.5，而此材料元件受一應力狀態為 $\sigma_x = 17.25\text{MPa}$，$\sigma_y = -44.85\text{MPa}$ 與 $\tau_{xy} = 24.15$ MPa，試依 Coulomb-Mohr 理論求元件之安全因數。

【解】

利用 Mohr 圓求主要應力為：

$$\sigma_1 = \frac{\sigma_x + \sigma_y}{2} + \sqrt{\left(\frac{\sigma_x - \sigma_y}{2}\right)^2 + \tau_{xy}^2}$$

$$= \frac{(17.25 - 44.85)}{2} + \sqrt{\left(\frac{17.25 + 44.85}{2}\right)^2 + (24.15)^2}$$

$$= 25.5\text{MPa}$$

$$\sigma_3 = \frac{\sigma_x + \sigma_y}{2} - \sqrt{\left(\frac{\sigma_x - \sigma_y}{2}\right)^2 + \tau_{xy}^2} = -53.1\text{MPa}$$

$$\sigma_2 = 0$$

由 Coulomb-Mohr 理論得 $(k = 2.5)$：

$$\frac{1}{FS} = \frac{k\sigma_1}{\sigma_{ut}} - \frac{k\sigma_3}{\sigma_{uc}} = \frac{2.5 \times (25.5)}{172.5} + \frac{2.5 \times (53.1)}{586.5} \Rightarrow FS = 1.67$$

5.8　破壞力學

1. 基本設計回顧，靜強度設計

   (1) 應力集中(stress concentration)

   　　在元件的截面幾何形狀及尺寸的急劇變化處如鍵槽、軸肩、缺口、孔洞等這些部份的近旁，會產生局部的高應力，其應力峰值遠大於按基本公式計算所得之應力值，此種現象稱為應力集中。

   (2) 理論應力集中因數(theoretical stress concentration factor)，K_t

   $$K_t = \frac{\sigma_{\max}}{\sigma_0} \qquad K_t = \frac{\tau_{\max}}{\tau_0} \qquad\qquad (5.33)$$

σ_0：基本公式所算出之應力

τ_0：基本公式所算出之剪應力

※ K_t 只取決於機件幾何形狀及負荷方式，而與製造機件所用的材料及所受之負荷大小無關。

(3) σ_{max} 、 τ_{max} 之取得

　① 彈性力學

　② 有限元素法

　③ 光彈實驗

　④ 光斑干涉法

(4) 降低應力集中的方法

　⇒以流動模擬分析(flow analogy)方法

　※以應力線表示在物體中的流線，流線越密集該處應力越集中。

　① 軸肩處應力集中的改善例。

　② 將應力集中的區域設計在工作應力較小之部位孔槽、切口等的長度方向應儘量避免與拉應力方向垂直。

　③ 在應力集中區域附近，有計劃地增加或缺口，反而收到降低應力集中之故。

2. 破壞力學之介紹

(1) 假設：直到斷裂之前材料一直是彈性的，並且應力與應變之間保持線性關係。

(2) 與靜強度設計之區別

　⇒因為材料或元件存在有宏觀的裂痕，而在受力時，由於裂痕的迅速擴展，導致在工作應力遠低於材料之降伏強度下突然斷裂。

(3) 應用：破壞力學(fracture mechanics)用於決定已知長度裂縫在已知應力下是否會成長至破裂之可能。

(4) 裂縫擴展之位移型態

　① 張開型(開放式裂縫模式)，又稱 I 型。

　② 滑開型(向前的剪力模式)，又稱 II 型。

　③ 撕開型(平行的剪力模式)，又稱 III 型。

　在脆性斷裂破壞中，張開型最長見，也最危險。故實際設計中，通常以張開型處理，以提高安全性。

3. 應力強度因數(stress intensity factor)

　　靠近的局部應力,依公稱應力 σ 和半製痕長度開根號的乘積而定,稱此關係式為應力強度因數 K。亦既平板在拉伸時,裂縫尖端之應力,不僅與公稱應力 σ 有關,且與裂痕長度 $2a$ 有關。

　　其中對於無限板寬之板上的尖銳裂縫,其 K 定義為 $K = \sigma \times \sqrt{\pi a}$ (由彈性分析得之, I_{rwin})。

　　單位為 $\text{psi}\sqrt{\text{in}}$, $\text{MPa}\sqrt{\text{m}}$

　　而對於一般情況的應力強度因數 K,依裂縫之幾何型式、機件之形狀、負荷方向不同而不同。

　　一般表示式為 $K = \alpha\sigma \times \sqrt{\pi\alpha}$, α 為幾何因子。

4. 應用

　　裂縫尖端附近區域的應力強度因數 K,是決定在工作應力之下,該裂痕是否會迅速成長之參數

(1) I 型裂縫擴展 $\Rightarrow K_{I}$

(2) II 型裂縫擴展 $\Rightarrow K_{II}$

(3) III 型裂縫擴展 $\Rightarrow K_{III}$

　　常用之 K_{I} 計算式

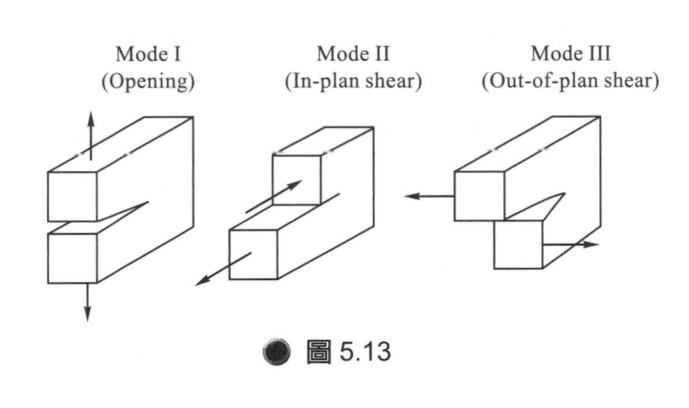

● 圖 5.13

$$K_{I} = \sigma \times \sqrt{\pi\alpha} \tag{5.34}$$

　　亦即 $\alpha = 1$

5. 破裂韌性(fracture toughness) K_{C}

(1) 將應力強度因數 K 類比為機件設計之工作應力,則低應力下,脆斷之應力強度因數之臨界值,就類比材料之強度,此強度指標稱為臨界應力強度因數(critical stress intensity factor),又稱為破裂韌性 K_{C}。

　　破裂韌性反映材料抵抗裂痕迅速擴展的能力,對一定的材料, K_{C} 為一常數。

　　而 K_{IC} 應注意試片厚度的影響,隨著厚度的增大 K_{IC} 會減少,並趨近於一穩定之最小值,此最小值稱為平面應變破裂韌性, K_{C} 之單位與 K 相同。

(2) 有宏觀製縫的機件,不發生脆性斷裂之條件

$$K < K_C \,,\ n = \frac{K_C}{K} \,,\ n : 安全因數 \tag{5.35}$$

而發生裂痕迅速擴展之臨界條件為 $K = K_C$

例 5.9

說明機械或構造物的設計必須考慮破裂韌性(fracture toughness)之原因,以及破裂韌性值的表示型式?　　　　　　　　　　　　　　　　　　【86 高考】

【解】

(1) 機械或構造物的設計必須考慮破裂韌性之原因是因為機械或構造物本身內部若存在宏觀裂痕,此裂痕可能是材料的缺陷(如縮孔)或是在加工時所產生的。而裂痕的迅速擴展的能力,將導致在工作應力遠低於材料降伏強度時,發生機件突然的斷裂。而破裂韌性表示材料抵抗"裂痕迅速擴展"的能力,可以類比材料的強度。

　　因此用破裂韌性來設計機械,可避免機械或構造物,在工作應力遠低於材料本身之降伏強度時,突然地斷裂,保護人員的安全。

(2) 破裂韌性又稱為臨界應力強度因子(critical stress factor),以 K_C 表示,其單位為 $MPa \times m^{\frac{1}{2}}$,

A. 對一定的材料, K_C 為定值。而 K_C 大都是指平面應變破裂韌性。

B. 因裂痕之擴展型式有三種:

(1)張開型(又稱 I 型),(2)滑開型(II 型),(3)撕開型(III 型),所以破裂韌性也有張開型破裂韌性(K_{IC})、滑開型破裂韌性(K_{IIC})、撕開型破裂韌性(K_{IIIC})。實際工程中,大都以張開型破裂韌性來考慮比較安全。

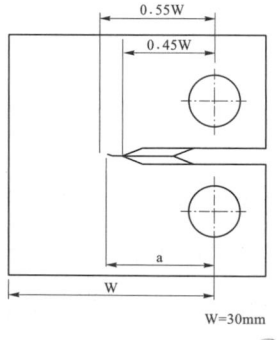
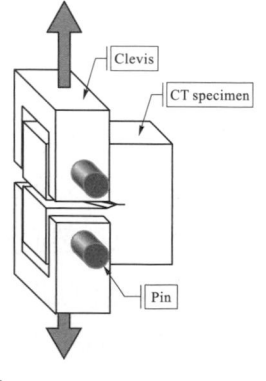

● 圖 5.14

● 表 5.2　Typical mechanical properties of gray Ni-resist irons.(11)

Propertites	Type1	Type 2	Type 3	Type 4	Type 5
Tensile strength, min					
ksi	25	25	25	25	20
MPa	172	172	172	172	138
Compressive strength					
ksi	100-120	100-120	100-130	80	80-100
MPa	690-828	690-828	690-897	552	552-690
Torsional strength					
ksi	35-40	35-40	35-45	29	30-35
MPa	241-276	241-276	241-310	200	207-241
Modulus of elasticity					
1000ksi	12-14	15-16.2	15-15.5	15	10.5
GPa	83-97	103-112	103-107	103	72
Modulus of torsion					
1000ksi	4.5	4.5	5.0	4.0	4.5
GPa	31.0	31.0	34.5	27.6	31.0
Brinell hardness (3000kg)	131-183	118-174	118-159	149-212	99-124
Impact toughness*					
ft-lb	100	100	150	80	150
J.	136	136	203	108	203

1.2 inch(30mm) arbitration bar unnotched－struck 3 inches(75mm) above supports.

例 5.10

已知一鋼料降伏強度 σ_{yp} = 250MPa，其厚度為 35mm、寬為 15m，沿拉應力方向之長度

為 25m，板中央有一平行於寬之裂縫長 70mm，其臨界應力強度因數 k_C = 30MPa $\sqrt{m}$ 。

試求鋼料破壞時之應力值與其相對於降伏強度之安全因數。

【解】

因鋼料之長 25m 與寬 15m 甚大於裂縫長 70mm。所以採用未修正之應力強度因數，可

得破壞時之應力值：

$$\sigma = \frac{k_C}{\sqrt{\pi a}} = \frac{30}{\sqrt{\pi \times 35 \times 10^{-3}}} = 90.5\text{MPa}$$

$$FS = \frac{\sigma_{yp}}{\sigma} = \frac{250}{90.5} = 2.76$$

5.9 疲勞破壞

　　靜態強度設計是僅僅考慮材料受固定不變之穩定負載，但是有些元件卻受到變動負載，此變動負載所生之應力雖未超過降伏強度，但是由於其多次之反覆應力作用，而造成元件之破壞，此種破壞稱之**疲勞破壞**。由於脆性材料經常不適用於疲勞負載，所以下面所述疲勞強度之設計，將以延性材料為主要對象。通常變動負載造成之反覆應力，可分成**完全反覆應力**(一般簡稱反覆應力，Repeat Stress)與不完全反覆應力(又稱**交變應力**(Alternating Stress)或**擾動應力**(Fluctuating Stress))。所謂完全反覆應力就是指平均應力等於零；而平均應力不等於零者，稱為不完全反覆應力。以正弦波為例，如圖 5.15 所示。一般最常見之疲勞破壞是彎曲所造成者，其次是扭轉，最少見的是軸向負載；也有三者任意組成之合成負載之疲勞破壞。

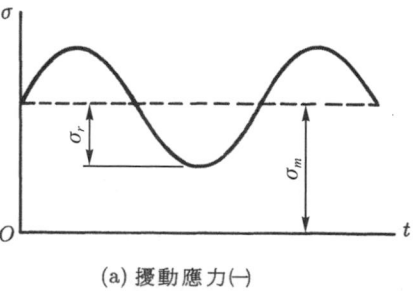

(a) 擾動應力(一)

● 圖 5.15

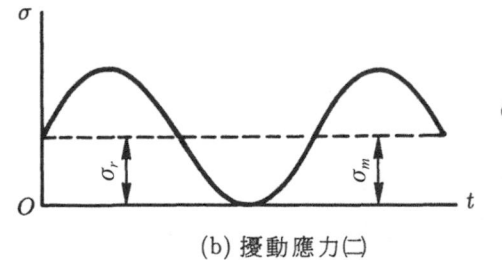
(b) 擾動應力(二)

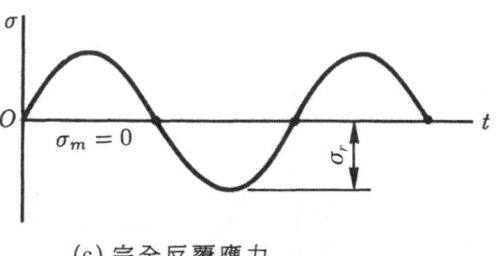
(c) 完全反覆應力

● 圖 5.15 (續)

5.10　完全反覆應力之疲勞強度

　　欲求完全反覆負載作用下之材料強度(即所謂之**疲勞強度**)，通常是令元件承受特定大小之完全反覆應力，然後量出其破壞時之循環次數，則對應此破壞循環次數之反覆應力值稱之疲勞強度，常以 σ_f 表示之。若將各個疲勞強度所對應之循環次數繪於直角座標上，則稱爲**疲勞破壞曲線**，或稱 *S-N* 曲線圖，如圖 5.16 所示。若材料所受完全反覆應力值小於某一數值時，則不管循環次數多大均不會產生破壞，此應力值稱之**疲勞限**(Fatique Limit)，或稱**忍耐限**(Endurance Limit)。換句話說，當負載應力小於疲勞限時，則稱其所受負載爲無限壽命負載；當負載應力大於疲勞限時，則必須在破壞曲線上對應一有限壽命，此應力值即爲疲勞強度或稱**有限壽命強度**。由實驗所獲得之疲勞限與實際機械元件之疲勞限有某些因數之差別，此影響之因數如下：

(1) k_a = 表面加工因數。加工愈精密則 σ'_e 愈大。

(2) k_b = 材料大小、形狀及負載方式所造成之尺寸因數。元件直徑愈小則 σ'_e 愈小。

(3) k_c = 可靠度因數。可靠度愈高則 σ'_e 愈小。

(4) k_d = 溫度因數。溫度愈高則 σ'_e 愈小。

(5) k_e = 應力集中因數。應力集中愈大則 σ'_e 愈小。

(6) k_f = 雜項因數，如殘留應力、腐蝕等等。受表面壓力愈大則 σ'_e 愈大，表面拉力愈大則 σ'_e 愈小，粗糙度增加則 σ'_e 愈小。

若以 σ_e 表示實驗所得之疲勞限，σ'_e 表示元件實際之疲勞限，則其關係式爲：

$$\sigma'_e = \frac{\sigma_e}{k_a k_b k_c k_d k_e k_f} \tag{5.36}$$

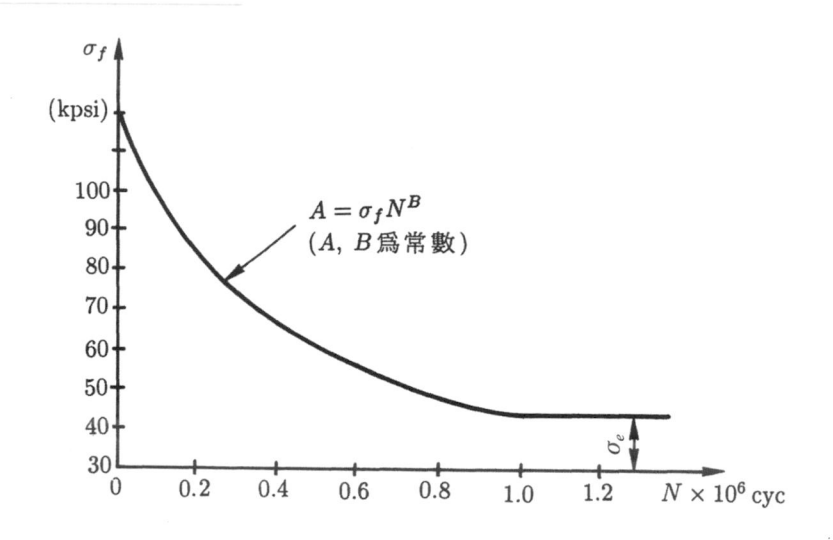

(a) 一般坐標

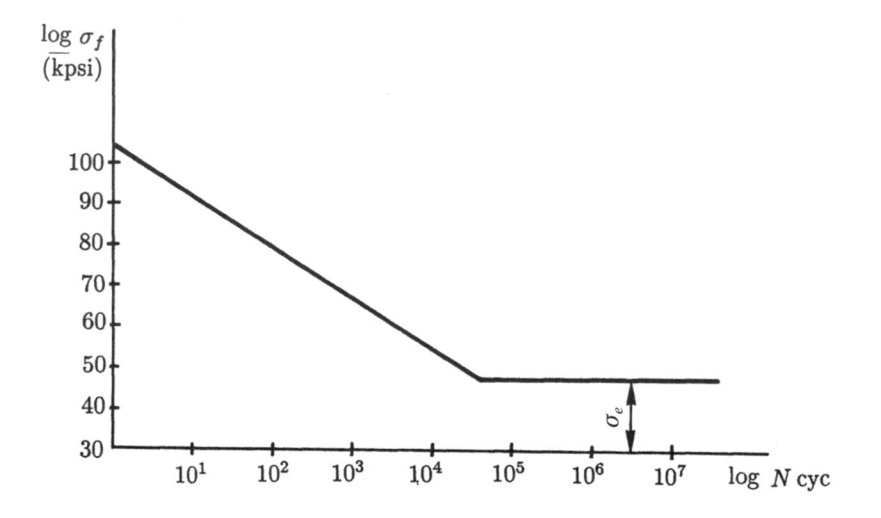

(b) 對數坐標

● 圖 5.16 *S-N* 曲線

　　一般常將疲勞的分析分成循環次數小於 10^3 之低週疲勞；循環次數大於 10^3 之高週疲勞；壽命大於 10^6 循環次數為**無限壽命**；壽命小於 10^6 循環次數為**有限壽命**。針對受完全反覆應力(即平均應力等於零)之安全因數為：

(1) 不考慮影響因數之無限壽命負載之 $FS = \dfrac{\sigma_e}{\sigma_r}$ 。

(2) 考慮影響因數之無限壽命負載之 $FS = \dfrac{\sigma_e}{k\sigma_r}$ 。

(3) 有限壽命負載時無所謂安全因數。

有關受非完全反覆應力(即平均應力不等於零)之安全因數求法，在下節中詳加討論。

例 5.11

已知一轉動軸端爲簡單支撐，而中間受一橫向負載，以致造成軸中間受一完全反覆應力爲 65.55MPa，且不考慮扭轉效益，材料之疲勞限爲 134.55MPa，試問此材料安全因數爲何？若考慮應力集中因數 $k = 1.4$，則此時之安全因數又如何？

【解】

(1) 未考慮應力集中因數時：

$$FS = \frac{\sigma_e}{\sigma_r} = \frac{134.55}{65.55} = 2.05$$

(2) 考慮應力集中因數時：

$$FS = \frac{\sigma_e}{k\sigma_r} = \frac{134.55}{1.4 \times 65.55} = 1.46$$

5.11　無限壽命之擾動應力疲勞強度

當材料受擾動負載時，其疲勞強度之計算，通常利用疲勞限、降伏強度及抗拉強度建立三種疲勞破壞標準線：Soderberg 疲勞破壞線(沙德伯疲勞破壞線)、修正型 Goodman 疲勞破壞線、實驗修正型 Goodman 疲勞破壞線。其中以 Soderberg 疲勞線最爲保守，修正型 Goodman 疲勞線爲最不安全，實驗修正型 Goodman 疲勞線最接近於實驗值。此三種理論說明如下：

(1) Soderberg 疲勞破壞理論：

如圖 5.17(a)與(b)所示兩種表示法：以縱軸表示應力波幅 σ_r 與疲勞限 σ_e；橫軸爲平均應力 σ_m 與降伏強度 σ_{yp}。連接 σ_e 與 σ_{yp} 兩點之直線即爲疲勞破壞線，其方程式爲：

$$\frac{\sigma_m}{\sigma_{yp}} + \frac{\sigma_r}{\sigma_e} = 1 \tag{5.37}$$

假設有一應力狀態位於破壞線內 A 點，其對應之應力波幅爲 σ_{Ar}，平均應力爲 σ_{Am}，連接 $\overline{OA}$ 之方程式爲：

$$\frac{\sigma_r}{\sigma_{Ar}} = \frac{\sigma_m}{\sigma_{Am}}$$ (5.38)

　　由(5.37)式與(5.38)式，可求得交點 B 之應力狀態 σ_{Br} 為：

$$\sigma_{Br} = \frac{\sigma_e}{\frac{\sigma_e}{\sigma_{yp}}\left(\frac{\sigma_{Am}}{\sigma_{Ar}}\right)+1}$$ (5.39)

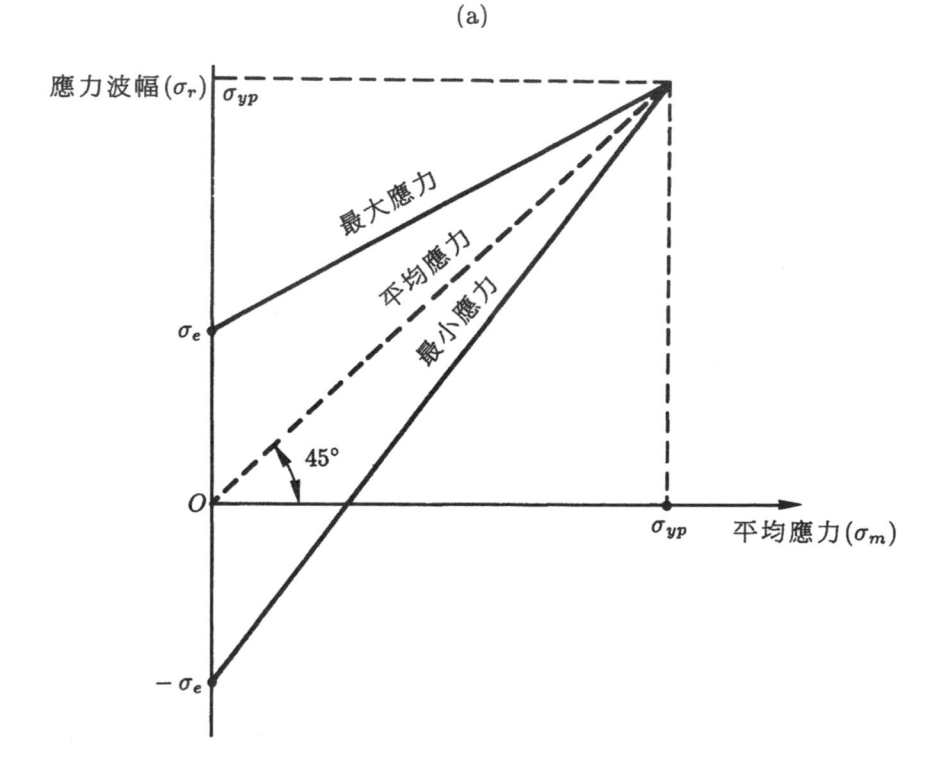

(a)

(b)

● 圖 5.17　Soderberg 疲勞破壞線

因此可求得 A 點應力狀態之安全因數 FS 為：

$$FS = \frac{\overline{OB}}{\overline{OA}} = \frac{\sigma_{Bm}}{\sigma_{Am}} = \frac{\sigma_{Br}}{\sigma_{Ar}} \tag{5.40}$$

$$\therefore \frac{1}{FS} = \frac{\sigma_m}{\sigma_{yp}} + \frac{\sigma_r}{\sigma_e} \tag{5.41}$$

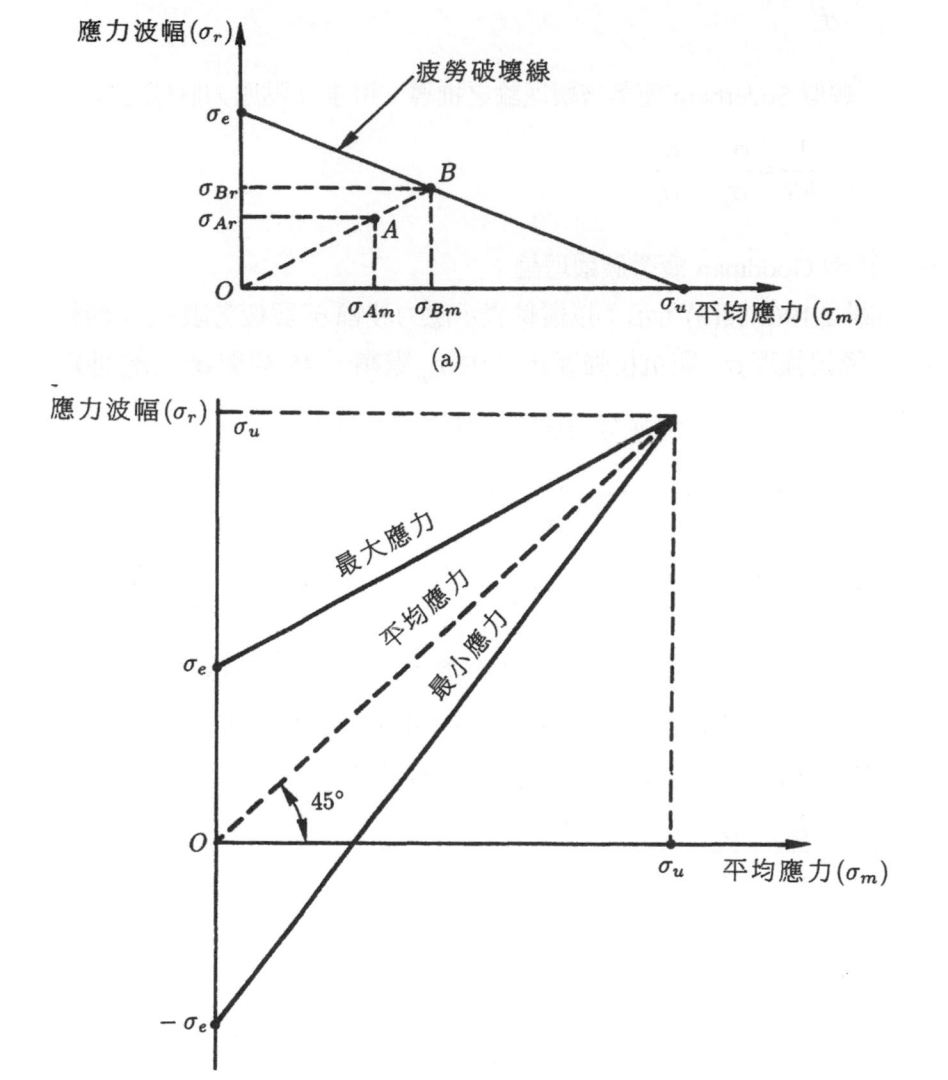

(a)

(b)

● 圖 5.18 修正型 Goodman 疲勞破壞線

(2) 修正型 Goodman 疲勞破壞理論：

類似 Soderberg 疲勞破壞理論，但是以抗拉強度 σ_u 取代降伏強度，如圖 5.18(a)與(b)所示。以縱軸表示應力波 σ_r 與疲勞限 σ_e；橫軸為平均應力 σ_m 與抗拉強度 σ_u，其疲勞破壞線方程式為：

$$\frac{\sigma_m}{\sigma_u} + \frac{\sigma_r}{\sigma_e} = 1 \tag{5.42}$$

類似 Soderberg 疲勞破壞理論之推導，可求 A 點應力狀態之安全因數為：

$$\frac{1}{FS} = \frac{\sigma_m}{\sigma_u} + \frac{\sigma_r}{\sigma_e} \tag{5.43}$$

(3) 實驗修正型 Goodman 疲勞破壞理論：

如圖 5.19(a)與(b)所示：以縱軸表示應力波幅 σ_r 與疲勞限 σ_e；橫軸表示平均應力 σ_m、降伏強度 σ_{yp} 與抗拉強度 σ_u。由 σ_{yp} 處劃一 45° 線與 σ_e，σ_u 連線交於 D 點，則 $\overline{CD}$ 與 $\overline{DE}$ 兩條線即為疲勞破壞線，其方程式分別為：

$\overline{CD}$ 疲勞破壞線為：$\dfrac{\sigma_m}{\sigma_u} + \dfrac{\sigma_r}{\sigma_e} = 1 \tag{5.44a}$

$\overline{DE}$ 疲勞破壞線為：$\sigma_m + \sigma_r = \sigma_{yp} \tag{5.44b}$

對破壞標準線內任一點 A 之應力狀態，可能位於 $\overline{OD}$ 線之上方或下方，因此不論位於何處均應同時求出對 $\overline{CD}$ 線之安全因數$(FS)_1$ 與對 $\overline{DE}$ 線之安全因數$(FS)_2$，然後取其較小值即為狀態 A 安全因數，其方程式如下：

$$\frac{1}{(FS)_1} = \frac{\sigma_m}{\sigma_u} + \frac{\sigma_r}{\sigma_e} \tag{5.45a}$$

$$\frac{1}{(FS)_2} = \frac{\sigma_m + \sigma_r}{\sigma_{yp}} \tag{5.45b}$$

$FS = (FS)_1$ 與$(FS)_2$ 中之較小者 $\tag{5.45c}$

一般未特別說明時，均採用實驗修正型 Goodman 疲勞破壞理論做為疲勞破壞標準。其中若考慮影響因數 k 時，則從(5.37)式至(5.45)式中之 σ_r，均應改用 $k\sigma_r$ 取代之。例如(5.45)式應修正為：

$$\frac{1}{(FS)_1} = \frac{\sigma_m}{\sigma_u} + \frac{k\sigma_r}{\sigma_e} \tag{5.46a}$$

$$\frac{1}{(FS)_2} = \frac{\sigma_m + k\sigma_r}{\sigma_{yp}} \tag{5.46b}$$

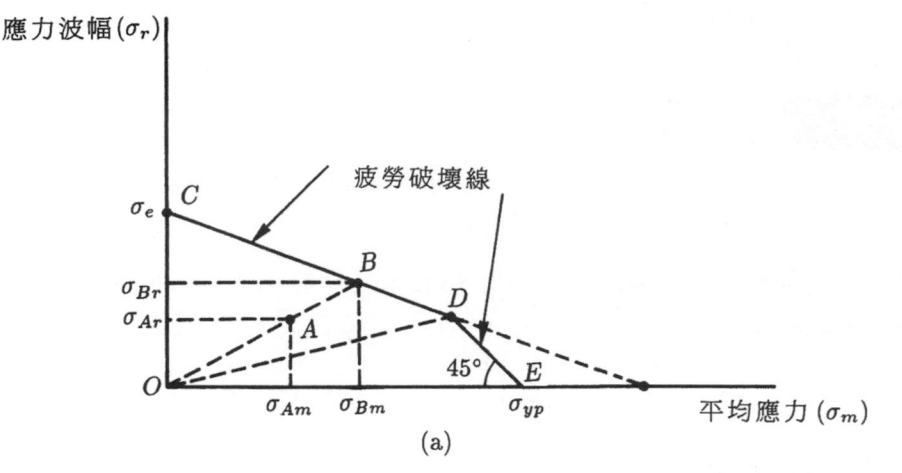

(a)

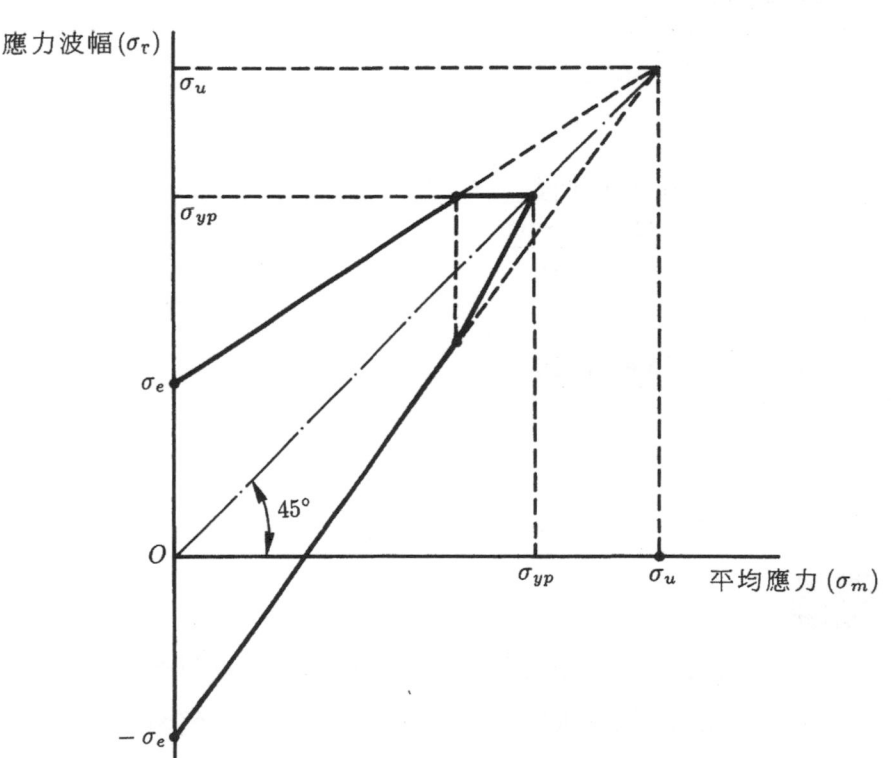

(b)

● 圖 5.19　實驗修正型 Goodman 疲勞破壞線

且(5.46)式所對應之靜態工作應力(或稱允許應力) σ_a 爲：

$$(\sigma_a)_1 = \frac{\sigma_u}{(FS)_1} = \sigma_m + \frac{k\sigma_r}{\sigma_e}\sigma_u \tag{5.47a}$$

$$(\sigma_a)_2 = \frac{\sigma_{yp}}{(FS)_2} = \sigma_m + k\sigma_r \tag{5.47b}$$

例 5.12

若有一元件承受擾動負載，其應力狀態爲平均應力 σ_m = 15MPa、應力波幅 σ_r = 10MPa，且已知材料之應力集中因數 k = 1.4、抗拉強度 σ_u = 90MPa、降伏強度 σ_{yp} = 70MPa；疲勞限 σ_e = 35MPa，試利用 Soderberg 與修正型 Goodman(指實驗修正型)理論求安全因數。

【解】

(1) 利用 Soderberg 理論：

$$\frac{1}{FS} = \frac{\sigma_m}{\sigma_{yp}} + \frac{k\sigma_r}{\sigma_e} = \frac{15}{70} + \frac{1.4 \times 10}{35}$$

$$\Rightarrow FS = 1.63$$

(2) 利用實驗修正型 Goodman 理論

$$\frac{1}{(FS)_1} = \frac{\sigma_m}{\sigma_u} + \frac{\sigma_k \sigma_r}{\sigma_e} = \frac{15}{90} + \frac{1.4 \times 10}{35}$$

$$\Rightarrow (FS)_1 = 1.76$$

$$\frac{1}{(FS)_2} = \frac{\sigma_m + k\sigma_r}{\sigma_{yp}} = \frac{15 + 1.4 \times 10}{70}$$

$$\Rightarrow (FS)_2 = 2.41$$

$$\therefore FS = (FS)_1 = 1.76$$

例 5.13

已知一元件承受擾動負載，其應力狀態爲平均應力 σ_m = 140MPa、應力波幅 σ_r = 14MPa，且材料之應力集中因數 k = 1.4、抗拉強度 σ_u = 630MPa、降伏強度 σ_{yp} = 490MPa、疲勞限 σ_e = 245MPa，試利用實驗修正型 Goodman 理論求安全因數。

【解】

由 $\dfrac{1}{(FS)_1} = \dfrac{\sigma_m}{\sigma_u} + \dfrac{k\sigma_r}{\sigma_e} = \dfrac{140}{630} + \dfrac{1.4 \times 14}{245}$

　　$\Rightarrow (FS)_1 = 3.31$

由 $\dfrac{1}{(FS)_2} = \dfrac{\sigma_m + k\sigma_r}{\sigma_{yp}} = \dfrac{140 + 1.4 \times 14}{490}$

　　$(FS)_2 = 3.07$

　　$\therefore\ FS = (FS)_2 = 3.07$

5.12　有限壽命之擾動應力疲勞強度

當元件承受之擾動應力狀態位於 Soderberg 或修正型 Goodman 破壞線外面時，如圖 5.20 所示 A 點，此時表示安全因數小於 1，則該擾動應力必對應一等效完全反覆應力之有限壽命的疲勞強度 σ_f，即圖 5.20 中通過 C 點(σ_{yp} 或 σ_u)及 A 點，而與縱軸相交之 B 點，其 σ_f 求法如下：

(1) Soderberg 疲勞破壞理論：

先由(5.41)式求得 FS < 1 時，再利用圖 5.20(a)△CAD 相似於△CBO，可得：

$$\frac{\sigma_f}{\sigma_r} = \frac{\sigma_{yp}}{\sigma_{yp} - \sigma_m} \tag{5.48}$$

(2) 修正型 Goodman 疲勞破壞理論：

先由(5.43)式求得 FS < 1 時，再利用圖 5.20(b)之△CAD 相似於△CBO，可得：

$$\frac{\sigma_f}{\sigma_r} = \frac{\sigma_u}{\sigma_u - \sigma_m} \tag{5.49}$$

若由(5.44)式判定 A 點位於圖 5.20(b)之斜線部份，則表示沒有對應一等效完全反覆應力之有限壽命的疲勞強度，而且元件可能隨時會破壞。

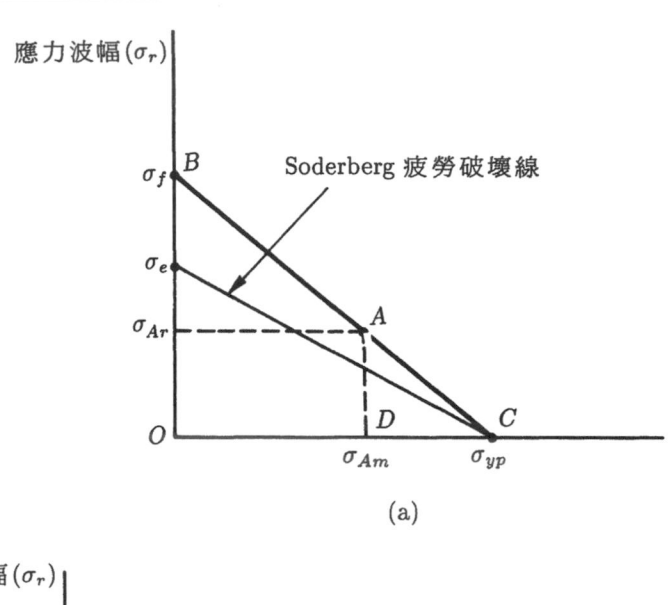

(a)

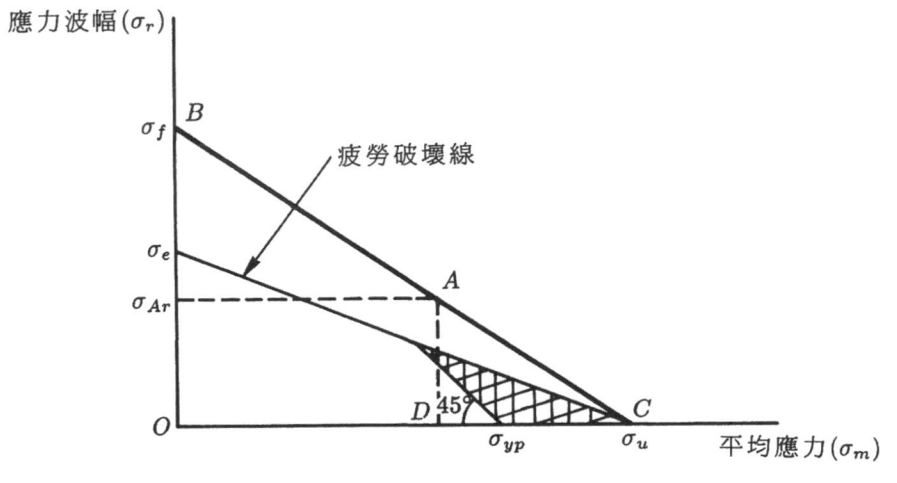

(b)

● 圖 5.20 有限壽命之疲勞強度

例 5.14

有一機械元件承受一負載，其應力狀態為平均應力 $\sigma_m = 25\text{MPa}$、應力波幅 $\sigma_e = 22$ MPa，且已知材料之應力集中因數 $k = 1.5$、抗拉強度 $\sigma_u = 90\text{MPa}$、疲勞限 $\sigma_e = 40$ MPa。試求元件之安全因數，若安全因數小於 1，則再求其等效完全反覆應力之有限壽命的疲勞強度。

【解】

因為所給的已知條件中僅有材料的抗拉強度，而沒有降伏強度，所以使用修正型 Goodman 疲勞破壞理論。

$$\frac{1}{FS} = \frac{\sigma_m}{\sigma_u} + \frac{k\sigma_r}{\sigma_e} = \frac{25}{90} + \frac{1.5 \times 22}{40}$$

$$\Rightarrow FS = 0.91$$

其對應之等效完全反覆應力 σ_f 為：

$$\sigma_f = k\sigma_r \left(\frac{\sigma_u}{\sigma_u - \sigma_m} \right) = \frac{1.5 \times 22 \times 90}{90 - 25} = 45.7\text{MPa}$$

5.13　扭轉負載之疲勞強度

由實驗得知，受彎曲負載之疲勞限 σ_r 與受扭力負載之疲勞限 τ_e 之間的關係，類似於靜態負載之降伏強度 σ_{yp} 與剪力降伏強度 τ_{yp} 之間的關係，即：

(1) 最大剪應力理論：

　　對靜態負載而言，則

$\tau_{yp} = 0.5\,\sigma_{yp}$

　　　對完全反覆負載而言，則

$\tau_e = 0.5\,\sigma_e$

(2) 畸變能理論：

　　對靜態負載而言，則

$\tau_{yp} = 0.577\,\sigma_{yp}$

　　　對完全反覆負載而言，則

$\tau_e = 0.577\,\sigma_e$

由實驗得知，受擾動剪應力之疲勞破壞線為圖 5.21 所示之 $\overline{CB}$ 與 $\overline{BD}$ 兩直線，圖中顯示破壞線內任意應力狀態點 A 之安全因數 FS 將因所在 $\overline{OB}$ 線之上方或下方而有所不同，其求法如下：

$$(FS)_1 = \frac{\tau_e}{\tau_{Ar}} \ (\text{上方}) \tag{5.50a}$$

$$\frac{1}{(FS)_2} = \frac{\tau_{Am} + \tau_{Ar}}{\tau_{yp}} \ (\text{下方}) \tag{5.50b}$$

$$FS = (FS)_1 \ 與 (FS)_2 \ 中較小值$$

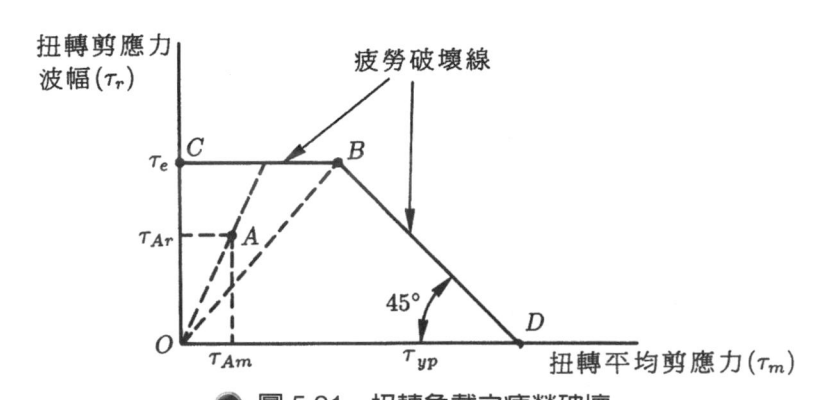

● 圖 5.21 扭轉負載之疲勞破壞

例 5.15

有一圓棒受一扭力負載，其應力狀態為平均剪應力 $\tau_m = 20\text{MPa}$、剪應力波幅 $\tau_r = 10$ MPa，且已知材料之抗拉強度 $\sigma_u = 100\text{MPa}$、降伏強度 $\sigma_{yp} = 70\text{MPa}$、疲勞限 $\sigma_e = 30$ MPa。若採用畸變能理論，試問該元件安全因數？

【解】

由已知條件得：

$$\tau_{yp} = 0.577 \, \sigma_{yp} = 0.577 \times 70 = 40.39\text{MPa}$$

$$\tau_e = 0.577 \, \sigma_e = 0.577 \times 30 = 17.31\text{MPa}$$

$$\therefore \ (FS)_1 = \frac{\tau_e}{\tau_{Ar}} = \frac{17.31}{10} = 1.73$$

$$\frac{1}{(FS)_2} = \frac{\tau_m + \tau_{yp}}{\tau_{Ar}} = \frac{20 + 10}{40.39}$$

$$\Rightarrow (FS)_2 = 1.35$$

$$FS = (FS)_1 \ 與 (FS)_2 \ 較小值$$

$$\Rightarrow FS = (FS)_2 = 1.35$$

5.14 合成負載之疲勞強度

在轉動軸的設計中，常常遇到扭轉及彎曲之合成負載，或扭轉、彎曲及軸向之合成負載。假若其中扭力、彎曲力矩與軸向力均以擾動型態出現時，如圖 5.22 所示之應力狀態，則疲勞強度之計算將分成兩個主要步驟：首先利用靜態負載之最大剪應力理論或畸變能理論，分別求出平均應力與波幅應力之相當平均應力 σ_{qm} 與相當波幅應力 σ_{qr}；其次再利用 Soderberg 或修正型 Goodman(簡稱 M. Goodman)疲勞破壞理論，求其安全因數或等效有限壽命之疲勞強度，其配法有四種：畸變能與 M. Goodman 理論、畸變能與 Soderberg 理論、最大剪應力與 M. Goodman 理論、最大剪應力與 Soderberg 理論。今以畸變能與 M. Goodman 理論為例說明如下：

對於三維應力狀態，首先須先出三軸向之主應力為 σ_{1m}，σ_{2m}，σ_{3m} 與 σ_{1r}，σ_{2r}，σ_{3r}，利用畸變能理論得：

$$\sigma_{qm} = \sqrt{\frac{(\sigma_{1m} - \sigma_{2m})^2 + (\sigma_{2m} - \sigma_{3m})^2 + (\sigma_{3m} - \sigma_{1m})^2}{2}} \tag{5.51a}$$

$$\sigma_{qr} = \sqrt{\frac{(\sigma_{1r} - \sigma_{2r})^2 + (\sigma_{2r} - \sigma_{3r})^2 + (\sigma_{3r} - \sigma_{1r})^2}{2}} \tag{5.51b}$$

對二維應力狀態，如圖 5.22 所示，可直接利用畸變能理論求相當平均應力 σ_{qm} 與相當波幅應力 σ_{qr}，或先由摩爾圓求兩軸向主應力 σ_{1m}，σ_{2m} 與 σ_{1r}，σ_{2r}，再求 σ_{qm} 與 σ_{qr}，其公式為：

● 圖 5.22 合成應力之變動負載

$$\sigma_{qm} = \sqrt{\sigma_{xm}^2 - \sigma_{xm}\sigma_{ym} + \sigma_{ym}^2 + 3\tau_m^2} \tag{5.52a}$$

$$\sigma_{qr} = \sqrt{\sigma_{xr}^2 - \sigma_{xr}\sigma_{yr} + \sigma_{yr}^2 + 3\tau_r^2} \tag{5.52b}$$

或，$\sigma_{qm} = \sqrt{\sigma_{1m}^2 - \sigma_{1m}\sigma_{2m} + \sigma_{2m}^2} \tag{5.53a}$

$$\sigma_{qr} = \sqrt{\sigma_{1r}^2 - \sigma_{1r}\sigma_{2r} + \sigma_{2r}^2} \tag{5.53b}$$

對單向應力狀態，則爲：

$$\sigma_{qm} = \sqrt{\sigma_{xm}^2 + 3\tau_m^2} \tag{5.54a}$$

$$\sigma_{qr} = \sqrt{\sigma_{xr}^2 + 3\tau_r^2} \tag{5.54b}$$

關於步驟二求元件安全因數或有限壽命之疲勞強度，其方法與 5.11～5.12 節所討論者完全相同。

　　合成負載之疲勞強度問題亦可利用疲勞破壞理論求得 σ_x、σ_y 與 τ_{xy} 之工作應力，再利用靜態的破壞理論求其安全因數。其配法有四：M. Goodman 與最大剪應力理論、M. Goodman 與畸變能理論、Soderberg 與最大剪應力理論、Soderberg 與畸變能理論，今用 M. Goodman 與最大剪應力理論爲例說明其過程：

　　由修正型 Goodman 理論先判定 $\sigma_{xm} \pm \sigma_{xy}$，$\sigma_{ym} \pm \sigma_{xr}$ 與 $\tau_m \pm \tau_r$ 之破壞線，因爲依(5.45) 式，$(\sigma_m)_1$ 必大於 $(\sigma_m)_2$，所以直接選用(5.45a)做爲判斷標準，即：

$$\sigma_x = \sigma_{xm} + \frac{\sigma_{xr}}{\sigma_e}\sigma_u \tag{5.55a}$$

$$\sigma_y = \sigma_{ym} + \frac{\sigma_{yr}}{\sigma_e}\sigma_u \tag{5.55b}$$

$$\tau_{xy} = \tau_m + \frac{\tau_r}{\tau_e}\tau_u = \tau_m + \frac{\tau_r}{\sigma_e}\sigma_u \tag{5.55c}$$

利用最大剪應力理論，假若 σ_x，σ_y 與 τ_{xy} 經摩爾圓判定其對應之主應力值是於第三象限之破壞線，則可得安全因數爲：

$$\frac{0.5\sigma_{yp}}{FS} = \left[\frac{1}{4}(\sigma_x - \sigma_y)^2 + \tau_{xy}^2\right]^{\frac{1}{2}} \tag{5.56}$$

例 5.16

有一圓棒承受合成負載，其應力狀態爲平均剪應力 $\tau_m = 15\text{MPa}$，x 軸方向之應力波幅 $\sigma_{xr} = 12\text{MPa}$，且已知材料之抗拉強度 $\sigma_u = 100\text{MPa}$、降伏應力 $\sigma_{yp} = 70\text{MPa}$、疲勞限 $\sigma_e = 30\text{MPa}$。試利用畸變能與 M. Goodman 理論及 M. Goodman 與最大剪應力理論，分別求出材料疲勞破壞之安全因數。

【解】

(1) M. Goodman 與最大剪應力理論：

$$\sigma_x = \frac{\sigma_{xr}}{\sigma_e}\sigma_u = \frac{12 \times 100}{30} = 40\text{MPa}$$

$$\tau_{xy} = \tau_m = 15\text{MPa}$$

$$\therefore \quad \frac{1}{FS} = \frac{1}{0.5\sigma_{yp}}\left[\frac{1}{4}(\sigma_x - \sigma_y)^2 + \tau_{xy}^2\right]^{\frac{1}{2}} = \frac{1}{0.5 \times 0.7}\left[\frac{1}{4}(40)^2 + (15)^2\right]^{\frac{1}{2}}$$

$$\Rightarrow FS = 1.4$$

(2) 畸變能與 Goodman 理論：由

$$\sigma_m = \sqrt{\sigma_{xm}^2 + 3\tau_m^2} = \sqrt{3(15)^2} = 25.98\text{MPa}$$

$$\sigma_r = \sqrt{\sigma_{xr}^2 + 3\tau_r^2} = \sigma_{xy} = 12\text{MPa}$$

$$\frac{1}{(FS)_1} = \frac{\sigma_m}{\sigma_u} + \frac{\sigma_r}{\sigma_e} = \frac{25.98}{100} + \frac{12}{30}$$

$$\Rightarrow (FS)_1 = 1.52$$

$$\frac{1}{(FS)_2} = \frac{\sigma_m + \sigma_r}{\sigma_{yp}} = \frac{25.98 + 12}{70}$$

$$\Rightarrow (FS)_2 = 1.84$$

$FS = (FS)_1$ 與 $(FS)_2$ 中較小者，$\therefore$ 得 $FS = (FS)_1 = 1.52$。

例 5.17

一合鋼之抗拉強度(ultimate tensile strength)爲 615 MPa，降伏強度(yield strength)爲 410 MPa，試求：

(1) 繪修正格曼圖(modified Goodman diagram)。

(2) 求單方向負載(uni-directional loading or released loading)之疲勞應力(endurance stress)。

【解】

(1) 修正格曼圖如圖中之實線部份所示：

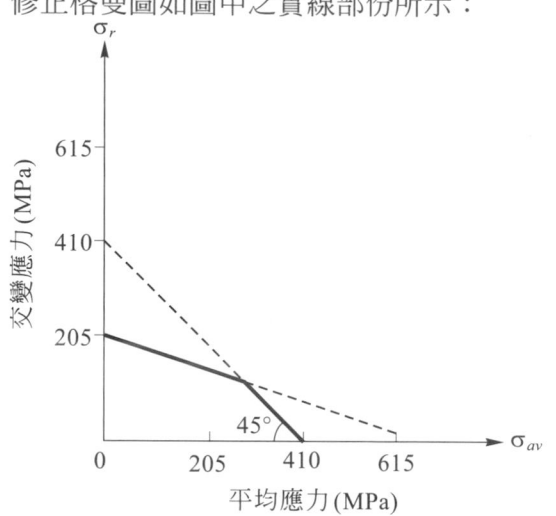

(2) 當承受單方向負載時

平均應力 σ_{av} =交變應力 σ_r

工作線如圖中之 $\overline{AD}$ 直線所示

D 點之座標為 (S_{av}, S_r)

$\because \dfrac{\sigma_r}{\sigma_{av}} = \dfrac{S_r}{S_{av}}$

$\therefore S_r = S_{av}$

由相似三角形：

$\dfrac{S_r}{205} = \dfrac{615 - S_{av}}{615}$

得疲勞應力

$S_r = 153.75 \, \text{MPa}$

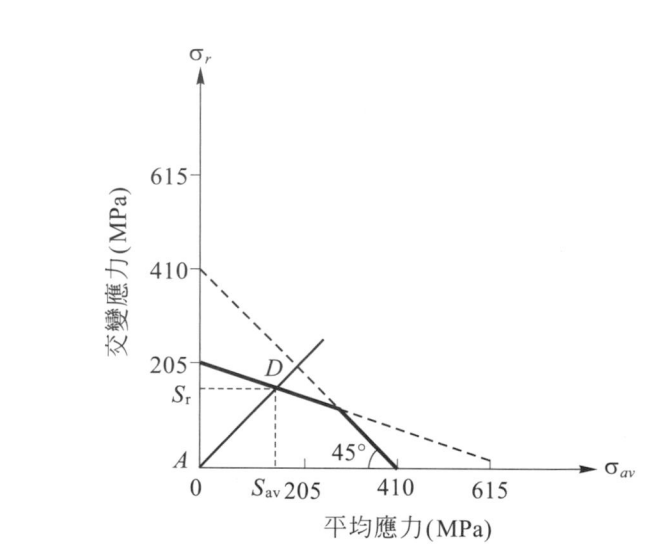

5.15 累積之疲勞破壞

　　至目前為止，所討論之元件僅受單一種完全反覆應力。假如元件承 i 個不同之完全反覆應力 σ_1，σ_2，σ_3，……，σ_i，且分別作用了 n_1，n_2，n_3，……，n_i 之週次。在此情形下，欲求元件之疲勞壽命或在無限壽命之安全因數，一般經常使用 Miner 法則(**米勒法則**)或 Manson 法則(**曼森法則**)，其中以 Miner 法則較為普遍。其方法如下：

(1) Miner 法則：

假設一元件在 σ_1，σ_2，……，σ_i 等 i 個應力下，分別作用了 n_1，n_2，……，n_i 之週次且各個應力均大於疲勞限。所以分別對應了有限的疲勞壽命 N_1，N_2，……，N_i，則其間的關係式為：

$$\frac{n_1}{N_1} + \frac{n_2}{N_2} + \frac{n_3}{N_3} + \cdots + \frac{n_i}{N_i} = a \tag{5.57}$$

式中 $0.7 \leq a \leq 2.2$，其中最佳的 a 值為 1，代入(5.57)式得：

$$\frac{n_1}{N_1} + \frac{n_2}{N_2} + \cdots + \frac{n_i}{N_i} = 1 \tag{5.58}$$

(5.58)式稱為 Miner 方程式(**米勒方程式**)。若令 N_c 表示各作用應力所累積的總疲勞壽命，則：

$$n_1 + n_2 + \cdots + n_i = N_c \tag{5.59}$$

令 $\alpha_1 = \dfrac{n_1}{N_c}$，$\alpha_2 = \dfrac{n_2}{N_c}$，……，$\alpha_i = \dfrac{n_i}{N_c}$，分別表示各應力所作用週次佔總壽命的分數比。將其代入(5.58)式，可得：

$$\alpha_1 + \alpha_2 + \cdots + \alpha_i = 1 \tag{5.60}$$

$$\frac{\alpha_1}{N_1} + \frac{\alpha_2}{N_2} + \cdots + \frac{\alpha_i}{N_i} = \frac{1}{N_c} \tag{5.61}$$

(5.58)式亦可利用 S-N 疲勞限予以解釋，如圖 5.23(a)所示。圖中實線表示尚未受力時材料的疲勞限，而虛線表示材料受 σ_1 作用 n_1 週次後，其疲勞限向內移動情形，且對應一新的 σ_{e1}。依此再進行 σ_2，n_2，……直到 σ_{i-1}，n_{i-1}，及所對應的 $\sigma_{e(i-1)}$，而 σ_i，n_i 必落在最後的疲勞限上。Miner's 法則有下列兩個缺點：

① 每條新的疲勞限均平行於原來疲勞限，即表示靜力的抗拉強度 σ_u 會改變，此種現象不合理。

② (5.58)式規定 σ_1，σ_2，……，σ_i 均須大於材料原來之疲勞限 σ_e，但是由圖 5.20(a) 可知，在 σ_1 作用後，如果 σ_2 為 $\sigma_{e1} < \sigma_2 < \sigma_e$ 時，仍會形成有限壽命之疲勞強度，造成矛盾。

(2) Manson 法則：

為了改良 Miner 法則的兩個缺點，所以 Manson 不用(5.58)式或圖 5.23(a)，而改用圖 5.23(b)。圖中之破壞線是依 $N = 10^3$ 所對應之 $0.8\,\sigma_u$ 的點為支點作旋轉的變化，而且可以形成 $\sigma_2 < \sigma_e$ 且 σ_u 不改變。

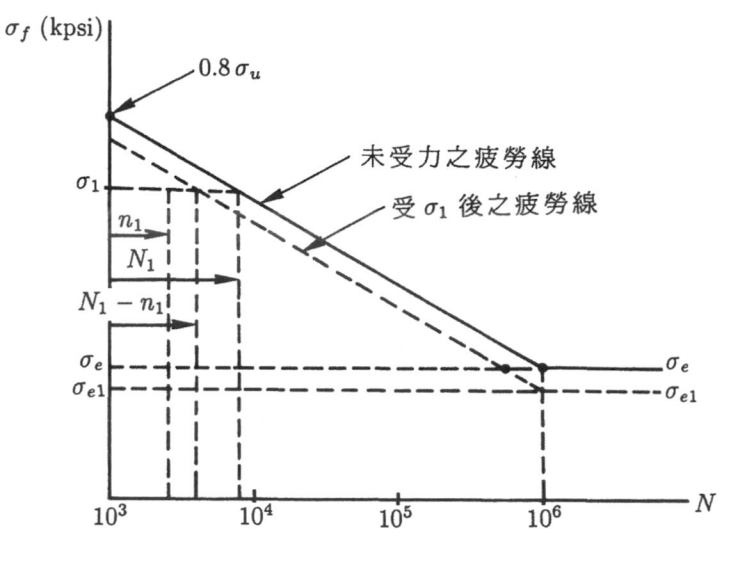

(a)Miner 法則

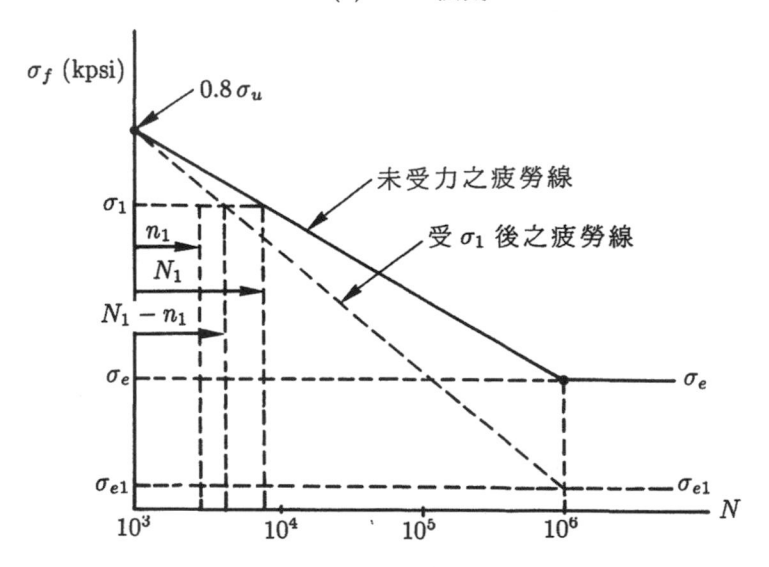

(b)Manson 法則

● 圖 5.23　累積疲勞破壞線

例 5.18

有一元件承受兩種不同的擾動負載，其應力狀態分別為：80%作用時間之平均應力 σ_{1m} = 315MPa、應力波幅 σ_{1r} = 95MPa，20%作用時間之平均應力 σ_{2m} = 245MPa、應力波幅 σ_{2r} = 145MPa、且已知材料之抗拉強度 σ_u = 630MPa、疲勞限 σ_e = 280MPa、應力集中因數 k = 1.5。其有限壽命之疲勞強度 S-N 曲線方程式為 $A = \sigma_f N^B$，B = 0.102，$\log A$ = 3.06，其中 σ_f 為以 MPa 為單位，N 以週次為單位。試求元件之預期壽命。

【解】

對於 σ_{1m} 與 σ_{1r} 之應力狀態而言，利用修正型 Goodman 求安全因數 FS 為：

$$\frac{1}{FS} = \frac{\sigma_{1m}}{\sigma_u} + \frac{k\sigma_{1r}}{\sigma_e} = \frac{315}{630} + \frac{1.5 \times 95}{280}$$

$$\Rightarrow FS = 0.99$$

FS 小於 1 表示此應力狀態對應一有限壽命之疲勞強度 σ_{1f} 為：

$$\frac{\sigma_{1f}}{k\sigma_{1r}} = \frac{\sigma_u}{\sigma_u - \sigma_{1m}}$$

$$\Rightarrow \sigma_{1f} = \frac{1.5 \times 95 \times 630}{630 - 315} = 285 \text{MPa}$$

同理，對於 σ_{2m} 與 σ_{2r} 而言：

$$\frac{1}{FS} = \frac{\sigma_{2m}}{\sigma_u} + \frac{k\sigma_{2r}}{\sigma_e}$$

$$= \frac{245}{630} + \frac{1.5 \times 145}{280}$$

$$\Rightarrow FS = 0.86$$

所以可求得所對應之 σ_{2f} 為：

$$\sigma_{2f} = \frac{k\sigma_{2r}\sigma_u}{\sigma_u - \sigma_{2m}} = \frac{1.5 \times 145 \times 630}{630 - 245}$$

$$\sigma_{2f} = 356 \text{MPa}$$

由 $A = \sigma_f N^B$

$$\Rightarrow \log A = \log \sigma_f + B \log N$$

所以當 $\sigma_f = \sigma_{1f} = 285$ 時 N_1 為：

$$\Rightarrow 0.102 \log N_1 = 3.06 - \log(285)$$

$$\Rightarrow N_1 = 856828 \text{ 週次}$$

當 $\sigma_f = \sigma_{2f} = 356$ 時 N_2 為：

$0.102\log N_2 = 3.06 - \log(356)$

$N_2 = 96780$ 週次

由 $\dfrac{\alpha_1}{N_1} + \dfrac{\alpha_2}{N_2} = \dfrac{1}{N_c} = \dfrac{0.8}{856828} + \dfrac{0.2}{96780}$

$\Rightarrow N_c = 333309$ 週次

5.16　短時間之試驗求疲勞壽命

　　假如想利用試驗法求得一接近疲勞限 σ_e 之完全反覆應力 σ_1 之疲勞壽命 N_1（ $\sigma_1 >$ σ_e ），則需要做很長時間的試驗，才能求得。如果利用 σ_1 先作用一段時間 n_1 週期，再利用一高應力值 σ_2（已知對應之疲勞壽命為 N_2）作用在 n_2 週次之短時間內，使元件產生破壞，此時再利用 Miner 方程式：

$$\frac{n_1}{N_1} + \frac{n_2}{N_2} = 1 \tag{5.62}$$

即可求得 σ_1 所對應之疲勞壽命 N_1。

例 5.19

已知一元件材料之抗拉強度 $\sigma_u = 630$MPa、疲勞限 $\sigma_e = 280$MPa、應力集中因數 $k = 1.4$，且已由試驗獲得完全反覆應力之疲勞強度 $\sigma_{2f} = 420$MPa，其對應之有限壽命 $N_2 = 1.9 \times 10^4$ 週次。若欲求得完全反覆應力 $\sigma_{1f} = 315$MPa 作用下之有限壽命 N_1，所以在完全反覆應力 σ_{1f} 下作用了 $n_1 = 1.5 \times 10^4$ 週次，接著在 σ_{2f} 下作用了 $n_2 = 1.8 \times 10^4$ 週次後，使元件產生破壞。試利用 Miner 方程式求 σ_{1f} 作用下之預期壽命 N_1。

【解】

由 Miner 方程式：

$$\frac{n_1}{N_1} + \frac{n_2}{N_2} = 1$$

$$\therefore \frac{1.5 \times 10^4}{N_1} + \frac{1.8 \times 10^4}{1.9 \times 10^4} = 1$$

$$\Rightarrow N_1 = 2.85 \times 10^5 \text{ 週次}$$

由此題所得結果表示：若單獨在完全反覆應力 σ_{1f} 作用下做試驗，欲使元件破壞預期時間為 2.85×10^5 週次；若改在 σ_{1f} 作用 1.5×10^4 週次，接著在 σ_{2f} 作用 1.8×10^4 週次後造成相同的破壞，所花的時間僅為 $n_1 + n_2 = 3.3 \times 10^4$ 週次，可見花的時間僅約 N_1 的 $\dfrac{1}{8.64}$。

5.17　表面強度

　　兩個互相嚙合之元件常在一接觸壓力下，歷經一定週次之作用而造成表面的破壞，此壓力值稱為**接觸疲勞強度**或稱赫芝(Hertz)**忍耐強度**。而此種表面所受之力經常是由滾動、滑動或滾帶滑動的運動接觸所生，且此種力在一定週數的運作後所生之破壞，常稱為**麻點性的磨損**(Pitting)。表面強度除了與材料的性質有關外，另與接觸體的形狀及接觸方式有關，常出現的型態如圖 5.24(a)～(f)所示。圖中 a 值為接觸面寬之半，$P_{\max}$ 為接觸面中心所受之最大壓力，其公式如下：

(1) 兩外接球體(實心)：

$$a = \sqrt[3]{\left(\frac{3F}{8}\right)\frac{[1-v_1^2 / E_1]+[(1-v_2^2)/E_2]}{(1/d_1)+(1/d_2)}} \tag{5.63}$$

$$P_{\max} = \frac{3F}{2\pi a^2} \tag{5.64}$$

$$\text{式中：}\begin{cases} F \text{為接觸力；} \\ v \text{為物體的蒲松氏比；} \\ E \text{為彈性係數；} \\ d \text{為直徑。} \end{cases}$$

(2) 球面與平面：

　　此時 $P_{\max}$ 與(5.64)式相同，但 a 值則依(5.63)式中取 $d_2 = \infty$，

$$a = \sqrt[3]{\left(\frac{3F}{8}\right)\frac{[(1-v_1^2)/E_1]+[(1-v_2^2)/E_2]}{(1/d_1)}} \tag{5.65}$$

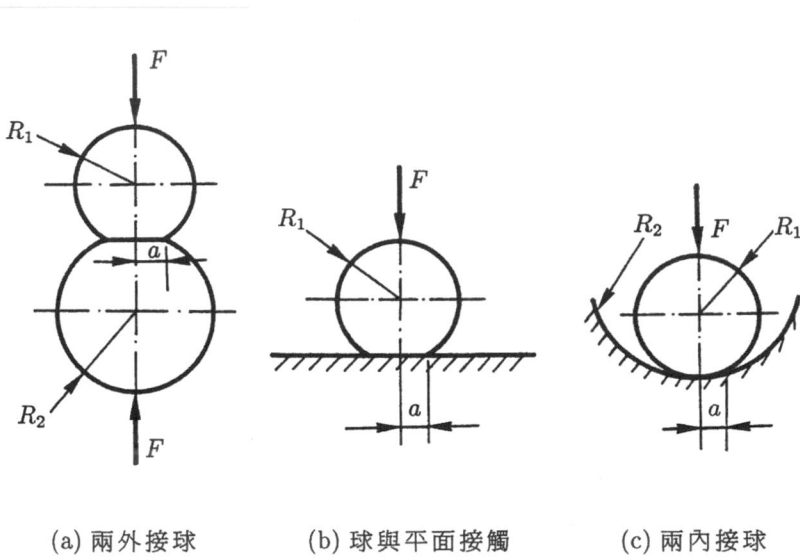

(a) 兩外接球　　　　(b) 球與平面接觸　　　　(c) 兩內接球

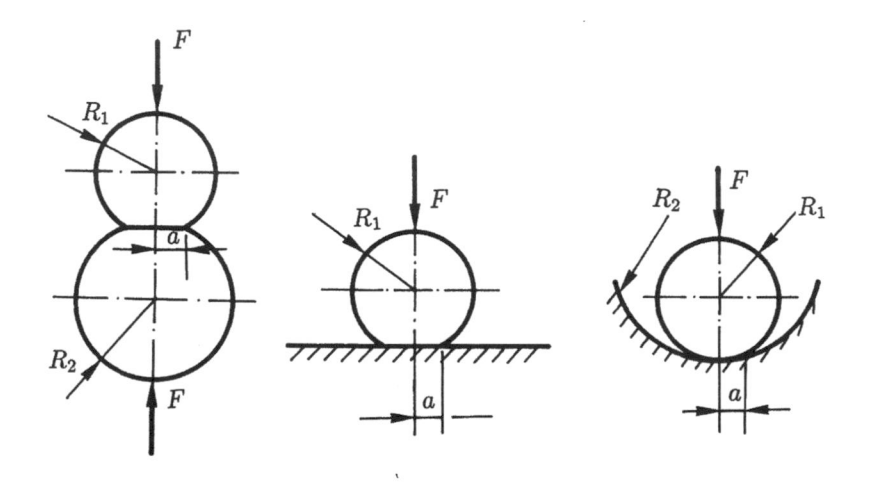

(d) 兩外接圓柱　　　　(e) 圓柱與平面接觸　　　　(f) 兩內接圓柱

● 圖 5.24

(3) 兩內接球體：

$P_{\max}$ 仍與(5.64)式相同，但是 a 值則依(5.63)式中取 d_2 為負值，即：

$$a = \sqrt[3]{\left(\frac{3F}{8}\right)\frac{[(1-v_1^2)/E_1]+[(1-v_2^2)/E_2]}{(1/d_1)-(1/d_2)}} \qquad (5.66)$$

(4) 兩外接圓柱體：

$$a = \sqrt{\left(\frac{2F}{\pi l}\right)\frac{[(1-v_1^2)/E_1]+[(1-v_2^2)/E_2]}{(1/d_1)+(1/d_2)}} \tag{5.67}$$

$$P_{max} = \frac{2F}{\pi al} \tag{5.68}$$

式中 l 為兩物體沿軸向之接觸長。

(5) 圓柱體與平面：

P_{max} 與(5.68)式相同，但是 a 值則依(5.67)式中取 $d_2 = \infty$，

$$a = \sqrt{\left(\frac{2F}{\pi l}\right)\frac{[(1-v_1^2)/E_1]+[(1-v_2^2)/E_2]}{(1/d_1)}} \tag{5.69}$$

(6) 兩內接圓柱體：

P_{max} 與(5.68)式相同，但是 a 值則依(5.67)式中取 d_2 為負，

$$a = \sqrt{\left(\frac{2F}{\pi l}\right)\frac{[(1-v_1^2)/E_1]+[(1-v_2^2)/E_2]}{(1/d_1)-(1/d_2)}} \tag{5.70}$$

有關兩圓柱體外接之受壓情形，常用於兩齒輪的嚙合，依據 Hertz 與 Buckingham 之研究，配合 Talbourdet 實驗，可求得材料的安全因數 FS，其過程如下：當 P_{max} 等於接觸疲勞強度 σ_f 時，利用(5.68)式。所以：

$$\sigma_f = \frac{2F}{\pi al} \tag{5.71}$$

由(5.67)式與(5.71)式消去 a 值與根號，並以半徑 r 取代 $\frac{d}{2}$，可以得：

$$\pi\left[\frac{(1-v_1^2)}{E_1}+\frac{(1-v_2^2)}{E_2}\right]\sigma_f^2 = \frac{F}{l}\left(\frac{1}{r_1}+\frac{1}{r_2}\right) \tag{5.72}$$

令 k_f 表示 Buckingham **負載應力因數**(Load-Stress Factor)，則：

$$k_f = \pi\left[\frac{(1-v_1^2)}{E_1}+\frac{(1-v_2^2)}{E_2}\right]\sigma_f^2 \tag{5.73}$$

式中常取 $v = v_1 = v_2 = 0.3$，代入(5.71)式得：

$$k_f = 2.859\sigma_f^2 \left(\frac{1}{E_1} + \frac{1}{E_2} \right) \tag{5.74}$$

據 Talbourdet 實驗獲得，在接觸面作用至 10^8 週次後表面產生疲勞破壞，所以安全因數 *FS* 取為：

$$FS = \frac{k_f}{\dfrac{F}{l}\left(\dfrac{1}{r_1} + \dfrac{1}{r_2} \right)} \tag{5.75}$$

式中 σ_f 可以由 Brinell 硬度大小 HB 求得，例如一鋼鐵表面疲勞強度可依：

$$\sigma_f = (0.4\text{HB} - 10)\text{kpsi} \tag{5.76a}$$

$$\text{或 } \sigma_f = (2.76\text{HB} - 70)\text{MPa} \tag{5.76b}$$

5.18　緒論－剛性

所謂**剛性**是指材料抵抗變形之能力。假設有一元件受外加力、力矩或力扭之作用，而僅產生許可之微小變形，則稱此元件具有相當之剛性。若此外加之負載使元件產生大的變形，但不至產生破壞，則稱此元件具有相當之**撓性**。關於剛性與撓性之界限則無一定的標準，須視設計者對元件之要求而定。例如扣環必須具備有足夠大之撓性(變形量)，才能將其安裝在配合元件上，同時也要具備相當之剛性才能發揮限制其他元件位於固定位置之功能。本章將扼要地討論元件之軸向變形、扭轉變形、樑之撓度與柱之挫曲現象，使設計者能對基本元件之剛性設計有初步之認識。

5.19　等效彈簧變形

彈簧是一種能在變形時產生恢復力之元件，如圖 5.25(a)所示之螺旋彈簧。若其受一 *F* 力之作用，而造成彈簧材料所受之應力仍在比例限內，則彈簧之變形量 *y* 與 *F* 力間將成線性關係，此種彈簧稱為**線性彈簧**。其關係式為：

$$k = \frac{F}{y} \tag{5.77}$$

　　此 k 值稱爲**彈簧常數**。圖 5.25(b)所示爲一受橫向 F 力而兩端支撐且長度爲 l 之直樑，其撓度 y 與 F 力之關係，如同圖 5.25(a)之螺旋彈簧，而關係式亦同(5.77)式，所以稱爲**等效線性彈簧**。

　　圖 5.25(c)爲一兩端圓柱支撐之直樑，當其受一橫向力 F 時，其支撐之距離會變小，以致造成剛性隨著撓度之增加而做非線性之變大，所以稱爲非線性強化彈簧。此時 F 力爲 y 之函數，即 $F = F(y)$，因此得：

$$k = \lim_{\Delta y \to 0} \frac{\Delta F}{\Delta y} = \frac{dF}{dy} \tag{5.78}$$

其中 k 稱爲**彈簧率**，爲 y 之函數，即 $k = k(y)$。

　　圖 5.25(d)所示爲一碟形圓盤，若其受一 F 力而漸漸變平，剛開始時剛性隨 y 之增加而成非線性之變大。但在接近水平時，剛性反而有變小之情形，此種彈簧稱爲**軟化彈簧**，其彈簧率如同(5.78)式。

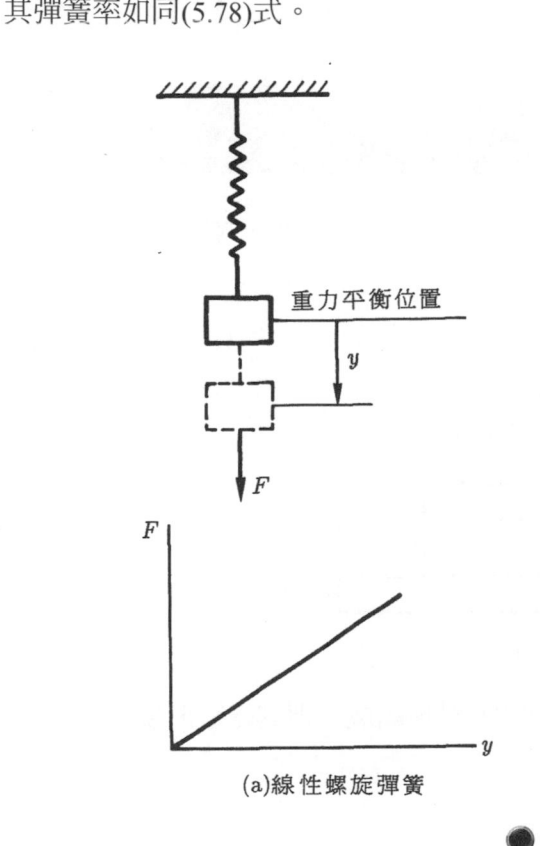

(a)線性螺旋彈簧　　　　(b)等效線性彈簧

● 圖 5.25

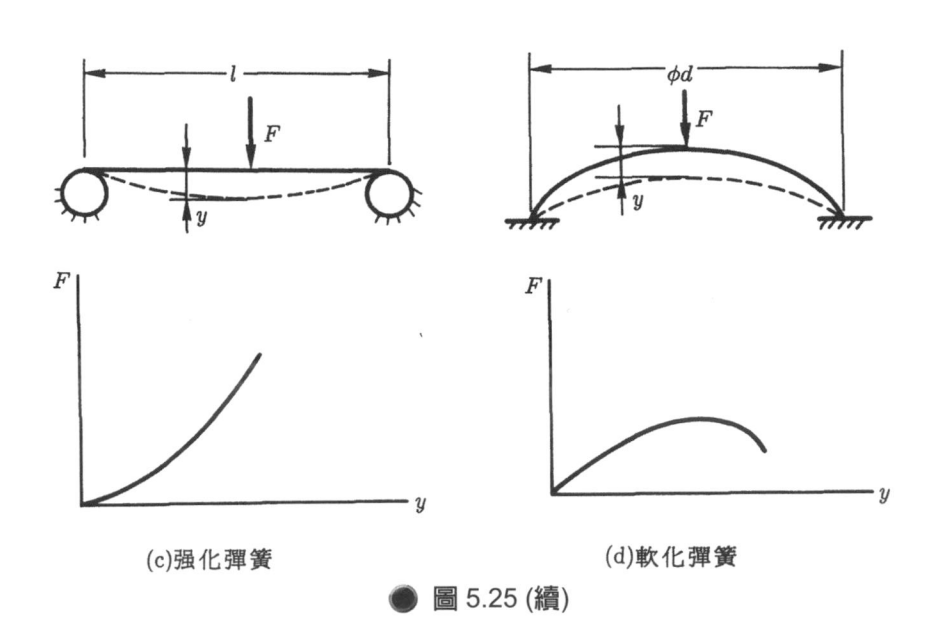

(c)強化彈簧　　　　　　　　　　　(d)軟化彈簧

● 圖 5.25 (續)

5.20　軸向變形

圖 5.26 所示之稜柱形桿件，桿長 L、截面積 A、彈性模數 E，受一軸向力 F，則其在比例限內之軸向變形量為：

$$\delta = \epsilon L = \frac{\sigma}{E} L = \frac{FL}{EA} \tag{5.79}$$

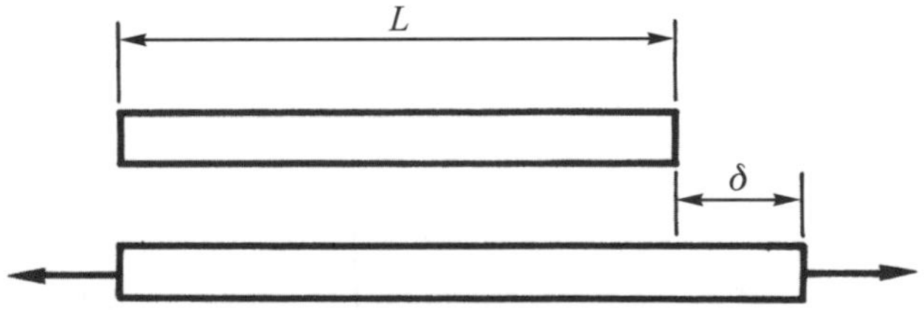

● 圖 5.26

若有一元件是由多個受不同軸向力與截面積之桿件所組成，則其總變形量為：

$$\delta = \sum_{i=1}^{n} \frac{F_i L_i}{E_i A_i} \tag{5.80}$$

若軸向力與截面積是沿 x 軸做連續變化時，則受此力之桿件總變形量為：

$$\delta = \int_0^L \frac{F_x dx}{EA_x} \tag{5.81}$$

比較(5.77)式與(5.79)式，可得：

$$k = \frac{EA}{l} \tag{5.82}$$

5.21　扭轉變形

如圖 5.27 所示之圓形桿件，兩端受一力偶矩 T 之扭轉作用，已知剪力彈性模數 G，則總扭轉變形角為：

$$\phi = \frac{TL}{GJ} \tag{5.83}$$

其中 J 為軸之極慣性矩，對直徑 d 之圓則為 $J = \frac{1}{32}\pi d^4$。

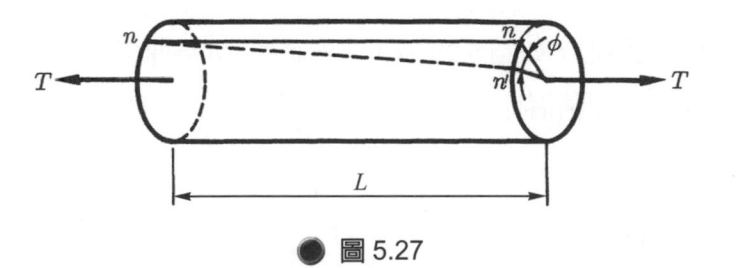

● 圖 5.27

若元件是由多個受不同力偶矩與截面積之桿件所組成，則該元件之總扭轉角為：

$$\phi = \sum_{i=1}^{n} \frac{T_i L_i}{G_i J_i} \tag{5.84}$$

若力偶矩與截面積是隨著 x 軸連續變化時，其總扭轉角為：

$$\phi = \int_0^L \frac{T_x dx}{GJ_x} \tag{5.85}$$

比較(5.77)式與(5.83)式，得：

$$k = \frac{GJ}{L} \tag{5.86}$$

例 5.20

一裝有封閉氣體之薄壁圓柱，其內徑 D 為 100 mm，壁厚 t 為 1 mm，氣體之壓力為 1 kPa，試求壁上之主應力與最大剪應力。

【解】

由於 $\dfrac{t}{R} = \dfrac{1}{50.5} < \dfrac{1}{20}$，故本題適用於薄壁壓力容器

周向(切線)應力 $\sigma_1 = \dfrac{PR}{t} = \dfrac{(1)(50.5)}{1} = 50.5 \, \text{kPa}$

縱向應力 $\sigma_2 = \dfrac{PR}{2t} = \dfrac{(1)(50.5)}{1} = 25.25 \, \text{kPa}$

壁上之主應力為 $\sigma_{1.2} = 50.50, 25.25 \, \text{kPa}$

依摩爾圓公式：最大剪應力 $\tau_{\max} = \dfrac{\sigma_1}{2} = 25.25 \, \text{kPa}$

5.22　樑之撓曲

考慮彎矩所產生之變形，如圖 5.28 所示之懸臂樑，ρ 為曲率半徑，M 為 x 處截面之力矩，I 為截面對中性軸之面積慣性矩，而 $\epsilon_x = -\dfrac{y_1 d\theta}{dx} = -\dfrac{y_1}{\rho}$，且 $M = \int \sigma_x y_1 \, dA = \int E\epsilon_x y_1 \, dA$，則：

$$\frac{d\theta}{ds} = \frac{1}{\rho} = \frac{-M}{EI} \tag{5.87}$$

由於 $\dfrac{d\theta}{ds} \approx \dfrac{d\theta}{dx}$，$\theta \approx \dfrac{dy}{dx}$ 代入(5.87)式，得：

$$\frac{d\theta}{dx} = \frac{dy^2}{dx^2} = \frac{-M}{EI} \tag{5.88}$$

將(5.88)式連續微分，並代入 $\dfrac{dM}{dx} = V$ 與 $\dfrac{dV}{dx} = -q$：

$$\frac{d^3y}{dx^3} = -\frac{V}{EI} \Rightarrow EIy''' = -V \tag{5.89}$$

$$\frac{d^4y}{dx^4} = \frac{q}{EI} \Rightarrow EIy^{(4)} = q \tag{5.90}$$

式中 V 為剪力，q 為單位長之分佈負載。

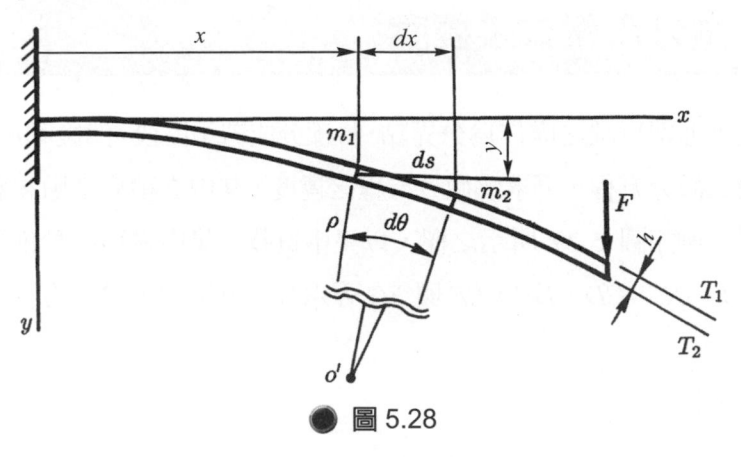

● 圖 5.28

若考慮溫度變化之影響：如圖 5.28 樑之上端溫度 T_1，下端溫度 T_2、h 為樑高、α 為熱膨脹係數，可得撓度之微分方程式為：

$$\frac{d\theta}{dx} = \frac{d^2y}{dx^2} = \frac{-\alpha(T_2 - T_1)}{h} \tag{5.91}$$

若僅考慮剪力所造成之變形效益、以 V 為截面剪力，A 為截面積，G 為彈性剪力模數，則可撓度微分方程式為：

$$\frac{dy}{dx} = \gamma = \frac{\alpha_s V}{GA} \tag{5.92}$$

式中 α_s 為剪力係數、對圓形截面是 $\frac{4}{3}$、矩形截面是 $\frac{3}{2}$、I 型樑是 $\frac{A}{A\omega}$，其中 $A\omega$ 為腹部面積。對(5.92)式微分，可得：

$$\frac{d^2y}{dx^2} = \frac{\alpha_s}{GA}\frac{dV}{dx} = \frac{-\alpha_s q}{GA} \tag{5.93}$$

式中 q 為單位長之分佈負載。

若同時考慮彎矩、溫度效應與剪力所產生之撓度，則其微分方程為：

$$\frac{d^2y}{dx^2} = -\frac{M}{EI} - \frac{\alpha(T_2 - T_1)}{h} - \frac{\alpha_s q}{GA} \tag{5.94}$$

5.23　微分方程式求撓度

　　依據樑所受不連續負載之處作為分界點，將樑分成若干區段，然後利用(5.88)式～(5.94)式分別列出各段之微分方程，再求解微分方程之撓度，其中之積分常數須利用邊界條件與連續性條件求得。例如圖 5.29 所示之樑，以集中負載、集中彎矩與分佈負載兩端做為分界點，將樑分 AB，BC，CD，DE，EF 與 FG 等六段，分別列出微分方程、邊界條件與連續性條件如下：

(1) x 位於 A-B 間：

$$EIy'' = -R_A x$$

(2) x 位於 B-C 間：

$$EIy'' = -[R_A x - F_1(x - l_1)]$$

(3) x 位於 C-D 間：

$$EIy'' = -[R_A x - F_1(x - l_1) - M_1]$$

(4) x 位於 D-E 間：

$$EIy'' = -[R_A x - F_1(x - l_1) - M_1 + R_D(x - l_3)]$$

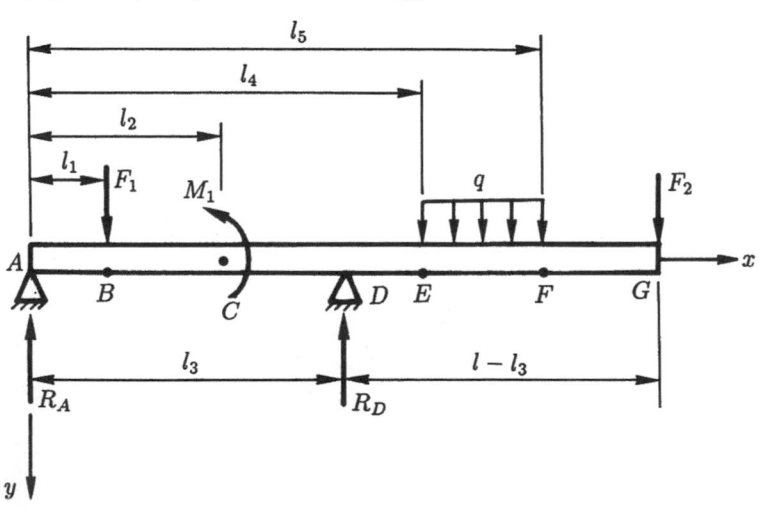

● 圖 5.29

(5) x 位於 E-F 間：

$$EIy'' = -\left[R_A x - F_1(x - l_1) - M_1 + R_D(x - l_3) - \frac{1}{2}q(x - l_4)^2 \right]$$

(6) x 位於 F-G 間：

$$EIy'' = -\left[R_A x - F_1(x - l_1) - M_1 + R_D(x - l_3) - q(l_5 - l_4)\left(x - \frac{1}{2}l_5 - \frac{1}{2}l_4 \right) \right]$$

(7) 邊界條件：① $y(0) = 0$；② $y(l_3) = 0$。

(8) 連續性條件：

　① 　A-B 間與 B-C 間在 B 點有相同之 $y(l_1)$ 與 $y'(l_1)$。

　② 　B-C 間與 C-D 間在 C 點有相同之 $y(l_2)$ 與 $y'(l_2)$。

　③ 　C-D 間與 D-E 間在 D 點有相同之 $y(l_3)$ 與 $y'(l_3)$。

　④ 　D-E 間與 E-F 間在 E 點有相同之 $y(l_4)$ 與 $y'(l_4)$。

　⑤ 　E-F 間與 F-G 間在 F 點有相同之 $y(l_5)$ 與 $y'(l_5)$。

　　此種方法求撓度之缺點是當樑有多個不連續負載時，方程式將變成相當複雜，所以此時不宜使用本法，應改用下面的方法。

5.24　奇異函數求撓度

　　本法之優點是僅一個微分方程就可表示受多個不連續負載樑之撓度方程式，但必須使用所謂之奇異函數才可表示。有關奇異函數之定義、積分與其所代表之分佈負載，詳列於表 5.3。

● 表 5.3　奇異函數等值分佈負載表示法

負載型態（圖中方向為正）	等值分佈負載	微積分運算	函數定義
	$q(x) = M_0 \langle x - a \rangle^{-2}$	$\int q(x)dx = M_0 \langle x - a \rangle^{-1}$	$\langle x - a \rangle^{-2} =$ $\begin{cases} 0, x \neq a \\ \pm\infty, x = a \end{cases}$
	$q(x) = F \langle x - a \rangle^{-1}$	$\int q(x)dx = F \langle x - a \rangle^{0}$	$\langle x - a \rangle^{-1} =$ $\begin{cases} 0, x \neq a \\ \pm\infty, x = a \end{cases}$

● 表 5.3 奇異函數等值分佈負載表示法(續)

負載型態（圖中方向為正）	等值分佈負載	微積分運算	函數定義
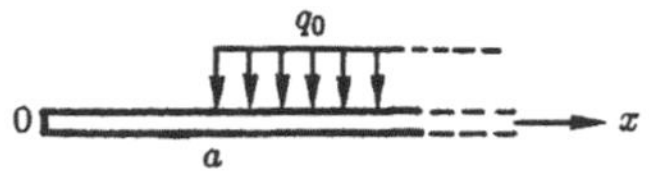	$q(x) = q_0 <x-a>^0$	$\int q(x)dx = q_0 <x-a>^1$	$<x-a>^0 =$ $\begin{cases} 0, x \leq a \\ 1, x \geq a \end{cases}$
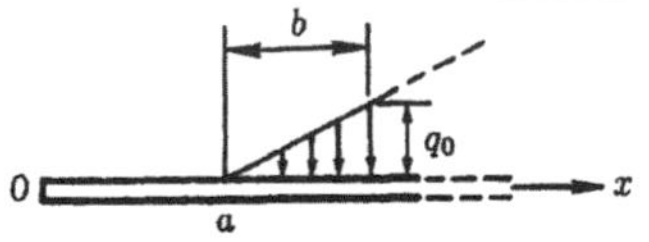	$q(x) = \dfrac{q_0}{b} <x-a>^1$	$\int q(x)dx = \dfrac{q_0}{2b} <x-a>^2$	$<x-a>^1 =$ $\begin{cases} 0, x \leq a \\ x-a, x \geq a \end{cases}$
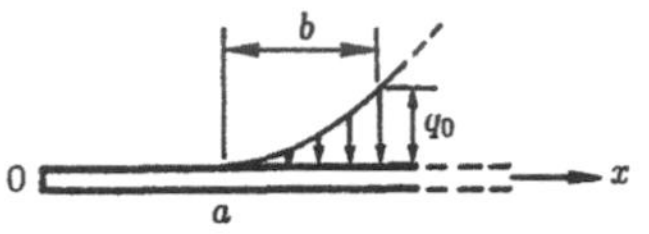	$q(x) = \dfrac{q_0}{b^2} <x-a>^2$	$\int q(x)dx = \dfrac{q_0}{3b^2} <x-a>^3$	$<x-a>^2 =$ $\begin{cases} 0, x \leq a \\ (x-a)^2, x \geq a \end{cases}$
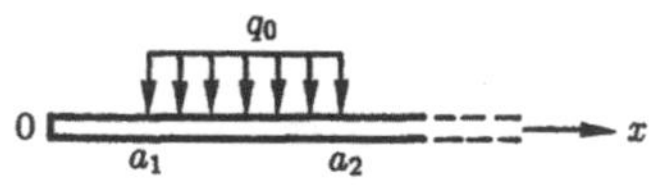	$q(x) =$ $q_0 <x-a_1>^0$ $- q_0 <x-a_2>^0$	$\int q(x)dx =$ $q_0 <x-a_1>^1$ $- q_0 <x-a_2>^1$	
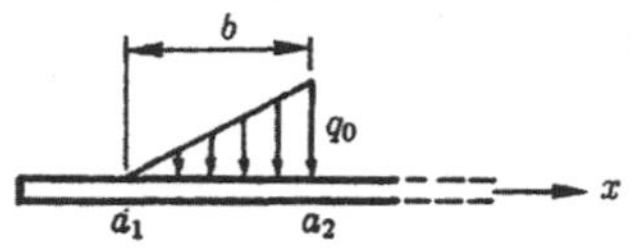	$q(x) =$ $\dfrac{q_0}{b} <x-a_1>^1$ $-\dfrac{q_0}{b} <x-a_2>^1$ $q_0 <x-a_2>^0$	$\int q(x)dx =$ $\dfrac{q_0}{2b} <x-a_1>^2$ $-\dfrac{q_0}{2b} <x-a_2>^2$ $- q_0 <x-a_2>^1$	
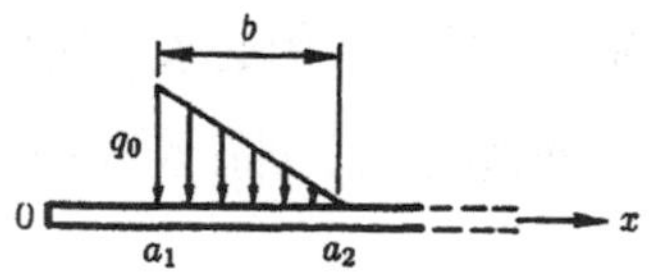	$q(x) =$ $q_0 <x-a_1>^0$ $-\dfrac{q_0}{b} <x-a_1>^1$ $+\dfrac{q_0}{b} <x-a_2>^1$	$\int q(x)dx =$ $q_0 <x-a_1>^1$ $-\dfrac{q_0}{2b} <x-a_1>^2$ $+\dfrac{q_0}{2b} <x-a_2>^2$	

利用奇異函數列撓曲之微分方程式時應注意下列幾點：(1)首先列出由分佈負載之四階微分方程式，即 $EIy^{(4)} = q(x)$；(2)若以樑之左端為原點，則樑之最右端負載可不予列出；(3)若以樑之左端為原點，則該點之負載(常是反作用力)可列或不列，如果沒有列出時，該負載將會出現在積分常數中。以圖 5.29 之樑為例，其撓曲方程式為：

$$EIy^{(4)} = -R_A<x>^{-1} + F_1<x-l_1>^{-1} + M_1<x-l_2>^{-2} - R_D<x-l_3>^{-1}$$
$$+ q<x-l_4>^0 - q<x-l_5>^0$$

$$\Rightarrow \quad EIy^{(3)} = -V = -R_A<x>^0 + F_1<x-l_1>^0 + M_1<x-l_2>^{-1} - R_D<x-l_3>^0$$
$$+ q<x-l_4>^1 - q<x-l_5>^1 + C_1$$

$$EIy^{(2)} = -R_A<x>^1 + F_1<x-l_1>^1 + M_1<x-l_2>^0 - R_D<x-l_3>^1$$
$$+ \frac{1}{2}q<x-l_4>^2 - \frac{1}{2}q<x-l_5>^2 + C_1x + C_2$$

$$EIy^{(1)} = -\frac{1}{2}R_A<x>^2 + \frac{1}{2}F_1<x-l_1>^2 + M_1<x-l_2>^1 - \frac{1}{2}R_D<x-l_3>^2$$
$$+ \frac{1}{6}q<x-l_4>^3 - \frac{1}{6}q<x-l_5>^3 + \frac{1}{2}C_1x^2 + C_2x + C_3$$

$$EIy = -\frac{1}{6}R_A<x>^3 + \frac{1}{6}F_1<x-l_1>^3 + \frac{1}{2}M_1<x-l_2>^2$$
$$-\frac{1}{6}R_D<x-l_3>^3 + \frac{1}{24}q<x-l_4>^4 - \frac{1}{24}q<x-l_5>^4$$
$$+ \frac{1}{6}C_2x^3 + \frac{1}{2}C_2x^2 + C_3x + C_4$$

其中積分常數 C_1，C_2，C_3 與 C_4 須由邊界條件求得，即 $V(0) = R_A$，$M(0) = 0$，$y(0) = 0$，$y(l_3) = 0$。

5.25　面積—力矩法求撓度

以上所討論微分方程與奇異函數求撓度的方法，均以建立微分方程式，然後再求撓度之方程式。若僅要求得某一位置之撓度或旋轉角時，這些方法就顯得太複雜，此時可改用本節之**面積-力矩法**。本法含有第一定理與第二定理，分別用以求旋轉角與撓度。

(1) 面積-力矩第一定理：

　　位於撓曲曲線之任意兩點 A 與 B 之切線夾 θ_{ab} 角等於此兩點間 $\dfrac{M}{EI}$ 圖之面積的負

值，以式子表示為：

$$\theta_{ab} = -\int_A^B \frac{Mdx}{EI} \tag{5.95}$$

　　其中 θ_{ab} 所得值若為正號，表示 B 點位於 A 點切線之下方，而負值表示位於上方。

(2) 面積-力矩第二定理：

　　由經 A 切線與經 B 點垂直線之交點至 B 點之垂直距離 Δ_{ab}，等於 A 與 B 點間 M/EI 圖面積對 B 點之一次矩的負值。以式子表示為：

$$\Delta_{ab} = -\int_A^B x_1 \frac{Mdx}{EI} \tag{5.96}$$

　　其中 Δ_{ab} 所得值若為正號，表示 B 點位於 A 點切線之下方，而負值表示位於上方；x_1 表示 A 與 B 兩點間任取 dx 距 B 點之水平距離。

5.26　重疊原理求撓度

　　由幾種不同負載同時作用在樑上所引起之撓度，可視為各種負載分別單獨作用在樑上所引起撓度之和，此種利用**重疊原理**求撓度的方法，如圖 5.30(a)所示負載之樑。欲求任何位置之撓度時，可視為情況圖 5.30(b)之撓度與情況圖 5.30(c)之撓度和。

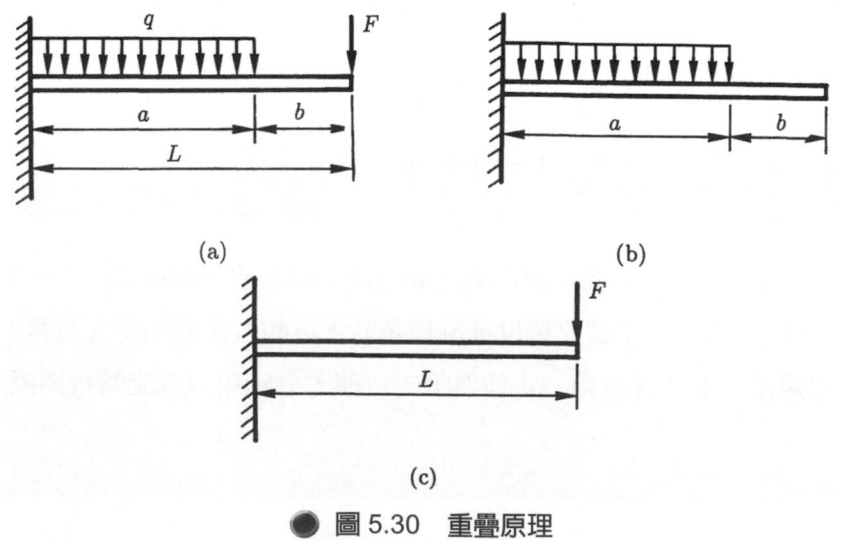

● 圖 5.30　重疊原理

5.27 能量法求撓度

　　至目前為止，所介紹求撓度的方法，僅適用於簡單構架與樑。但是對複雜之結構或彎曲樑等，則必須使用本章所介紹之**能量法**，即卡氏定理與單位負載法。其中卡氏定理是利用應變能與補能之觀念；單位負載法是利用虛功原理。

5.27-1　應變能與補能

　　如圖 5.31 所示桿件之負載 F 與變形量 δ 之關係，則其**應變能** U_F 與**補能** U^*_F 為：

$$U_F = \int_0^\delta F d\delta \tag{5.97}$$

$$U^*_F = \int_0^F \delta \, dF \tag{5.98}$$

若遵守虎克定律(即線性彈性)，

$$U_F = U^*_F = \frac{EA\delta^2}{2L} = \frac{F^2L}{2EA}$$

$$\text{或 } U_F = \int \frac{F^2 dx}{2EA} \tag{5.99}$$

同理可得扭力 T、彎矩 M、剪力 V 與溫度差，在線性彈性之應變能或補能，分別為：

$$U_T = U^*_T = \frac{T^2L}{2GJ} \text{ 或 } U_T = \int \frac{T^2 dx}{2GJ} \tag{5.100}$$

$$U_M = U^*_M = \frac{M^2L}{2EI} \text{ 或 } U_M = \int \frac{M^2 dx}{2EI} \tag{5.101}$$

$$U_V = U^*_V = \frac{\alpha_s V^2 L}{2GA} \text{ 或 } U_V = \int \frac{\alpha_s V^2 dx}{2GA} \tag{5.102}$$

$$U_\beta = U^*_\beta = \frac{M\beta(T_2 - T_1)L}{h} \text{ 或 } U_\beta = \int \frac{M\beta(T_2 - T_1)}{h} \, dx \tag{5.103}$$

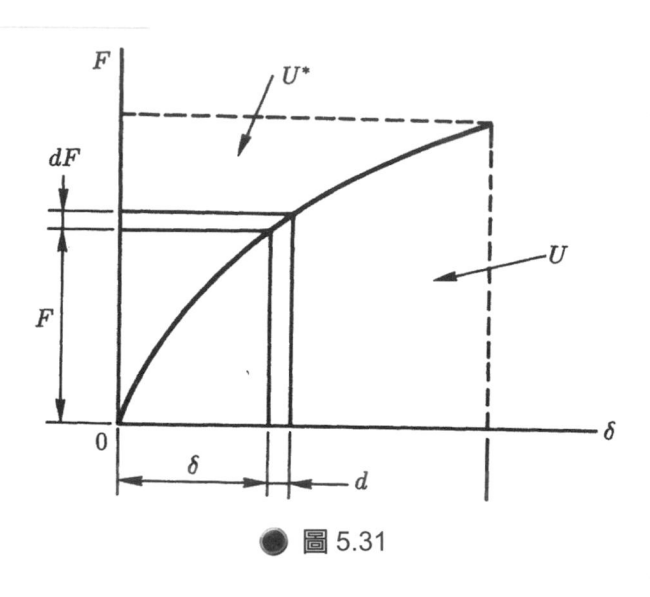

● 圖 5.31

5.27-2　卡氏第一定理

將應變能視為位移之函數，且由應變能等於負載作用期間所作功之原理得：

$$dU = \frac{\partial U}{\partial \delta_i} d\delta_i = F_i d\delta_i$$

$$\Rightarrow F_i = \frac{\partial U}{\partial \delta_i} \tag{5.104}$$

(5.104)式稱為**卡氏第一定理**。該定理說明應變能對任何位置之位移 δ_i 的偏微分，等於所對應之負載 F_i。

5.27-3　卡氏第二定理

將補能視為負載之函數，且由補能等於各負載補功之原理，可得：

$$dU^* = \frac{\partial U^*}{\partial P_i} dP_i = \delta_i dP_i$$

$$\Rightarrow \delta_i = \frac{\partial U^*}{\partial P_i} \tag{5.105}$$

假設對一線性彈性之結構，則可得：

$$\delta_i = \frac{\partial U^*}{\partial P_i} = \frac{\partial U}{\partial P_i} \tag{5.106}$$

(5.106)式稱為**卡氏第二定理**。此定理說明：對線性彈性之結構，若應變能為負載之函數，則應變能對任何位置負載之微分等於其所對應之位移。

5.28　柱之挫曲

當一元件於形心軸上僅受一純壓縮之 F 力作用時，若該元件足夠短，則將依虎克定律而縮短，直至 F 力超過彈性限時，材料就會產生塑性變形而往外側膨凸造成破壞。但是若元件之長度足夠長，當 F 力增加至某一臨界值 F_{cr} 以上，則僅要元件稍微偏向一邊或負載、支撐點有些微移動，均將造成元件挫曲(Buckling)而破壞。此種足夠長之受壓元件稱為**柱件**，否則僅為純受壓之一般元件。

柱之**臨界負載**將受材質、長度、截面形狀與支撐點型態之影響，如圖 5.32(a)所示。由(5.88)式之撓曲方程式，得：

$$\frac{d^2 y}{dx^2} = -\frac{M}{EI} = \frac{-F}{EI} y$$

$$\Rightarrow y'' + \frac{F}{EI} y = 0 \tag{5.107}$$

(5.89)式之解為：

$$y = C_1 \cos \sqrt{\frac{F}{EI}} x + C_2 \sin \sqrt{\frac{F}{EI}} x \tag{5.108}$$

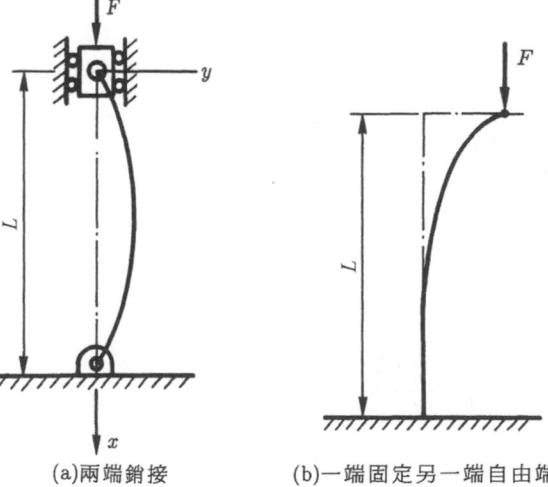

(a)兩端銷接　　　(b)一端固定另一端自由端

● 圖 5.32

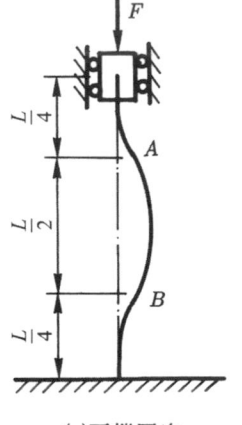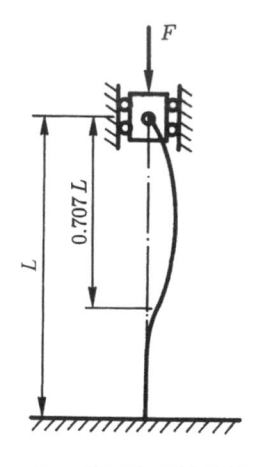

(c)兩端固定　　　　　　　　(d)一端固定另端銷接

● 圖 5.32 (續)

將邊界條件：當 $x = 0$，$x = L$ 時，$y = 0$ 代入(5.108)式，得 $C_1 = 0$，$C_2 \neq 0$ 且 $\sin \sqrt{\dfrac{F}{EI}} L = 0$，

所以得 $\sqrt{\dfrac{FL}{EI}} = n\pi$，$n = 1$，$2$，$3$，……。當 $n = 1$ 時，可得臨界負載為：

$$F_{cr} = \frac{\pi^2 EI}{L^2} \tag{5.109}$$

(5.109)式稱為**歐拉柱公式**(Euler Column Formular)。關於圖 5.32 之其他邊界條件之歐拉柱公式為：

圖 5.32(b)情況為：

$$F_{cr} = \frac{\pi^2 EI}{(2L)^2} = \frac{1}{4}\left(\frac{\pi^2 EI}{L^2}\right) \tag{5.110}$$

圖 5.32(c)情況為：

$$F_{cr} = \frac{\pi^2 EI}{\left(\dfrac{1}{2}L\right)^2} = 4\left(\frac{\pi^2 EI}{L^2}\right) \tag{5.111}$$

圖 5.32(d)情況為：

$$F_{cr} = \frac{\pi^2 EI}{(0.707L)^2} = 2\left(\frac{\pi^2 EI}{L^2}\right) \tag{5.112}$$

綜合以上之情況，可將歐拉柱公式寫成含各種邊界條件之通式，即：

$$F_{cr} = \frac{C\pi^2 EI}{L^2} \qquad (5.113)$$

其中 C 為常數，隨著柱之邊界情況而定。若令 $I = k^2 A$，k 稱為截面迴轉半徑，則(5.113)式變成：

$$\frac{F_{cr}}{A} = \frac{C\pi^2 E}{(L/k)^2} \qquad (5.114)$$

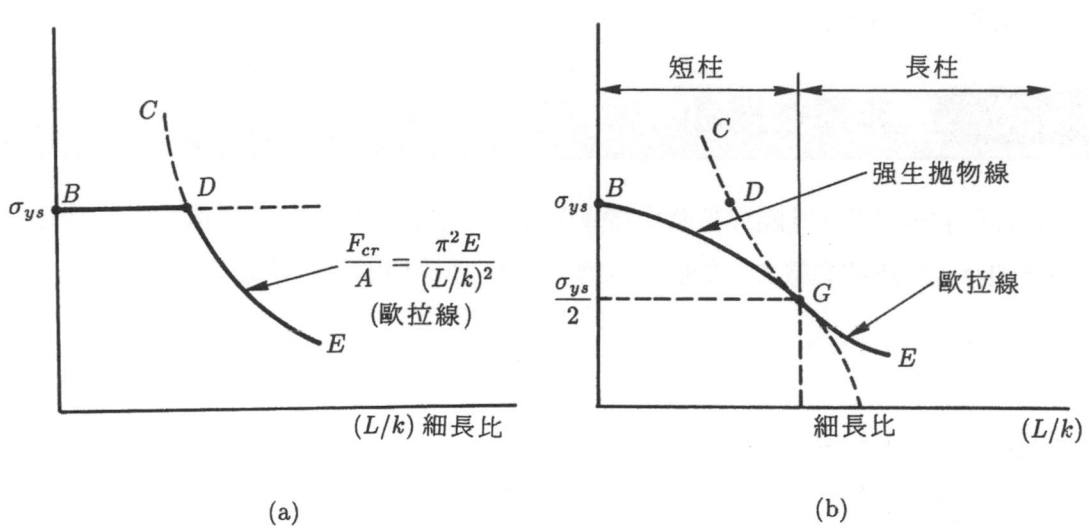

● 圖 5.33

一般的情形 C 值均取小於 1.2，因此在圖 5.32(c)與(d)之情形取 $C = 1.2$，而圖 5.32(b)之情形仍取 $C = \frac{1}{4}$。(5.114)式中以 $\frac{L}{k}$ 為橫軸，$\frac{F}{A}$ 為縱軸，且 $C = 1$，則可得圖 5.33(a)之歐拉線。

5.29　柱之設計

依據歐拉線，如圖 5.33(a)所示。BD 段是屬於純受壓而降伏破壞，DE 曲線則是屬於挫曲破壞線。但是依據實驗，其結果並不準確，因此改用所謂**歐拉-強生柱**，如圖 5.33(b)

所示。以 $F/A = \dfrac{\sigma_{ys}}{2}$ 為分界點 G：當 L/k 大於 $(L/k)_G = \left(\dfrac{2\pi^2 CE}{\sigma_{ys}}\right)^{\frac{1}{2}}$ 時使用歐拉線，即所謂

之 **長柱設計線** GE；當 l/k 小於 (L/k) 時使用所謂 **強生短柱拋物線**，即 BG 線，其方程式為：

$$\frac{F_{cr}}{A} = \sigma_y - b\left(\frac{L}{k}\right)^2 \tag{5.115}$$

其中 $b = \dfrac{\sigma_{ys}^2}{4\pi^2 CE}$。由於柱之挫曲並無明顯之跡象可循，因此設計宜選擇較大之安全因數 FS，一般取 $2 < FS < 8$。

5.30　非彈性挫曲

前面所討論之柱，其臨界負載均在彈性限內；若在彈性限外時，則歐拉公式中之彈性模數必須修正為 **正切模數** E_t，如圖 5.34 所示之應力-應變關係。其 E_t 表示為：

$$E_t = \frac{d\sigma}{d\epsilon} \tag{5.116}$$

因此歐拉公式(5.114)須修正為：

$$\frac{F_{cr}}{A} = \frac{C\pi^2 E_t}{(L/k)^2} \tag{5.117}$$

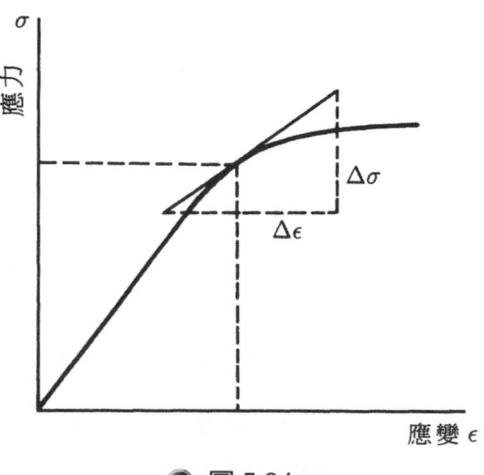

● 圖 5.34

5.31　偏心負載柱之設計

若作用在柱之負載作用線與剖面形心軸相距一 e 值，如圖 5.35 所示。其撓曲方程式為：

$$EI\frac{d^2y}{dx^2} = -M = -F(e+y) \tag{5.118}$$

$$\Rightarrow y = C_1 \cos\sqrt{\frac{F}{EI}}x + C_2 \sin\sqrt{\frac{F}{EI}}x - e \tag{5.119}$$

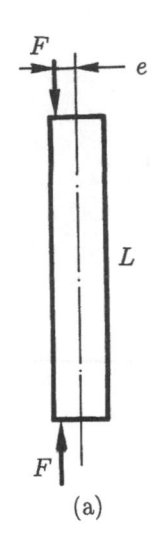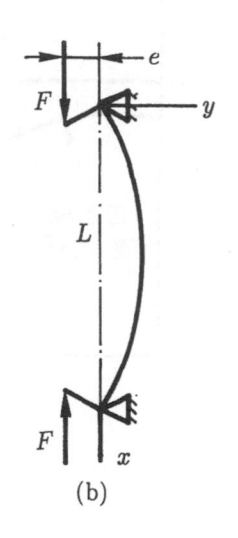

● 圖 5.35

代入邊界條件 $y(0) = 0$，$y(L) = 0$，可得中間之最大撓度為：

$$y_{\max}\left(\frac{L}{2}\right) = \left(\sec\frac{L}{2}\sqrt{\frac{F}{EI}} - 1\right)e \tag{5.120}$$

最大彎矩必發生在中間位置，所以：

$$M_{\max} = F(e + y_{\max}) = Fe\sec\frac{L}{2}\sqrt{\frac{F}{EI}} \tag{5.121}$$

當最大應力達降伏強度即視為破壞，則：

$$\sigma_{ys} = \frac{F}{A} + \frac{M_{\max}r}{I} = \frac{F}{A}\left[1 + \frac{erA}{I}\sec\left(\frac{L}{2}\sqrt{\frac{F}{EI}}\right)\right] \tag{5.122}$$

令 $I = k^2 A$ 代入(5.122)式,可得:

$$\frac{F}{A} = \frac{\sigma_{ys}}{1 + \frac{er}{k^2}\sec\left[\left(\frac{L}{k}\right)\sqrt{\frac{F}{4EA}}\right]} \tag{5.123}$$

(5.123)式稱為**正割公式**。取任意 $\frac{er}{k^2}$ 之值可得一**正割線**,如圖 5.36 所示。(5.123)式中之 r 表示中性軸至截面之外表面。

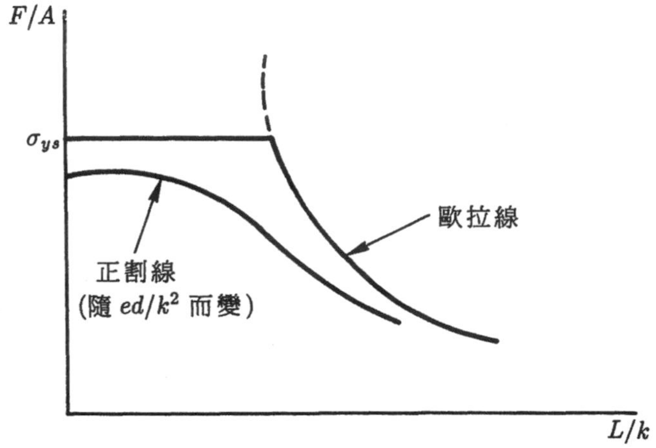

● 圖 5.36

習　題

5.1　有一元件材料之強度值為 600MPa，如果規定其安全係數為 3，試問該元件之容許應力為多少？

答：$\sigma = 200$MPa

5.2　有一部機械之安全因數定為 3，經力學分析得知各元件受力情形為：元件 1 是 300MPa，元件 2 是 250MPa，元件 3 是 150MPa。若已知元件材料之強度值同為 600MPa，試問此元件是否安全？

答：不安全。

5.3　有一機械之各元件受拉力之情形經分析是：元件 1 為 300MPa，元件 2 為 250MPa，元件 3 為 150MPa。若已知各元件之材料強度值同為 600MPa，試問該機械之安全因數應為多少？且那個元件為最安全？

答：$FS = 2$，元件 3 最安全。

5.4　已知一材料的降伏強度 $\sigma_{yp} = 600$MPa，且材料承受一應力狀態為 $\sigma_1 = 350$MPa，$\sigma_2 = 0$，$\sigma_3 = -200$MPa。試以最大剪應力理論與畸變能理論求安全因數？

答：最大剪應力理論 $FS = 1.09$，畸變能理論 $FS = 1.24$。

5.5　有一元件材料之應力狀態為 $\sigma_x = 15000$kPa，$\sigma_y = 3000$kPa，$\tau_{xy} = 12000$kPa，材料降伏強度為 50000kPa。試以延性材料之三種破壞理論求其安全因數？

答：FS 分別為 2.33，1.86，2.01。

5.6　有一 6mm 直徑之銷子，承受 $\sigma_x = -125$MPa，$\tau_{xy} = 230$MPa。若已知材料之抗拉強度 $\sigma_{ut} = 295$MPa、抗壓強度 $\sigma_{uc} = 965$MPa，試以最大垂直應力與 Coulomb Mohr 之脆性材料破壞理論，求銷子之安全因數？

答：FS 分別為 1.66 及 1.09。

5.7　有一鑄鐵材料受一應力狀態 $\sigma_x = 13.8$MPa，$\sigma_y = -41.4$MPa 及 $\tau_{xy} = 20.7$MPa，而應力集中因數為 3。若已知材料之抗拉強度 $\sigma_{ut} = 207$MPa、抗壓強度 $\sigma_{uc} = 828$MPa，試利用 Coulomb Mohr 理論求材料之安全因數？

答：$FS = 2.1$。

5.8 何謂應力集中？並以圖(a)及(b)為例，繪出板材鑽孔及段差軸頭部份之應力集中分佈情形。

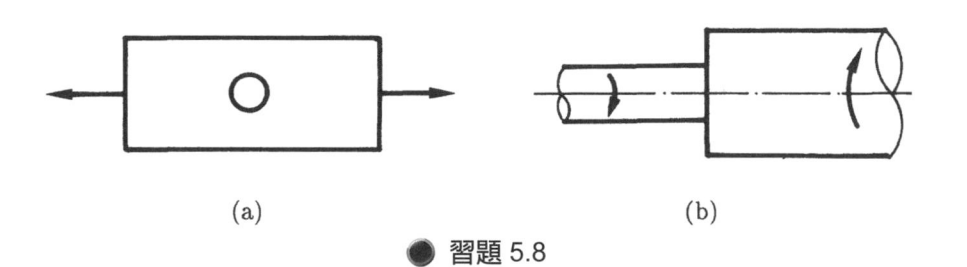

(a)   (b)

● 習題 5.8

5.9 何謂材料的強度性質？此強度性質與材料受力的大小有何關係？

5.10 何謂安全因數？此安全因數與容許應力(或稱工作應力)有何關係？

5.11 延性材料之破壞理論有哪幾種？其優、缺點為何並請繪出相關圖？

5.12 脆性材料之破壞理論有哪三種？並繪出其相關圖？

5.13 何謂應力集中因數？此因數對那種材料幾乎沒有影響？

5.14 對於含裂縫材料應使用何種理論分析其應力？應力集中因數是否可用？

5.15 有一轉動軸兩端簡單支撐，中間受一橫向負荷，造成軸中間受一完全反覆應力為 62.1MPa。若已知材料之疲勞限為 131.1MPa，且不考慮扭轉效益，則此材料之安全因數如何？若考慮應力集中因數為 2，其安全因數又如何？
     答：(1)2.11，(2)1.06。

5.16 有一元件承受擾動負載為平均應力 15MPa、波幅應力 5MPa、材料之應力集中因數為 2，若已知材料降伏強度為 70MPa、抗拉強度為 90MPa、疲勞限為 35MPa，試利用 Soderberg 及 M.Goodman 理論求安全因數？
     答：FS = 2 及 2.21。

5.17 有一元件承受擾動負載，其應力狀態的平均應力為 20MPa、波幅應力為 2MPa、材料應力集中因數為 1.5、抗拉強度為 90MPa、降伏應力為 70MPa、疲勞限為 35MPa，試利用 M. Goodman 破壞理論求安全因數？
     答：FS = 3.04。

5.18 何謂材料之忍耐極限？並舉出五項影響忍耐極限的重要因數。

5.19 何謂 S-N 曲線？

5.20 舉出兩種判定擾動應力之疲勞破壞標準，並加以詳細說明判定的方法？

5.21 試利用 Soderberg 及 M. Goodman 理論，說明如何求得受擾動應力之相當有限壽命之疲勞強度？

5.22 試說明純扭轉擾動負載之疲勞破壞判定標準？

5.23 試以畸變能與 M. Goodman 理論為例，說明同時受扭轉與彎曲負載之擾動應力的安全因數如何求得？

5.24 何謂疲勞破壞之 Miner's E_q？又 Miner's 法則有何缺點，而 Manson 法則是如何修正這些缺點？

5.25 有一元件承受負載之應力狀態的平均應力為 30MPa、波幅應力為 25MPa。若已知材料之應力集中因數為 2、抗拉強度為 90MPa、忍耐限為 40MPa，試問元件是否安全。若不安全，則求出相當完全應力之有限壽命的疲勞強度為何？

答：不安全，σ_f = 75MPa。

5.26 有一元件承受負載之應力狀態分兩部份：平均應力為 345MPa、波幅應力為 103.5MPa，佔整個作用時間的 70%；平均應力為 276MPa、波幅應力為 138MPa，佔整個作用時間的 30%。假設 S-N 曲線是依 $A = \sigma_f N^B$ 之關係，其中 log A = 3.054，B = 0.102，σ_f 為 MPa 單位，試求預期反覆作用至破壞之週次。已知材料之應力集中因數為 k = 2、抗拉強度為 621MPa、忍耐極限為 276MPa。

答：4778 週次。

5.27 如圖所示桿件，其 AE 值為常數，試分析恰可使該桿件的總伸長量為零時之 x 值(在 4N 作用外力之位置)。

答：x = 4.5m

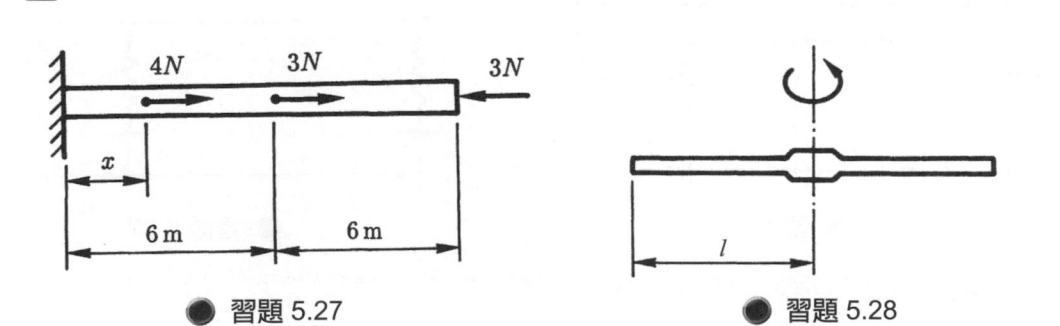

● 習題 5.27　　　　　● 習題 5.28

5.28 如圖所示，一根均質細長之等截面桿件，長度為 2l，並以一定的角速度 ω 在平面繞其中心軸旋轉。若桿件之斷面積為 A、單位體積重 γ、彈性係數 E，試分析其最大應力及每邊桿件之伸長量。

答：$\sigma_{\max} = \gamma \omega^2 l^2 / 2g$，$\delta = \dfrac{\gamma}{3g}(A\omega^2) \cdot \dfrac{l^2}{EA}$

5.29 如圖所示之系統，直徑為 75mm，具有不同之剛性係數，試分析其自由端的扭轉角。

答：$\phi_{BD} = 0.01494\text{rad}$

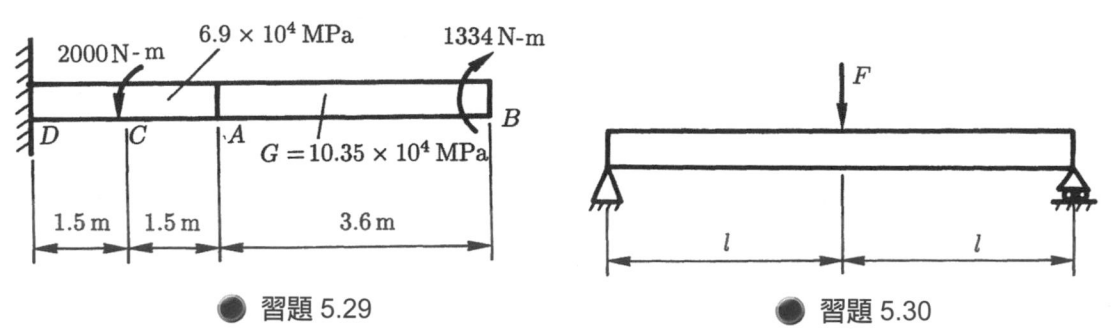

● 習題 5.29　　　　　　　● 習題 5.30

5.30 如圖所示一簡支樑，中央受一集中負載 F，樑之彈性係數為 E、截面積慣性矩為 I，求樑之最大撓度。

答：$\sigma_{\max} = \dfrac{Fl^3}{48EI}$

5.31 如圖所示之懸臂簡支樑，試利用奇異函數決定該樑之撓度曲線函數，令斷面之 EI 值為常數。

答：$y(x) = \dfrac{100}{3EI}\langle x-0\rangle^3 + \dfrac{25}{3EI}\langle x-4\rangle^4 - \dfrac{25}{3EI}\langle x-10\rangle^4 - \dfrac{1160}{3EI}\langle x-15\rangle^3 - \dfrac{45860}{3EI}x$

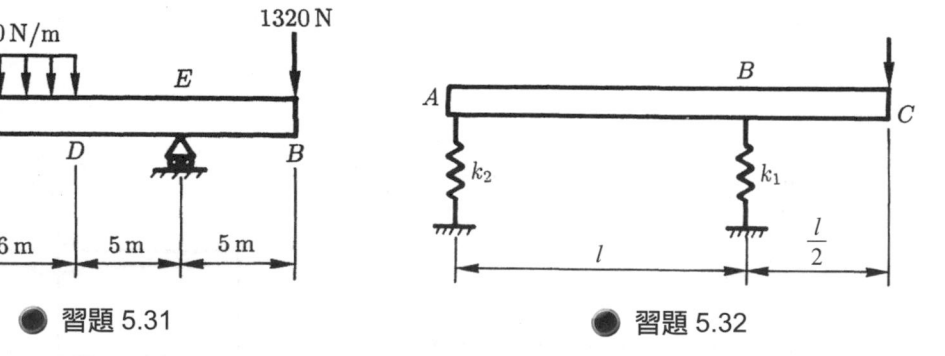

● 習題 5.31　　　　　　　● 習題 5.32

5.32 如圖所示之水平樑，其斷面之 EI 為常數。若已知彈簧常數 $k_1 = 3EI / l^3$，$k_2 = 48EI / l^3$，試求 C 點之撓度。

答：$49Fl^3 / 192EI$

第六章　穩定性與抗磨損設計

本章大綱

6.1　緒論

　　一部機械之設計，對其穩定性之考慮是非常重要，它嚴重地影響到機械的可靠性、安全性或其壽命。如果機械存在著不穩定性，則表示這部機械可能隨時都會產生破壞，甚至造成意外事件。本章將針對靜態剛體、靜態變形體、機械振動、撓性傳動軸與氣彈問題之穩定性作一簡要之探討，以供設計者對穩定的問題有更進一步的認識。由於機械的磨損，將會促使機械由穩定變為不穩定的狀態，所以抗磨損的設計也是不可忽略的問題。

6.2　靜態剛體之穩定性

　　一靜力系統在平衡狀態下，受到微擾(力或力矩)後，離開原來之平衡位置。假如該一微擾消失後，系統能再回到原來之平衡位置，則稱此系統為**穩定平衡**，如圖 6.1(a)所示。若微擾消失後，系統仍繼續運動，而遠離原來之平衡位置，則稱此系統為**不穩定平衡**，如圖 6.1(b)所示。若微擾消失後，運動立即停止，既不遠離也不返回原來平衡位置，則稱此系統為**隨遇平衡**，如圖 6.1(c)所示。對一受到完全拘束之靜力系統，則其必為穩定平衡(不考慮變形效益或其它效益)。對一受不完全拘束之靜力平衡系統，則其可能為穩定、不穩定或隨遇平衡，此時必須利用**虛功原理**(保守力場可改用**最小位能法**較為簡易)予以判斷。

(a)穩定平衡　　　　　　　(b)不穩定平衡

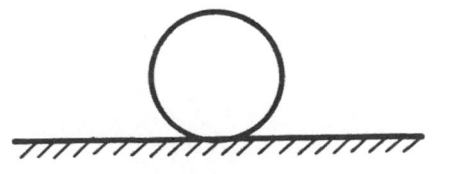

(c)隨遇平衡

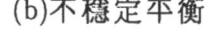

圖 6.1

　　利用虛功原理(或最小位能法)分析靜平衡之受力時，僅須求得**虛位移**為一次方之項(如 $Fl\sin\delta\theta \approx Fl\delta\theta$)，即可進行分析。但是虛功經常是虛位移冪函數(如 $\delta WK = Fl\cos\delta\theta = Fl\left(1 - \dfrac{(\delta\theta)^2}{2!} + \dfrac{(\delta\theta)^4}{4!} - \cdots\right)$，若要研究靜平衡之穩定性時，則必須精確的計算虛功(或虛位能)並稱虛位移之一次方項為一階虛功(或一階虛位能)；虛位能之二次方項為二階虛功(或二階虛位能)；依此類推為三階、四階或高階虛功(或高階虛位能)。利用虛功原理(或最小位能法)，判斷靜力平衡之穩定性的方法如下：

(1) 一階虛功(或一階虛位能)等於零，表示靜力平衡。

(2) 二階虛功(或二階虛位能)小於零(或大於零)，表示穩定平衡。

(3) 二階虛功(或二階虛位能)大於零(或小於零)，表示不穩定平衡。

(4) 二階虛功(或二階虛位能)等於零，則須視三階虛功(或三階虛位能)而定。此時所對應之外力負載，稱為**臨界負載**。

(5) 若各階虛功(或虛位能)均等於零，表示隨遇平衡。

　　如果系統位於保守力場，則可將各階虛位能經泰勒展開式化成對總位能之偏微分方程式來分析系統之穩定性與臨界負載，此種方法稱為最小位能法。其分析步驟如下：

(1) 決定獨立座標變數 q_i，$i = 1$，2，$\cdots$，n，n 為系統自由度，同時選擇適當之參考點做為位能零點。

(2) 求出整個系統之總位能 V，其中 V 為 q_i 之函數。

(3) 對單一自由度：

① 當 $\dfrac{\partial V}{\partial q} = 0$，表示靜力平衡。

② 當 $\dfrac{\partial^2 V}{\partial q^2} > 0$，表示穩定平衡。

③ 當 $\dfrac{\partial^2 V}{\partial q^2} < 0$，表示不穩定平衡。

④ 當 $\dfrac{\partial^2 V}{\partial q^2} = 0$，表示須視 $\dfrac{\partial^3 V}{\partial q^3}$ 而定，而此時所對應之負載稱為臨界負載。

⑤ 當 V 對 q 之各階偏微等於零，表示隨遇平衡。

(4) 對兩個自由度：

① 當 $\dfrac{\partial V}{\partial q_1} = 0$，$\dfrac{\partial V}{\partial q_2} = 0$，表示靜力平衡。

② 當

$$\Delta = \begin{vmatrix} \dfrac{\partial^2 V}{\partial q_1^2} & \dfrac{\partial^2 V}{\partial q_1 \partial q_2} \\ \dfrac{\partial^2 V}{\partial q_1 \partial q_2} & \dfrac{\partial^2 V}{\partial q_2^2} \end{vmatrix} > 0，且 \dfrac{\partial^2 V}{\partial q_1^2} > 0，\dfrac{\partial^2 V}{\partial q_2^2} > 0$$

表示穩定平衡

③ 當 $\Delta > 0$，且 $\dfrac{\partial^2 V}{2q_1^2} < 0$，$\dfrac{\partial^2 V}{2q_2^2} < 0$，表示不穩定平衡。

④ 當 $\Delta = 0$ 表示須由三階虛位能決定，而此時所對應之負載為臨界負載。

(5) 依此類推，對 n 個自由度：

① 當 $\dfrac{\partial V}{2q_1} = 0$，$\dfrac{\partial V}{2q_2} = 0$，……，$\dfrac{\partial V}{2q_n} = 0$，表示靜力平衡。

② 當矩陣 H 為恆正時(positive definite)，表示穩定平衡。其中 H 為

$$H = \begin{bmatrix} \dfrac{\partial^2 V}{\partial q_1^2} & \dfrac{\partial^2 V}{\partial q_1 \partial q_2} & \cdots & \dfrac{\partial^2 V}{\partial q_1 \partial q_n} \\ \dfrac{\partial^2 V}{\partial q_1 \partial q_2} & \dfrac{\partial^2 V}{\partial q_2^2} & \cdots & \dfrac{\partial^2 V}{\partial q_2 \partial q_n} \\ \vdots \\ \vdots \\ \dfrac{\partial^2 V}{\partial q_n \partial q_1} & \dfrac{\partial^2 V}{\partial q_n \partial q_2} & \cdots & \dfrac{\partial^2 V}{\partial q_n^2} \end{bmatrix}$$

③ 當矩陣 H 為恆負時，表示不穩定平衡。

④ 當矩陣 H 之行列式值為零時，表示須由三階虛位能決定，此時所對應之負載為臨界負載。

6.3　靜態變形體之穩定性

　　若機械元件考慮靜態負載之變形效益時，則對一長度足夠短之受壓元件，則其破壞將依靜態強度設計之破壞理論，沿元件軸心變形而產生降伏破壞。但是若元件長度足夠長，則元件將會產生橫向變形，且當負載超過臨界負載但未超過降伏破壞限時，其橫向之變形

會變成很大而造成所謂**挫曲**而破壞。而此種挫曲現象發生的非常突然，以致造成機械不穩定之現象。關於柱挫曲之臨界負載設計，請參考第五章柱之設計。

6.4　機械振動與撓性傳動軸之穩定性

　　一部機械中用來傳遞動力之元件，大部份屬於運動元件，而這些動力與運動之傳遞，均會造成運動元件或構架與外殼等固定件之振動。假如其振幅之大小是屬於許可範圍內之微小振動，則不致影響機械之運轉。假若振動之振幅超過許可範圍內，則機械元件將逐漸遭受損壞，尤其是振幅突然變成很大所造成元件突然的破壞，此種現象常發生在所謂的**共振現象**。即是當元件之自然頻率等於其外來的擾動頻率等，理論上將會產生振幅無窮大，然而這些情形會形成機械之不穩定，因此設計者應特別注意自然頻率之設計。

　　當機械元件是屬於一種轉動軸元件時，可將軸之撓度視為轉速之函數，當軸接近某一定轉速時，將會使撓度突然變成很大，此時稱所對應之轉速為**臨界轉速**。由於質量旋轉作用與無旋轉常僅造成些微之差異，所以一般臨界轉速視為軸彎曲之自然頻率，設計者必須注意第一個至第三個臨界轉速。有關自然頻率或臨界轉速之設計，請參考第五章所述。

6.5　氣彈之穩定性

　　所謂**氣彈**(aeroelasticity)，是指**慣性力**(Inertial force)、**彈性力**(elastic force)與**空氣動力**(aerodynamic force)等三種力互相作用所產生之物理現象。其中慣性力與空氣動力互作用，即形成飛行力學之動力穩定性問題；慣性力與彈性力之相互作用，即形成機械振動問題；空氣動力與彈性力相互作用，即形成**靜態氣彈**問題。以風洞實驗觀察超音速空氣流經薄板之振動現象：將流體動壓力 q 逐漸增加，當 q 小於臨界動壓力 q_{cr} 時，薄板產生一種隨意振動(random vibration)，其主振動頻率接近於較低之自然頻率，而最大振幅甚小於薄板厚度；當 q 趨近於 q_{cr} 時，隨板本身之運動而產生大的流體對板之擾流的壓力變動，並依序反覆地修正板之運動，此種**氣彈之回饋**(elastic feed back)**作用**，會造成動力不穩定，這就是所謂之**顫振**(flutter)。此種顫振所產生之動力不穩定性，經常會造成激變結構之損壞。有關顫振頻率的求法已超出本書的討論範圍，請自行參考相關之書籍。

6.6　磨損種類

磨損是起因於化學、電流或機械作用而發生之材料損耗，其主要之種類如下：

(1) **黏附性磨損**(adhesive wear)：兩不同材質之物體，因其軟硬程度之不同而引起之磨耗，但是兩物體間並無擦傷性物質存在。

(2) **擦傷性磨損**(abrasive wear)：兩物體間互相磨擦時，因其磨擦面間含有一種較硬之材料，使磨擦面之磨耗更烈，此種現象稱之擦傷性磨耗。

(3) **腐蝕性磨損**(corrosive wear)：由於大氣之氧化作用與酸性化學成份之腐蝕而引起之磨耗稱之。

(4) **麻點性磨損**(pitting)：機械運轉後，由於負載過大或表面硬度過高，致生表面脆化或局部性表面材料疲勞，所造成材料表面有小而深之麻點性磨損。

(5) **燒傷性磨損**(scutting)：在高負載與高轉速下，接觸面因磨擦而生高溫熔化，結果在接觸表面留下金屬熔化性磨耗之痕跡稱之。

(6) **沖蝕性磨損**(fluid and cavitation erosion)：經長久運轉之渦輪機械，因流體之沖刷風化所造成接觸面無數之麻點與傷痕。

(7) **振動性磨損**(fretting corrosion)：由於互相接觸之物體連續不斷之輕微振動或滑動，所造成之磨損稱之。

(8) **電氣性磨損**(electrical pitting)：兩接觸面間由於電流之流通而發生細微火花，所造成麻點性之磨耗稱之。電氣性磨損所造成麻點之粗細與深淺，須視電壓、電流、潤滑油油膜厚度與電組大小等因素而定。而兩物體間之電位差有時遠在 1 伏特以下就會產生此種磨損。

6.7　抗磨損設計

通常磨損之過程可分成三個階段，如圖 6.2 所示。第一階段是**初期磨損**，即 running-in，此時因接觸元件經機械加工後殘留微小尖端，其一部份將被剪除而一部份將產生塑性變形，因此表面將被移除相當大量之材料；第二階段是在機械運轉一段時間後開始作長期線性的**穩定磨損**，此階段將維持相當長的時間，通常就是指元件之**正常壽命**；最後一個階段為**破壞磨損**，是指磨損速率突然快速地增加而導致材料破壞。抵抗磨損的方法有下列數種：

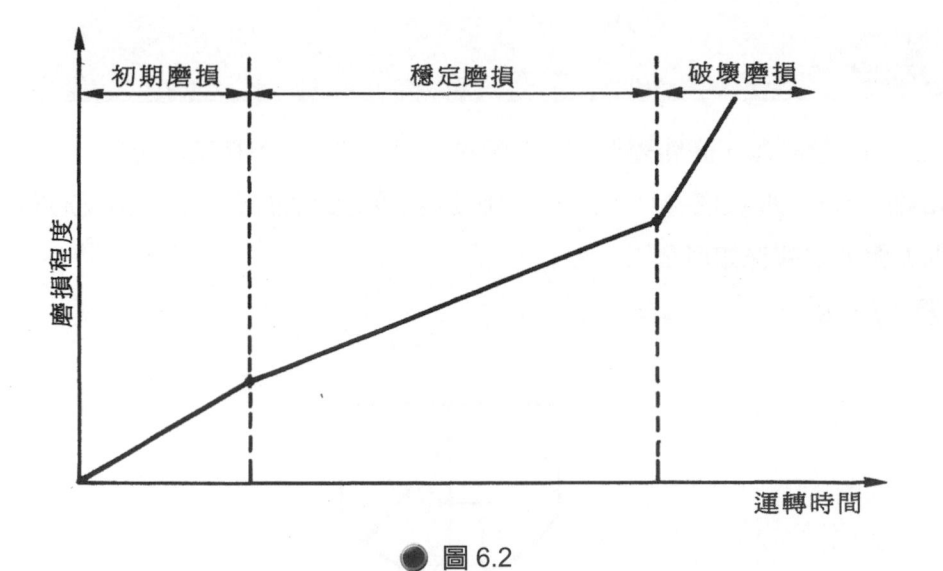

● 圖 6.2

(1) 金屬表面硬化法：將金屬表面施以硬化處理，以抵抗黏附性磨損。常用的硬化法有滲碳法、氮化法、滲碳氮化法、高週波淬火、火焰淬火、電解淬火、滲硫處理與金屬滲透法等。

(2) 更換元件材料：抑制磨損最直接且有效的方法就是重新設計，選擇一種能抵抗磨損之新材料來代替原來之材料。

(3) 選擇相配之材料：減低磨損最簡單之方法就是選擇能耐磨損之兩種不同材料。例如鋼與鋼之配合運轉並不理想，但是鋼卻能與灰鑄鐵、青銅、黃銅或塑膠配合得相當好。

(4) 自動調整之補正：機械的磨損常可藉著彈簧力或重力使其磨損之部位調整至正確之位置，例如 V 型皮帶之磨損，但它也有其自動調整之極限。

(5) 金屬材料塗覆法：將線、塊或粉末狀之金屬材料，經高壓空氣焰或電弧使其熔於噴槍進而噴在基底之金屬元件上，而所塗覆之材料在化學上或物理上均與底材不同，尤其可抵抗磨損。

(6) 硬面材料：焊接一具有抗磨損之合金於金屬的表面，可減輕磨損之程度。

(7) 潤滑：提供適當之潤滑劑於接觸面間，可大大地降磨損之程度。常用的液體潤滑劑有礦物油，固體潤滑劑有石墨或硫化鉬等，也有固體與液體合併使用之潤滑劑。

(8) 潤滑劑之密封裝置：為了保持足夠之潤滑劑，並防止灰塵或髒物進入潤滑劑或接觸面，必須設計一套完整之密封裝置。

習　題

6.1　試說明靜態剛體、靜態變形體、旋轉軸及氣彈體產生不穩定的現象。

6.2　如圖所示，一厚板底邊為半徑 R 之圓弧，板重心距地面高為 h。如系統為穩定平衡，則 h 與 R 之關係如何？

答：$h < R$

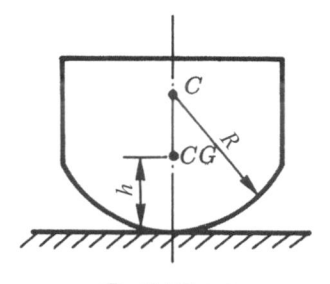

● 習題 6.2

6.3　如圖所示為一柱體 A 置於柱體 B 上，接觸點半徑各為 R_A，R_B，A 之重心距接觸點為 h，求穩定平衡所需條件？(純滾動接觸)

答：$h = \dfrac{R_A R_B}{R_A + R_B}$

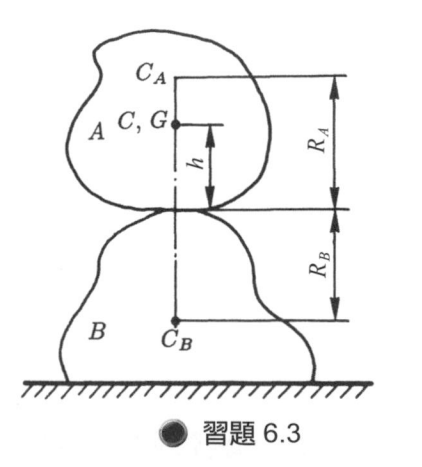

● 習題 6.3

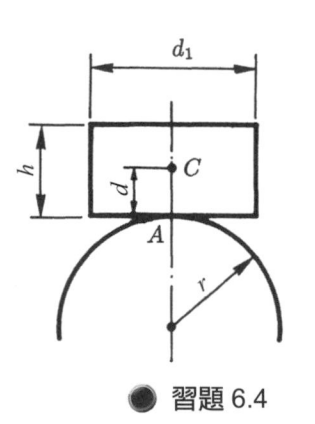

● 習題 6.4

6.4　如圖所示，一開口圓柱形罐頭，直徑為 d_1、高為 h、重為 W，靜止在半徑 r 之圓球的頂點 A，罐頭可在球上作無滑動之滾動。欲使罐頭獲得安定之平衡，求圓球最小半徑？(d 為罐頭重心距)？

答：$d < r$

6.5 如圖所示，圓柱 A 與 B 各具半圓截面，圓柱 A 上有物體 C。若 $\gamma_A = 100 \text{ N}/\text{m}^3$，$\gamma_C = 50\text{N}/\text{m}^3$，且 A，B 兩物做純滾動，試問此系統是否穩定？

答：不穩定。

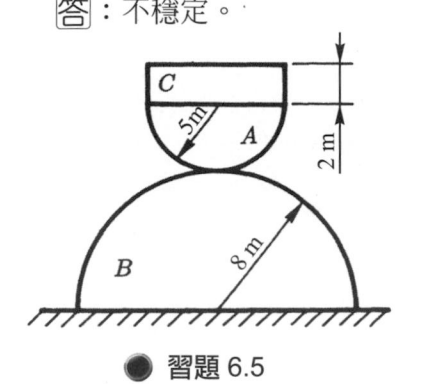 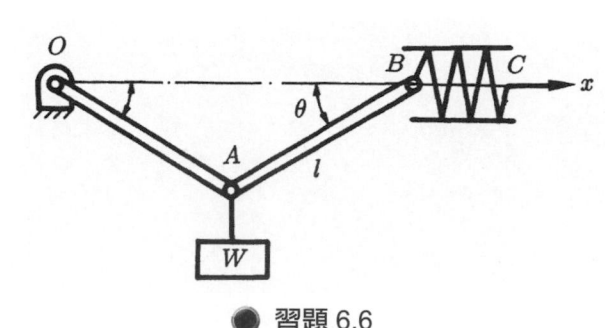

● 習題 6.5　　　　　　　　　　　● 習題 6.6

6.6 如圖所示，OA 及 AB 兩桿長為 l，在 A 端掛一重心 W 之負荷，而桿重不計，桿交接處為光滑絞鏈，k 為彈簧常數。當 O，A，B 成直線時，彈簧恰為自然長度，欲使該系統達平衡，則 θ 應有之值？

答：$W\cos\theta - 4kl\sin\theta(1 - \cos\theta)$。

6.7 如圖所示，當重 W 掛在 A 點時，彈簧剛好是自然長，k 為彈簧常數。

(a)當系統達平衡時，θ 應有之值？

(b)此平衡的穩定性如何？(R 與 r 為已知)

答：(a)$\cos = \dfrac{kr^2}{WR}\theta$；(b)穩定。

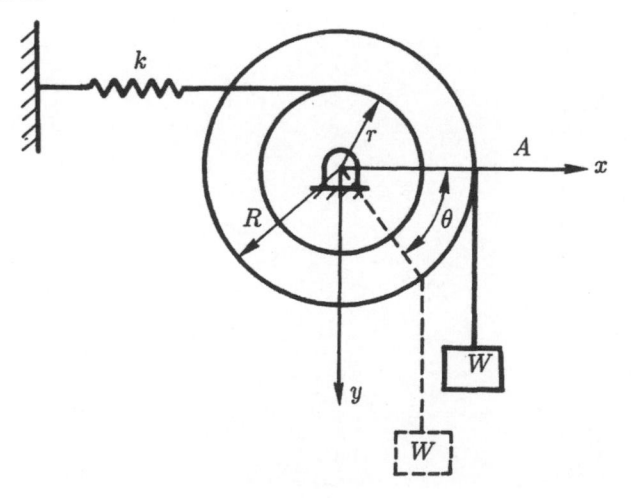

● 習題 6.7

6.8 試問磨損的種類有哪些？欲抵抗這些磨損的方法又有哪些？

第七章 軸、鍵及銷

本章大綱

7.1　緒論

軸是用來傳送動力、承載迴轉物體或帶動其他工具作工等，而且常以軸承做為支撐。軸大都是圓形實心截面，但亦可為方形或空心，其受力之情形通常有扭矩、彎矩、軸向力或其組合力，也可能是靜態負載或變動負載。由於大部份的軸均為延性材料，所以常用最大剪應力理論做為靜態強度設計之標準。若選用脆性材料，則採用最大垂直應力理論。至於變動負載則一般使用 M. Goodman，或 Soderberg 理論做為疲勞破壞標準；若軸上含有鍵槽，必要時應考慮其在強度上之影響。為了操作與修護上之需要，也應了解其臨界轉速大小。

鍵與銷常作為接合、固定、傳遞動力或防止元件脫落之用，例如用於皮帶輪、齒輪或聯軸器與軸之間的固定。若其長度方向平行於軸時，則稱為**鍵**；若長度方向垂直於軸者稱為**銷**。而且被固定之元件均留有溝槽，做為鍵或銷固定之用。

7.2　軸設計通則

軸設計應考慮的因素，常因其功用之不同、重要性或安全性而有所不同。就依一般傳送動力軸而言，在設計時應考慮之因素有下列八種：

(1) 軸之設計主要是在決定其長度與截面積之大小，使其能在各種不同負載與運轉下有足夠之強度與剛性。軸之截面積宜採用圓形或中空圓形，儘量避免使用方形或其他形狀之軸。

(2) 一般軸均選用延性材料，其破壞標準常用最大剪應力理論，其次是畸變能理論，很少使用最大垂直應力理論。

(3) 最常用之合成負載是考慮扭矩與彎矩之組合，很少考慮扭矩、彎矩與軸向力之組合。

(4) 考慮變動負荷時，最常遭遇穩定扭矩與完全反覆彎曲之組合情形，此時常用 Soderberg 或 M. Goodman 疲勞破壞理論。

(5) 含鍵槽或有斷面變化時，常考慮較大之安全係數，以免設計失敗，必要時應予以考慮鍵槽之強度係數或應力集中因數。

(6) 轉動軸的設計，經常需要計算其臨界轉速，一般是提供最小的三個臨界轉速，作為操作運轉時的參考。

(7) 軸的剛性設計時，必須考慮扭轉變形與撓曲變形，尤其對於高溫的轉動設備，很容易造成撓曲變形。如果變形太大，將導致轉動元件與固定元件摩擦生熱而使得機械受損。

(8) 選擇適當的材料，尤其是對於承受高負載、高溫度或高腐蝕性的轉軸，必須特別注意材質的選用。

7.3 功率傳動

每單位時間所作功稱為**功率**(power)，而傳動軸則是用來傳遞功率。如果在傳遞的過程中均無任何能量損失時，表示傳動軸所傳遞的功率將維持不變。若以 Δt 代表沿時間變量，ΔW 代表功的變量，F 代表沿切線方向作用力，Δx 代表沿力方向之位移，v 代表沿力方向之速度，T 代表扭矩，n 代表轉動角速度。功率之代數式為：

$$P_{\text{ower}} = \lim_{\Delta t \to 0} \frac{\Delta W}{\Delta t} = \lim_{\Delta t \to 0} \frac{F \Delta x}{\Delta t}$$

$$= F_v = T_n \tag{7.1}$$

考慮單位的轉換時，(7.1)式可寫為：

$$\text{HP(英制馬力)} = \frac{2\pi \times T \times n}{76 \times 60} \text{ 式中 } T \text{ 為 kg-m；} n \text{ 為 RPM} \tag{7.2}$$

$$= \frac{2\pi \times T \times n}{746 \times 60} \text{ 式中 } T \text{ 為 N-m；} n \text{ 為 RPM}$$

$$= \frac{2\pi \times T \times n}{550 \times 60} \text{ 式中 } T \text{ 為 lb-ft；} n \text{ 為 RPM}$$

$$\text{PS(公制馬力)} = \frac{2\pi \times T \times n}{76 \times 60} \text{ 式中 } T \text{ 為 kg-m；} n \text{ 為 RPM}$$

一般常取英制馬力近似等於公制馬力。

例 7.1

有一傳動軸之傳遞功率為 100ps、軸的轉速為 1800rpm，試求軸所受之扭矩為多少 kg-m？
如在功率不變的情況，且已知軸所受扭矩為 500N-m，此時之轉速應為多少 rpm？

【解】

(1) 已知 HP = 100，n = 1800rpm：

$$HP = \frac{2\pi \times T \times n}{75 \times 60} \Rightarrow 100 = \frac{2\pi \times T \times 1800}{75 \times 60}$$

$$\Rightarrow T = 39.8\text{kg-m}$$

(2) 已知 HP = 100，T = 500N-m：

$$100 \times \frac{75}{76} = \frac{2\pi \times 500 \times n}{746 \times 60} \Rightarrow n = 1406\text{rpm}$$

7.4 單項負載之強度設計

軸經常承受扭力 T、彎矩 M 與拉力 F 之作用，在此先討論各種力單獨作用時，軸徑的設計與其安全因數的計算。

(1) 扭力負載：

一直徑為 d 之軸，半徑為 $r = \frac{d}{2}$，承受一扭力 T，J 是表示軸向面積慣性矩 $= \frac{\pi d^4}{32}$，

則軸所受之最大剪應力 τ_t 必發生在軸表面：

$$\tau_t = \frac{Tr}{J} = \frac{16T}{\pi d^3} \tag{7.3}$$

$$\text{或} \quad d = \left(\frac{16T}{\pi \tau_t}\right)^{\frac{1}{3}}$$

以最大剪應力理論為靜態破壞標準，則 $\tau_1 = \frac{\tau_{yp}}{FS}$，代入(7.3)式得：

$$\frac{\tau_{yp}}{FS} = \frac{0.5\sigma_{yp}}{FS} = \frac{16T}{\pi d^3} \tag{7.4}$$

(2) 彎矩負載 M：

若一軸上所受之最大彎矩為 M，軸之截面積慣性矩為 $I = \dfrac{\pi d^4}{64}$，則軸所受之最

大拉應力 σ_b(或壓應力)必發生在軸之上下表面，其值為：

$$\sigma_b = \frac{Mr}{I} = \frac{32M}{\pi d^3} \qquad (7.5)$$

或　$d = \left(\dfrac{32M}{\pi \sigma_b} \right)^{\frac{1}{3}}$

以最大剪應力理論為靜態破壞標準，則 $\sigma_b = \dfrac{\sigma_{yp}}{FS}$，代入(7.5)式得：

$$\frac{\sigma_{yp}}{FS} = \frac{32M}{\pi d^3} \qquad (7.6)$$

(3) 拉力負載：

若一軸拉力 F 之作用，且軸之截面積為 $A = \dfrac{\pi d^2}{4}$，則軸所受之拉應力 σ_a 為：

$$\sigma_a = \frac{F}{A} = \frac{4F}{\pi d^2} \qquad (7.7)$$

或　$d = \left(\dfrac{4F}{\pi \sigma_a} \right)^{\frac{1}{2}}$

以最大剪應力理論為靜態破壞標準，則 $\sigma_a = \dfrac{\sigma_{yp}}{FS}$，代入(7.7)式得：

$$\frac{\sigma_{yp}}{FS} = \frac{4F}{\pi d^2} \qquad (7.8)$$

例 7.2

已知一圓軸之允許拉應力為 $\sigma_W = 80\text{MPa}$，允許剪應力為 $\tau_W = 40\text{MPa}$，試在下列三種負載情況下分別求出其軸徑的大小為多少 mm？

(1)承受一扭力 $T = 200\text{N-m}$；

(2)受一最大彎矩 $M = 200\text{N-m}$；

(3)承受一拉力 $F = 50\text{kN}$。

【解】

(1) 承受扭力負載：

$$\tau_W = \frac{Tr}{J} = \frac{16T}{\pi d^3}$$

$$\Rightarrow d = \left(\frac{16 \times 200}{\pi \times 40} \times 10^3\right)^{\frac{1}{3}} = 29.4\text{mm}$$

(2) 承受彎矩負載：

$$\sigma_W = \frac{Mr}{I} = \frac{32M}{\pi d^3} \Rightarrow d = \left(\frac{32 \times 200}{\pi \times 80} \times 10^3\right)^{\frac{1}{3}} = 29.4\text{mm}$$

(3) 承受拉力負載：

$$\sigma_W = \frac{F}{\frac{1}{4}\pi d^2} \Rightarrow d = \left(\frac{4 \times 5 \times 10^4}{\pi \times 80}\right)^{\frac{1}{2}} = 28.2\text{mm}$$

7.5 合成負載之強度設計

轉動軸常承受兩種合成負載，一種是扭力與彎矩之合成，另一種是扭力、彎矩與軸向力之合成負載，其中以前者為最常見之軸設計。以上兩種合成負載之軸徑設計與其安全因數之計算如下：

(1) 扭力與彎矩之合成負載：

如圖 7.1 所示之一轉軸，假設轉軸受一扭力 T，且在兩種軸承中間產生一最大彎矩 M，此時在軸的外表面將產生一最大剪應力 τ_t，且在中間平面之最高點 B 與最低點 A 產生一大小相等、方向相反的最大垂直應力 σ_b，將圖 7.1 所示 A 點之應力狀

態與其摩爾圓繪於圖 7.2。一般常使用最大剪應力理論或畸變能理論進行強度設計，其中以最大剪應力理論為最常用。

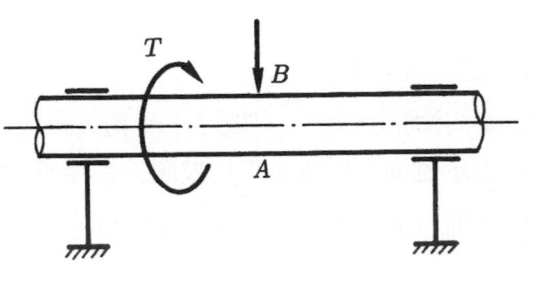

● 圖 7.1　轉動軸

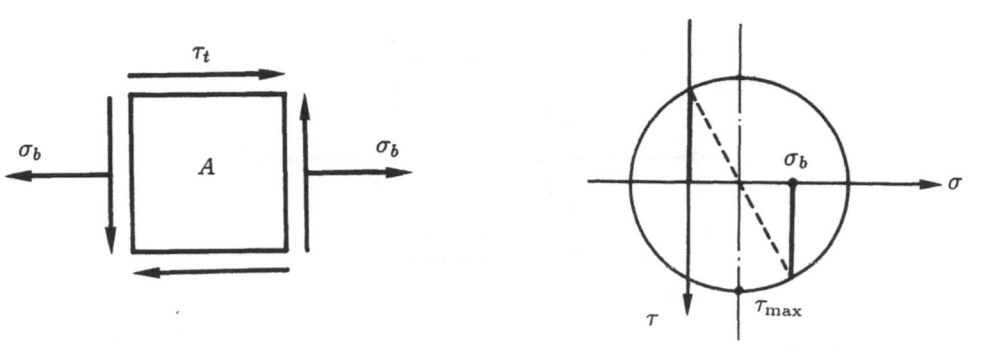

● 圖 7.2　應力狀態與摩爾圓

① 最大剪應力理論：

由圖 7.2 之摩爾圓得知，其主應力狀態是位於最大剪應力理論的第二象限，所以得：

$$\tau_{\max} = \sqrt{\left(\frac{\sigma_b}{2}\right)^2 + \tau_t^2} = \sqrt{\left(\frac{Mr}{2I}\right)^2 + \left(\frac{Tr}{J}\right)^2} = \frac{0.5\sigma_{yp}}{FS} \tag{7.9}$$

對一實心圓軸而言，(7.9)式可展開為：

$$\tau_{\max} = \frac{16}{\pi d^3}\sqrt{M^2 + T^2} = \frac{0.5\sigma_{yp}}{FS} \tag{7.10}$$

② 畸變能理論：

$$\sigma_{\max} = \sqrt{\sigma_x^2 - \sigma_x\sigma_y + \sigma_y^2 + 3\tau_{xy}^2}$$

$$= \sqrt{\sigma_b^2 + 3\tau_t^2} = \sqrt{\left(\frac{Mr}{I}\right)^2 + 3\left(\frac{Tr}{J}\right)^2} = \frac{\sigma_{yp}}{FS} \tag{7.11}$$

對一實心圓軸，(7.11)式可展開為：

$$\sigma_{max} = \frac{16}{\pi d^3} \sqrt{4M^2 + 3T^2} \tag{7.12}$$

(2) 扭力、彎矩與軸向力之合成負載：

　　在某些機械設備中所用之轉軸，可能除了受扭力與彎矩之負載外，還受軸向力 F 之作用。若以 σ_a 表示軸向力所生之平均拉應力或壓應力，則 σ_a 應加在情況(1)中之彎曲應力 σ_b 之項，而且最大值必發生在 σ_a 與 σ_b 同正負號的情形，如圖 7.3 所示之應力狀態圖。

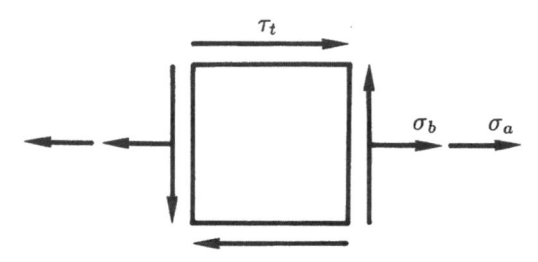

● 圖 7.3　扭力、彎矩與軸向力合成

① 最大剪應力理論：

$$\tau_{max} = \sqrt{\left(\frac{\sigma_a + \sigma_b}{2}\right)^2 + \tau_t^2} = \frac{0.5\sigma_{yp}}{FS} \tag{7.13}$$

對一實心圓軸而言，(7.13)式可寫成：

$$\tau_{max} = \sqrt{\frac{1}{4}\left(\frac{F}{A} + \frac{Mr}{I}\right)^2 + \left(\frac{Tr}{J}\right)^2}$$

$$= \frac{16}{\pi d^3} \sqrt{\left(\frac{Fd}{8} + M\right)^2 + T^2} \tag{7.14}$$

由(7.14)式可觀得知，軸徑 d 無法完全抽離根號外。

② 畸變能理論：

$$\sigma_{max} = \sqrt{(\sigma_a + \sigma_b)^2 + 3\tau_t^2} = \frac{\sigma_{yp}}{FS} \tag{7.15}$$

對一實心圓軸而言，(7.14)式可寫成：

$$\sigma_{max} = \frac{16}{\pi d^3} \sqrt{\left(\frac{Fd}{4} + 2M\right)^2 + 3T^2} \tag{7.16}$$

例 7.3

有一轉速爲 1800rpm 之轉動機械，其馬力爲 150PS，已知該轉軸在軸承處受 20kg-m 之彎矩。若選用一降伏強度 $\sigma_{yp} = 600$MPa 之中碳鋼爲軸材料，試依最大剪應力理論與畸變能理論設計軸徑大小至少應爲多少 mm？

【解】

(a) 依最大剪應力理論：

由 $PS = \dfrac{2\pi \times T \times n}{75 \times 60} \Rightarrow \dfrac{2\pi \times T \times 1800}{75 \times 60} = 150$

$\Rightarrow T = 59.7$kg-m

由 $\tau_{max} = \sqrt{\left(\dfrac{\sigma_b}{2}\right)^2 + \tau_t^2} = \dfrac{16}{\pi d^3}\sqrt{M^2 + T^2} = \dfrac{1}{2}\sigma_{yp}$

$\therefore \ d^3 = \dfrac{16}{\pi \times \dfrac{1}{2} \times 600 \times \dfrac{1}{9.8} \times 10^6} \sqrt{(20)^2 + (59.7)^2} \times 10^9$

$\Rightarrow d = 21.9$mm

(b) 依畸變能理論：

由 $\sigma_{max} = \sqrt{\sigma_b^2 + 3\tau_t^2} = \dfrac{16}{\pi d^3}\sqrt{4M^2 + 3T^2} = \sigma_{yp}$

$\therefore d^3 = \dfrac{16}{\pi \times 600 \times \dfrac{1}{9.8} \times 10^6}\sqrt{4(20)^2 + 3(59.7)^2} \times 10^9$

$\Rightarrow d = 21$mm

7.6 變動負載之強度設計

傳動軸最常發生的變動負載是完全反覆彎曲應力與穩定扭轉應力之合成，而且最大之變動負載是位於軸的外表面。首先假設彎曲應力與扭轉均是擾動現象之一般應力狀態，如圖 7.4(a)所示；然後再將其簡化成較實際的應力狀態，如圖 7.4(b)所示。

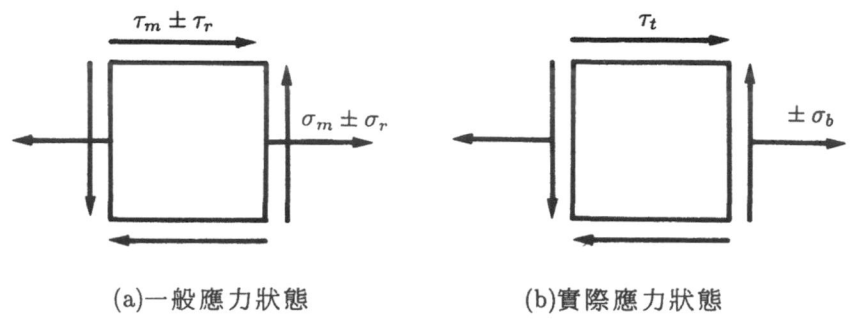

(a)一般應力狀態 　　　　(b)實際應力狀態

● 圖 7.4　傳動軸之應力狀態

(1) 一般化應力狀態：

　　依據第六章所述擾動負載之疲勞破壞理論，常用者有畸變能實驗 M. Goodman 理論與實驗 M. Goodman 最大剪應力理論兩種，但是以實驗 M. Goodman 最大剪應力理論較為普遍。

① 畸變能-實驗 M. Goodman 理論：

　　先由畸變能理論推出相當平均應力 σ_{qm} 與相當波幅應力 σ_{qr} 為：

$$\sigma_{qm} = \sqrt{\sigma_m^2 + 3\tau_m^2} \tag{7.17}$$

$$\sigma_{qr} = \sqrt{\sigma_r^2 + 3\tau_r^2} \tag{7.18}$$

再由 M. Goodman 理論選擇下式(7.19)中較小之 *FS* 之做為判斷之標準。若已知 σ_{max}，欲設計軸徑則直接選用(7.19)式，因為在$(\sigma_{max})_1 = (\sigma_{max})_2$ 之情況下，(7.19)有較大之軸徑。

$$\begin{cases} \dfrac{1}{(FS)_1} = \dfrac{\sigma_{qm}}{\sigma_u} + \dfrac{\sigma_{qr}}{\sigma_e} \\[2mm] \qquad \Rightarrow (\sigma_{\max})_1 = \dfrac{\sigma_{qm}}{(FS)_1} = \sigma_{qm} + \dfrac{\sigma_{qr}}{\sigma_e}\sigma_u \\[2mm] \dfrac{1}{(FS)_2} = \dfrac{\sigma_{qm} + \sigma_{qr}}{\sigma_{yp}} \\[2mm] \qquad \Rightarrow (\sigma_{\max})_2 = \dfrac{\sigma_{yp}}{(FS)_2} = \sigma_{qm} + \sigma_{qr} \end{cases} \tag{7.19}$$

對一實心圓軸而言，(7.17)式與(7.18)式可展開為：

$$\sigma_{qm} = \frac{16}{\pi d^3}\sqrt{4M_m^2 + 3T_m^2} \tag{7.20}$$

$$\sigma_{qr} = \frac{16}{\pi d^3}\sqrt{4M_r^2 + 3T_r^2} \tag{7.21}$$

② 實驗 M. Goodman 最大剪應力理論：

先由 M. Goodman 理論推得相當之應力 σ_q 與相當之剪應力 τ_q，因為依(5.45) 式，$(\sigma_q)_1$ 必大於 $(\sigma_q)_2$，以直接選用(5.45a)式做為判斷的標準，即：

$$\sigma_q = \sigma_m + \frac{\sigma_r}{\sigma_e}\sigma_u \tag{7.22}$$

$$\tau_q = \tau_m + \frac{\tau_r}{\sigma_e}\sigma_u \tag{7.23}$$

再由最大剪應力理論(必發生在第二象限)，得：

$$\tau_{\max} = \left[\left(\frac{\sigma_q}{2}\right)^2 + \tau_q^2\right]^{\frac{1}{2}} = \frac{0.5\sigma_{yp}}{FS} \tag{7.24}$$

$$= \left[\frac{1}{4}\left(\sigma_m + \frac{\sigma_r}{\sigma_e}\sigma_u\right)^2 + \left(\tau_m + \frac{\tau_r}{\sigma_e}\sigma_u\right)^2\right]^{\frac{1}{2}}$$

對一實心圓軸而言，(7.24)式可再展開為：

$$\tau_{\max} = \frac{16}{\pi d^3}\sqrt{\left(T_m + Mr\frac{\sigma_u}{\sigma_e}\right)^2 + \left(T_m + T_r\frac{\sigma_u}{\sigma_e}\right)^2} = \frac{0.5\sigma_{yp}}{FS} \tag{7.25}$$

(2) 實際應力狀態：

　　軸僅受圖 7.4(b)所示完全反覆彎曲應力 $\pm\sigma_b$ 與穩定扭轉應力 τ_t，此時轉軸安全因數之計算或軸徑之設計常採用畸變能-實驗 M. Goodman 理論或實驗 M. Goodman 畸變能理論，分述如下：

① 畸變能-實驗 M. Goodman 理論：

　　先由畸變能理論求得相當之平均應力 σ_{qm} 與相當之波幅應力 σ_{qr} 為：

$$\begin{cases} \sigma_{qm} = \sqrt{3}\tau_t \\ \sigma_{qr} = \sigma_b \end{cases} \tag{7.26}$$

再由實驗 M. Goodman 理論，將 σ_{qm} 與 σ_{qr} 代入(7.19)式中，並取 FS 較小者為破壞之標準。假如是要設計軸徑的大小，則直接選擇(7.19)式即可。因為在 $\sigma_{max} = (\sigma_{max})_1 = (\sigma_{max})_2$ 之情況下，(7.19)式所設計之軸徑較大。例如對一實心圓軸，且已知 σ_{max}。則此時之軸徑為：

$$\sigma_{max} = \sigma_{qm} + \frac{\sigma_u}{\sigma_e}\sigma_{qr} = \frac{16}{\pi d^3}(\sqrt{3}T + 2M \times \frac{\sigma_u}{\sigma_e}) \tag{7.27}$$

② 實驗 M. Goodman 最大剪應力理論：

　　先由實驗 M. Goodman 理論，直接依(5.45a)式得相當之平均應力 σ_q 與相當剪應力 τ_q 為：

$$\sigma_q = \frac{\sigma_u}{\sigma_e}\sigma_b \tag{7.28}$$

$$\tau_q = \tau_m \tag{7.29}$$

再由最大剪應力理論得：

$$\tau_{max} = \left[\left(\frac{\sigma_q}{2}\right)^2 + \tau_q^2\right]^{\frac{1}{2}} = \left[\frac{1}{4}\left(\frac{\sigma_u}{\sigma_e}\sigma_b\right)^2 + \tau_m^2\right] = \frac{0.5\sigma_{yp}}{FS} \tag{7.30}$$

對一實心圓軸而言，(7.30)式可展開為：

$$\tau_{max} = \frac{16}{\pi d^3}\sqrt{\left(\frac{\sigma_u}{\sigma_e}M\right)^2 + T^2} = \frac{0.5\sigma_{yp}}{FS} \tag{7.31}$$

例 7.4

有一轉動軸在軸承處承受一彎曲力矩 $M = 3 \times 10^3$ N-m、平均扭力 $T_m = 9 \times 10^3$ N-m 與波幅扭力 $T_r = 2 \times 10^3$ N-m，且已知材料的應力集中因數 $k = 1.4$、抗拉強度 $\sigma_u = 850$MPa、降伏強度 $\sigma_{yp} = 650$MPa、疲勞 $\sigma_e = 300$MPa、軸徑為 $d = 85$mm。試依下列八種法求其安全因數：

(1)實驗 M. Goodman-最大剪應力理論；

(2)實驗 M. Goodman-畸變能(或 Mises-Hencky)理論；

(3)Soderberg-最大剪應力理論；

(4)Soderberg-畸變能理論；

(5)最大應力-實驗 M. Goodman 理論；

(6)最大剪應力-Soderberg 理論；

(7)畸變能-實驗 M. Goodman 理論；

(8)畸變能-實驗 Soderberg 理論。

【解】

(1) 實驗 M. Goodman-最大剪應力理論：

由彎曲力矩 M 將產生一完全覆之波幅應力 $\sigma_r = \sigma_b$，再加上扭力 T_m 與 T_r 所生之平均剪應力 τ_m 與波幅剪應力 τ_r，所以：

$$\sigma_q = \sigma_m + k\sigma_r \frac{\sigma_u}{\sigma_e} = \frac{32}{\pi d^3}\left[M\left(\frac{k\sigma_u}{\sigma_e} \right) \right]$$

$$\tau_q = \tau_m + k\tau_r \frac{\sigma_u}{\sigma_e} = \frac{16}{\pi d^3}\left[T_m + T_r\left(k\frac{\sigma_u}{\sigma_e} \right) \right]$$

$$\therefore \tau_{\max} = \frac{\frac{1}{2}\sigma_{yp}}{FS} = \sqrt{\left(\frac{\sigma_q}{2} \right)^2 + \tau_q^2}$$

$$= \frac{16}{\pi d^3}\sqrt{M^2\left(\frac{k\sigma_u}{\sigma_e} \right)^2 + \left[T_m + T_r\left(\frac{k\sigma_u}{\sigma_E} \right) \right]^2}$$

$$\therefore \frac{1}{FS} = \frac{32}{\pi \times (85)^3 \times 10^{-9} \times 650}$$

$$\times \sqrt{(3\times10^3)^2\left(\frac{1.4\times850}{300} \right)^2 + \left(9\times10^3 + 2\times10^3 \times \frac{1.4\times850}{300} \right)^2}$$

$$\Rightarrow FS = 1.89$$

(2) 實驗 M. Goodman-畸變能理論：

$$\sigma_{\max} = \frac{\sigma_{yp}}{FS} = \sqrt{\sigma_q^2 + 3\tau_q^2}$$

$$= \frac{16}{\pi d^3}\sqrt{4\left(M\frac{k\sigma_u}{\sigma_e}\right)^2 + 3\left[T_m + T_r\left(\frac{k\sigma_u}{\sigma_e}\right)\right]^2}$$

$$\therefore \ \frac{1}{FS} = \frac{16}{\pi \times (85)^3 \times 10^{-9} \times 650}$$

$$\times \sqrt{(2\times3\times10^3\times3.97)^2 + 3\left(9\times10^3 + 2\times10^3\times3.97\right)^2}$$

$$\Rightarrow FS = 2.07$$

(3) Soderberg-最大剪應力理論：

$$\sigma_q = \sigma_m + k\sigma_r\frac{\sigma_{yp}}{\sigma_e} = \frac{32}{\pi d^3}\left[M\left(\frac{k\sigma_{yp}}{\sigma_e}\right)\right]$$

$$= \frac{32}{\pi(85)^3\times10^{-9}}\left[3\times10^3\left(\frac{1.4\times650}{300}\right)\right] = 150.9\text{MPa}$$

$$\tau_q = \tau_m + k\tau_r\frac{\sigma_{yp}}{\sigma_e} = \frac{16}{\pi d^2}\left[T_m + T_r\left(k\frac{\sigma_{yp}}{\sigma_e}\right)\right]$$

$$= \frac{16}{\pi(85)^3\times10^{-9}}\left[9\times10^3 + 2\times10^3\times\frac{1.4\times650}{300}\right] = 124.9\text{MPa}$$

$$\therefore \tau_{\max} = \frac{\frac{1}{2}\sigma_{yp}}{FS} = \sqrt{\left(\frac{\sigma_q}{2}\right)^2 + \tau_q^2}$$

$$\Rightarrow \frac{1}{FS} = \frac{2}{650}\sqrt{\left(\frac{150.9}{2}\right)^2 + (124.9)^2} \Rightarrow FS = 2.23$$

(4) Soderberg-畸變能理論：

同(3)可得：

$$\sigma_a = 150.9\text{MPa} \ , \ \tau_q = 124.9\text{MPa}$$

$$\therefore \ \sigma_{\max} = \frac{\sigma_{yp}}{FS} = \sqrt{\sigma_q^2 + 3\tau_q^2}$$

$$\Rightarrow \ \frac{1}{FS} = \frac{1}{650}\times\sqrt{(150.9)^2 + 3(124.9)^2} \Rightarrow FS = 2.46$$

(5) 最大應力-實驗 M. Goodman 理論：

先由最大剪應力理論求相當平均剪應力 τ_{qm} 與相當波幅剪應力 τ_{qr} 為：

$$\tau_{qm} = \tau_m = \frac{16}{\pi d^3} T_m = \frac{16}{\pi (85)^3 \times 10^{-9}} \times 9 \times 10^3 = 74.6\text{MPa}$$

$$\tau_{qr} = \sqrt{\left(\frac{\sigma_r}{2}\right)^2 + \tau_y^2} = \frac{16}{\pi d^3} \sqrt{M^2 + T^2}$$

$$= \frac{16}{\pi \times (85)^3 \times 10^{-9}} \sqrt{(3 \times 10^3)^2 + (2 \times 10^3)^2} = 29.9\text{MPa}$$

利用實驗 M. Goodman 理論，得：

$$\frac{1}{(FS)_1} = \frac{\tau_{qm}}{\tau_u} + \frac{k\tau_{qr}}{\tau_e} = \frac{74.6}{850 \times 0.5} + \frac{1.4 \times 29.9}{300 \times 0.5}$$

$$\Rightarrow (FS)_1 = 2.2$$

$$\frac{1}{(FS)_2} = \frac{\tau_{qm} + k\tau_{qr}}{\tau_{yp}} = \frac{74.6 + 1.4 \times 29.9}{650 \times 0.5}$$

$$\Rightarrow (FS)_2 = 2.79$$

$\therefore$ $FS = (FS)_1$ 與 $(FS)_2$ 中較小者

$$\Rightarrow FS = 2.2$$

(6) 最大剪應力-Soderberg 理論：

與(5)中相同，求得 $\tau_{qm} = 74.6\text{MPa}$ 與 $\tau_{qr} = 29.9\text{MPa}$，然後再利用 Soderberg 理論得：

$$\frac{1}{FS} = \frac{\tau_{qm}}{\tau_{yp}} + \frac{k\tau_{qr}}{\tau_e} = \frac{74.6}{650 \times 0.5} + \frac{1.4 \times 29.9}{300 \times 0.5}$$

$$\Rightarrow FS = 1.97$$

(7) 畸變能-實驗 M. Goodman 理論：

先由畸變能理論求相當平均應力 σ_{qm} 與相當波幅應力 σ_{qr} 為：

$$\sigma_{qm} = \sqrt{3\tau_m^2} = \sqrt{3} \times \frac{16}{\pi d^3} \times T_m$$

$$= \sqrt{3} \times \frac{16}{\pi \times (85)^3 \times 10^{-9}} \times 9 \times 10^3 = 129.2\text{MPa}$$

$$\sigma_{qr} = \sqrt{\sigma_r^2 + 3\tau_r^2} = \frac{16}{\pi d^3} \sqrt{4M^2 + 3T^2}$$

$$= \frac{16}{\pi \times (85)^3 \times 10^{-9}} \sqrt{4(3 \times 10^3)^2 + 3(2 \times 10^3)^2} = 57.5\text{MPa}$$

利用 M. Goodman 理論得：

$$\frac{1}{(FS)_1} = \frac{\sigma_{qm}}{\sigma_u} + \frac{k\sigma_{qr}}{\sigma_e} = \frac{129.2}{850} + \frac{1.4 \times 57.5}{300}$$

$\Rightarrow (FS)_1 = 2.38$

$$\frac{1}{(FS)_2} = \frac{\sigma_{qm} + k\sigma_{qr}}{\sigma_{yp}} = \frac{129.2 + 1.4 \times 57.5}{650}$$

$\Rightarrow (FS)_2 = 3.10$

$\therefore$ FS 為 $(FS)_1$ 與 $(FS)_2$ 中較小者，所以取 $FS = 2.38$。

(8) 畸變能-實驗 Soderberg 理論：

與(7)中相同，先求得 $\sigma_{qm} = 129.2$MPa 與 $\sigma_{qr} = 57.5$MPa，然後再利用 Soderberg 理論

得：

$$\frac{1}{FS} = \frac{\sigma_{qm}}{\sigma_{yp}} + \frac{k\sigma_{qr}}{\sigma_e} = \frac{129.2}{650} + \frac{1.4 \times 57.5}{300}$$

$\Rightarrow FS = 2.14$

結論：將(1)～(8)列成下表，可得實驗 M. Goodman-最大剪應力理論最為安全。

	1. M. Goodman- 最大剪應力	2. M. Goodman- 畸變能	3. Soderberg 最大剪應力	4. Soderberg- 畸變能
FS	1.89	2.07	2.23	2.46
	5. 最大剪應力- M. Goodman	6. 最大剪應力- Soderberg	7. 畸變能 M. Goodman	8. 畸變能 Soderberg
FS	2.2	1.97	2.38	2.14

例 7.5

有一轉動軸在軸處承受一彎曲力矩 $M = 217$N-m 與一平均扭力 $T_m = 373$N-m，且已知材料的抗拉強度 $\sigma_u = 511$MPa、降伏強度 $\sigma_{yp} = 449$MPa、疲勞限 $\sigma_e = 117$MPa，並取安全因數爲 1.5。試利用下列兩種方法設計軸徑的大小？

(1)M. Goodman-最大剪應力理論。

(2)畸變能-M. Goodman 理論。

【解】

(1) M. Goodman-最大剪應力理論：

由於彎曲力矩 M 之作用，將產生一完全反覆應力 $\sigma_r = \sigma_b$，而由平均扭力 T_m 之作用，則產生一平均剪應力 τ_q。首先利用 M. Goodman 理論，可求得相當拉應力 σ_q 與相當剪應力 τ_q 爲：

$$\sigma_q = \omega_m + \frac{k\sigma_r}{\sigma_e}\sigma_u = \frac{32M}{\pi d^3}\left(\frac{k\sigma_y}{\sigma_e}\right)$$

$$\tau_q = \tau_m + \frac{k\tau_r}{\sigma_e}\sigma_u = \frac{16}{\pi d^3}T_m$$

再由最大剪應力理論得：

$$\tau_{\max} = \frac{0.5\sigma_{yp}}{FS} = \frac{16}{\pi d^3}\sqrt{\left(\frac{k\sigma_u}{\sigma_e}M\right)^2 + T_m^2}$$

$$\therefore\ d^3 = \frac{16 \times 1.5}{\pi \times 0.5 \times 449}\sqrt{\left(\frac{511 \times 217 \times 1000}{117}\right)^2 + (373000)^2}$$

$\Rightarrow d = 32.6$mm

(2) 畸變能-M. Goodman 理論：

先由畸變能求相當平均應力 σ_{qm} 與相當波幅應力 σ_{qr} 爲：

$$\sigma_{qm} = \sqrt{\sigma_m^2 + 3\tau_m^2} = \sqrt{3}\tau_m = \frac{16\sqrt{3}}{\pi d^3}T_m$$

$$\sigma_{qr} = \sqrt{\sigma_r^2 + 3\tau_r^2} = \sigma_r = \frac{32}{\pi d^3}M$$

再由 M. Goodman 理論：

$$\sigma_{\max} = \frac{\sigma_u}{FS} = \sigma_{qm} + \frac{k\sigma_{qr}}{\sigma_e}\sigma_u$$

$$= \frac{16}{\pi d^3} \left(\sqrt{3}T_m + \frac{2M}{\sigma_e}\sigma_u \right)$$

$$\therefore \quad d^3 = \frac{16 \times 1.5}{\pi \times 511} \left[(\sqrt{3} \times 373000) + \left(\frac{2 \times 217000}{117} \times 511 \right) \right]$$

$$\Rightarrow d = 33.6\text{mm}$$

7.7　ASME 法規之傳動軸設計

　　大部份的機械設備所使用的傳動軸，其所受之負載經常不是固定常數，而且是不規則的變化，因此 ASME 法規針對實際型之合成負載應力狀態，如圖 7.2 所示。將各個穩定負載應力乘一常數值，以確保軸的安全，而且不再考慮變動負載之影響，也就是直接利用靜態破壞理論分析即可。例如以最大剪應力理論而言，則：

$$\tau_{\max} = \frac{0.5\sigma_{yp}}{FS} = \sqrt{\left(C_m \frac{\sigma_b}{2} \right)^2 + (C_t \tau_t)^2} \tag{7.32}$$

對一實心軸，則(7.32)式可展開為：

$$\tau_{\max} = \frac{0.5\sigma_{yp}}{FS} = \frac{16}{\pi d^3}\sqrt{(C_m M)^2 + (C_t T)^2} \tag{7.33}$$

其中 C_m 為考慮彎曲力矩受各種變動負載之影響因數；C_t 為考慮扭力受各種負載之影響因數。若以畸變能理論而言，則(7.32)式與(7.33)式中將取 $\tau_{\max} = 0.577\dfrac{\sigma_{yp}}{FS}$。有關 C_m 與 C_t 之值，依 ASME 規定如表 7.1 所示。

● 表 7.1　ASME 規定之負載常數

負載種類		C_m	C_t
靜止軸	負載逐漸增加	1.0	1.0
	突然承受負載	1.5～2.0	1.5～2.0
轉動軸	逐漸增加或穩定負載	1.5	1.0
	小振動所造成突然增加之負載	1.5～2.0	1.0～1.5
	大振動所造成突然增加之負載	2.0～3.0	1.5～3.0

例 7.6

有一轉動軸受一最大穩定彎曲力 $M = 3000\text{N-m}$ 與一穩定扭轉力 $T = 2000\text{N-m}$，且已知材料之降伏強度 $\sigma_{yp} = 500\text{MPa}$、安全因數 $FS = 2$。若依 ASME 法規取 $C_m = 2.0$，$C_t = 1.5$，依最大剪應力理論求軸徑的大小。

【解】

由

$$\tau_{\max} = \frac{0.5\sigma_{yp}}{FS} = \frac{16}{\pi d^3}\sqrt{(C_m M)^2 + (C_t T)^2}$$

$$\therefore \quad d^3 = \frac{16 \times 2 \times 10^9}{\pi \times 0.5 \times 500 \times 10^6}\sqrt{(2 \times 3000)^2 + (1.5 \times 2000)^2}$$

$$\Rightarrow d = 64.9\text{mm}$$

7.8　軸之剛性設計

轉動軸之變形有扭轉變形與撓曲變形，例如輸送流體之泵浦、壓縮機等，其軸之撓曲必須確保在規定之範圍內，才能維持機械正常運轉。又如凸輪之扭轉變形亦須在許可範圍內，否則會造成機械動作之不準確性。以下將分別討論在考慮扭轉變形與撓曲變形下，軸徑的設計：

(1) 扭轉變形：

考慮一長為 l 之軸，兩端受一扭力 T，如圖 7.5 所示，則軸外表面的線 $\overline{AB}$ 轉一扭轉角 ϕ(以徑為單位)，其關係式為：

$$\phi = \frac{Tl}{GJ} \tag{7.34}$$

式中 G 為剪應力楊氏係數，J 為截面積對軸之面積慣性矩。其值依截面積之形狀定，如：

$$\begin{cases} \text{實心圓軸}：J = \dfrac{\pi d^4}{32} \\[3mm] \text{空心圓軸}：J = \dfrac{\pi}{32}(d_0^4 - d_i^4) \end{cases} \tag{7.35}$$

若以實心圓軸為例,則軸的大小可由(7.34)式展開為:

$$d^4 = \frac{32Tl}{\pi G \phi} \tag{7.36}$$

圖 7.5 之轉動軸外表面發生最大剪應力 τ_{max} 為:

$$\tau_{max} = \frac{\tau_{yp}}{FS} = \frac{T(d/2)}{J} = \frac{\phi G d}{2l} \tag{7.37}$$

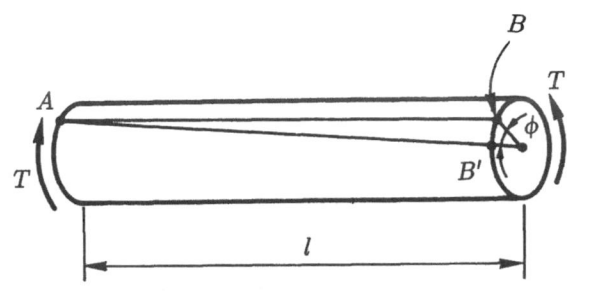

● 圖 7.5   扭轉變形

(2) 撓曲變形:

　　轉動軸之撓曲變形問題,經常僅要求出最大之撓度或是某一位置的撓度。一般最常使用面積力矩法(參考第五章所述),求出最大撓度或某一特定位置之撓度 δ,再求出最大彎曲力矩 M_{max},最後利用 $\sigma_{max} = \dfrac{M_{max}\left(\dfrac{d}{2}\right)}{I} = \dfrac{\sigma_{yp}}{FS}$,決定軸徑的大小與安全因數之關係。以圖 7.6 所示之簡單支撐轉動軸為例說明如下:

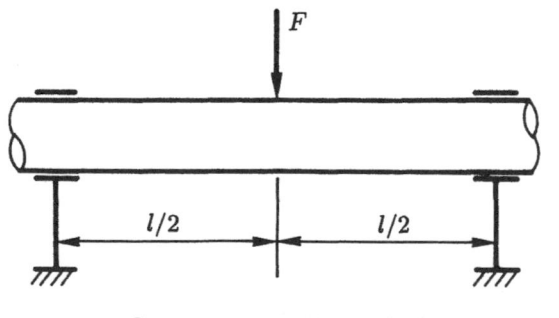

● 圖 7.6   簡單支撐轉軸

兩支點中央最大撓度 δ 與最大彎曲力矩 M 為:

$$\begin{cases} \delta = \dfrac{Fl^3}{48EI} \\ M_{max} = \dfrac{Fl}{4} \end{cases} \Rightarrow \delta = \dfrac{M_{max}l^2}{12EI} \tag{7.38}$$

對實心圓軸而言,$I = \dfrac{\pi d^4}{64}$ 代入(7.38)式,得:

$$d^4 = \dfrac{16M_{max}l^2}{3\pi E\delta} \tag{7.39}$$

轉動軸所受最大彎曲應力 σ_{max} 為:

$$\sigma_{max} = \dfrac{\sigma_{yp}}{FS} = \dfrac{M_{max}\left(\dfrac{d}{2}\right)}{I} = \dfrac{6E\delta d}{l^2} \tag{7.40}$$

例 7.7

有一轉動軸規定其角變形量為每 1m 不得超過 1°,且已知材料的允許剪應力為 80MPa,剪應力楊氏係數 $G = 9.5 \times 10^4$MPa,試求其軸徑的大小。

【解】

由 $\phi = \dfrac{Tl}{GJ} \Rightarrow \phi / l = \dfrac{T}{GJ}$

$\therefore \tau_{max} = \dfrac{T\left(\dfrac{d}{2}\right)}{J} = (\phi / l)\dfrac{Gd}{2}$

$\Rightarrow d = \dfrac{2l\tau_{max}}{G\phi} = \dfrac{2\times1\times80\times10^3\times180}{9.5\times10^4\times1\times\pi} = 96.5\text{mm}$

例 7.8

如圖 7.7 所示一轉動軸承在 C 承受扭力 $T = 1200\text{N-m}$，而且在 A 端與 B 端分別對外作功。已知材料之允許剪應力為 80MPa，剪應力楊氏係數 $G = 9.5 \times 10^4\text{MPa}$，試求軸徑的大小。

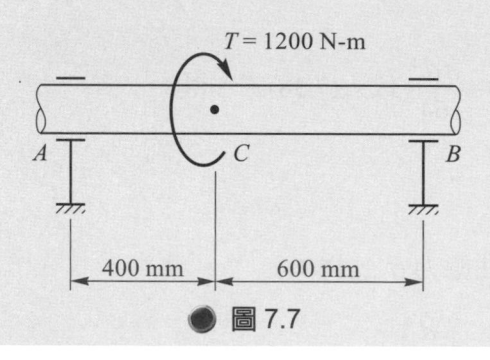

● 圖 7.7

【解】

令 A 與 B 端之扭力分別為 T_a 與 T_b，則由靜力學可得：

$$T_a + T_b = T = 1200 \cdots\cdots (a)$$

由 C 點之角變形量 ϕ 為：

$$\phi = \frac{400T_a}{GJ} = \frac{600T_b}{GJ} \Rightarrow 2T_a - 3T_b = 0 \cdots\cdots (b)$$

由(a)式與(b)式可求得 $T_a = 720\text{N-m}$，$T_b = 480\text{N-m}$，選擇 A 端：

$$\therefore \quad \tau_{\max} = \frac{T_a\left(\dfrac{d}{2}\right)}{J} = \frac{16T_a}{\pi d^3}$$

$$\Rightarrow \quad d^3 = \frac{16 \times 720}{\pi \times 80 \times 10^6} \times 10^9 \Rightarrow d = 35.8\text{mm}$$

7.9　鍵槽之影響

由於鍵槽是從軸上面除去一部份材料而成者，自然會影響軸之強度或其負載容量，同時槽之尖角處有高應力集中的現象，且應力之分佈甚為複雜。所以在設計時很少使用，而改以提高安全因數或將軸之破壞強度乘一強度係數 e 做為有槽軸之強度。以公式表示為：

$$e = \frac{\text{有鍵槽之軸強度}}{\text{無鍵槽之軸強度}}$$

通常 e 值約取在 $e = 0.75$。

例 7.9

有一長 1.5m 之轉動軸，如圖 7.8 所示。在軸中央裝一皮帶輪重為 1000N，此皮帶輪利用鍵固定軸上，鍵槽強度係數 $e = 0.75$，其所受之馬力為 20HP、轉速為 150rpm，並由右端軸外側之聯軸器將功傳出，而且左端軸承為不受力之自由端。已知皮帶受水平總拉力為 $F = F_1 + F_2 = 7500$N，ASME 法規之常數 $C_t = C_m = 1.5$，剪應力楊氏係數 $G = 9.5 \times 10^4$ MPa，允許剪應力 $\tau_{max} = 107$MPa，試求軸徑大小與兩軸承間軸之扭轉角。

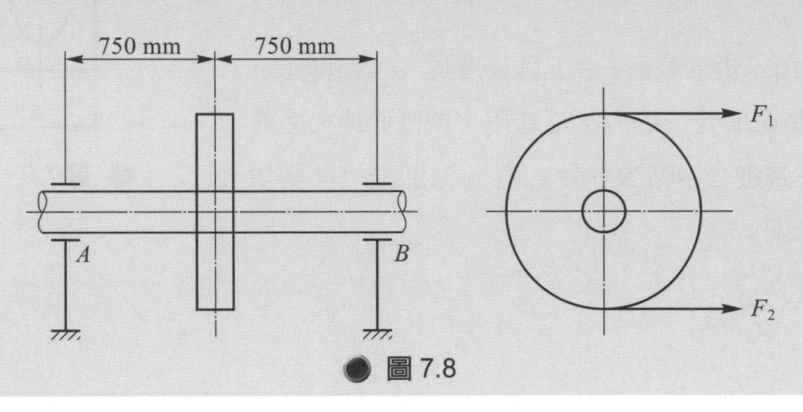

● 圖 7.8

【解】

最大彎矩發生在皮帶輪處為：

$$M = \sqrt{\left(\frac{1}{2} \times 1000 \times 0.75\right)^2 + \left(\frac{1}{2} \times 7500 \times 0.75\right)^2} = 2837.4 \text{N-m}$$

由 $\text{HP} = \dfrac{T \times n \times 2\pi}{746 \times 60}$

$$\Rightarrow T = \frac{20 \times 74660}{2\pi \times 150} = 949.8 \text{ N-m}$$

$$d^3 = \frac{16}{\pi \tau_{max}} \sqrt{(C_m M)^2 + (C_t T)^2}$$

$$= \frac{16 \times 10^9}{\pi \times 0.75 \times 107 \times 10^6} \sqrt{(1.5 \times 2837.4)^2 + (1.5 \times 949.8)^2}$$

$\Rightarrow d = 65.9$mm

因 A 端沒有受力，所以皮帶輪至 A 將不產生扭轉角，所以 A 至 B 端之扭轉角相等於皮帶輪至 B 端之扭轉角 ϕ 為：

$$\phi = \frac{Tl}{GJ} = \frac{949.8 \times 0.75 \times 10^{12}}{9.5 \times 10^4 \times 10^6 \times \frac{\pi}{32}(65.9)^4} \times \frac{180}{\pi} = 0.232°$$

7.10 非圓形軸

非圓形截面之軸設計的情形很少：例如矩形軸、含槽構之圓形軸、圓弧軸、薄環軸與角形軸等，而且對各種不同形狀截面的軸，均有不同的應力分析。以矩形軸為例說明如下：

如圖 7.9 所示矩形截面，令 b 為長邊長、a 為短邊長，即 $b \geq a$，此時截面受一扭力 T 之作用，則截面最大之剪應力必發生在長邊之中點 B。令 τ_A 與 τ_B 分別表示 A 與 B 點之剪應力，則：

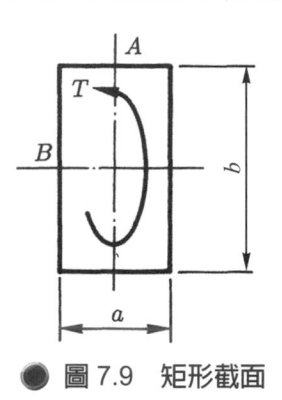

● 圖 7.9　矩形截面

$$\tau_A = \frac{T}{\alpha_A b a^2} \tag{7.41}$$

$$\tau_B = \frac{T}{\alpha_B b a^2} \tag{7.42}$$

$$\theta = \frac{T}{\beta G b a^3} \tag{7.43}$$

式中 θ 表示每單位長之角變形量，α_A，α_B 與 β 隨著 $\dfrac{b}{a}$ 之不同而變化，如表 7.2 所示。表中特別注意當 $\dfrac{b}{a} > 10$ 時，可視為 $b \gg a$，而 α_B 與 β 均成為一常數 0.333。

● 表 7.2　非圓形軸之常數值

b/a	1.00	1.20	1.50	1.75	2.00	2.50	3.00
α_A	0.208	0.235	0.269	0.291	0.309	0.336	0.355
α_B	0.208	0.219	0.231	0.239	0.246	0.258	0.267
β	0.141	0.166	0.196	0.214	0.229	0.249	0.263
b/a	4.00	5.00	6.00	8.00	10.00	> 10	
α_A	0.378	0.392	0.402	0.414	0.421		
α_B	0.282	0.291	0.299	0.307	0.312	0.333	
β	0.281	0.291	0.299	0.307	0.312	0.333	

7.11　臨界轉速

　　如圖 7.10 所示一質點質量 m，位於一光滑面上並受一彈簧常數 k 之彈簧拉住。如果作用一外力使其離開平衡位置，然後將作用力釋放後，再也沒有任何外力作用其上，此時質點 m 將開始來回作週期性的運動。依第五章之分析得知，此運動的頻率即為自然頻率 $\omega_n = \sqrt{\dfrac{k}{m}}$，如圖 7.11 所示一考慮重量之簡支樑。如果作用一橫向力使其離開平衡位置，將作用力釋放後，再也沒有任何外力作用其上，此時樑開始作上下來回的運動，而且有無窮多個運動頻率 ω_1，ω_2，……，ω_n，……，這些就是樑的自然頻率，特別要注意在不同的支撐情況(即不同的邊界條件)，就會有不同的自然頻率，同時得到一結論：有 n 個自由度的物體將有 n 個自然頻率。如圖 7.12 所示一不考慮樑重，但是在中間掛有一質量為 m 之物體，此時樑僅有一自由度，而且有一自然頻率 ω_n，其大小將不同於圖 7.8 之自然頻率。

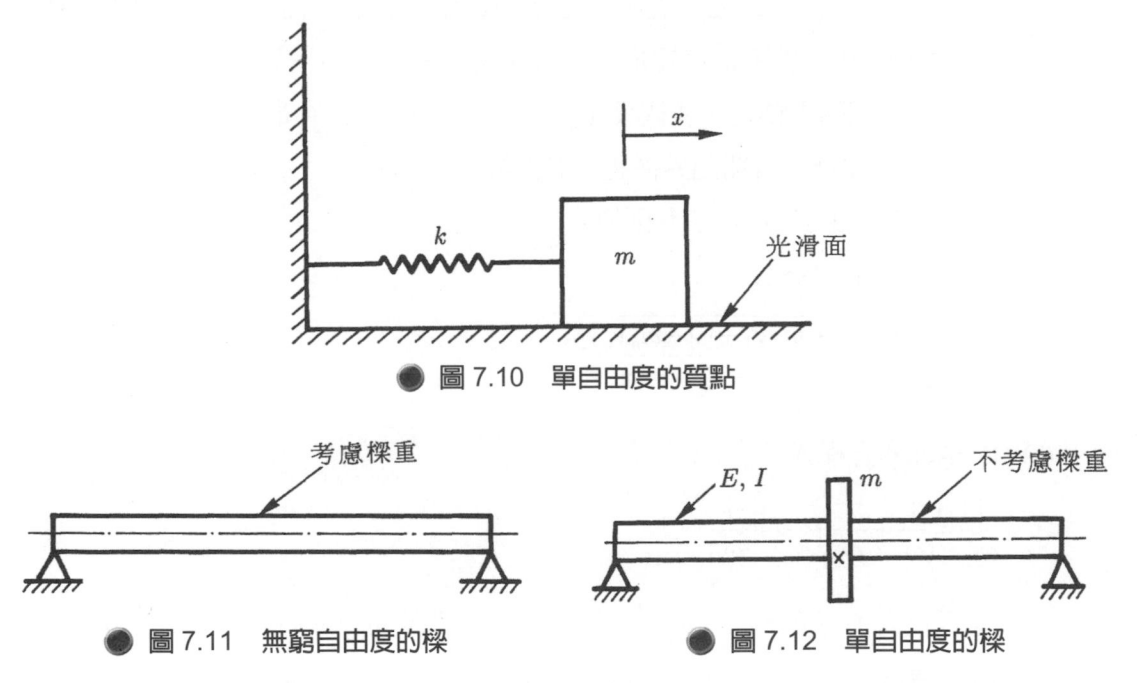

● 圖 7.10　單自由度的質點

● 圖 7.11　無窮自由度的樑　　　　　● 圖 7.12　單自由度的樑

　　令 ω 為圖 7.12 之轉軸角速率，y 為軸上之撓度，e 為一相當偏心質量之偏心位移。當軸轉動時，將有一相當偏心質量所形成之離心力 F_c，作用在軸上使其產生撓曲，所以：

$$y = \frac{F_c l^3}{48EI} \Rightarrow F_c = \frac{48EIy}{l^3} \tag{7.44}$$

由運動力學關係式得知，離心力為向心力加速度所形成。即：

$$F_c = m(y + e)\,\omega^2 \tag{7.45}$$

$$\therefore \ \frac{48EIy}{l^3} = m(y + e)\,\omega^2 \Rightarrow y = \frac{e\omega^2}{\dfrac{48EI}{ml^3} - \omega^2} \tag{7.46}$$

(7.46)式中當分母等於零時撓度 y 將趨近無窮大，此時所對應之角速率稱為**臨界轉速** ω_{cr}，即：

$$\omega_{cr} = \omega = \sqrt{\frac{48EI}{ml^3}} = \sqrt{\frac{k_e}{m}} \tag{7.47}$$

$$k_e = \frac{48EI}{l^3} \tag{7.48}$$

k_e 稱為**相當之彈簧常數**。理論上，當轉軸角速率等於臨界轉速時，變形(撓度)會無窮大，但實際上必定有阻尼存在，所以變形量僅會變成一極大之有限值，而且稱此種現象為**共振**。

令不計重量轉動軸上掛有 n 個質量，分別為 m_1，m_2，……，m_n，此時將對應 ω_{c1}，ω_{c2}，……，ω_{cn} 等 n 個臨界轉速，並假設 $\omega_{c1} < \omega_{c2} < \ \cdots\ < \omega_{cn}$，最小的臨界轉速稱為第一個臨界轉速。依此類推，有關臨界轉速的求法如下：

(1) 僅求第一臨界轉速率 ω_{c1} 方法有兩種：

   (a) Rayleigh-Ritz 方程式：

$$\omega_{c1} = \sqrt{\frac{g(m_1 y_1 + m_2 y_2 + \cdots + m_n y_n)}{m_1 y_1^2 + m_2 y_2^2 + \cdots + m_n y_n^2}} \tag{7.49}$$

   (b) Dunkeley 方程式

$$\frac{1}{\omega_{c1}} = \frac{1}{\omega_1} + \frac{1}{\omega_2} + \cdots + \frac{1}{\omega_n} \tag{7.50}$$

式中 g 為重力加速度，ω_1，ω_2，……，ω_n 分別表示 m_1，m_2，……，m_n 各單獨作用時之臨界轉速，y_1，y_2，……，y_n 分別表示 m_1，m_2，……，m_n 各單獨作用時所對應該質量位置之撓度。

(2) 同時求出各個臨界轉速：

   用下列行列值等於零之特徵方程式解出 ω 之 n 個根，即為 ω_{c1}，ω_{c2}，……，ω_{cn} 等 n 個臨界轉速。

$$\begin{vmatrix} \left(m_1\alpha_{11} - \dfrac{1}{\omega^2}\right) & m_2\alpha_{12} & \cdots\cdots & m_n\alpha_{1n} \\[2mm] m_1\alpha_{21} & \left(m_2\alpha_{22} - \dfrac{1}{\omega^2}\right) & \cdots\cdots & \\[2mm] \vdots & \ddots & \ddots & \\[2mm] m_1\alpha_{n1} & & \ddots & \left(m_n\alpha_{nn} - \dfrac{1}{\omega^2}\right) \end{vmatrix} = 0 \tag{7.51}$$

式中 α_{ij} 表示第 m_i 質量單獨作用所引起第 m_j 位置之撓度，且依據互惠定理指出 $\alpha_{ij} = \alpha_{ji}$。

對於考慮重量之轉動軸而言，理論上將有無限多個臨界轉速。但是通常的轉動機械，其運轉轉速均在第一、二與三個臨界轉速之間，因此轉動軸的設計僅須求出前三個臨界轉速，即可提供操作者或機械故障排除工程師參考之用。

7.12　材質選用

一般最便宜之軸料常選用熱軋普通碳鋼，若欲改善其切削性，則再經正常化或退火處理即可。

對於一般動力傳動之轉動軸材料，常選用普通碳鋼或合金鋼之冷拉桿。例如內燃機或車輪用鍛製軸常使用 1045 之普通碳鋼；泵送特殊流體的轉動機械所使用之轉動軸材料，常選擇合金鋼如 4140 或 4340，而且加以適當之熱處理，以發揮合金元件之優點。

若使用的條件是必須能抵抗磨損者，常在軸的表面作硬化處理。例如選用 4320 或 4820 之低碳合金鋼並加以滲碳處理，就可達到抵抗磨損的功能。

7.13 鍵的種類

鍵常用來將轉動元件固結在軸上，且鍵的一半位於軸槽內，另一半則位於轉動元件(常以輪轂表示)之槽內，以便使轉動元件與軸能共同迴轉。若依傳送動力的大小分類，可將鍵分成小動力與大動力兩大類。

(1) 用於傳送小動力或輕負載之鍵有七種類型：

① **方鍵**：如圖 7.13(a)所示，用途甚廣且握力強，鍵的一半嵌入軸內，另一半嵌入輪轂內，而截面積為正方形，即 b(鍵寬) = h(厚) = $D / 4$(D 表軸徑)。

② **平鍵**：如圖 7.13(b)所示鍵厚 h 小於鍵寬 b，一般取 $h = \frac{2}{3}b$，$b = \frac{D}{4}$，而且與鍵接觸之軸上常不採用開槽溝的方式而改削為鍵寬之平面，因此其結合強度較差，但較方鍵不易影響軸的強度。

③ **斜鍵**：或稱推拔鍵，如圖 7.13(c)所示，通常是將平鍵上方製成有斜度(大約 1/100)，使得裝配時更為容易，且在軸與輪轂間有更好的結合效果。因其裝配緊密，為了易於拆卸起見，常在大端處作成有頭的形狀，稱為帶頭推拔鍵，如圖 7.13(d)所示。

④ **半圓鍵**：或稱伍德氏鍵，如圖 7.13(e)所示成半圓形片，通常鍵寬約等於 $D / 4$，鍵半徑約等於軸半徑，其優點是對軸強度影響之程度較平鍵為低，而且鍵完全埋在輪轂內沒有露出。

⑤ **鞍型鍵**：為扁平形，如圖 7.13(f)所示上面平直且常有微小斜度(1/100)，下面則與軸有相同圓弧的形狀，所以軸上並沒有鍵槽。其扭力之傳遞完全靠摩擦阻力而非剪力，所以僅適用於小的負載。

⑥ **滑鍵**：又稱活鍵或羽鍵，如圖 7.13(g)所示，此種鍵通常是固定在兩配合鍵之一，而且能在另一組合件內滑動，若滑鍵有承受壓力，則此壓力不得超過 7MPa。

⑦ **錐形鍵**：如圖 7.13(h)所示，是由一被分割為兩片或三片之圓錐環所組成之鍵。兩配合件軸與輪轂均不須要加工鍵槽，而直接將錐形鍵打入軸與輪轂間即可，所以非常方便，但是無法傳遞大動力，因錐形鍵僅靠摩擦力傳遞動力之故。

(2) 用於傳遞大動力之鍵有四種類型：

① **圓形鍵**：如圖 7.13(i)所示，成圓柱形或圓錐形(推拔形)，通常不事先作鍵槽，而是先將輪轂與軸裝配好後，在其兩配合件間直接鑽孔插入即可。當軸往 $D < 6$ 吋時時取鍵徑 $d = \dfrac{D}{4}$；當軸徑 $D > 6$ 吋則取 $d = \dfrac{D}{5}$。

② **斜角鍵**：如圖 7.13(j)所示，是將方鍵底部兩個直角製成斜面，以便軸迴轉時，鍵僅受壓力而無剪力之作用。斜角鍵之優點是配合時可允許可微量之間隙，因此易於拆裝。

③ **切線鍵**：又稱魯氏或路易氏鍵，如圖 7.13(k)所示，利用兩個斜鍵相擠壓以保持緊密而組成，通常均採用兩個切線鍵分別位於軸心成 120°之軸外徑切線上，能承受大的陡震負載。

④ **栓槽鍵**：如圖 7.13(l)所示，直接在軸外表面加工成栓槽或利用有栓槽之軸套直接裝於軸上，而且在配合的輪轂內表面亦加工成能與軸相配合的栓槽，能承受很大的扭力，而且允許兩配合件在軸間的相對運動。

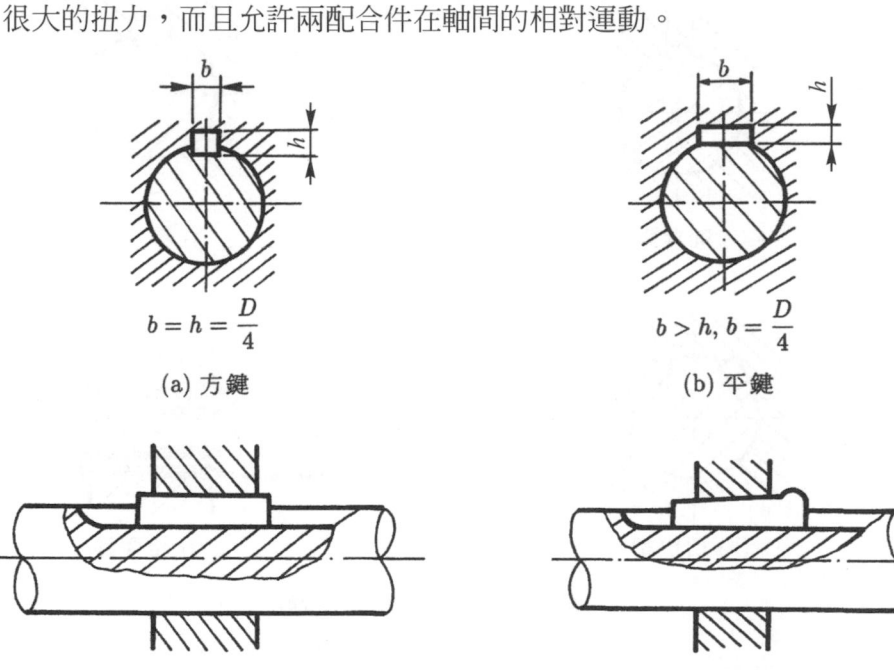

$$b = h = \frac{D}{4}$$

(a) 方鍵

$$b > h,\ b = \frac{D}{4}$$

(b) 平鍵

(c) 推拔鍵（斜鍵）

(d) 帶頭推拔鍵

● 圖 7.13　鍵的種類

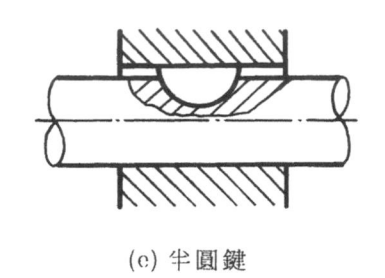

(e) 半圓鍵

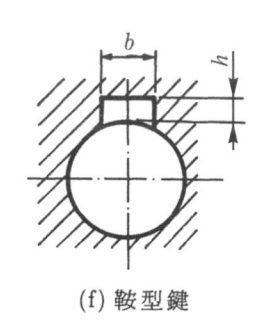

(f) 鞍型鍵

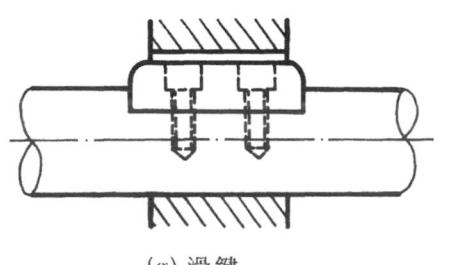

(g) 滑鍵

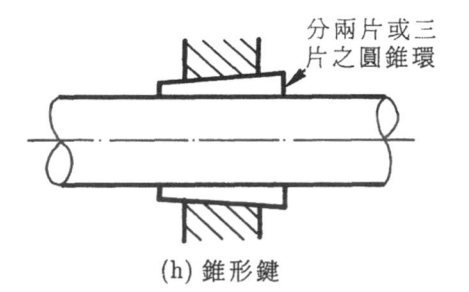

分兩片或三
片之圓錐環

(h) 錐形鍵

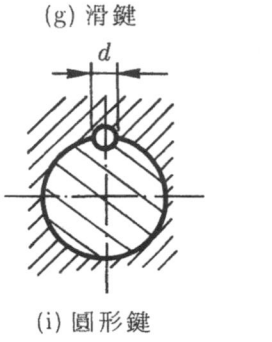

(i) 圓形鍵

(j) 斜角鍵

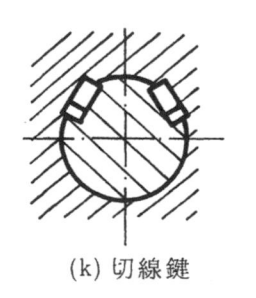

(k) 切線鍵

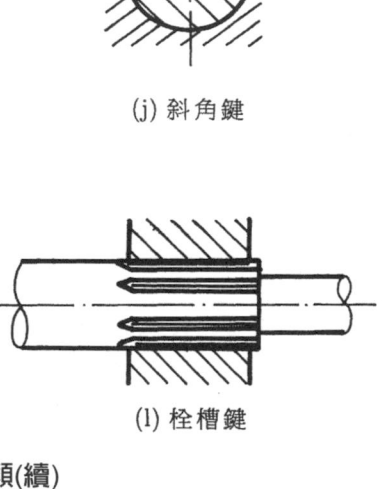

(l) 栓槽鍵

● 圖 7.13 鍵的種類(續)

7.14 鍵的強度設計

鍵承受力的情況與其配合的鬆緊有關，如圖 7.14(a)與(b)所示兩種緊配合與鬆配合：其中緊配合之徑向壓力 F_1 與鬆配合之切線壓力 F_2 將不會造成鍵的破壞，所以不予考慮，而僅考慮 F 的作用力，因此將鍵的受力圖簡化為圖 7.15 所示。對於 F 的作用力，將會造成鍵的承力與剪力等兩種破壞，其力學分析如下：

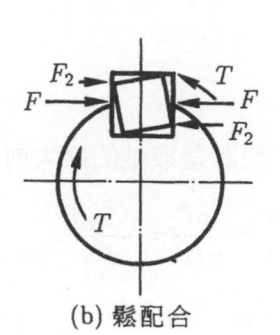

(a) 緊配合　　　　　　　　(b) 鬆配合

● 圖 7.14 鍵的鬆緊配合

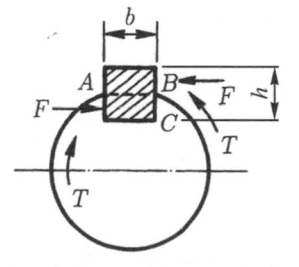

● 圖 7.15 鍵一般受力圖

(1) F 與扭力 T 之關係

$$F = \frac{T}{R} = \frac{2T}{D} \tag{7.52}$$

(2) 鍵的承載應力

鍵所受承載力之作用面是圖 7.15 所示半高 $\overline{AD}$ 與鍵長 l 所圍之常方形面積，所以其承載應力 σ 為：

$$\sigma = \frac{2F}{hl} = \frac{4T}{hlD} = \frac{\sigma_{yc}}{FS} \tag{7.53}$$

(3) 鍵的剪應力

鍵所受剪應力之作用面是圖 7.15 所示鍵寬 $\overline{AB}$ 與鍵長 l 所圍之長方形面積，所以其所受剪應力 τ 為

$$\tau = \frac{F}{bl} = \frac{2T}{blD} = \frac{\tau_{yp}}{FS} \tag{7.54}$$

(4) 鍵尺寸的最佳設計

假設鍵的承載應力與剪應力是由相同之扭力 T 所造成，且考慮相同之安全因數，由最大剪應力理論取 $\tau_{yp} = 0.5\,\sigma_{yc}$ 代入(7.53)與(7.54)式可得：

$$b = h \tag{7.55}$$

鍵的長度設計是取軸的最大剪應力 τ_s 等於鍵的剪應力 τ_k 時所得之長度 l，

$$\tau_s = \frac{Tr}{J} = \frac{16T}{\pi D^3} = \frac{e(\tau_{yp})_s}{FS} \tag{7.56}$$

由(7.54)式得

$$\tau_k = \frac{2T}{blD} = \frac{(\tau_{yp})_k}{FS} \Rightarrow l = \frac{2T(FS)}{bD(\tau_{yp})_k} \tag{7.57}$$

由(7.56)式得 $T(FS)$ 代入(7.57)式得

$$l = e \cdot \frac{(\tau_{yp})_s}{(\tau_{yp})_k} \cdot \left(\frac{\pi D^2}{8b} \right) \tag{7.58}$$

式中 e 為有槽之強度係數，若取鍵與軸為相同之材質亦即 $(\tau_{yp})_s = (\tau_{yp})_k$，$e = 0.75$，$b = \dfrac{D}{4}$，代入(7.58)式可得

$$l = 1.18D \tag{7.59}$$

例 7.10

有一 9.5 × 9.5mm 之方鍵，其降伏強度 σ_{yp} = 483MPa，降伏剪應力 τ_{yp} = 276MPa，裝在 150ps 之動力軸上，軸徑為 D = 38mm，轉速 n = 1800rpm，若取安全因數 FS = 3，試求鍵的最小長度。

【解】

由 $HP = \dfrac{n \times T \times 2\pi}{75 \times 60} \Rightarrow T = \dfrac{150 \times 9.8 \times 75 \times 60}{2\pi \times 1800} = 584.89\text{N-m}$

考慮承載應力

$\sigma = \dfrac{T/r}{\dfrac{h}{2} \times l} = \dfrac{\sigma_{yp}}{FS} \Rightarrow l = \dfrac{3 \times 584.89 \times 10^3}{\dfrac{1}{2} \times 9.5 \times 483 \times 19} = 40.3\text{mm}$

考慮剪應力

$\tau = \dfrac{T/r}{b \times l} = \dfrac{\tau_{yp}}{FS} \Rightarrow l = \dfrac{3 \times 584.89 \times 10^3}{9.5 \times 276 \times 19} = 35.2\text{mm}$

取大值為鍵長，所以 $l = 40.3\text{mm}$

7.15　銷的種類

銷子一般可分成半永久性銷子與速釋性銷子兩大類：

(1) **半永久性銷子**有兩種類型：

① **機器銷子**：又可分成定位銷、推拔銷、U 形鉤銷與開口銷等四種，分別如圖 7.16(a)
～(d)。定位銷是由鋼料經淬火與研磨所製成圓柱形者，常用於固定兩接觸物體
的相對位置；推拔銷之斜度通常取每一呎長直徑之增加量為 1/4 吋，常用於固
定肘臂、手輪或類似元件於軸上，安裝時需用鎚敲入，可產生強大的保持力，
而不易鬆脫；U 形鉤銷是因其常用於 U 形鉤上而得名，並非銷之本身為 U 形，
此銷為一圓柱體，一端有圓盤形凸緣，另一端則有通過中心線之徑向孔，此孔
可插入一開口銷，以防銷的脫離；開口銷主要是裝在其他扣件上，以防止其他
扣件脫落。

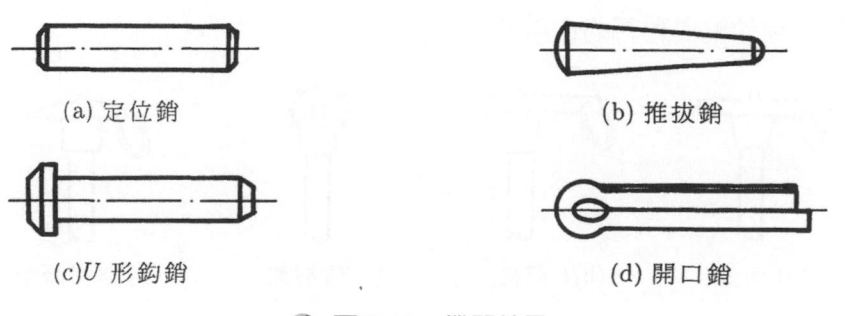

(a) 定位銷　　　　　　　　　　(b) 推拔銷

(c)U 形鉤銷　　　　　　　　　　(d) 開口銷

● 圖 7.16　機器銷子

② **徑向鎖緊銷**：又可分成槽銷與彈簧銷兩種，其中槽銷有分 $A \sim F$ 等六型，如圖 7.17(a)～(f)，而彈簧銷有分開槽管子式與蝸捲式兩種，如圖 7.18(a)與(b)所示。徑向鎖緊銷常用於高度振動或陡震的地方，且容易安裝，而費用也低，其鎖緊原理為：槽銷是利用有關軸向等間隔槽之外徑稍微大於未開槽的外徑(相等於孔徑)，當槽銷裝入孔內時，銷槽會受壓變形而與孔形成壓力配合，可防止其鬆脫；彈簧銷是利用材料的彈性能，將材料製成開口空心圓管，然後將其擠壓打入孔內，造成銷緊的作用。

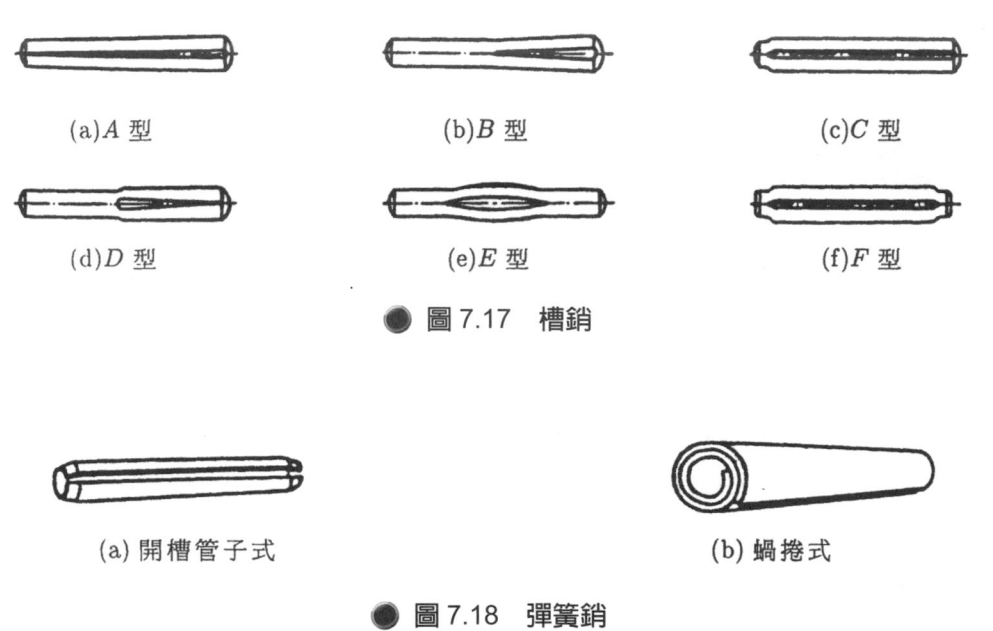

(a)*A* 型   (b)*B* 型   (c)*C* 型

(d)*D* 型   (e)*E* 型   (f)*F* 型

● 圖 7.17 槽銷

(a) 開槽管子式   (b) 蝸捲式

● 圖 7.18 彈簧銷

(2) 速釋性銷子

常見的速釋性銷子有如圖 7.19(a)～(d)所示：柄型、*L* 柄型、環柄與鈕扣頭型等四種。此種速釋性銷子在本體部份是鬆配合，然後利用各種不同頭部的形狀與尺寸，以達到鎖緊與鬆釋的作用。

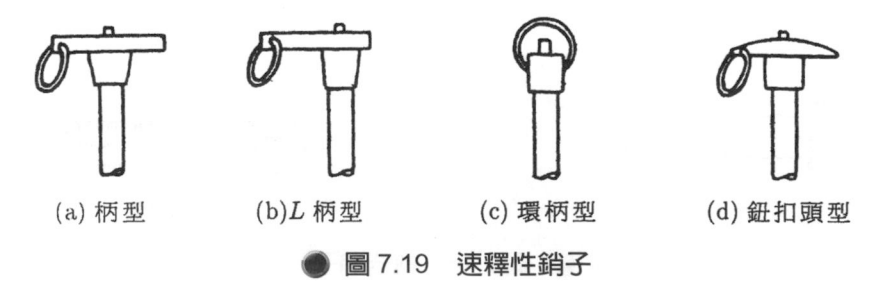

(a) 柄型   (b)*L* 柄型   (c) 環柄型   (d) 鈕扣頭型

● 圖 7.19 速釋性銷子

7.16　銷的強度設計

　　以 U 型鉤銷為例說明銷強度設計時應考慮的因素，如圖 7.20 所示，其可能產生破壞的元件是銷子、眼孔桿或叉桿等，針對這三個元件之應力分析如下：

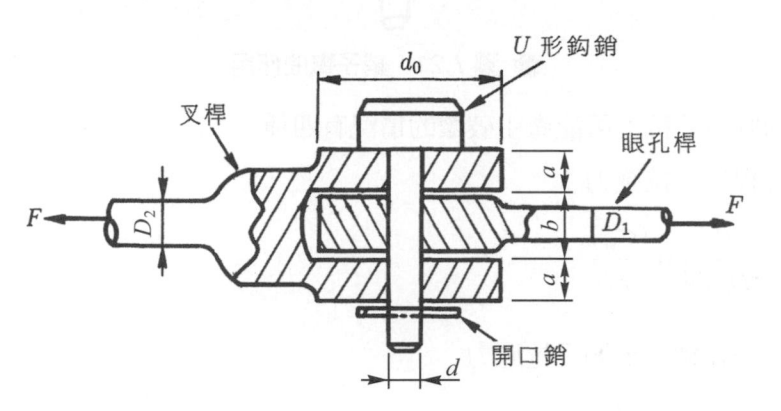

● 圖 7.20　U 形鉤銷

(1) U 形鉤銷子的應力分析：可能產生破壞的情況有四種

① 銷中剪應力

$$\tau_p = \frac{F/2}{\pi d^2/4} = \frac{(\tau_{yp})_p}{FS} \tag{7.60}$$

② 銷在眼孔桿處之壓應力

$$\sigma_{pe} = \frac{F}{db} = \frac{(\sigma_{yc})_p}{FS} \tag{7.61}$$

③ 銷在叉桿處之壓應力

$$\sigma_{pf} = \frac{F/2}{da} = \frac{(\sigma_{yc})_p}{FS} \tag{7.62}$$

④ 銷中彎曲應力：如圖 7.21 所示，其所受最大彎曲力矩 M 發生在作用力的中間位置為 $M = Fb/8$，且 $I = \pi d^4/64$，其所對應之最大彎曲應力 σ_p 為

$$\sigma_p = \frac{Mr}{I} = \frac{(Fb/8)(d/2)}{\pi d^4/64} = \frac{4Fb}{\pi d^3} = \frac{(\sigma_{yt})_p}{FS} \tag{7.63}$$

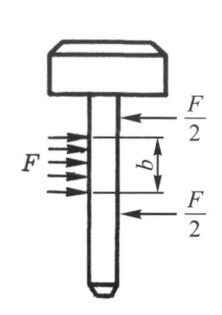

● 圖 7.21 銷子彎曲作用

(2) 眼孔桿的應力分析：可能產生破壞的情況有四種

① 眼孔桿柱受拉應力

$$\sigma_e = \frac{F}{\pi D_1^2 / 4} = \frac{(\sigma_{yt})_e}{FS} \tag{7.64}$$

② 眼孔桿在銷子兩側受拉應力

$$\sigma_{es} = \frac{F}{(d_0 - d)b} = \frac{(\sigma_{yt})_e}{FS} \tag{7.65}$$

③ 眼孔桿在銷子後方受壓應力

$$\sigma_{eb} = \frac{F}{db} = \frac{(\sigma_{yc})_e}{FS} \tag{7.66}$$

④ 眼孔桿在銷子後方中央受剪應力

$$\tau_{eb} = \frac{F}{(d_0 - d)^2 b / 3d} \doteq \frac{F}{(d_0 - d)b} = \frac{(\tau_{yp})_e}{FS} \tag{7.67}$$

式中近似值是取 $d_0 = 4d$ 代入而得。

(3) 叉桿之應力分析：可能產生破壞的情況有四種

① 叉桿柱受拉應力

$$\sigma_{ft} = \frac{F}{\pi D_2^2 / 4} = \frac{(\sigma_{yt})_f}{FS} \tag{7.68}$$

② 叉桿在銷子兩側受拉應力

$$\sigma_{fs} = \frac{F / 2}{(d_0 - d)a} = \frac{(\sigma_{yt})_f}{FS} \tag{7.69}$$

③ 叉桿在銷子後方受壓應力

$$\sigma_{fb} = \frac{F/2}{da} = \frac{(\sigma_{yc})_f}{FS} \tag{7.70}$$

④ 叉桿在銷子後方中央受剪應力

$$\tau_{fb} = \frac{F/2}{(d_0 - d)^2 a/3d} \doteqdot \frac{F/2}{(d_0 - d)a} = \frac{(\tau_{yp})_f}{FS} \tag{7.71}$$

式中$(\sigma_{yc})_p$、$(\sigma_{yt})_p$ 與$(\tau_{yp})_p$ 分別表示銷子的降伏抗壓強度、降伏抗拉強度與剪力降伏強度，依此類推$(\ )_e$ 與$(\ )_f$ 分別表示眼孔桿與叉桿之強度值。

例 7.11

有一 U 形鉤銷如圖 7.20 所示，受一軸向力 $F = 10^5$N。若已知眼孔桿孔部厚度 $b = 1.5d$，其中 d 爲銷徑，叉桿孔部厚度 $a = 1.2d$，銷子之允許拉應力爲 65MPa，允許剪應力爲 35MPa，允許接觸面壓應力爲 20MPa，試求銷之直徑 d 至少應爲多少？

【解】

(a)銷子受剪應力

$$\tau = \frac{F/2}{\pi d^2/4} \Rightarrow d^2 = \frac{2 \times 10^5}{\pi \times 35} \Rightarrow d = 42.6\text{mm}$$

(b)銷子在眼孔桿處受壓應力

$$\sigma_c = \frac{F}{db} = \frac{F}{1.5d^2} \Rightarrow d^2 = \frac{10^5}{1.5 \times 20} \Rightarrow d = 57.7\text{mm}$$

(c)銷子在叉桿處受壓應力

$$\sigma_c = \frac{F/2}{da} = \frac{F}{2.4d^2} \Rightarrow d^2 = \frac{10^5}{2.4 \times 20} \Rightarrow d = 45.6\text{mm}$$

(d)銷子受彎曲應力，如圖 7.21 所示

$$\sigma_t = \frac{Mr}{I} = \frac{(Fb/8) \times (d/2)}{\pi d^4/64} \Rightarrow d^2 = \frac{6F}{\pi \sigma_t} = \frac{6 \times 10^5}{\pi \times 65} \Rightarrow d = 54.2\text{mm}$$

取(a)～(d)中最大之 d 值做爲銷之最小直徑，即 $d = 57.7$mm

習 題

7.1 有一傳動軸所受馬力為 200ps、軸的轉速為 1200rpm，試問軸所受扭矩為多少 kgf-m？假如馬力不變，而已知軸所受扭矩為 20kg-m，此時轉速應為多少？

答：T = 119.4 N-m，n = 7162rpm。

7.2 若規定一鋼軸之角變形於 1.8m 長度不超過 1°，且已知容許剪應力為 83MPa，試求其軸徑？(已知 G = 79350MPa)

答：d = 68.7mm。

7.3 如圖所示之轉動軸，在 B 點受一扭力 T，在 A 與 C 端分別對外作功。已知降伏剪應力為 83MPa、剪力彈性係數為 79MPa，試求軸徑？

答：d = 35mm。

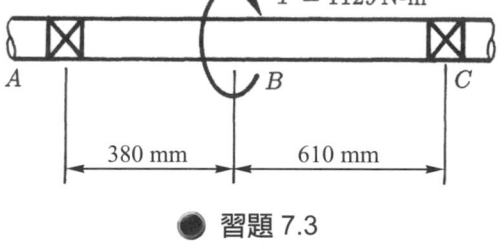

● 習題 7.3

7.4 3600rpm 有之機械，馬力為 200ps，在軸承處承受 10kg-m 之彎矩，若已知材料降伏應力為 600MPa，試求軸承處之軸徑？

答：d = 19.1mm。

7.5 有一軸以 2ps 來帶動，其轉速為 2000rpm，則此軸所產生之扭矩為多少？

答：0.7162 kgf-m。

7.6 已知迴轉軸轉速為 200rpm，傳遞 50ps 之動力，試求軸上所受之扭矩。

答：179 kg-m。

7.7 一鋼軸如圖所示，長 1.5m，在軸中央有一皮帶盤重 889N，此皮帶盤由鍵固定於軸上，鍵槽強度係數為 0.75，所受馬力為 20ps、轉速 150rpm，並由右端軸承外邊之聯軸器將功傳出，皮帶受水平總拉力為 6668N。假設 ASME 常數為 $C_t = C_m = 1.5$，G = 82800MPa，τ_{yp} = 55.2MPa，求軸徑及兩軸承間軸之扭轉角？

答：ϕ = 0.126°

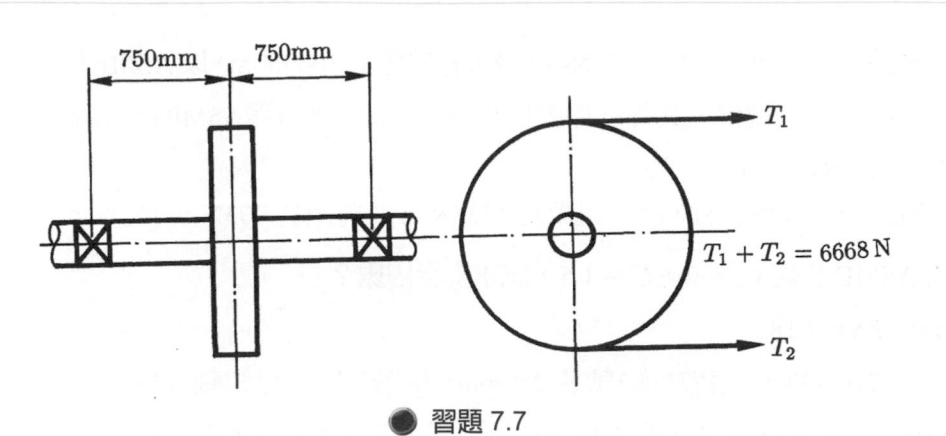

● 習題 7.7

7.8　有一 1200rpm 機械，馬力為 100HP，在軸承處所承受彎曲矩(moment)為 10000kg-mm，主軸若採用中鋼，其容許設計剪應力 300kg/cm²，試問其軸承處之軸徑至少應為多大？

　　答：$d = 4.70$cm。

7.9　何謂臨界轉速、自然頻率、共振現象？其之間關係如何？

7.10　說明如何利用 Dunkeley E_q，求臨界轉速？

7.11　ASME 法規對傳動軸設計有何規定？

7.12　軸扭力為 115kgf-m，並以 900rpm 運轉，試求其輸出馬力？

　　答：144.5ps。

7.13　一轉動軸如圖所示，在其中間承受 P 力，在考慮扭力、彎矩及剪力效果的情況。在軸間截面 A 點與 B 點之應力狀態為何？並以軸長 l、扭力 T、楊氏係數 G，E、截面 I，J、軸徑 d 表出各應力大小？

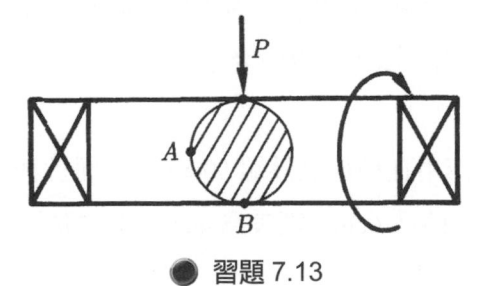

● 習題 7.13

7.14　已知軸之允許剪應力為 55MPa，最大允許扭轉角為每米 0.5°，且 $G = 82800$MPa，試求其軸徑應為多少？

　　答：$d = 152.2$mm。

7.15　一轉動軸最大穩定扭矩 1829N-m，最大穩定彎矩 3049N-m，以 ASME 法規，$C_m = 1.5$，$C_t = 1.0$，軸有鍵槽，其強度係數為 0.75、容許剪應力為 55MPa，求軸徑？

　　答：$d = 84.7$mm。

7.16　一直徑 50mm 轉動軸，受一扭矩為 1355N-m 及彎矩為 903N-m。已知 $\sigma_{yp} = 483$MPa，依 ASME 法規 $C_m = 2$，$C_t = 1.5$，試求安全因數？

　　答：$FS = 2.18$。

7.17　一軸傳達 40000 瓦特功率，轉速 250rpm，係受純扭力。已知軸材料之抗拉強度為 5600 kg/cm²，極限抗剪強度為 4200 kg/cm²，若安全係數為 7，求軸徑？

　　答：$d = 5.07$cm。

7.18　有一軸轉速 150rpm，傳遞 50 馬力。規定每 20 倍直徑長的扭轉角不得超過 1°。已知 $\tau_y = 5600$ kg/cm²，$G = 1.2 \times 10^6$ cm²，求：

　　①軸徑；

　　②所生之最大剪應力；

　　③安全因數。

　　答：$d = 6.14$cm，$\tau_m = 524$ kg / cm²，$FS = 10.7$。

7.19　試述軸設計通則。

7.20　有一截面 9.5 × 9.5mm 之方鍵，其材料之降伏強度為 $\sigma_{yp} = 483$MPa，$\tau_{yp} = 276$MPa。若欲將其裝於 50ps 之動力軸上，且已知軸徑為 38mm，轉速為 600rpm，安全因數取 3，試求鍵的長至少為何？

　　答：40.3mm

7.21　有一截面 5cm × 5cm 之方鍵，若裝在一直徑為 25cm 之軸上，而此軸承受 10^3kg-m 之扭轉力矩且鍵長為 15cm，試求此鍵所受之剪應力為何？

　　答：106.7kg/cm²

7.22　如圖所示，有一 F 力作用在槓桿之外端 50cm 處，而且利用一 1cm × 1cm 之方鍵將軸與桿件結合，已知軸徑為 6cm，鍵長為 4cm，鍵之允許剪應力為 500kg/cm²，試求所能作用之最大 F 力為何？

　　答：120kg

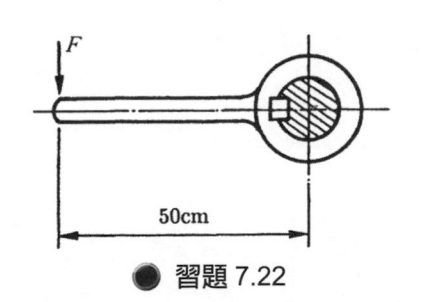

● 習題 7.22

7.23 有一直徑為 89mm 之軸，裝有一 25mm 之方鍵，若已知軸之降伏強度為 207MPa，鍵之降伏強度為 172.5MPa，且 $\tau_{yp} = 0.5\sigma_{yp}$，安全因數取 $FS = 3$，試依其扭矩求所需之鍵長。

答：149.3mm

7.24 已知一槽軸及鍵有相同之材質，而軸槽之強度係數 $e = 0.75$，若假設方鍵之寬等於軸直徑之 1/4，試求鍵長應為多少？

答：$l = 1.18D$

7.25 試問鍵之破壞有幾種？何種鍵能傳遞最大之功？何種鍵傳遞最小功？

7.26 有一 U 形鉤銷如圖 7.20 所示，承受 88906N 之軸向力，若令眼孔厚為銷徑 2 倍，且材料之允許剪應力為 34.5MPa，允許壓應力及拉應力同為 69MPa，允許接觸面應力為 20.7MPa，試求所需銷的直徑。

答：57.3mm

7.27 試問 U 形鉤銷之破壞有幾種形式？

第八章　軸承與潤滑

本章大綱

8.1　緒論

　　用以控制一圓軸與另一元件間之相對運動者稱之為**軸承**，可做為引導或支撐的作用，而相對運動的方式可能是旋轉、直線移動或兩者的組合；簡單說，軸承就是指用以支撐軸或引導軸於一定位置運動的元件。通常設計軸承時必須考慮六個因素：有足夠抗壓強度，在承受負載時才不致產生變形；有足夠承載面積，以便分散軸承所承受之集中壓力；耐磨性要佳且摩擦阻力要低；有良好散熱效果，才能迅速地將摩擦熱帶走；具備有效的潤滑系統；易於拆裝檢修。

8.2　軸承分類

　　軸承可依負載方式而分成止推軸承與徑向軸承兩種：**止推軸承**是用以支撐軸向負載；**徑向軸承**則是用以支撐垂直軸向之負載。軸承亦可依其構造而分成滾動軸承、滑動軸承與特殊軸承三種，其中滾動軸承與滑動軸承之相異處比較如下：

- 構造—**滾動軸承**是利用球或圓柱體做為軸與固定元件間之介質，而**滑動軸承**則是直接用金屬片做為支撐軸之物體。
- 運動—滾動軸承是利用滾動與滑動的運動原理，而滑動軸承則僅有滑動的現象。
- 負載—滑動軸承可承受較重的負載，而滾動軸承則僅能承受較輕的負載。
- 效率—滾動軸承有較高的效率，滑動軸承則效率較低。
- 潤滑—滑動軸承需要較完善的潤滑系統，否則很容易產生過熱現象。
- 材質—滾動軸承是用經特殊處理的鋼球，而滑動軸承則是用較軸為軟的材料，如銅、巴比合金等。

　　如圖 8.1 所示軸承分類的情況，其各種軸承的特性分述如下：

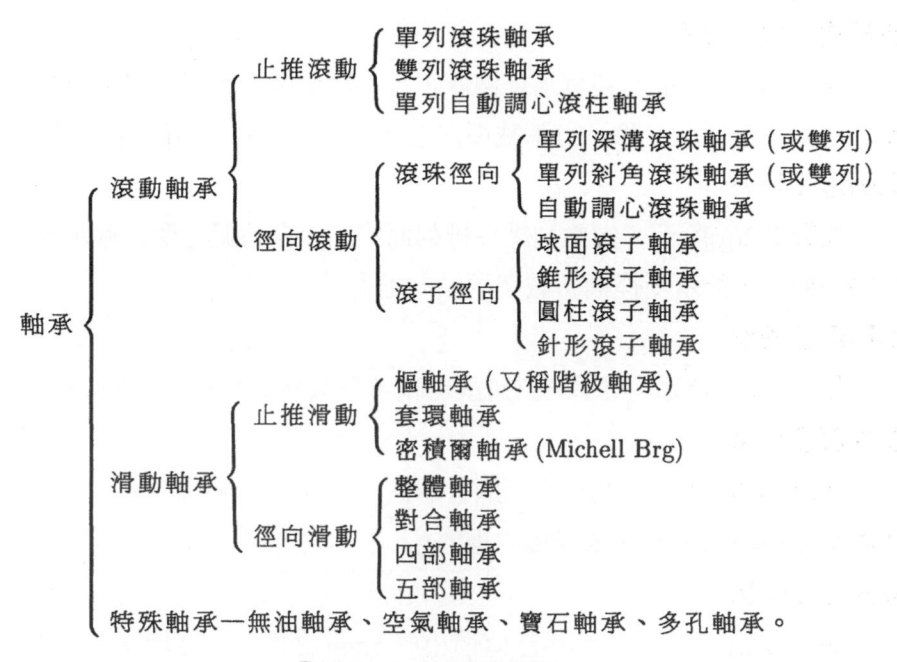

● 圖 8.1　軸承分類圖

(1) **單列滾珠止推軸承**

如圖 8.2(a)所示，僅能承受推力負載，無法承受徑向的負載，且僅能承受單一方向之軸推力。

(2) **複列滾珠止推軸承**

如圖 8.2(b)所示，僅能承受軸向推力負載，而且可承載左右兩方向之軸推力，採用平面座形。

(3) **單列自動調心滾柱軸承**

如圖 8.2(c)所示，採用球面固定座，有自動調心性，所以可允許有些微的軸偏心，亦可承受徑向負載。

(4) **單列深溝滾珠軸承**

如圖 8.2(d)所示，是使用最普遍的一種軸承，其軌道有深的溝槽，可以裝入較大且較多數目的鋼球，主要是承載徑向力，但也可承受左右兩方向之軸推力。

(5) **單列斜角滾珠軸承**

如圖 8.2(e)所示，軸承環有一端較厚，另一端則使用埋頭孔，除了能承載徑向力外，亦可承單一方向之軸推力，若欲承載左右兩方向之軸推力，則可以選用兩個此種軸承，以背靠背或面對面的組合。

(6) **自動調心滾珠軸承**

如圖 8.2(f)所示，裝有兩排鋼珠，且外環軌道成球面，因可自動調心，所以可允許些微的軸偏心。除了可承載徑向力外，尚能承受左右兩方向之軸推力。

(7) **珠面滾子軸承**

如圖 8.2(g)所示，由兩列鋼柱排列而成，與自動調心型之軸承類似，可允許些微的軸偏心，能承受徑向負載與兩軸向推力。

(8) **錐形滾子軸承**

如圖 8.2(h)所示，與單列斜角滾珠軸承類似，可承受徑向負載與單方向軸推力。

(9) **圓柱滾子軸承**

如圖 8.2(i)所示，裝有單列鋼質圓柱，比單列滾珠軸承能承受較大的負載，但僅能承受徑向力，無法承受軸向推力。

(10) **針形滾子軸承**

如圖 8.2(j)所示，專門用於直徑小於 5mm 之情況，僅能承受徑向負載。

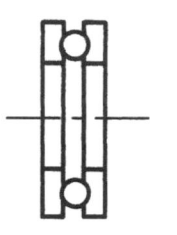 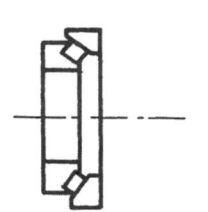

(a) 單列滾珠止推軸承　　(b) 複列滾珠止推軸承　　(c) 單列自動調心滾柱軸承

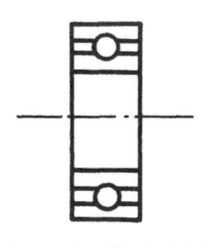 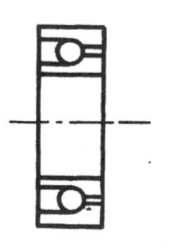 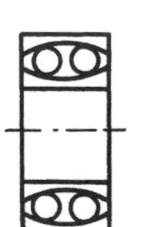

(d) 單列深溝滾珠軸承　　(e) 單列斜角滾珠軸承　　(f) 自動調心滾珠軸承

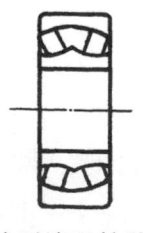 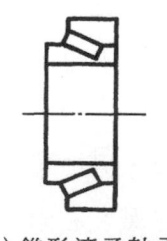 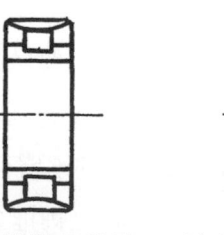 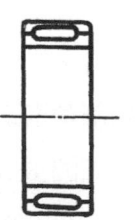

(g) 球面滾子軸承　　(h) 錐形滾子軸承　　(i) 圓柱滾子軸承　　(j) 針形滾子軸承

● 圖 8.2　滾動軸承

(11) **樞軸承**

　　如圖 8.3(a)所示之止推滑動軸承，通常是裝於軸端以支持垂直軸，所以又稱為**階級軸承**或**端軸承**。

(12) **套環軸承**

　　如圖 8.3(b)所示，是一種止推滑動軸承，而且不裝在軸端，而是裝於兩軸端間，所以稱為**套環軸承**。至於高速度與重負載的情況，可增加環數，即所謂多環軸承。

(13) **密積爾軸承**

　　如圖 8.3(c)所示，是一種軸向止推滑動軸承，利用數片扇形平面塊組合而成，且每個扇形塊能作微小搖動，以便潤滑油的進入。

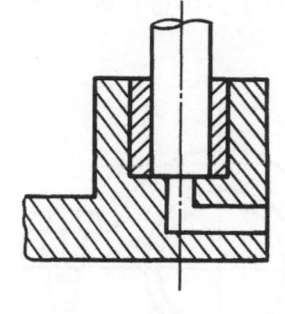

(a) 樞軸承

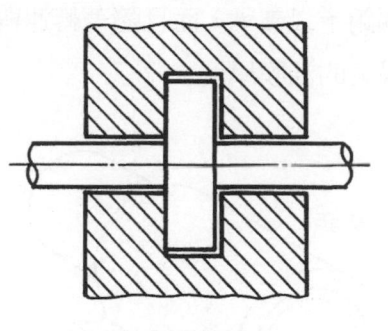

(b) 套環軸承

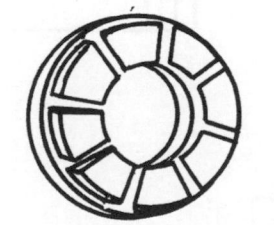

(c) 密積爾軸承

● 圖 8.3　止推滑動軸承

(14) **整體軸承**

　　如圖 8.4(a)所示，是由一整體鋼料或鑄鐵材料中間鉸一標準孔，再以襯套壓入軸承孔內即成為**整體軸承**，為一種徑向滑動軸承，通常用於低轉速且動力不超過 10HP。

(15) **對合軸承**

如圖 8.4(b)所示，軸承本體分上下兩部分，以螺絲鎖緊，上部分稱軸承蓋，下部分稱為軸承座；令襯套部分亦分上下兩部，分別裝於軸承座內孔，再以軸承蓋鎖緊。是一種徑向滑動軸承，拆裝容易。

(16) **四部軸承**

如圖 8.4(c)所示，是一種徑向滑動軸承，其軸承本體類似對合軸承分上下兩部份，但是襯套部分則分四部分組合而成，除了上下可調整外，左右同樣可以調整，所以對軸承壽命與軸頸的密合有良好的效果。

(17) **五部軸承**

如圖 8.4(d)所示，常稱為 Fillmatic 軸承，襯套分五塊組合而成，每個襯套是以樞銷予以支承，而且隨著轉速與負載的變化，襯套的傾斜角會自動地變化，以確保最大的油膜厚度。

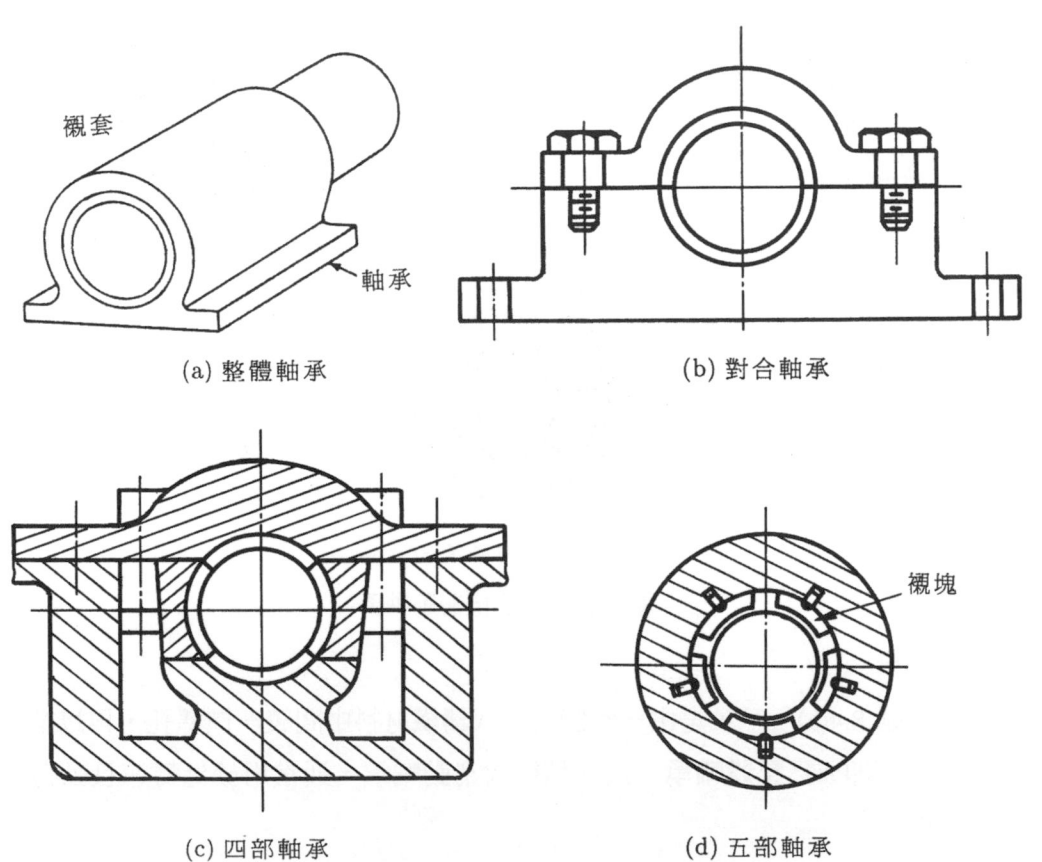

(a) 整體軸承   (b) 對合軸承

(c) 四部軸承   (d) 五部軸承

● 圖 8.4 徑向滑動軸承

(18) **無油軸承**

　　於襯套內充以石墨物質或其他固體做爲潤滑劑，以取代潤滑油者稱之**無油軸承**，是一種滑動軸承。

(19) **空氣軸承**

　　如圖 8.5(a)所示，以空氣做爲潤滑劑，適合於高轉速輕負載的情形。

(20) **寶石軸承**

　　如圖 8.5(b)所示，利用人工鑽石做爲軸向推力之支承面，是屬於止推軸承的一種，常應用在精密鐘錶與計測器上。

(21) **多孔軸承**

　　如圖 8.5(c)所示，利用粉末冶金法，將金屬粉末加壓成形，而且軸承中具有多小孔，平均約佔軸承的 25%，主要是做爲輕負載的徑向軸承。

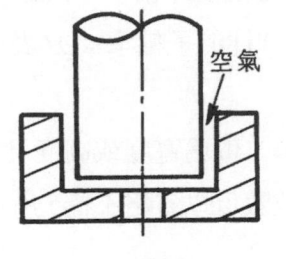

(a) 空氣軸承

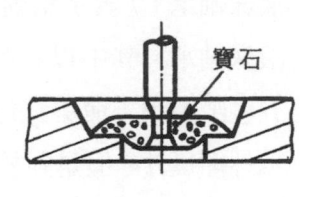

(b) 寶石軸承

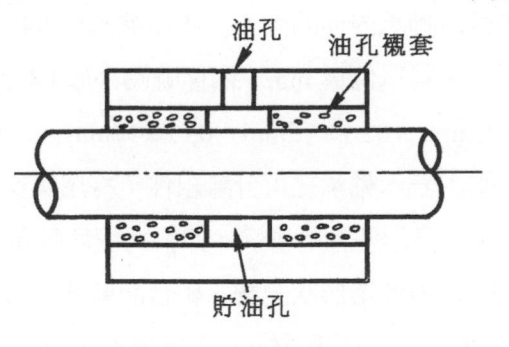

(c) 多孔軸承

● 圖 8.5　特殊軸承

8.3　滾動軸承之規格與術語

　　滾動軸承之通用性很廣泛，在各種機械中所使用的軸承，只要尺寸規格相同均可互換，因此滾動軸承有世界通用的術語，若能了解這些術語，即可在設計中選擇適當之軸承。但是對於滑動軸承就不具有互換性，因為每台機械之滑動軸承，雖然內徑相同可是外徑卻都不同，所以本節僅限於討論滾動軸承的規格與術語。

(1)　滾動軸承稱呼法

　　　　滾動軸承的稱呼均以代號表示，其代號之意義是以五位數字為主要代號，然後在字頭與字尾增加說明符號：

- 五位數中第一位數字代表軸承的型號，是用 0～7、N 與 QJ 表示：O 表示雙列斜角滾珠軸承；1 表示自動調心滾珠軸承；2 表示球面滾子軸承；3 表示錐形滾子軸承；4 表示雙列深溝滾珠軸承；5 表示止推滾珠軸承；6 表示單列深溝滾珠軸承；7 表示單列斜角滾珠軸承；N 表示圓柱滾子軸承；QJ 表示四點接觸滾珠軸承。其中以 6 與 7 為最常見之型號。

- 五位數中第二與第三位數字表示尺寸系列；第二位為寬度或高度尺寸；第三位為外徑尺寸。但是對於徑向滾珠軸承之第二位數可以省略不標，所以僅剩第三位一個數字。

- 最後兩位數字表示軸承內徑的大小：內徑號碼自 04～96 者，表示其內徑等於該號碼乘以 5 倍，其單位為 mm；內徑號碼小於 04 者分別代表內徑是 00 為 10mm，01 為 12mm，02 為 15mm，03 為 17mm。

- 五位數字的字頭：表示軸承之可分離組件，採用英文字母。

- 五位數字的字尾：表示多種的意義，如斜角滾珠軸承之接觸角記號、滾珠扣件記號、封蓋記號、內外環形狀記號、組合記號或等級記號等。

例如 6205 之滾動軸承表示內徑為 25mm 之單列深溝滾珠軸承，其軸承寬的尺寸等級為 2。有關滾動軸承之外徑內徑與寬度大部分可分成五個等級，如圖 8.6 所示。

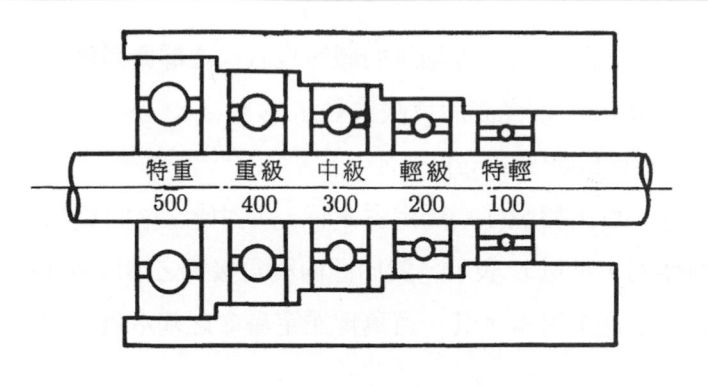

(a) 內徑相同

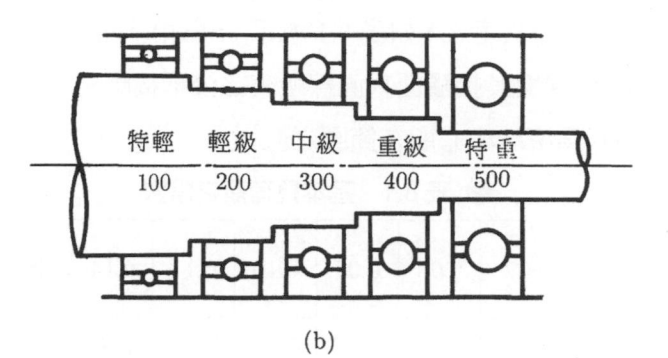

(b)

● 圖 8.6　滾動軸承內外徑與寬度分級

(2) 連座軸承(Pillow Block)

　　軸承與軸承台合為一起之軸承稱之**連座軸承**。其優點是易於安裝、更換與維護，而且潤滑效果良好。

(3) 軸承壽命

　　將軸承運轉至疲勞破壞所需轉數稱為**軸承壽命**，亦有另一種定義軸承壽命方法，就是指在一定的轉速(每分鐘轉數)下，將軸承運轉至疲勞破壞所需要之時間數(常以小時數表示)稱之。

(4) 額定壽命

　　有一組規格相同之滾動軸承開始運轉，直至某一迴轉數(或是在一定轉速下之小時數)時，其中有 90%軸承尚未破壞，而有 10%軸承已產生疲勞破壞，則稱此一轉數或一定轉速的小時數為**額定壽命**(Rating Life)。

(5) 靜負荷額(Static Load Rating)

　　滾動軸承在承受一靜態負載一段時間後，其轉動體或內外環可能產生永久變形，為了防止此一永久變形量過大而影響軸承的使用，所以規定永久應變達轉動體

直徑之一萬分之一時，所對應軸承的靜態負載稱之**靜負荷額**，常以 C_o 表示。若欲考慮其安全因數 FS，則允許靜負載為 C_o / FS。

(6) 基本負荷額(Basic Load Rating)

　　能夠承受一百萬轉數(10^6)額定壽命時，所對應之徑向負載稱為**基本負荷額**，又稱**動態負荷能力**，常以 C 表示。對於徑向與角接觸之滾珠軸承(填塞槽軸承除外)，且滾珠直徑不超過 1 吋者，其一百萬轉額定壽命之基本負荷額 C 可依下式求得

$$C = f_c(i\cos\alpha)^{0.7} \cdot m^{2/3} \cdot d_r^{1.8} \tag{8.1}$$

式中 f_c 由 $d_r\cos\alpha / D_m$ 決定之，如表 8.1 所示；i 為軸承內滾珠列數，如一列或雙列；α 為滾珠負荷作用線與其接觸面垂直線所夾之公稱接觸角；m 為每列之滾珠數；d_r 為滾珠直徑；D_m 為滾珠中心所在節圓之直徑。

● 表 8.1　基本負荷額之常數

$\dfrac{d_r\cos\alpha}{D_m}$	0.05	0.06	0.07	0.08	0.09	0.10	0.12	0.14	0.16	0.18	0.20
f_c	3550	3730	3880	4020	4130	4220	4370	4470	4530	4550	4550
$\dfrac{d_r\cos\alpha}{D_m}$	0.22	0.24	0.26	0.28	0.30	0.32	0.34	0.36	0.38	0.40	
f_c	4530	4480	4420	4340	4250	4160	4050	3930	3800	3660	

　　對兩組相同軸承以不同之負載 F_1 與 F_2 運轉，其額定壽命分別是 N_1 與 N_2 轉數，其間的關係為

$$\frac{N_1}{N_2} = \frac{F_2^3}{F_1^3} \Rightarrow N_1F_1^3 = N_2F_2^3 \tag{8.2}$$

可將(8.2)式看成 $N_1F_1^3$ 為一常數，所以可寫成較一般化公式

$$N_1F_1^3 = N_2F_2^3 = N_3F_3^3 = \cdots = 10^6 \times c^3 = \text{常數} \tag{8.3}$$

所以可得任何負載 F 作用下之額定壽命 N 與 C 值關係，

$$\text{滾珠：} N = 10^6 \times \left(\frac{C}{F}\right)^3 , \text{滾柱：} N = 10^6 \times \left(\frac{C}{F}\right)^{10/3} \tag{8.4}$$

若以 n 表示轉速且為定值(常以 rpm 為單位)，L 表示在一定轉速下額定壽命的小時數，則其關係為

$$N = 60nL \tag{8.5}$$

所以當 $n = 33.3\text{rpm}$，$N = 10^6$ 轉數時，可得 $L = 500$ 小時，代入(8.4)式可改寫為

$$滾珠：L = 500 \times \left(\frac{C}{F}\right)^3 ，滾柱：N = 500 \times \left(\frac{C}{F}\right)^{10/3} \tag{8.6}$$

例 8.1

有一 6207 滾動軸承，其基本負荷額為 $C = 2010\text{kgf}$，試求此軸承在 1800rpm，500 小時額定壽命之情況下，其徑向負載為何？

【解】

先求出額定壽命的轉數 N，由

$$N = 60nL = 60 \times 1800 \times 500 = 54 \times 10^6 \text{轉數}$$

由 $NF^3 = 10^6 \times C^3 \Rightarrow F^3 = \dfrac{10^6 \times (2010)^3}{54 \times 10^6} \Rightarrow F = 532\text{kgf}$

8.4　軸向負載之滾動軸承設計

當徑向滾動軸承除了受到徑向負載 F_r 外，同時受到軸向推力 F_a，此時將利用下面兩式，以其較大值做為等效徑向負載 F_e

$$(F_e)_1 = kJF_r \tag{8.7}$$

$$(F_e)_2 = k(XJF_r + YF_a) \tag{8.8}$$

式中 k 為考慮振動與衝擊的因數，請參考表 8.2；J 為軸承環轉動因數，內環轉動時取 $J = 1$，外環轉動則取 $J = 1.2$，X 與 Y 值分別表示徑向負載因數與軸向負載因數，$X = 0.56$，Y 隨著 F_a / imd_r^2 而變，請參考表 8.3 所示。

● 表 8.2 振動因數

負載種類	k
穩定負載	1.0
輕微推動	1.0
中度振動	2.0
大振動	3.0

● 表 8.3 軸向負載因數

$F_a / imd_r^2 \, (\text{lbf} / \text{in}^2)$	Y
25	2.3
50	1.99
100	1.71
150	1.55
200	1.45
300	1.31
500	1.15
750	1.04
1000	1.00

例 8.2

有一 6207 滾動軸承轉速為 1800rpm，鋼珠數目 $Z = 9$，鋼珠直徑為 0.4375 吋，基本負荷額 $C = 2010$kgf。已知軸承承受徑向力 $F_r = 227$kgf，軸向力 $F_a = 136$kgf，軸承外環轉動，其振動因數 $k = 2$。試求該軸承的預期壽命。

【解】

由 $\dfrac{F_a}{imd_r^2} = \dfrac{136 \times 2.2046}{1 \times 9 \times (0.4375)^2} = 174$

利用內插法求表 8.3 查得 $Y = 1.5$，所以

$(F_e)_1 = kJF_r = 2 \times 1.2 \times 227 = 545$kgf

$(F_e)_2 = k(XJF_r + YF_a) = 2[0.56 \times 1.2 \times 227 + 1.5 \times 136] = 713$kgf

∴ 取 $F_e = (F_e)_2 = 713$kgf

由　$NF_e^3 = 10^6 \times C^3 \Rightarrow N = 10^6 \times \left(\dfrac{2010}{713}\right)^3 = 22403691$ 轉

$N = 60nL \Rightarrow L = \dfrac{22403691}{60 \times 1800} = 207$ 小時

8.5　變動負載之滾動軸承設計

滾動軸承常常在變動負載與變動轉速下運轉，假設軸承分別承受 F_1，F_2，$\cdots$，F_n，等力分別作用了 N'_1，N'_2，$\cdots$，N'_n 等各一段轉數，令 N_1，N_2，$\cdots$，N_n 分別表示各作用力所對應之軸承轉數壽命，則其間關係有

$$\frac{N'_1}{N_1} + \frac{N'_2}{N_2} + \cdots + \frac{N'_n}{N_n} = 1 \tag{8.9}$$

將(8.9)式乘以 $1/N_c$，N_c 表示組合負載之總軸承壽命，並令 α_1，α_2，$\cdots$，α_n 分別代表 N'_1 / N_c，N'_2 / N_c，$\cdots$，N'_n / N_c(分別表示各作用力作用轉數佔總轉數之百分比)，可得

$$\frac{\alpha_1}{N_1} + \frac{\alpha_2}{N_2} + \cdots + \frac{\alpha_n}{N_n} = \frac{1}{N_c} \tag{8.10}$$

由前面得知以滾珠為例 $N_1 = 10^6 \times \left(\dfrac{C}{F_1}\right)^3$，$N_2 = 10^6 \times \left(\dfrac{C}{F_2}\right)^3$，$\cdots N_n = 10^6 \times \left(\dfrac{C}{F_n}\right)^3$ 代入(8.10)式可得

$$\alpha_1 F_1^3 + \alpha_2 F_2^3 + \cdots + \alpha_n F_n^3 = 10^6 C^3 / N_c \tag{8.11}$$

此處 $\alpha_1 + \alpha_2 + \cdots + \alpha_n = 1$ 之關係存在。

例 8.3

有一軸承承受下面的變動負載：轉速 200rpm，徑向負載 907kgf 作用 20%時間；轉速 400rpm，徑向負載 680kgf，作用 30%時間；轉速 600rpm，徑向負載 454kgf，作用 50%時間。若設計軸承壽命為四年，每年工作 300 天，每天工作 8 小時，試問應選擇基本負荷額為多少之軸承？

【解】

首先求出每一種負載每分鐘的工作轉數如下：

	每分作用時間	轉速 rpm	工作轉數	
$F_1 = 907\text{kgf}$	0.2	200	40	$\alpha_1 = 40/460$
$F_2 = 680\text{kgf}$	0.3	400	120	$\alpha_2 = 120/460$
$F_3 = 454\text{kgf}$	0.5	600	300	$\alpha_3 = 300/460$
	1.0		460	

總轉數 N_c 為

$$N_c = 4 \times 300 \times 8 \times 60 \times 460 = 264960000$$

由 $\dfrac{10^6 C_3}{N_c} = \alpha_1 F_1^3 + \alpha_2 F_2^3 + \alpha_3 F_3^3$

$$\Rightarrow C = \frac{2.6496 \times 10^8}{10^6} \times \left[\left(\frac{40}{460}\right) \times (907)^3 + \left(\frac{120}{460}\right) \times (680)^3 + \left(\frac{300}{460}\right) \times (454)^3 \right]$$

$$\Rightarrow C = 3805\text{kgf}$$

8.6 滑動軸承之彼得洛夫定律

滑動軸承摩擦的現象是由彼得洛夫(Petroff)基於軸承與軸同心之假設所提出，如圖 8.7 所示，f_1 表示每一時軸向長度之切線摩擦力，μ 為潤滑液之黏度係數(又稱動力黏度或絕對黏度)，l 為軸承長度，f 為摩擦力(等於 lf_1)，τ 為剪應力。首先必須找出剪應力與黏度係數之間的關係，為了分析方便起見，將圖 8.7 之圓周面展開成平面，如圖 8.8 所示，則由流體力學理論得

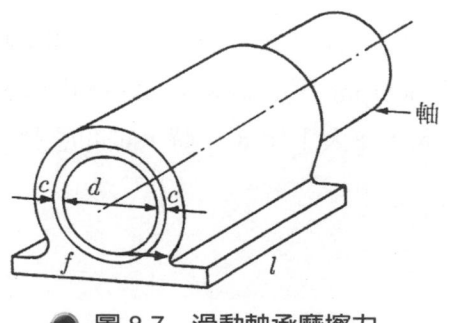

● 圖 8.7 滑動軸承摩擦力

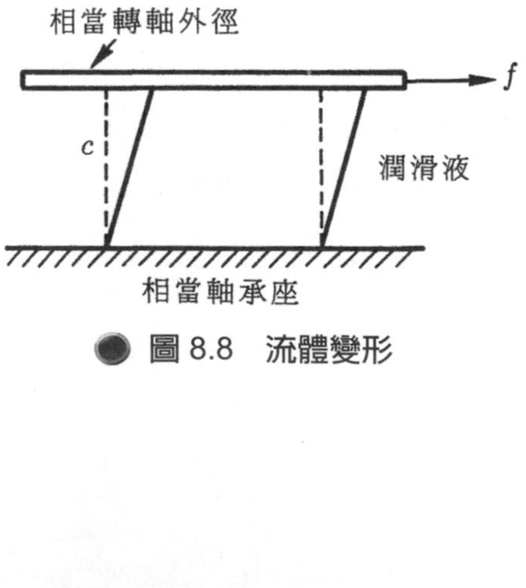

相當轉軸外徑

潤滑液

相當軸承座

● 圖 8.8 流體變形

$$\tau = \frac{f}{2\pi rl} = \mu \frac{v}{c} \tag{8.12}$$

將 $f = lf_1$，代入(8.12)整理得

$$\frac{f_1}{\mu v}\left(\frac{c}{r}\right) = 2\pi \tag{8.13}$$

(8.13)式稱為**彼得洛夫(Petroff's)方程式**。若以 T 表摩擦扭矩則可得

$$T = fr = \frac{2\pi\mu r^2 lv}{c} \tag{8.14}$$

$$摩擦馬力(Power)_f = 2\pi nT = \frac{\mu rv^2 l}{c} \tag{8.15}$$

此項摩擦馬力將轉變成熱能，促使潤滑劑與軸承元件的溫度上升，為了避免軸承溫度與潤滑劑的溫度過高，所以必須選擇適當的潤滑液與設計一套良好的冷卻系統。有關軸承溫度與熱平衡的問題，留待 8.10 節討論。

例 8.4

有一 360°軸頸軸承，其直徑為 100mm，長度為 150mm，軸承總間隙為 0.13mm，軸轉速為 1000rpm，且在非常輕的負載下運轉，油的黏度係數 $\mu = 7.24 \times 10^{-8}$ kg-sec/cm²，試求摩擦馬力。

【解】

由 $\tau = \dfrac{f}{\pi dl} = \mu \dfrac{v}{c} = \mu \dfrac{\pi dn}{c}$

$\therefore$ 得 $f = \dfrac{\mu\pi^2 d^2 ln}{c} = \dfrac{7.24\times10^{-10}\times\pi^2\times(100)^2\times150\times1000}{(0.065)\times60} = 2.75\text{kgf}$

$(Power)_f = Tn = \dfrac{2\pi\times1000\times50\times2.75\times0.001}{75\times60} = 0.192\text{ps}$

8.7　滑動軸承之強度設計

　　滑動軸承之設計，主要在於軸頸(指軸承包圍轉軸的部位)直徑 d 與軸承長度 l 之計算，常分端軸頸軸承與中間軸頸軸承兩種情形進行分析設計。

(1) 端軸頸軸承

如圖 8.9 所示，軸承所受負載為 F，P 為軸承所受壓力(等於 F/ld)，此時最大彎曲力矩 M 將發生於 AB 剖面，且軸頸受一均勻分布負載，所以得

$$M = F\frac{l}{2} \tag{8.16}$$

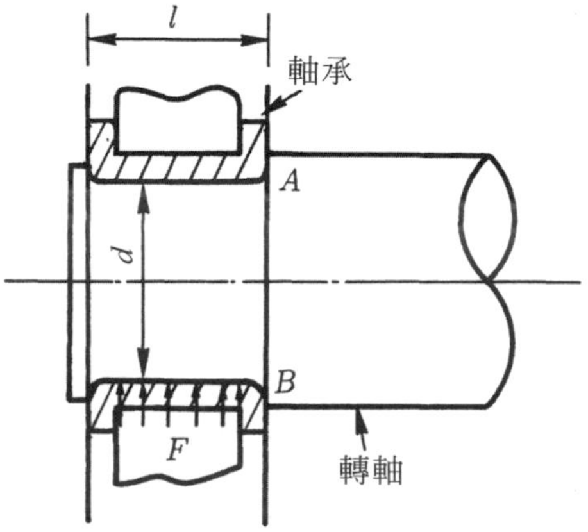

● 圖 8.9 端軸頸軸承

所以軸所受最大拉應力為

$$\sigma = \frac{Mr}{I} = \frac{32M}{\pi d^3} = \frac{16Fl}{\pi d^3} = \frac{(\sigma_{st})_s}{FS} \tag{8.17}$$

$$\therefore \quad d = \left(\frac{16Fl}{\pi\sigma}\right)^{1/3} \tag{8.18}$$

軸徑 d 亦可由軸承長 l 與軸徑 d 之比值 l/d 表示，

$$F = pdl \Rightarrow d^2 = \frac{F}{P(l/d)} \Rightarrow d = \sqrt{\frac{F}{P(l/d)}} \tag{8.19}$$

由(8.17)式得

$$\sigma = \frac{16Fl}{\pi d^3} = \frac{16P}{\pi}\left(\frac{l^2}{d^2}\right) \Rightarrow l/d = \sqrt{\frac{\pi\sigma}{16P}} \tag{8.20}$$

l/d 之比值對普通負載而言，常取 $1.0\sim1.5$ 間，對重負載則取 $l/d = 1.5\sim3.0$。l/d 之值不宜取得過大或過小；若過大則軸頸不但無法承受彎曲應力，反而會造成軸與軸承一小部份接觸而形成熔執(Seizing)現象；相反地 l/d 過小則會造成潤滑油量往外流出過多而無法形成油膜以承受負載。

(2)　中間軸頸軸承

如圖 8.10 所示，最大之彎曲力矩 *M* 發生在中間平面 *AB*，*F* 為軸承負載，由圖 8.10(b)之力學分析得

$$M = \frac{F}{2}\left(\frac{l_1}{2} + \frac{l}{2}\right) - \frac{F}{2}\left(\frac{l}{4}\right) = \frac{F}{8}(l + 2l_1) = \frac{FL}{8} \tag{8.21}$$

$$\sigma = \frac{Mr}{I} = \frac{32M}{\pi d^3} = \frac{4FL}{\pi d^3} = \frac{(\sigma_{st})_s}{FS} \tag{8.22}$$

$$\therefore \quad d = \left(\frac{4FL}{\pi\sigma}\right)^{1/3} = \left[4\left(\frac{L}{l}\right)\frac{Fl}{\pi\sigma}\right]^{1/3} \tag{8.23}$$

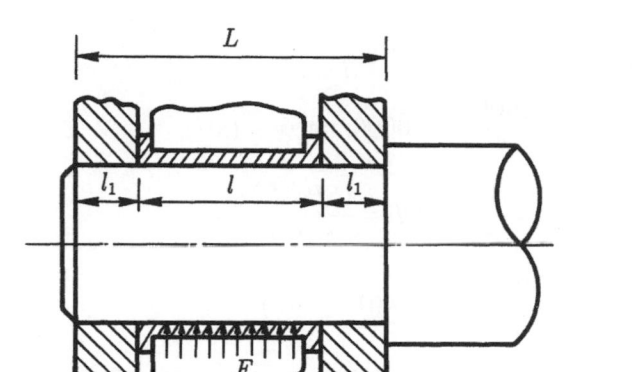

(a) 軸承

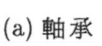
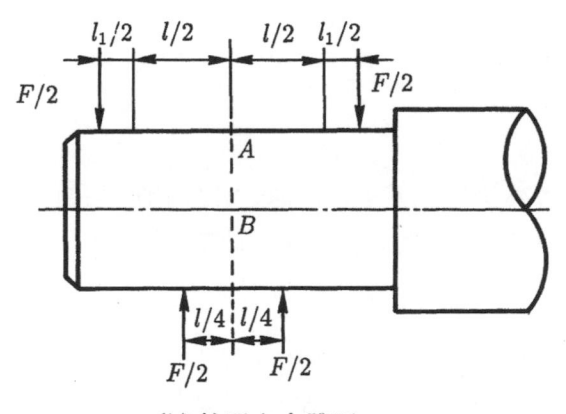

(b) 軸頸自由體圖

● 圖 8.10　中間軸頸軸承

一般均取 $L/l = 1.5$，而 l/d 之值可繼續由(8.22)式

$$\sigma = \frac{4FL}{\pi d^3} = \frac{4L}{\pi d^3}(pdl) = \frac{4P}{\pi}(L/l)\left(\frac{l}{d}\right)^2$$

$$\therefore\ \frac{l}{d} = \sqrt{\frac{\pi\sigma}{4P(L/l)}} \tag{8.24}$$

例 8.5

有一端軸頸軸承，承受負載 $F = 10000\text{kg}$，已知軸的容許彎曲應力 $\sigma_a = 5\text{kg/mm}^2$ 容許軸承壓應力 $P = 0.5\text{kg/mm}^2$，試求出軸承長度 l 與軸頸直徑 d。

【解】

由 F 與 P 的關係得

$$F = Pdl \Rightarrow dl = \frac{F}{P} = \frac{10000}{0.5} = 20000\text{mm}^2\cdots\cdots\text{(a)}$$

由 $\sigma_a = \frac{Mr}{I} = \frac{32}{\pi d^3}\left(\frac{Fl}{2}\right) = \frac{16l}{\pi d^3}(Pdl) = \frac{16P}{\pi}\left(\frac{l}{d}\right)^2$

$$\therefore\ l/d = \sqrt{\frac{\pi\sigma_a}{16P}} = \left(\frac{\pi\times5}{16\times0.5}\right)^{1/2} = 1.401\cdots\cdots\text{(b)}$$

由(a)與(b)式得

$$d^2 = \frac{20000}{1.401} \Rightarrow d = 119.48 \doteqdot 120\text{mm}$$

$$\therefore\ l = 1.401 \times 120 = 168\text{mm}$$

例 8.6

有一中間軸頸軸承，承受負載 $F = 10000\text{kg}$，已知軸的容許彎曲應力 $\sigma_a = 5\text{kg/mm}^2$，假設取 $l/d = L/l = 1.5$，試求軸承長度 l 與軸頸直徑 d。

【解】

由 $\sigma_a = \frac{Mr}{I} = \frac{32}{\pi d^3}\left(\frac{FL}{8}\right) = \frac{4}{\pi d^3}(PdlL) = \frac{4P}{\pi}\left(\frac{L}{l}\right)\left(\frac{l}{d}\right)^2$

$$\therefore\ P = \frac{\pi\sigma_a}{4(L/l)(l/d)^2} = \frac{\pi\times5}{4\times1.5\times(1.5)^2} = 1.164\text{kg/mm}^2$$

由 $F = Pdl \Rightarrow d^2 = \frac{F}{1.5P} = \frac{10000}{1.5\times1.164} \Rightarrow d = 76\text{mm}$

$$\therefore\ l = 1.5d = 1.5 \times 76 = 114\text{mm}$$

8.8　潤滑型態

　　兩接觸元件之間的潤滑情形，常出現五種型態：動液潤滑、邊界潤滑、彈動液潤滑、靜液潤滑與固態膜潤滑等，其中以前面三者是屬於滾動軸承與滑動軸承的潤滑型態，茲說明如下：

(1) 動液潤滑：兩摩擦面間完全以油膜隔離而不直接接觸之潤滑稱為**動液潤滑**，又稱**厚膜潤滑**或**完全潤滑**或**流體潤滑**或**全膜潤滑**等。

(2) 邊界潤滑：兩摩擦面間壓力極大，又因摩擦使潤滑油溫度升高黏度降低，因而造成潤滑油被擠出，使得油膜不能完全隔離摩擦面，此種潤滑稱為**邊界潤滑**。

(3) 彈動液潤滑：兩滾動面間之潤滑稱為**彈動液潤滑**，如齒輪的齒間、滾動軸承之間的純滾動與凸輪等。

(4) **靜液潤滑**：類似動液潤滑，但是兩摩擦面沒有相對運動。

(5) 固態膜潤滑：使用類似石墨或二硫化鉬等固態物做為潤滑者稱為**固態膜潤滑**，常用於高溫運轉的軸承。

8.9　$\mu n / P$ 曲線(或 Zn / P 曲線)

　　滑動軸承的潤滑是屬於動液潤滑或邊界潤滑，其情況將視潤滑液黏度係數 μ(或 Z 表示)、軸轉速 n、承載壓力 P 等三個因素而定，即所謂之 $\mu n / P$ 或 Zn / P 曲線，該曲線留待下節討論。對滾動軸承之相對運動，可能是純滾動、滑動或兩者的組合；若是純滾動則是屬於彈動液潤滑；若帶有滑動之滾動則類似滑動軸承，受 $\mu n / P$ 曲線之影響。

　　滑動軸承之潤滑型態將影響摩擦係數 μ_f 的大小，然而 μ_f 之大小又受到潤滑液黏度係數 μ(或以 Z 表示)、軸轉數 n 及軸頸投影面積所承載壓力 P 等三因素的影響，其中 μ_f 與 $\mu n / P$ 之關係曲線稱為 $\mu n / P$ 曲線，如圖 8.11 所示。若以 f 表示摩擦力，F 為軸承所承受負載，d 為軸頸直徑，l 為軸承長度，則有下列關係：

$$f = \mu_f F \tag{8.24}$$

$$P = F / dl \tag{8.25}$$

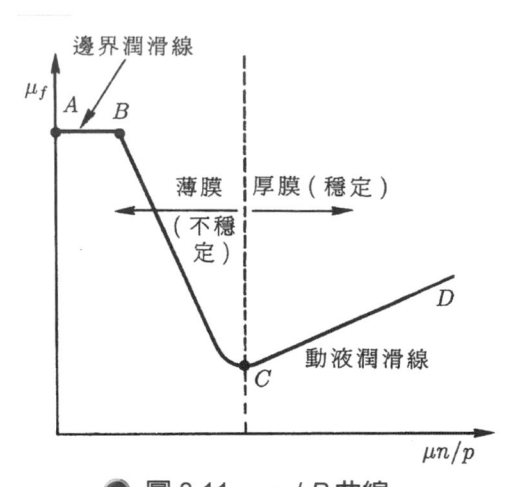

● 圖 8.11 μn / P 曲線

圖 8.11 可分 $A-B$、$B-C$ 與 $C-D$ 等三個區段之潤滑情形：

- $A-B$ 區：表示在重負載、低轉速、低黏度等情況下，因油膜不夠而形成一種邊界潤滑。

- $B-C$ 區：是一種動液潤滑與邊界潤滑混合存在的不穩定現象。

- $C-D$ 區：表示在輕負載、高黏度、高轉速等情況下，具有足夠油膜來完全隔離摩擦面，而形成一種動液潤滑，常又稱為厚膜潤滑。

圖 8.11 同時說明一種重要現象：當黏度與負載壓力固定不變時，在某一轉速下運轉，可獲得一最小的摩擦係數。其次再注意一部轉動機械必定是由靜止開始啟動，然後經一段時間後才能達到穩定的運轉並且建立潤滑油膜；首先由圖 8.12(a)所示之一轉軸以一順時鐘方向轉動，在剛開始啟動時軸承為一種乾燥或部份乾燥，此時尚未建立油壓，利用靜力平衡，對接觸點取力矩和等於零，得知軸心 C 將向右偏移；當達到穩定運轉後，如圖 8.12(b)所示，軸心將向左偏移，而且形成一最小油膜之動液潤滑，其油膜壓力的分布的情形如圖 8.13 所示。

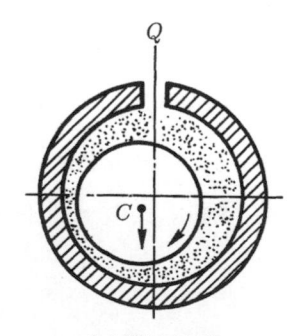

(a) 剛起動　　　　　　(b) 穩定油膜

● 圖 8.12 油膜之建立

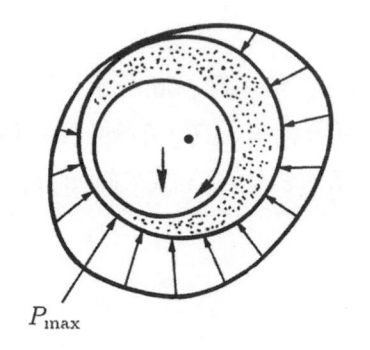 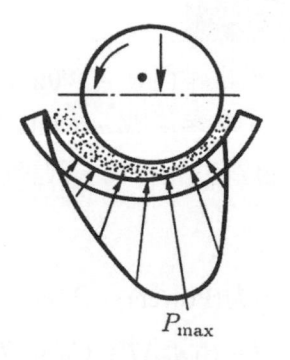

(a) 整個軸承　　　　　　　　(b) 部分軸承

● 圖 8.13　油膜壓力分布

8.10　軸承溫度與熱平衡

　　軸的摩擦熱能將使得潤滑劑與軸承元件的溫度升高，然而利用軸承表面向空氣中自然散熱或通風散熱，促使軸承內的溫度維持在某一溫度以下，假如此種自然散熱的軸承溫度過高，則必須增設強迫冷卻系統。關於每單位時間摩擦熱被帶走的情形：首先由本章第六節(8.15)式得摩擦馬力(Power)$_f$為

$$(Power)_f = 2\pi nrf = \pi nd\mu_f Pdl = \pi nd^2 l\mu_f P = \frac{\mu rv^2 l}{c} \tag{8.26}$$

　　對自然散熱的情況，令軸承外表面的溫度高於周圍空氣的溫度是ΔT，軸承散熱的面積為A_c，冷卻速率C_1表示每單位溫度單位面積在每單位時間所散發的熱量，所以每單位時間的散熱量H為

$$H = C_1 A_c \Delta T \tag{8.27}$$

由(8.24)與(8.25)，而且(Power)$_f = H$，所以得

$$\pi nd^2 l\mu_f P = \frac{\mu rv^2 l}{c} = C_1 A_c \Delta T \tag{8.28}$$

> ### 例 8.7
>
> 有一軸承之軸徑 d = 100mm，軸承長度 l = 150mm，轉速為 1000rpm，軸承壓力 P = 828kPa，摩擦係數 μ_f = 0.00182，軸承外殼散熱面積 A_c = $8\pi dl$，散熱的冷卻速率 C_1 = 9.76kcal / hr·m²·℃。假設已知軸承周圍的空氣溫度為 25℃，試求軸承外殼的溫度。

【解】

由摩擦馬力 $(\text{Power})_f = 2\pi nrf = \pi nd^2\mu_f Pl$ ……(a)

散熱率 $H = C_1 A_c \Delta T = C_1(8\pi dl)\Delta T$ ……(b)

$\because$ $(\text{Power})_f = H$，代入(a)與(b)得

$\pi nd^2\mu_f Pl = C_1(8\pi dl)\Delta T$

$\therefore \Delta T = \dfrac{nd\mu_f P}{8C_1} = \dfrac{1000\times 0.1\times 0.00182\times 828}{8\times 9.76\times 4.2}\times 60 = 27.6℃$

$\Rightarrow$ 軸承外殼的溫度 = 77 + ΔT = 25 + 27.6 = 52.6℃

8.11 軸承供油方式

軸承供油的方式分為完全潤滑與不完全潤滑兩大類：

(1) 完全潤滑：有強迫式與非強迫式潤滑兩種

    ① 強迫式潤滑：利用油泵將潤滑油打入潤滑處的方式稱之，又稱外壓式潤滑。

    ② 非強迫式潤滑：有浸液式與溢潤式兩種

        (i) 浸液式潤滑：如圖 8.14 所示，把軸完全浸於油箱內，而且利用油封防止漏油。

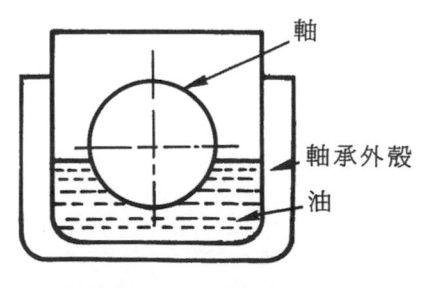

● 圖 8.14　浸液潤滑法

(ii) 溢潤式潤滑：將軸承上半部沿其全長設槽，利用油的黏度及低的表面張力之特性，讓潤滑油能完全附著於軸頸上。

(2) 不完全潤滑

　　① 油環供油法：又稱油鏈供油法，如圖 8.15 所示，於軸承箱下部裝一油池，而在軸頸處一較大內徑的環，使其下部浸入油內，當軸迴轉時，油環就令將油帶至軸上流至各處潤滑。

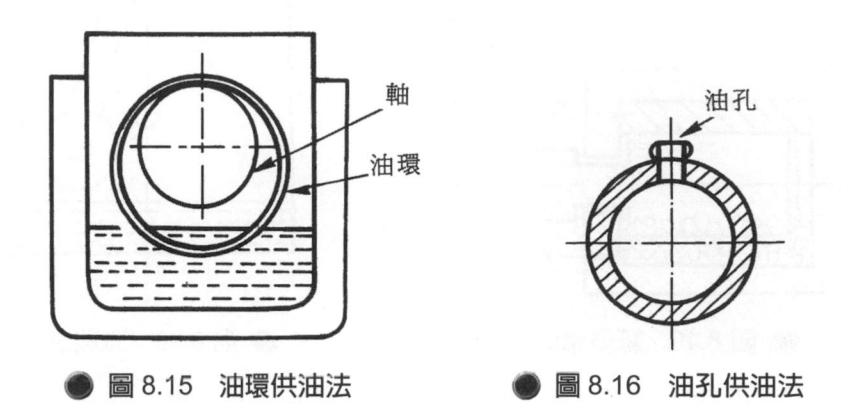

● 圖 8.15　油環供油法　　　　　● 圖 8.16　油孔供油法

　　② 油孔供油法：如圖 8.16 所示，在軸承上部鑽一通孔，然後定期加潤滑油，常用於輕負載低轉速的情況。

　　③ 燈心吸油法：如圖 8.17 所示，利用毛細管原理由吸油物質如毛線，將較低位的油吸至較高位置，再流入軸承內潤滑。

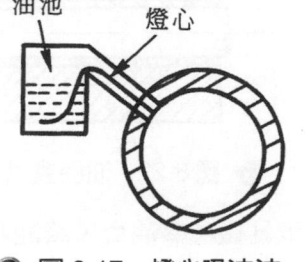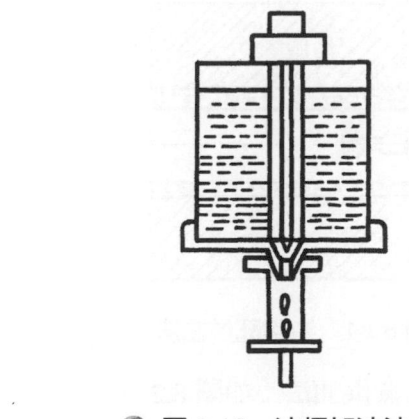

● 圖 8.17　燈心吸油法　　　　　● 圖 8.18　油杯加油法

　　④ 油杯加油法：如圖 8.18 所示，把油裝入杯內，再扳直活頂針，使針閥打開，控制流量，使潤滑油緩緩滴入潤滑處。

⑤ 絨墊潤滑法：如圖 8.19 所示，將絨料放於軸承下方油池內，使其與軸頸接觸，當軸轉動時可直接與絨墊擦拭而沾油，可連續潤滑，常用於半面軸承。

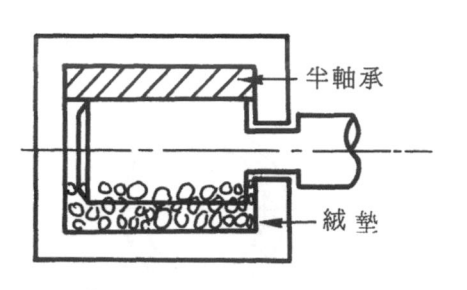

● 圖 8.19 絨墊潤滑法

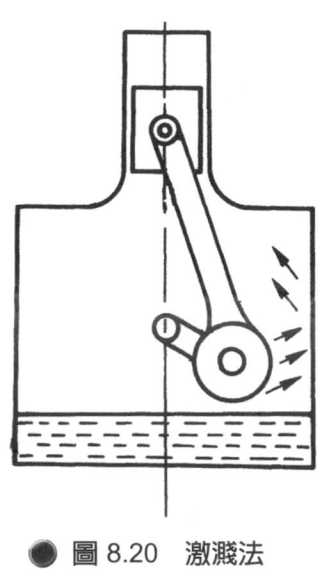

● 圖 8.20 激濺法

⑥ 油霧式供油法：將油噴成霧狀，以達良好的潤滑效果。

⑦ 激濺法：如圖 8.20 所示，藉某一元件之運動將油箱內之油甩至各摩擦面。

⑧ 油脂孔供油法：如圖 8.21 所示，在軸端做一油孔，並用螺絲封住，而加油時再用油槍將油壓入。

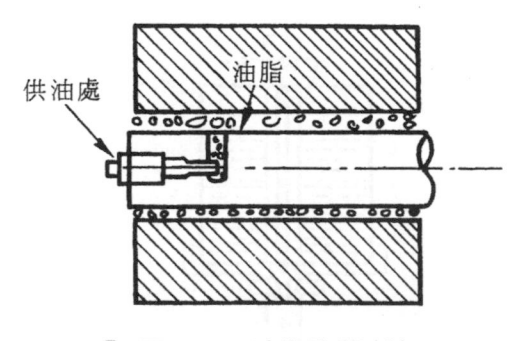

● 圖 8.21 油脂孔供油法

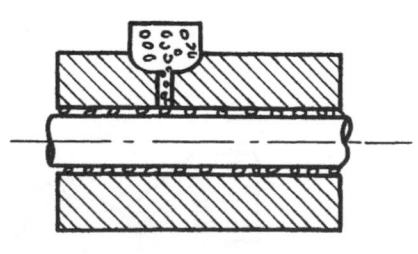

● 圖 8.22 油脂盒供油法

⑨ 油脂盒供油法：如圖 8.22 所示，在軸承外做一盛油盒，將油脂放入盒內，當軸承溫度升高時，油脂漸溶解成油而滴入潤滑。

8.12　軸承材料與潤滑劑

　　滾動軸承是選用經特殊處理過的鋼珠或滾柱做為主要材料；而滑動軸承所用之材料則是以較軸材質為軟且耐磨者為對象，一般是以黃銅、青銅、巴比合金(Babbitt)為主要材料，因為此類材料價格昂貴，且強度與鋼性欠佳，若全部軸承以此材料製成，則不但不經濟，而且無法保持軸的正確位置，所以軸承本體大都以鑄鐵或鑄銅製成，而承面則另加一層軟質材料製成之襯墊稱之襯套，其中以巴比合金為最常用之高轉速、高負載之襯套。巴比合金主要成分是錫或鉛，所以又稱錫基或鉛基，一般含量為錫 15%，銻 25%，鉛 60%。

　　潤滑劑的種類有固態、液態與氣態三種：固態潤滑劑有石墨、二硫化鉬、氧化鉛、肥皂、雲母、滑石、粉狀玻璃、塑膠等；液態潤滑劑有油、油膏、水、矽化物、酸類與鹼類等；氣態潤滑劑有空氣、氮氣與氫氣等。

習　題

8.1　試述軸承分類。

8.2　滾動軸承與滑動軸承(軸頸軸承)有何相異處？

8.3　何謂連座軸承(Pillow Block)？有何優點？

8.4　何謂無油軸承、多孔軸承及密積爾軸承？

8.5　何謂軸承壽命、額定壽命及基本負荷額？

8.6　有一 6205 之滾動軸承，試問其各位數表示何種意義？又 6210 及 6203 兩種軸承之內徑各為多少？

　　答：25，50，17mm

8.7　號碼為 6310 之軸承為何種軸承？其內徑為多少 mm？

　　答：$d = 50$mm

8.8　軸承號碼為 7205 者，是屬於何種軸承？其內徑為多少 mm？

　　答：25mm

8.9　有一滾動軸承之基本額定負荷為 2268kgf，試求此軸承在 1800rpm 轉速及額定壽命 600 小時之情況下，其所對應之徑向負載為何？

　　答：565kgf

8.10 若有一滾珠軸承之預期壽命加倍，則其負載變爲多少？

　　答：爲原來之 0.79 倍。

8.11 何謂 Petroff 方程式？

8.12 有一 360°軸頸軸承，其直徑爲 125mm，長爲 150mm，若已知總軸承間隙爲 0.1mm，軸轉速爲 1800rpm，油之黏度 $\mu = 7.24 \times 10^{-8}$ kg-sec/cm²，試求在輕負荷下之摩擦馬力。

　　答：1.58ps

8.13 有一軸承直徑 75mm，長爲 100mm，是屬於 360°軸頸軸承，若已知轉速爲 1800rpm，磨耗功率爲 0.2ps，油黏度爲 7.24×10^{-8} kg-sec/cm²，摩擦係數爲 4.1×10^{-3}，試求該軸承承受之總負載。

　　答：519.5kgf

8.14 何謂動液潤滑、邊界潤滑及彈動液潤滑？

8.15 何謂 Zn / P(或 $\mu n / P$)曲線？

8.16 試舉出三種完全潤滑方式及不完全潤滑方式。

8.17 何謂巴比特合金？

第九章　齒輪

本章大綱

9.1　緒論

　　齒輪是一種帶有齒狀的輪子，常成對嚙合，所以有所謂內齒輪與外齒輪，也可以由兩個以上的齒輪組合而成一組齒輪系，其主要用途是做為傳遞動力、改變運動速度或運動的方式，是屬於一種純滾動而無滑動的接觸，其最大的優點是可傳遞較大的動力，而且能維持一定不變的速比，也就是說不會有打滑的現象，但缺點是不能遠距離的傳動，而且製造的精密度高，其一輪齒損壞，常需成對更換。本章主要針對正齒輪進行力與強度的分析，對於其他型式的齒輪僅做重點介紹。

9.2　齒輪種類

　　齒輪可依嚙合的兩齒輪軸關係分成兩軸平行、兩軸相交、兩軸不相交又不平行等三類分別討論如下：

(1) 兩軸平行之齒輪

　　　　此類齒輪之節面形狀為圓柱形，其嚙合的情形如圖 9.1 所示有五種：

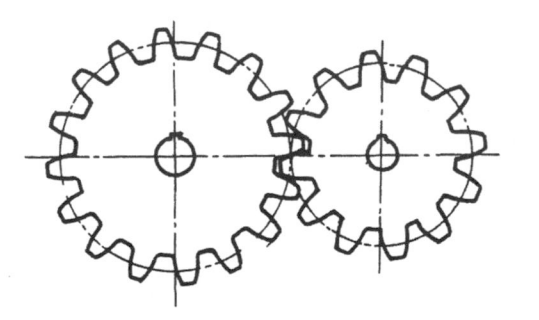

(a) 正齒輪

● 圖 9.1　兩軸平行之齒輪

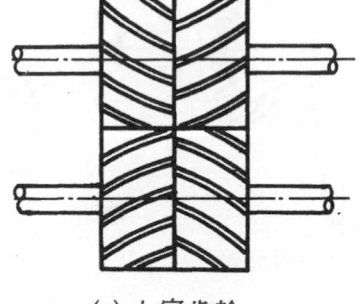

(b) 螺旋齒輪　　　　　　　　(c) 人字齒輪

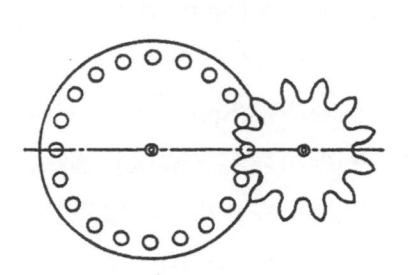

小齒輪

齒條

(d) 齒　條　　　　　　　　(e) 針齒輪

● 圖 9.1　兩軸平行之齒輪(續)

- **正齒輪**(Spur Gear)：分內接與外接兩種嚙合，是在圓柱面上製成與軸線平行的直齒，其傳動時不會產生軸方向的推力。
- **螺旋齒輪**(Helical Gear)：是利用無窮多個正齒排列於斜直線或曲線上組合而成，所以輪齒不與軸線平行，因此又稱為扭轉正齒輪，兩嚙合的齒輪螺旋角相等但旋轉方向相反，其傳動時會產生軸方向的推力。
- **人字齒輪**(Herringbone Gear)：由一對螺旋方向相反而螺旋角相同之螺旋齒組合而成，所以又稱雙螺旋齒輪。在傳動時因兩螺旋齒造成互相抵消之軸推力，於是在軸方向沒有任何推力。
- **齒條**(Rack and Pinion)：類似外接正齒輪，其中一個為小的正齒輪，另一個為半徑無限大之正齒條。
- **針齒輪**：又稱銷齒輪，因其中一輪之齒由圓柱形銷所組成，而另一輪之齒則是由外擺線所構成。

(2) 兩軸相交之齒輪

　　此類齒輪常稱斜齒輪或是傘齒輪，其節面形狀為圓錐形，嚙合齒之型態有三種，如圖 9.2 所示：

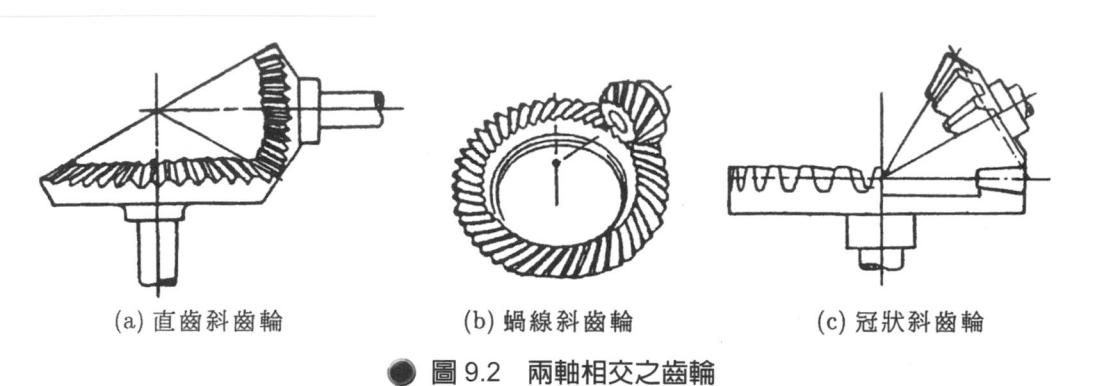

(a) 直齒斜齒輪　　　　　(b) 蝸線斜齒輪　　　　　(c) 冠狀斜齒輪

● 圖 9.2　兩軸相交之齒輪

- 直齒斜齒輪(Strait Bevel Gear)：是在圓錐面上製作成正齒形之齒輪，兩軸交角可為 90°或不為 90°。

- 蝸線斜齒輪(Spiral Bevel Gear)：輪齒是在圓錐面上製作成螺旋的齒形而得，致於蝸線角為零之蝸線斜齒輪常稱為 zerol 斜齒輪。此種齒輪在傳動時較直齒形的為圓滑、噪音小且接觸為高。

- 冠狀斜齒輪：其中一個齒輪是頂角為 180°之平盤，其形狀似皇冠，所以稱為冠狀斜齒輪，常用於兩軸交角大於 90°之動力傳動。

(3) 兩軸不相交又不平行之齒輪

如圖 9.3 所示有三種型態：

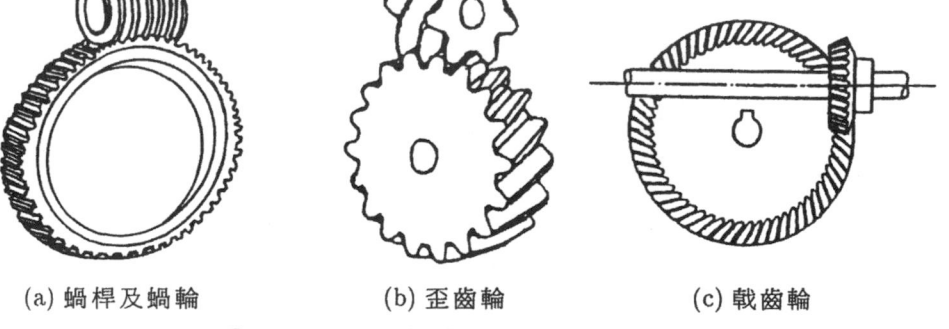

(a) 蝸桿及蝸輪　　　　　(b) 歪齒輪　　　　　(c) 戟齒輪

● 圖 9.3　兩種不相交又不平行之齒輪

- **蝸桿與蝸輪**(Worm and Worm Wheel)：是由一類似動力螺紋之蝸桿與一圓柱面上製成螺旋齒之蝸輪所組成，而且兩軸承垂直的歪斜線。

- **歪齒輪**：又稱螺輪(Screw Gear)，輪齒與螺旋齒輪之螺旋齒輪完全一樣，但是兩軸成不垂直的歪斜線，其囓合的兩個齒輪螺旋角不一定相等，而方向也不一定相反。

- **戟齒輪**：外形類似蝸線斜齒輪，但是兩軸為不相交之歪斜線。

9.3　正齒輪的術語

　　正齒輪是所有齒輪中最基本且最具代表性，其甚多重要術語在齒輪設計時經常使用，參考圖 9.4 所示：

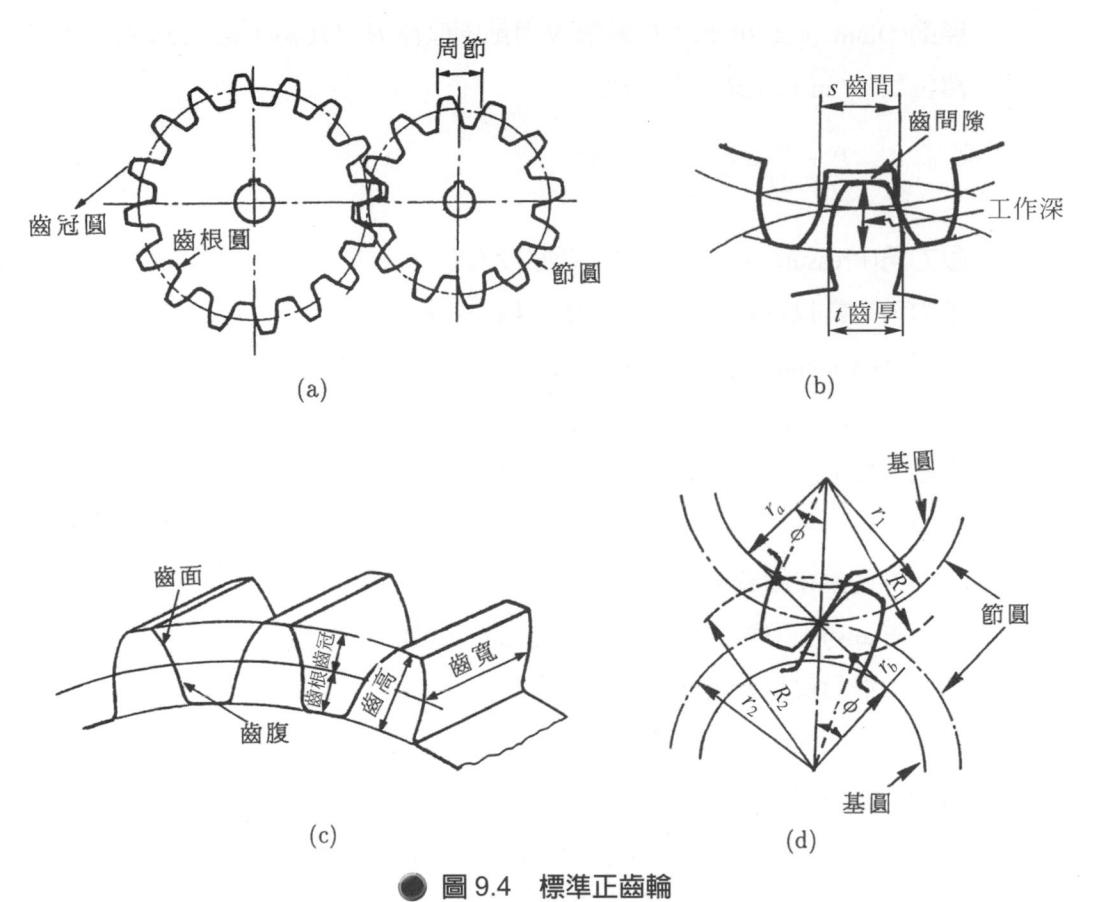

● 圖 9.4　標準正齒輪

- **節圓**(Pitch Circular)：是作為齒輪各種計算依據之一理論圓，兩嚙合齒輪之節圓為相切。

- 小齒輪(Pinion)：兩嚙合齒輪中之較小齒輪稱之。

- 大齒輪(Gear 或 wheel)：兩嚙合齒輪中之較大者稱之。

- **周節**(Circular Pitch)：指節圓上任一點至鄰齒對應點之弧長。常以 P_c 表示周節，N 表示齒數，D 表示節圓直徑，則其間的關係為

$$P_c = \frac{\pi D}{N} \tag{9.1}$$

- **模數**(Module)：指節圓直徑 D 與齒數 N 之比值，常以 M 表示，其公制單位爲 mm，以式子表示爲

$$M = \frac{D}{N} = \frac{P_c}{\pi} \tag{9.2}$$

- **徑節**(Diametrial Pitch)：指齒數 N 與節圓直徑 D 之比值，常以 P_d 表示，其英制單位爲 1 / in，以式子表示爲

$$P_d = \frac{N}{D} = \frac{\pi}{P_c} = 25.4 / M \tag{9.3}$$

- **壓力角**(Pressure Angle)：兩嚙合齒接觸點處共同法線與節圓切線所夾之角稱之壓力角，常以 ϕ 表示，而共同法線稱爲作用線。

- 齒冠高(Addendum)：齒頂面與節圓間之徑向距離稱之。

- 齒根高(Deddendum)：齒底面與節圓間之徑向距離稱之。

- 齒高：齒頂面與齒底面間之徑向距離稱之。即齒高 = 齒冠高 + 齒根高，或稱齒深。

- 齒面：輪齒在節圓與齒頂圓間之曲面稱之。

- 齒腹(Flank)：指輪齒在節圓與齒底圓間之曲面。

- 齒寬：沿齒輪軸向所測得之輪齒寬度。

- 齒厚：沿節圓所測得各齒之弧長厚度稱之齒厚。

- 齒間：沿節圓所測得相鄰兩齒間之弧長稱之。

- 齒隙(Backlash)：沿節圓所測得齒間長與齒厚之差稱之。一般所稱之周節即等於齒間長與齒厚之和，而且經常假設齒厚 = 齒間長 $= \frac{1}{2}$ 周節。但實際上爲了避免兩齒輪無法嚙合。所以將齒厚銑切成略薄，使齒厚略小於齒間長，以便能順利運轉，若齒隙預留過大或因磨損而過大，則會造成振動與噪音增大，通常齒隙將隨著兩齒輪中心距之增大而預留的愈大。

- 齒輪大小：齒輪的大小常以下列三種方法表示

  (1) 公制齒輪的表示法：以模數 M 表示其大小，單位爲 mm。

  (2) 英制齒輪的表示法：以徑節 P_d 表示其大小，單位爲 1 / in。

  (3) 製造齒輪的表示法：以周節 P_c 表示其大小，單位爲 mm 或 in。

- **基圓**：以齒輪中心為圓心而與作用線相切之圓稱為基圓，若以 D_0 表示基圓直徑，D 表示節圓直徑，ϕ 為壓力角，P_0 為基圓節距，P 為節圓節距，則其關係式為

$$D_0 = D \cos \phi \tag{9.4a}$$
$$P_0 = P \cos \phi \tag{9.4b}$$

- **齒間隙**：又稱餘隙，是指齒根圓與嚙合齒的齒冠圓間之距離。
- **工作深度**：指兩嚙合齒冠圓間之距離。
- **齒形干涉**：小齒輪與齒條或齒數較多之大齒輪嚙合時，大齒輪之齒冠碰撞到小齒輪之齒根，以致不正常運轉，此種現象稱為干涉。干涉的程度依齒輪大小而異，其中以齒條的干涉為最大。如圖 9.4(d)所示當兩嚙合齒輪 1 與齒輪 2 之齒冠圓半徑 R_1 與 R_2 分別大於 A 與 B 時，就會產生干涉。其中 A 與 B 分別為

$$A = \sqrt{r_a^2 + (c \sin \phi)^2} \tag{9.5a}$$
$$B = \sqrt{r_b^2 + (c \sin \phi)^2} \tag{9.5b}$$

式中 r_a 與 r_b 分別為齒輪 1 與齒輪 2 之基圓半徑，C 為兩嚙合齒輪之中心距，ϕ 為壓力角。

- **齒輪下切**(或稱清角 Uneder Cut)：由於發生齒形干涉，因此導致齒輪嚙合轉動時，削刮齒根的現象稱之齒輪下切，此種現象會導致齒輪強度減弱及轉動上不接合的情形。避免下切的方法有三：修正齒冠的大小；增大壓力角，即增大(9.5)式之 A、B 值；利用轉位齒輪原理修正齒冠高與齒根高。
- **轉位齒輪**：將大齒輪之齒切削成齒根較長而齒冠較短的齒形，相反地將小齒輪切削成齒根較短而齒冠較長的齒形，此種現象稱為轉位齒輪，其目的主要是用來避免下切的現象。
- **接觸長**：作用線上兩齒冠圓交點之距離稱之。
- **接觸率**：接觸長與基圓節距之比值稱為接觸率。一對齒輪必須同時有多數齒嚙合接觸，才能進行圓滑的傳動。然而接觸長若大於基圓節距則能保證多齒同時接觸的現象。假設 l 表示接觸長，P_0 表示基圓節距，參考圖 9.4 所示，其接觸率 I 為

$$I = \frac{l}{P_0} = \frac{\sqrt{R_1^2 - r_a^2} + \sqrt{R_2^2 - r_b^2} - c \sin \phi}{P_0} \tag{9.6}$$

9.4　齒輪傳動之基本定律

　　兩齒輪嚙合之節圓速度假設隨時均保持相同，而且兩節圓相切之節點維持固定，作用線通過該節點，此種傳動原理就是所謂的**齒輪傳動基本定律**，滿足此定律的齒形曲線有漸開線與擺線。由運動學關係式得知節圓速度 v 等於轉軸角速度 ω 乘以節圓半徑 r，所以在齒輪相同節圓速度的情況下必有

$$v = r_1\omega_1 = r_2\omega_2 \tag{9.7}$$

其中 r_1 與 r_2 分別表示兩嚙合齒輪的節圓半徑，因 r_1 與 r_2 一經選定齒輪就不會改變，所以得知齒輪嚙合期間均能保持一定的角速度比，即 $\omega_1 / \omega_2 = const$，此種關係又稱為齒輪的共軛作用(Conjugate Action)，而且可以得到兩嚙合齒輪之中心距 C 亦維持不變，大小為

$$c = r_1 + r_2 = \frac{1}{2}(d_1 + d_2) \tag{9.8}$$

9.5　齒形曲線

　　滿足齒輪傳動基本定律的齒形曲線最常見的有漸開線與擺線，目前的輪齒均採用這兩種曲線，茲討論如下：

(1) 漸開線

　　　利用拉開捲在圓筒上的線，其線端移動所畫出之曲線即為漸開線，一般的齒輪均採用此種曲線。漸開線的優點是：製造容易；齒根強度較大；兩齒輪中心距離如稍有變化仍能保持正確的嚙合。其缺點是：會產生干涉現象；傳動時容易產生噪音；因壓力角保持固定所以效率較低。若採用漸開線設計齒形，必須具備下列三個嚙合條件：

　　・　相同的模數(或周節，或徑節)。

　　・　相同的壓力角。

　　・　避免干涉之最大齒冠圓。

(2) 擺線利用一小的圓在大圓的外周上純滾動，則小圓上一點所畫出的移動曲線稱為外擺線；若小的圓在大圓的內周上純滾動，則小圓上一點所畫出的移動曲線稱為內擺線。所謂擺線齒形，是指齒面為外擺線，齒腹為內擺線，且在轉動時壓力角由大變

小，再由小變大。擺線齒形之優點是：無干涉現象；因壓力角隨時變化所引起效率的提升；齒面接觸較準確、潤滑效果好、摩擦少。其缺點是：不容易製造；兩齒輪中心距必須很準確；齒根強度較差。若以擺線齒形設計齒輪，則必須具備下面兩個嚙合條件：

- 相同模數(或周節，或徑節)。
- 一齒輪齒面之外擺線滾圓直徑需相同於另一齒輪齒腹之內擺線滾圓直徑。

不管是漸開線或擺線齒形，其嚙合的條件中都表示必須具備相同之模數或周節或徑節，所以得知節圓半徑與齒數之比值為一常數，並參考(9.7)式，可得

$$\frac{\omega_2}{\omega_1} = \frac{r_1}{r_2} = \frac{N_1}{N_2} \tag{9.9}$$

例 9.1

有一齒數 $N_1 = 20$、模數 M 為 4 之齒輪與齒數 $N_2 = 63$ 之齒輪相嚙合，試求兩齒輪中心距 C。若已知小齒輪轉速 $n_1 = 500$rpm，則大齒輪轉速 n_2 與節線速度 v 為何？

【解】

由兩嚙合齒輪的條件知，必須有相同模數，所以

$$M = \frac{D_1}{N_1} = \frac{D_2}{N_2}$$

$$\therefore D_1 = MN_1 = 4 \times 20 = 80\text{mm}$$

$$D_2 = MN_2 = 44 \times 63 = 252\text{mm}$$

$$\Rightarrow \text{中心距 } C = \frac{1}{2}(D_1 + D_2) = \frac{1}{2}(80 + 252) = 166\text{mm}$$

由 $\frac{n_2}{n_1} = \frac{r_1}{r_2} = \frac{D_1}{D_2}$

$$\therefore n_2 = \frac{n_1 D_1}{D_2} = \frac{500 \times 80}{252} = 158.7\text{rpm}$$

$$v = 2\pi n_1 r_1 = 2\pi \times 500 \times \frac{1}{60} \times \frac{1}{2} \times 80 \times \frac{1}{1000} = 2.094\text{m/s}$$

9.6 正齒輪力之分析

齒輪在傳動時,沿著作用線常會出現兩種作用力:一種是用來傳遞動力稱之為傳遞力 F_p;另一種是由於齒形誤差而引起之運動效果所產生之作用力稱之為運動力 F_d。這兩種力之合力 $F = F_p + F_d$ 將會導致齒輪的破壞,其靜態破壞的型式有兩種:一種是彎曲力矩所造成齒輪之靜態破壞,這就是齒輪抵抗靜態彎曲力矩之能力;另一種是齒形表面接觸之壓應力所造成齒面的破壞,也就是所謂的表面磨耗能力。至於考慮動態的疲勞破壞也是有抵抗彎曲力矩與表面壓力兩種型式。本節首先討論傳遞力 F_p 與運動力 F_d 之求法,然後在下節再分別討論各種破壞型式之靜態與動態疲勞強度設計。

9.6-1 傳遞力

如圖 9.5 所示正齒輪沿作用線之傳遞力 F_p,可分成切線 F_{pt} 與徑向推力 F_{pr},以 ϕ 表示壓力角,則有一關係式為

$$F_{pr} = F_{pt}\tan\phi \qquad (9.10)$$

其中 F_{pt} 與節圓切線速率 v 之乘積會產生轉動之軸動力 HP 為

$$HP = F_{pt}v = F_{pt}\pi D_1 n_1 = F_{pt}\pi D_2 n_2 \qquad (9.11)$$

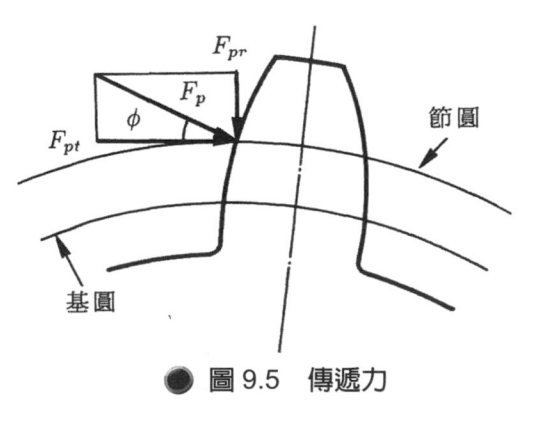

● 圖 9.5 傳遞力

9.6-2 運動力

由於齒形的誤差所引起之運動力 F_d,有許多的方法可用來預測 F_d 值,但是其可靠性還是一個未知數,因為在切削製造輪齒時,有很多難以控制的誤差存在,而造成齒形誤差

之主要因素是滾齒刀不當磨損所引起。本文提出一種近似求法：令 e 值表示兩齒嚙合尺寸誤差以長度爲單位，t 爲每一齒通過接觸所需的時間，k 爲對應之彈簧常數，m_e 爲對應之等效質量，b 爲齒寬，E 爲彈模數，γ 爲單位體積之齒重，n 爲齒輪轉速，N 爲齒數，r_o 與 r_i 表示視齒輪爲空心圓柱的外環與內環半徑，參考圖 9.6 所示之模型，則可得運動力的方程式爲

$$F_d = \frac{2e}{t}\sqrt{km_e} \tag{9.12}$$

其中 $t = \dfrac{1}{n_1 N_1} = \dfrac{1}{n_2 N_2}$ (9.12a)

$$k = \frac{b}{9}\left(\frac{E_1 E_2}{E_1 + E_2}\right) \tag{9.12b}$$

$$\frac{1}{m_e} = \frac{1}{m'_1} + \frac{1}{m'_2} \tag{9.12c}$$

$$m_1 = \begin{cases} \dfrac{\pi b\gamma}{2gr_o^2}(r_o^4 - r_i^4), & 中空 \\[2mm] \dfrac{\pi b\gamma r_o^2}{2g}, & 實心 \end{cases}$$

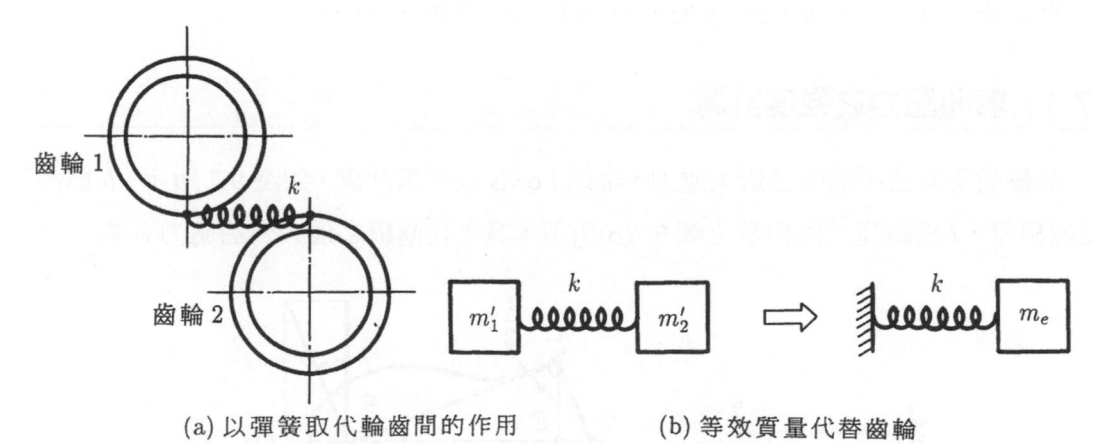

(a) 以彈簧取代輪齒間的作用　　　(b) 等效質量代替齒輪

● 圖 9.6　求運動力 F_d 之等效模型

例 9.2

有一齒數 20，徑節 $P_d = 4$ 之正齒輪，轉速為 1800rpm，壓力角 20°，已知受一 60ps 之動力，試求輪齒所受之傳遞力 F_p 與傳動軸所受之徑向推力 F_{pr}。

【解】

由 $P_d = N / D \Rightarrow D = 20 / 4 = 5 \text{ in} = 127 \text{ mm}$

$\quad H = F_{pt}\pi dn \Rightarrow F_{pt} = \dfrac{60\times 60\times 75}{\pi\times 0.127\times 1800} = 376\text{kgf}$

$\therefore\ F_p = \dfrac{F_{pt}}{\cos\phi} = \dfrac{376}{\cos 20°} = 400\text{kgf}$

$\quad F_{pr} = F_{pt}\tan\phi\ = 400\tan 20° = 146\text{kgf}$

9.7　靜態強度設計

　　齒輪受靜態負載而產生破壞的型式有承受彎曲力與表面壓力兩種，所以在進行靜態強度設計時，必須同時考慮這兩種負載均在允許值的範圍內才可。由於沿著作用線之齒輪力 F 包含有傳遞力 F_p 與運動力 F_d，而 F_d 很難決定所以常常不予考慮，以便能簡化分析的過程，所以將其分成不考慮 F_d 與考慮 F_d 兩種情況進行強度設計。

9.7-1　彎曲應力之強度計算

　　齒輪齒受彎曲所造成之最大應力，常以 Lewis 公式來計算，如圖 9.7 所示，b 為齒寬，t 為齒根厚，l 為齒高，由相當之圖 9.7(b)所示，發生在齒根之最大彎曲應力 σ 為

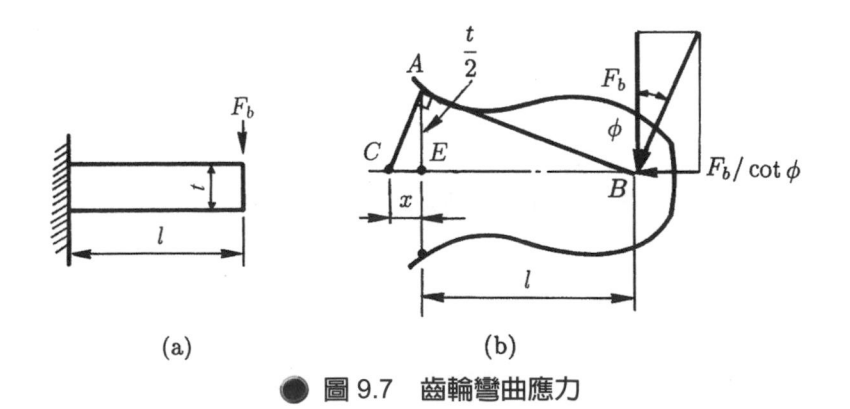

(a)　　　　　　　　(b)

● 圖 9.7　齒輪彎曲應力

$$\sigma_b = \frac{MC}{I} = \frac{F_b l \times t/2}{bt^3/12} = \frac{6F_b l}{bt^2} = \frac{\sigma_{yp}}{FS} \tag{9.13}$$

利用圖 9.7(b)所示$\Delta BAE \cong \Delta ACE$ 之幾何關係得

$$\frac{t/2}{l} = \frac{x}{t/2} \Rightarrow t^2/l = 4x \tag{9.14}$$

將(9.14)式代入(9.13)式，並令 $y = \dfrac{2x}{3P_c}$，其中 P_c 為周節，所以

$$\sigma_b = \frac{6F_b l}{bt^2} = \frac{3F_b}{2bx} = \frac{F_b}{yP_c b} = \frac{\sigma_{tp}}{FS} \tag{9.15}$$

(9.15)式之 $\sigma_b = \dfrac{F_b}{yP_c b}$ 稱為 Lewis Equation，其 y 稱為 Lewis 齒形因數。Lewis Equation 常以

徑節 $P_d = \dfrac{\pi}{P_c}$ 表示如下

$$\sigma_b = \frac{F_b P_d}{\pi y b} = \frac{F_b P_d}{Yb} = \frac{\sigma_{yp}}{FS} \tag{9.16a}$$

$$或\ \sigma_b = \frac{F_b P_d}{Jb} = \frac{\sigma_{yp}}{FS} \tag{9.16b}$$

式中 $Y = \pi y = \dfrac{2\pi x}{3P_c} = \dfrac{2x}{3}P_d$，$J$ 為考慮應力集中之幾何因數。(9.16)式中的彎曲應力 σ_b 是由

F_b 所產生，然而 F_b 又與傳遞力 F_p 及運動力 F_d 有關，因為 F_d 經常不予考慮，所以下面分兩種情況決定 F_b 的大小。

(1) 不考慮運動力 F_d

　　僅僅考慮作用在齒輪作用線的傳遞力 F_p，參考圖 9.7(b)所示，$F_p = F_b / \cos\phi$ 所以得

$$F_b = F_p \cos\phi \tag{9.17}$$

將(9.17)式代回(9.16)式可得

$$\sigma_b = \frac{(F_p \cos\phi)P_d}{Yb} = \frac{\sigma_{yp}}{FS} \tag{9.18}$$

(2) 考慮運動力 F_d

　　考慮有兩個齒同時接觸時僅有 $\frac{1}{2}(F_p + F_d)$ 作用在齒輪作用線的齒端，而有 $\frac{1}{2}(F_p + F_d)$ 是作用在靠近根部之另一接觸點，參考圖 9.7(b)所示則 $\frac{1}{2}(F_p + F_d) = F_b/\cos\phi$，所以

$$F_b = (F_p + F_d)\cos\phi /2 \tag{9.19}$$

將(9.19)式代入(9.16)式得

$$\sigma_b = \frac{\frac{1}{2}(F_p + F_b)(\cos\phi)P_d}{Yb} = \frac{\sigma_{tp}}{FS} \tag{9.20}$$

(9.20)式亦有利用一運動因數 $k_v = k_v(v)$ 表示，而 k_v 與節線速度 v 及滾刀的使用情況有關，其關係式為

$$\sigma_b = \frac{(F_p \cos\phi)P_d}{k_v Yb} = \frac{\sigma_{yp}}{FS} \tag{9.21}$$

其中 $k_v \leq 1$。

9.7-2　表面壓力的強度計算

　　輪齒必須有足夠強度，以便承受齒間接觸之壓應力，以 F_ω 表示沿作用線作用在齒面之磨耗負載，P_{max} 表示齒面所受最大壓應力，ρ_1 與 ρ_2 分別表示齒輪 1 與 2 齒面之曲率半徑，v 為波以松比，E 為彈性係數，b 為齒寬，代入第五章之(5.67)與(5.68)式，整理可得

$$\sigma_c = \sqrt{\frac{F_\omega\left(\dfrac{1}{\rho_1} + \dfrac{1}{\rho_2}\right)}{\pi b\left[\dfrac{(1-v_1^2)}{E_1} + \dfrac{(1-v_2^2)}{E_2}\right]}} = \frac{\sigma_{sc}}{FS} \tag{9.22}$$

式中 $\rho_1 = r_1\sin\phi$，$\rho_2 = r_2\sin\phi$，r_1 與 r_2 分別表示齒輪 1 與 2 之節圓半徑。

　　在(9.22)中，常取 $v_1 = v_2 = 0.3$，代入得

$$\sigma_c = 0.591\sqrt{\frac{F_\omega E_1 E_2}{b(E_1 + E_2)}\left(\frac{1}{r_1\sin\phi} + \frac{1}{r_2\sin\phi}\right)} = \frac{\sigma_{sc}}{FS} \tag{9.23}$$

式中 F_ω 是指沿作用線上之磨耗負載，有兩種情況之 F_ω 值：

(1) 不考慮運動 F_d

僅僅考慮作用在齒輪作用線之傳遞力 F_p，所以得 $F_\omega = F_p$，代入(9.22)式

$$\sigma_c = \sqrt{\frac{F_p\left(\dfrac{1}{\rho_1} + \dfrac{1}{\rho_2}\right)}{\pi b\left[\dfrac{(1-v_1^2)}{E_1} + \dfrac{(1-v_2^2)}{E_2}\right]}} = \frac{\sigma_{sc}}{FS} \tag{9.23}$$

通常在同樣不考慮運動力 F_d 之情況下，必須保證不會產生彎曲應力或表面壓應力之破壞，所以設計時應取(9.8)與(9.23)中 F_S 之較小值做為齒的安全因數。

(2) 考慮運動力 F_d

此時假設是在嚙合時僅有一個齒接觸，所以磨耗負載 $F_\omega = F_p + F_b$，這倨假設與分析彎曲應力時所假設有兩個齒同時接觸不同。將 $F_\omega = F_p + F_d$ 代入(9.23)式得

$$\sigma_c = \sqrt{\frac{(F_p + F_d)\left(\dfrac{1}{\rho_1} + \dfrac{1}{\rho_2}\right)}{\pi b\left[\dfrac{(1-v_1^2)}{E_1} + \dfrac{(1-v_2^2)}{E_2}\right]}} = \frac{\sigma_{sc}}{FS} \tag{9.24}$$

若將 $F_{pt} = F_p\cos\phi = (F_\omega - F_d)\cos\phi$ 與(9.12)式之 F_d 代入(9.11)式可得

$$HP = [(F_\omega - F_d)\cos\phi]\,\pi D_1 n_1$$

$$= (F_\omega - 2en_1 N_1\sqrt{km_e}\,)\pi D_1 n_1 \cos\phi \tag{9.25}$$

因為最大之 HP 發生在 $\dfrac{\partial HP}{\partial n_1} = 0$ 之處，所以(9.25)式對 n_1 微分且令等於零得

$$F_\omega - 4en_1 N_1\sqrt{km_e} = F_\omega - 2F_d = 0 \tag{9.26}$$

(9.26)式表示 $F_\omega = 2F_d$，所以得最大馬力容量發生在 $F_p = F_d$ 或 $F_\omega = 2F_p$。代入(9.22)式得

$$\sigma_c = \sqrt{\frac{2F_d\left(\dfrac{1}{\rho_1} + \dfrac{1}{\rho_2}\right)}{\pi b\left[\dfrac{(1-v_1^2)}{E_1} + \dfrac{(1-v_2^2)}{E_2}\right]}} = \frac{\sigma_{sc}}{FS} \tag{9.23}$$

> **例 9.3**

有一齒輪之齒數 $N = 36$、徑節 $P_d = 6$，齒寬 $b = 75\text{mm}$，齒形因數 $y = 0.12$，壓力角 $\phi = 20°$ 之全長齒，已知齒輪轉速 $n = 1800\text{rpm}$，承受 60ps 之動力，試求齒輪所受扭矩 T，沿作用線之傳動力 F_p、徑向推力 F_r 與彎曲應力。

【解】

(1) 由 $HP = \dfrac{T \times 2n\pi}{75 \times 60} \Rightarrow T = \dfrac{60 \times 75 \times 60}{2 \times 1800 \times \pi} = 23.87\text{kgf-m}$

(2) 由 $P_d = N / d \Rightarrow d = N / P_d = 36/6 = 6\text{in} = 152.4\text{mm}$

$\therefore F_t = \dfrac{T}{d/2} = \dfrac{23.87 \times 10^3}{76.2} = 313.3\text{kgf}$

$\Rightarrow F_p = \dfrac{F_t}{\cos\phi} = \dfrac{313.3}{\cos 20°} = 333.4\text{kgf}$

(3) 徑向推力 $F_r = F_t \tan\phi = 313.3\tan 20° = 114\text{kgf}$

(4) 由 $\sigma = \dfrac{F_t P_d}{\pi y b}$

$\therefore \sigma = \dfrac{313.3 \times 6 \times 9.8}{\pi \times 0.12 \times 75 \times 25.4} = 25.7\text{MPa}$

> **例 9.4**

有一小齒輪之齒數 $N_1 = 36$、徑節 $P_d = 6$ 與一齒數 $N_2 = 72$ 大齒輪嚙合，其齒寬均為 $b = 75\text{mm}$，壓力角 $\phi = 20°$，Lewis 齒形因數分別為小齒輪 $Y_1 = 0.308$、大齒輪 $Y_2 = 0.411$。且已知兩齒輪相同材質，其最大允許彎曲應力 $\sigma_{sy} = 138\text{MPa}$，最大允許壓應力 $\sigma_{sc} = 414\text{MPa}$，彈性係數 $E = 207\text{GPa}$，波以松比 $\upsilon = 0.3$，若小齒輪承受一 60ps 之動力，且轉速 $n_1 = 1800\text{rpm}$，試求齒輪的安全因數。

【解】

先分別求出小齒輪及大齒輪之彎曲應力與兩齒之壓應力，然後再求各個安全因數，取其最小值做為齒輪的安全因數：

(1) 小齒輪彎曲應力：

由 $P_d = \dfrac{N_1}{d_1} \Rightarrow d_1 = \dfrac{36}{6} = 6\text{in} = 152.4\text{mm}$

$$HP = \frac{T_1 \times 2n_1\pi}{75 \times 60} \Rightarrow T_1 = \frac{60 \times 75 \times 60}{2 \times 1800 \times \pi} = 23.87\text{kgf-m}$$

$$F_t = \frac{T_1}{d_1/2} = \frac{23870}{76.2} = 313.3\text{kgf}$$

$$\sigma_{1y} = \frac{F_t P_d}{Y_1 b} = \frac{313.3 \times 6 \times 9.8}{0.308 \times 75 \times 25.4} = 31.4\text{MPa}$$

$$\therefore (FS)_1 = \frac{\sigma_{sy}}{\sigma_{1y}} = \frac{138}{31.4} = 4.4$$

(2) 大齒輪彎曲應力：因為大小齒輪受相同之切線力 F_t，所以大齒之彎曲應力為

$$\sigma_{2y} = \frac{F_t P_d}{Y_2 b} = \frac{313.3 \times 6 \times 9.8}{0.411 \times 75 \times 25.4} = 23.5\text{MPa}$$

$$\therefore (FS)_2 = \frac{\sigma_{sy}}{\sigma_{2y}} = \frac{138}{23.5} = 5.87$$

(3) 壓應力

由 $P_d = \dfrac{N_2}{d_2} \Rightarrow d_2 = \dfrac{72}{6} = 12\text{in} = 304.8\text{mm}$

$$F_\omega = \frac{F_t}{\cos\phi} = \frac{313.3}{\cos 20°} = 333.4\text{kgf}$$

$$\rho_1 = \frac{d_1}{2}\sin\phi = 76.2\sin 20° = 26.1\text{mm}$$

$$\rho_2 = \frac{d_2}{2}\sin\phi = 152.4\sin 20° = 52.1\text{mm}$$

利用兩圓柱體外接壓應力為

$$\sigma_c = \sqrt{\frac{F_\omega\left(\dfrac{1}{\rho_1} + \dfrac{1}{\rho_2}\right)}{\pi b\left[\dfrac{(1-v_1^2)}{E_1} + \dfrac{(1-v_2^2)}{E_2}\right]}}$$

$$= \sqrt{\frac{333.4\left(\dfrac{1}{26.1} + \dfrac{1}{52.1}\right) \times 9.8}{2\pi \times 75 \times (1 - 0.09)/207000}} = 301.2\text{MPa}$$

$$\therefore (FS)_3 = \frac{\sigma_{sc}}{\sigma_c} = \frac{414}{301.2} = 1.37$$

因 $(FS)_3 < (FS)_1 < (FS)_2$，所以決定齒輪安全因數 $FS = 1.37$

9.8 疲勞強度設計

齒輪在嚙合時，其所受之彎曲應力與表面壓應力均可視爲是一種變動負載：

(1) 彎曲應力之疲勞強度計算

齒輪齒受彎曲應力之變動負載情況可視爲最大應力爲彎曲力 σ_b 而取小應力爲零之非完全反覆負載。若以 σ_r 表波幅應力，σ_m 表平均應力，則有

$$\sigma_r = \sigma_m = \frac{1}{2}\sigma_b \tag{9.24}$$

若以 M. Goodman 疲勞破壞理論則可列出安全因數的關係爲

$$\begin{cases} \dfrac{\sigma_u}{FS} = \sigma_m + \dfrac{\sigma_r}{\sigma_e}\sigma_u = \dfrac{1}{2}\sigma_b\left(1 + \dfrac{\sigma_u}{\sigma_e}\right) \\[2mm] \text{或} \dfrac{\sigma_{yp}}{FS} = \sigma_m + \sigma_r = \sigma_b \end{cases} \tag{9.25}$$

若以 Soderberg 疲勞破壞理論則可得

$$\frac{\sigma_{yp}}{FS} = \sigma_m + \frac{\sigma_r}{\sigma_e}\sigma_{yp} = \frac{1}{2}\sigma_b\left(1 + \frac{\sigma_{yp}}{\sigma_e}\right) \tag{9.26}$$

(2) 表面壓力之疲勞強度計算齒輪之齒面在嚙合過程中可視爲接觸表面承受反覆之壓縮應力。

首先利用材料的硬度值 HB 求疲勞強度 σ_f，對鋼鐵表面而言

$$\sigma_f = (0.4HB - 10)\text{kpsi} \tag{9.27a}$$

$$\text{或 } \sigma_f = (2.76HB - 70)\text{MPa} \tag{9.27b}$$

求得 Buckingham 負載應力因數 k_f 爲

$$k_f = \pi\left[\frac{(1-v_1^2)}{E_1} + \frac{(1-v_2^2)}{E_2}\right]\sigma_f^2 \tag{9.28}$$

以上關係式是依 Talbourdet 實驗，在接觸面作用至 10^8 週次後表面產生疲勞破壞而得。對一接觸面承受一磨耗負載 F_ω 之安全因數爲

$$FS = \frac{k_f}{\dfrac{F_\omega}{b}\left(\dfrac{1}{\rho_1}+\dfrac{1}{\rho_2}\right)} = \frac{k_f}{\dfrac{F_\omega}{b}\left(\dfrac{1}{r_1\sin\phi}+\dfrac{1}{r_2\sin\phi}\right)} \tag{9.29}$$

(3) 傳統正齒輪組之設計

　　正齒輪組的設計，首先必須確知小齒輪(令為主動輪)轉速、大齒輪(令為被動輪)轉速許可範圍及傳遞的馬力數，然後根據這些已知條件進行設計，其設計流程如下：

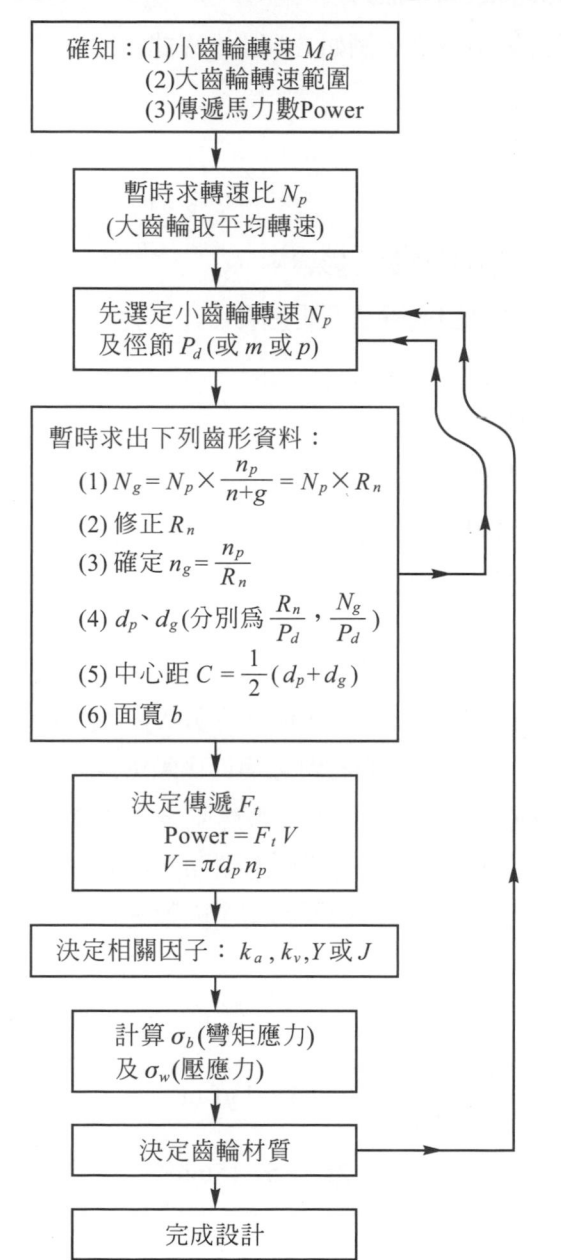

(4) 傳統與現代正齒輪設計準則之差異：

- 傳統設計準則

    (a) 假設所有負載均作用在單一齒輪之齒尖上。

    (b) 忽略齒所受徑向負載。

    (c) 齒面上所受壓力是均勻分佈。

    (d) 忽略齒與齒之間摩擦力。

    (e) 忽略應力集中效應，例如 Lweis 方程式

$$\sigma = \frac{F_b P}{Yb}$$

- 現代設計準則

    (a) 節線速度對衝擊負載之影響。

    (b) 考慮製造精度對衝擊負載之影響。

    (c) 接觸比之影響。

    (d) 考慮應力集中。

    (e) 衝擊負載影響之程度。

    (f) 結合精度與剛性之影響。

    (g) 考慮齒與旋轉元件之慣性矩。

例 9.5

有一小齒輪齒數 $N_1 = 18$、徑節 $P_d = 4$，與一齒數 $N_2 = 72$ 之大齒輪嚙合，且已知齒寬 $b = 89mm$，壓力角 $\phi = 20°$，輪齒材料之彈性係數 $E = 207GPa$，波以松比 $v = 0.3$，抗拉強度 $\sigma_u = 794MPa$，硬度 $HB = 235$，疲勞限 $\sigma_e = 290MPa$，小齒之齒形因數 $Y_1 = 0.395$。若齒輪承受 100ps 之動力，小齒輪轉速 $n_1 = 1100rpm$，傳遞力 F_p 等於運動力 F_d，試求其彎曲與表面受壓之疲勞破壞的安全因數 FS。

【解】

先求小齒輪所受扭矩 T_1，由

$$HP = \frac{T_1 \cdot 2\pi n_1}{75 \times 60} \Rightarrow T_1 = \frac{100 \times 75 \times 60}{2\pi \times 1100} = 65.11 \text{kgf-m}$$

$$P_d = \frac{N_1}{d_1} \Rightarrow d_1 = \frac{18}{4} = 4.5" \Rightarrow r_1 = 2.25" = 57.15mm$$

$$F_t = \frac{T_1}{r_1} = \frac{65110}{57.15} = 1139.3 \text{kgf}$$

因為最大之彎曲力矩發生在小齒輪，且 $F_d = F_p$，所以 $F_b = F_p \cos\phi = F_t$，

$$\sigma_b = \frac{F_b \cdot P_d}{Y_1 b} = \frac{1139.3 \times 4 \times 9.8}{0.395 \times 89 \times 25.4} = 50.02 \text{MPa}$$

由於已知條件中沒有降伏強度，所以利用 M. Goodman 破壞理論，$\sigma_m = \sigma_r = \frac{1}{2}\sigma_b$，所以

彎曲疲勞破壞之安全因數為

$$\frac{1}{FS} = \frac{\sigma_m}{\sigma_u} + \frac{\sigma_r}{\sigma_e} \Rightarrow FS = \frac{2 \times 794 \times 290}{50.02 \times (794 + 290)} = 8.49$$

由 $\sigma_f = (2.76HB - 70) = 2.76 \times 235 - 70 = 578.6 \text{MPa}$

$$k_f = \pi \left[\frac{(1 - v_1^2)}{E_1} + \frac{(1 - v_2^2)}{E_2} \right] \sigma_f^2 = \frac{2\pi(1 - 0.09)}{207000}(578.6)^2 = 9.25 \text{MPa}$$

$$F_\omega = 2F_p = 2F_t / \cos\phi = \frac{2 \times 1139.3}{\cos 20°} = 2424.8 \text{kgf}$$

$$r_2 = \frac{1}{2}d_2 = \frac{1}{2}(N_2 / P_d) = \frac{1}{2} \times \frac{72}{4} = 12 \text{in} = 304.8 \text{mm}$$

$$\therefore FS = \frac{k_f}{\dfrac{F_\omega}{b}\left(\dfrac{1}{r_1 \sin\phi} + \dfrac{1}{r_2 \sin\phi}\right)}$$

$$= \frac{9.25}{\dfrac{2424.8 \times 9.8}{89}\left(\dfrac{1}{57.15 \sin 20°} + \dfrac{1}{304.8 \sin 20°}\right)} = 0.57$$

由此可見雖然彎曲疲勞破壞為安全，但是表面壓應力之疲勞破壞卻不安全。

9.9　齒輪之散熱

　　齒輪在嚙合時所產生之熱，常需利用冷卻油直接噴在嚙合的地方，將熱量帶走，依據實際運轉的經驗，每傳遞 400HP 之功率，需使用 1gpm 之冷卻油量。尤其對於蝸形齒輪，較其他相同負載下之齒輪會產生更多之熱量，如果無法將這些生成的熱等量的散發，則會造成潤滑油操作溫度變高，減低承受負載的能力。一般在油溫高於 200°F 時，就會使油失去潤滑的功用，所以通常需將油的操作溫度保持在 180°F 以下。

9.10　齒輪標準制

　　標準齒輪的尺寸常以徑節 P_d 或模數 m 表示，而且依壓力角 ϕ 之不同而有不同大小。一般最常使用的齒型有 $14\frac{1}{2}°$。

● 表 9.1　齒輪標準制

齒型 名稱	$14\frac{1}{2}°$全長齒	20°全長齒	20°短齒
齒冠高	$\dfrac{1}{P_d}$	$\dfrac{1}{P_d}$	$\dfrac{0.8}{P_d}$
齒根高	$\dfrac{1.157}{P_d}$	$\dfrac{1.157}{P_d}$	$\dfrac{1}{P_d}$
齒冠圓角直徑	$\dfrac{N+2}{P_d}$	$\dfrac{N+2}{P_d}$	$\dfrac{N+1.6}{P_d}$
齒厚	$\dfrac{1.5708}{P_d}$	$\dfrac{1.5708}{P_d}$	$\dfrac{1.5708}{P_d}$
齒根圓角半徑	$\dfrac{0.209}{P_d}$	$\dfrac{0.236}{P_d}$	$\dfrac{0.3}{P_d}$

　　全長齒、20°全長齒與 20°短齒等三種，其尺寸規格如表 9.1 所示，表中顯示 $14\frac{1}{2}°$ 全長齒與 20°全長齒兩種僅僅是齒根圓角半徑有所不同，其餘尺寸均相同。

　　有關最小齒數 N 的限制如下：

(1) 小齒與齒條時，不會產生下切之最小齒數 N 為滿足

$$N = \frac{2k}{\sin^2 \phi}，k = a/m，a 為齒冠高$$

(2) 兩相同齒輪嚙合時，須滿足

$$3\sin^2 \phi\, N^2 - 4kN - 4k^2 = 0$$

(3) 一小齒 1 與大齒 2 嚙合時，N_1 滿足(2)中之式，另

$$N_2 = \frac{4k^2 - N_1^2 \sin^2 \phi}{2N_1 \sin^2 \phi - 4k}$$

9.11　齒輪的材料

　　齒輪常使用的材料有鑄鐵、鋼、鑄鋼、青銅及黃銅、樹脂纖維、尼龍、鐵弗龍或鈦鐵合金等，依據不同的使用條件選擇適當的材料及熱處理方式是非常重要。例如鑄鐵是最常使用的齒輪材料，其具有耐磨、易於切削及製造，而且比鋼材有更低的噪音；若考慮腐蝕問題時，常選用青銅做為齒輪材料，因其接觸時的滑動速度相當高，可以減低磨耗，AGMA 已有提出一些含有少量之鎳、鉛或鋅之錫青銅做為齒輪材料，其硬度在 $HB = 70\sim85$。

　　有一些需要有較高強度或表面硬度之齒輪材料，常利用熱處理的方式獲得。例如滲碳法，是將材料置於碳化合物中，並在爐內加熱保持一段時間，再經淬火回火可得很硬的表面，通常是選擇含碳量低的合金鋼如 4620 或 4320。其他還有滲氮法、完全硬化法、感應或火焰硬化法等。

9.12　製造方法

　　齒輪製造常用的方法有銑刀銑齒法、齒條銑齒法、滾齒法與費羅斯齒輪刨製法等四種：
(1) 銑刀銑齒法

　　　　利用成形之圓刀具，裝於銑床上進行銑齒，將胚料中之齒間材料削除即可製成所要的齒形。常用於製造 $14\frac{1}{2}°$ 長齒之正齒輪。

(2) 齒條銑齒法

　　　　用鋼料製成刀緣硬化之齒條。使齒條銑刀做直線的往復運動，同時胚料做緩慢的轉動，如此即可將齒間材料削除，而獲得漸開線齒。

(3) 滾齒法

　　　　所使用之滾齒刀是以齒條相同截面之齒形，依螺旋式環繞於圓柱體上而成。將滾齒刀定位於適當的銑切深度後令其轉動，其作用過程與齒條的運動類似，且滾齒刀沿胚料軸線作進給，直至齒寬全面成形為止。此種製造法適用於齒輪的大量製造。

(4) 費羅斯齒輪刨製法

　　　利用刀邊經硬化之鑲齒銑刀，將銑刀與胚料裝於互相平行的軸線上，作緩慢的轉動，且銑刀在軸上亦作往復的運動。尤其在銑切內齒，就必須選擇此法。

9.13　齒輪安裝與潤滑

　　齒輪在完成安裝而開始運轉初期，最易出現的問題是噪音過大、振動過大、壽命很短等，這些原因除了與設計製造過程有關係外，安裝與潤滑的情形也是影響的重要因素。在齒輪安裝時，必須特別注意：確保兩齒輪軸的平行或位於規定的交角位置；檢查嚙合的齒隙是否在規定的範圍內，其檢查的方法是用量錶固定一軸上，而量錶靠在另一軸上的齒上，然後輕輕地左右轉動齒輪軸，量取左右兩接觸點所移動的距離；各齒輪軸在未安裝前必須分別作動平衡試驗，且不平衡量均須在規定的範圍內；檢查齒輪的軸承是否正常。

　　齒輪是否在密封的箱內或未封閉的環境下運轉，或是負載的輕重均會影響齒輪潤滑的情形。對於在未封閉的環境下運轉之齒輪，通常是採用油壺或滴油器供應潤滑油，而且必控制適當的供油間距與供油量，至於暴露在水或酸之齒輪，則必須選用可黏附在金屬之黏滯潤滑劑；對於封閉箱內之齒輪常選用大齒輪漏入油池的方式，或是以油嘴在嚙合的接觸面噴潤滑油的方式，至於接觸壓力大的齒輪，則考慮選擇耐高壓之潤滑劑。不管是採用何種潤滑方式或潤滑劑，均須保持潤滑劑中沒有異物，以免增加磨耗速率。

9.14　螺旋齒輪

　　螺旋齒輪的接觸面積比一般為大，所以可以傳遞更大的動力，而且嚙合較平滑，因而又可減少振動與噪音。螺旋齒輪常用於平行軸間之動力傳遞，兩個嚙合的齒輪具有相同的螺旋，但是方向相反，即一個為右螺旋時則另一個就為左螺旋。螺旋齒輪是利用無窮多個正齒排列於斜直線或曲線上而形成，如圖 9.8 所示。若以 ψ 表示螺旋角，ϕ_t 表示轉動方向之壓力角，ϕ_n 為法線方向之壓力角，則有關螺旋齒輪之重要公式如下：

· 法面周節 P_n 與橫向周節 P_t 之關係為

$$P_n = P_t \cos\psi \tag{9.30}$$

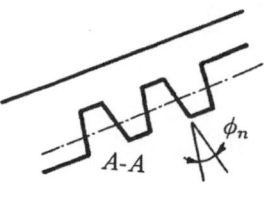

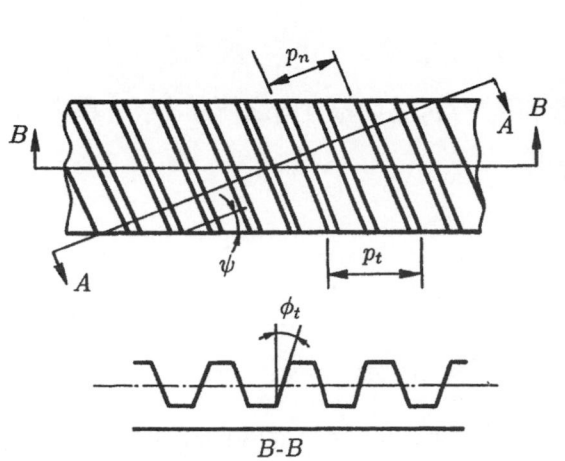

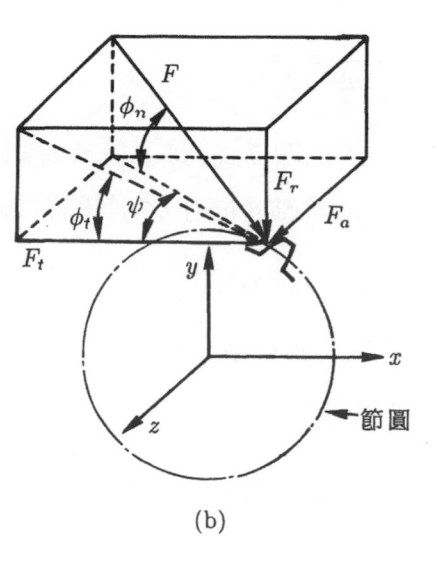

(a)

(b)

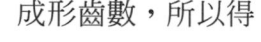

● 圖 9.8 螺旋齒輪受力圖

- 法面徑節 P_{dn} 與橫向徑節 P_{tn} 之關係為

$$P_{dn} = P_{tn} / \cos\psi \tag{9.31}$$

- ϕ_n、ϕ_t 與 ψ 之間的關係：由圖 9.8(b)之立方體幾何關係得

$$\tan\phi_n = \tan\phi_t \cos\psi \tag{9.32}$$

- 螺旋齒輪節徑 d：是指切線方向之節徑，N 為齒輪齒數，

$$d = \frac{NP_t}{\pi} = \frac{NP_n}{\pi\cos\psi} = \frac{N}{P_{dn}\cos\psi} \tag{9.33}$$

- 導程 L：由圖 9.18(a)所示，軸轉一轉齒上一點在軸方向移動之距離稱為導程 L，即

$$L = \pi d \cot\psi = NP_t \cot\psi = \frac{NP_n}{\sin\psi} \tag{9.34}$$

- 成形齒數 N'：或稱虛齒數，定義在螺旋線上半徑 $R = d / (2\cos^2\psi)$ 之齒輪齒數為成形齒數，所以得

$$N' = \frac{2\pi R}{P_n} = \frac{\pi d}{P_n \cos^2 \psi} = \frac{N}{\cos^3 \psi} \tag{9.35}$$

·　轉速比：令 n_1 與 n_2 分別表示齒輪 1 與 2 之轉速，則

$$\frac{n_1}{n_2} = \frac{N_2}{N_1} \tag{9.36}$$

·　力的關係式：以 F 表示垂直總作用力，F_t 為切線方向之傳動力，F_r 為徑向推力，F_a 為軸向推力，則其間的關係為

$$F_r = F_t \tan \phi_t \tag{9.37}$$

$$F_a = F_t \tan \psi \tag{9.38}$$

$$F_r = F \sin \phi_n \tag{9.39}$$

·　傳動扭矩 T 與馬力 HP：以 r 表示節圓半徑，v 表示節圓切線速率，n 表示轉速，則

$$T = r \times F_t \tag{9.40}$$

$$HP = F_t v \quad = T \times 2\pi n \tag{9.41}$$

·　齒的彎曲破壞理論：與正齒輪類似，利用 Lewis 方程式決定彎曲應力 σ_b 為

$$\sigma_b = \frac{F_t}{y P_n b} = \frac{F_t P_{dn}}{Yb} = \frac{\sigma_{yp}}{FS} \tag{9.42}$$

式中 y 表示 Lewis 齒形因數，此值必須由成形齒數 N' 決定；$Y = \pi y$，亦稱為齒形因數；b 為齒寬。

例 9.6

有一 2ps 馬達以 $n = 1800$rpm 轉速帶動一螺旋齒輪，已知齒之法線壓力角 $\phi_n = 20°$，螺旋角 $\psi = 30°$，法線徑節 $P_{dn} = 10$，齒數 $N = 18$，試求齒輪所受之傳動切線力 F_t、軸向推力 F_a 與徑向推力 F_r？

【解】

首先求切線徑節 P_{dt} 為

$$P_{dt} = P_{dn} \cos\psi = 10 \cos30° = 8.66$$

由 $P_{dt} = \dfrac{N}{d} \Rightarrow d = \dfrac{18}{8.66} = 2.08\text{in} = 52.8\text{mm}$

$\therefore v = 2\pi rn = 2\pi \times \dfrac{1}{2} \times 52.8 \times 1800 = 298.58 \times 10^3\text{mm/min}$

由 $HP = F_t v$

$\Rightarrow F_t = \dfrac{2 \times 75 \times 60}{298.58} = 30.1\text{kgf}$

又 $\tan\phi_n = \tan\phi_t \cos\psi$

$\therefore F_r = F_t \tan\phi_t = F_t \dfrac{\tan\phi_n}{\cos\psi} = 30.1 \times \dfrac{\tan 20°}{\cos 30°} = 12.7\text{kgf}$

$F_a = F_t \tan\psi = 30.1 \tan30° = 17.4\text{kgf}$

9.15　蝸形齒輪

蝸形齒輪常用做傳遞高轉速比且兩軸不相交也不平行之裝置,是由一類似動力螺紋之蝸桿(worm)與一螺旋齒之蝸輪(Gear)所組成,而且兩者有相同螺旋方向及螺旋角(當兩軸不成直角則螺旋角不同,如歪齒輪)。通常蝸桿是以導角 λ(為螺旋角 ψ_w 之餘角)表示,而蝸輪常以螺旋角 ψ_g 表示,如圖 9.9 所示,有關蝸形齒輪之重要公式如下:

· 法線周節 P_n 與法線徑節 P_{dn}:如圖 9.9 所示

$$P_n = P_1 \sin\lambda = P_2 \cos\lambda \tag{9.43}$$

$$P_{dn} = \frac{\pi}{P_n} = \frac{\pi}{P_1 \sin\lambda} = \frac{\pi}{P_2 \cos\lambda} \tag{9.44}$$

式中 P_1 與 P_2 分別表示蝸桿與蝸輪旋轉平面之周節。

· 蝸桿導程 L:以 N_1 表示蝸桿之螺紋數,N_2 表示蝸輪之齒數,則可得

$$L = N_1 P_2 \tag{9.45}$$

$$\tan\lambda = \frac{L}{\pi d_1} = \frac{P_2}{P_1} \tag{9.46}$$

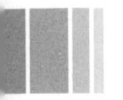

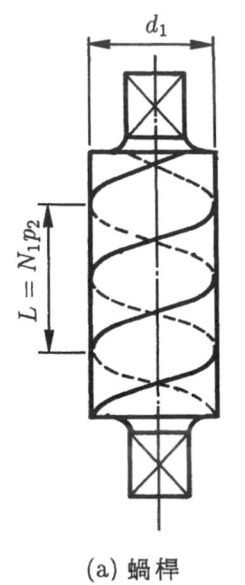

(a) 蝸桿

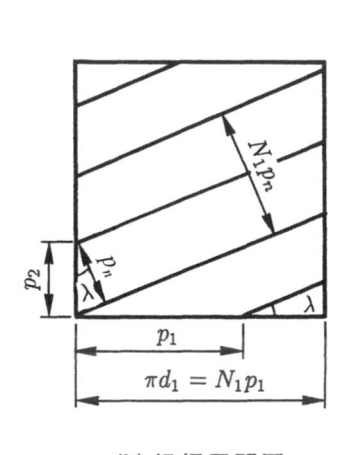

(b) 蝸桿展開圖

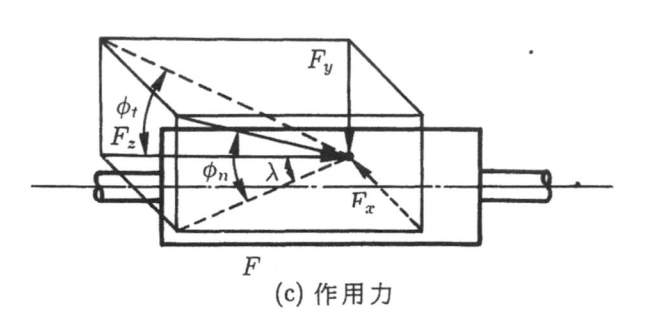

(c) 作用力

● 圖 9.9 蝸形齒輪受力圖

· 轉速比：以 n_1 與 n_2 分別表示蝸桿與蝸輪之轉速則

$$\frac{n_1}{n_2} = \frac{N_2}{N_1} \tag{9.47}$$

· 齒面作用力：正齒輪在節點處為純滾動，而其他位置則為滾動帶滑動，但是蝸桿與蝸輪之間則為純滑動，所以摩擦作用非常重要。若以 μ 表示摩擦係數，F 表示垂直接觸面之總作用力，註腳 w 與 g 分別表示蝸桿與蝸輪，註腳 t，r 與 a 分別表示切線、徑向與軸向，則各作用力的關係為

$$F_{wt} = -F_{ga} = F_x = F(\cos \phi_n \sin\lambda + v\cos\lambda) \tag{9.48}$$

$$F_{wr} = -F_{gr} = F_y = F \sin \phi_n \tag{9.49}$$

$$F_{wa} = -F_{gt} = F_z = F(\cos\phi_n \cos\lambda - \mu\sin\lambda) \tag{9.50}$$

$$F_f = \mu F \tag{9.51}$$

- 齒的彎曲破壞理論：因為蝸桿齒之強度較蝸輪齒為大，因此分析蝸輪之強度即可，所以利用 Lewis 方程式可得蝸輪之彎曲應力 σ_b 為

$$\sigma_b = \frac{F_{gt}}{yp_n b} = \frac{F_{gt}P_{dn}}{Yb} = \frac{\sigma_{yp}}{FS} \tag{9.52}$$

例 9.7

已知三螺紋蝸桿之節徑 $d_1 = 125mm$，法線徑節 $P_{dn} = 3$，減速比為 1：12，試求蝸輪節徑為何？

【解】

由 $\dfrac{n_1}{n_2} = \dfrac{N_2}{N_1} \Rightarrow N_2 = 3 \times 12 = 36$

由 $P_{dn} = \dfrac{\pi}{P_n} = \dfrac{\pi}{P_1 \sin\lambda} = \dfrac{\pi}{P_2 \cos\lambda}$

$\Rightarrow P_{dn} = \dfrac{N_1}{d_1 \sin\lambda} = \dfrac{N_2}{d_2 \cos\lambda}$

$\therefore \sin\lambda = \dfrac{3 \times 25.4}{125 \times 3} = 0.2 \Rightarrow \lambda = 11.5°$

$\Rightarrow d_2 = \dfrac{N_2 d_1}{N_1 \cot\lambda} = \dfrac{36 \times 125}{3 \times \cot 11.5°} = 305.2mm$

9.16　斜齒輪

斜齒輪是用於傳動兩相交軸之齒輪，如圖 9.10 所示可將其分成四種：

- 直齒斜齒輪：由位於圓錐面上之正齒形齒所組成者。
- 蝸線斜齒輪：由位於圓錐面上之螺旋齒所組成者。
- 冠狀斜齒輪：兩齒輪軸交角大於 90°之蝸線斜齒輪稱之。
- zerol 斜齒輪：蝸線角等於零之蝸線斜齒輪稱之。

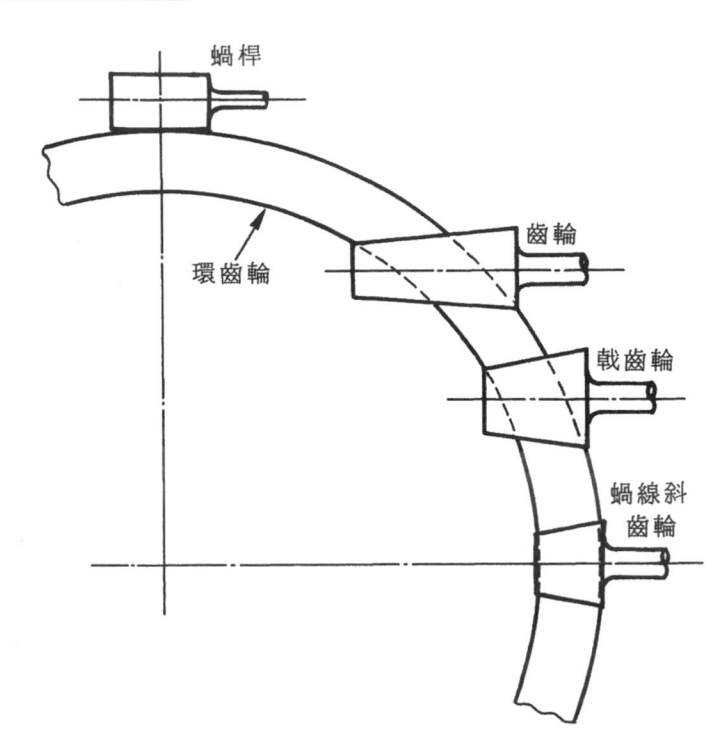

● 圖 9.10 斜齒輪之幾何關係

以直齒斜齒輪爲例說明其重要公式：

(1) 齒面中點周節 P

如圖 9.11 所示，$r' = r/\cos\alpha$，$N' = N/\cos\alpha$，所以得

$$P = \frac{2\pi r}{N} = \frac{2\pi r'}{N'} \tag{9.53}$$

式中 r 與 P 分別表示齒輪 1 或 2 之齒面中點半徑與周節，若帶有下標 0 時表示大圓錐(或稱大圓錐)之節圓半徑與周節。

(2) 轉速比

以 n_1 與 n_2 分別表示齒輪 1 與 2 之轉速，則

$$\frac{n_1}{n_2} = \frac{N_2}{N_1} \tag{9.54}$$

(3) 齒面作用力

以 F 表示總作用力，切線力 $F_t = F\cos\phi$，則齒輪 1 之軸向推力 F_{a1} 與徑向推力 F_{r1} 如圖 9.11 所示爲

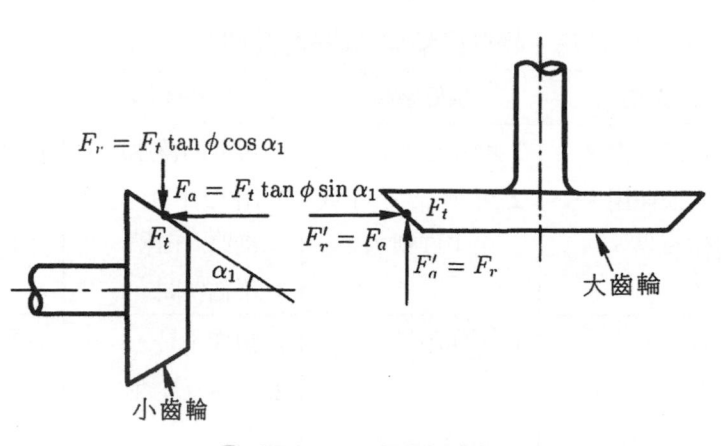

● 圖 9.11　直齒斜齒輪

$$F_{a1} = F_t \tan\phi \sin\alpha_1 \tag{9.55}$$

$$F_{r1} = F_t \tan\phi \cos\alpha_1 \tag{9.56}$$

對齒輪 2 而言，輪軸互相垂直的關係，所以

$$F_{a2} = F_{r1} = F_t \tan\phi \cos\alpha_1 \tag{9.57}$$

$$F_{r2} = F_{a1} = F_t \tan\phi \sin\alpha_1 \tag{9.58}$$

(4) 傳動扭矩 T 與馬力 HP

以 v 表示齒面中點節圓切線速率，則

$$T = F_t \times r \tag{9.59}$$

$$HP = F_t \times v = T \times 2\pi n \tag{9.60}$$

(5) 齒的彎曲破壞理論

類似正齒輪所述之 Lewis 方程式，其彎曲應力 σ 為

$$\sigma = \frac{F_t}{yPb} = \frac{F_t P_d}{Yb} \tag{9.61}$$

式中齒形因數 y 或 Y 是由 $N' = N / \cos\alpha$ 所決定。

(6) 比較正齒輪、螺旋齒輪、蝸形齒輪與斜齒輪優缺點：

	正齒輪	螺旋齒輪	蝸形齒輪	斜齒輪
優點	1. 無軸向壓力。 2. 可交換使用。 3. 製作容易。	1. 噪音小。 2. 可連結平行或不平行軸。	1. 可高的轉速比。 2. 用於不相交且垂直之兩軸 3. 不佔空間	1. 噪音小。 2. 不限平行軸。 3. 齒形變化多。
缺點	1. 噪音大。 2. 強度弱。 3. 須平行軸才可。	1. 製作不易。	1. 製作不易。 2. 不具互換性。	1. 製作不易。 2. 有軸向推力。 3. 不具互換性。

例 9.8

有一直齒斜齒輪之齒面中點徑節 $P_d = 10$，齒數 $N = 52$，傳動馬力為 10ps。壓力角 ϕ =14.5°，齒輪錐角 $\alpha = 75°$，轉速 $n = 300$rpm。試求軸所受之扭矩，齒面所受傳動切線力 F_t、軸向推力 F_a 及徑向推力 F_r。

【解】

由齒面中點徑節公式得

$$P_d = N / d \Rightarrow d = \frac{52}{10} = 5.2\text{in} = 132.08\text{mm}$$

由傳動扭矩 T 與傳動馬力 HP 之關係得

$$HP = \frac{T \times 2\pi n}{550 \times 60 \times 12} \Rightarrow T = \frac{10 \times 75 \times 60}{2\pi \times 300} = 23.87\text{kgf-m}$$

$\therefore$ 傳動切線力 $F_t = \dfrac{T}{d/2} = \dfrac{23870}{66.04} = 361.4$kgf

$$F_a = F_t \tan\phi \sin\alpha = 361.4(\tan14.5°)(\sin75°) = 90.3\text{kgf}$$

$$F_r = F_t \tan\phi \cos\alpha = 361.4(\tan14.5°)(\cos75°) = 24.2\text{kgf}$$

9.17　齒輪系

　　凡由三個或三個以上之齒輪互相接合，以傳遞運動之齒輪組稱為**齒輪系**。齒輪系中最先轉動的一輪(即動力輸入端)稱原動輪或驅動輪或主動輪，而最後轉動之輪稱為從動輪或被動輪。齒輪系之組合常出現四種型式：一般齒輪系、行星齒輪系、兩輸入軸齒輪系與回歸齒輪系。

(1) 一般齒輪系

輪系中若各輪中心軸線均為固定者稱為一般齒輪系，如圖 9.12(a)所示。若以 n_F 表示從動輪轉速，n_D 表示主動輪轉速，則從動輪與主動輪之轉速比為

$$\frac{n_F}{n_D} = (\pm)\frac{\times N_D}{\times N_F} \tag{9.62}$$

式中$\times N_D$ 表示所有驅動輪軸齒數之乘積；$\times N_F$ 表示所有從動輪齒數之乘積；$\pm$號表示每對外齒傳動就加一負號(負號表示被動輪與驅動輪反向)，內齒傳動則加一正號。

(2) 行星齒輪系

輪系中若有一輪軸或數個輪軸繞著一個固定輪軸轉動者稱之**行星齒輪系**，又稱**周轉齒輪系**，如圖 9.12(b)所示。若以 n_{arm} 表示繞一固定軸轉動之輪軸轉速，則其轉速的關係式為

$$\frac{n_F - n_{arm}}{n_D - n_{arm}} = (\pm)\frac{\times N_D}{\times N_F} \tag{9.63}$$

(9.63)式的使用要領是：欲求任一齒輪 1 與另一齒輪 2 之轉速比時，可先假設繞固定軸轉動之輪軸轉一轉時(即 $n_{arm} = 1$)，齒輪 1 之轉速為 n_1，且令具等於(9.62)式中之 n_F(即 $n_1 = n_F$)，在一行星齒輪系中必可找到一固定輪，並令其等於 $n_D(n_D = 0)$，然後代入(9.63)式，即可找到 n_1；同理可找到繞固定軸轉動之輪軸每轉一轉時齒輪 2 之轉速 n_2。然而 n_1 / n_2 即為齒輪 1 與齒輪 2 之轉速比。如圖 9.12(b)所示。

(3) 兩個輸入軸齒輪系

如圖 9.12(c)所示，有兩個輸入軸與一個輸出軸，假設 n_1 與 n_2 分別表示兩個輸入軸之轉速，n_0 為輸出軸轉速，則其間關係為

$$n_0 = n_1 \times \left(\frac{n_0}{n_1}\right)_{\text{輸入軸2固定}} + n_2 \times \left(\frac{n_0}{n_2}\right)_{\text{輸入軸1固定}} \tag{9.64}$$

$$= n_1 \times R_{o1} + n_2 \times R_{o2}$$

式中 R_{o1} 表示假設輸入軸 2 為固定不動時，輸出軸轉速與輸入軸 1 轉速之比，其求法可利用(9.62)或(9.63)獲得；同理 R_{o2} 表示假設輸入軸 1 為固定不動時，輸出軸轉速與輸入軸 1 轉速之比。

(4) 回歸齒輪系

如圖 9.12(d)所示，驅動輪與被動輪之輪軸位於同一直線上時稱之**回歸齒輪系**。

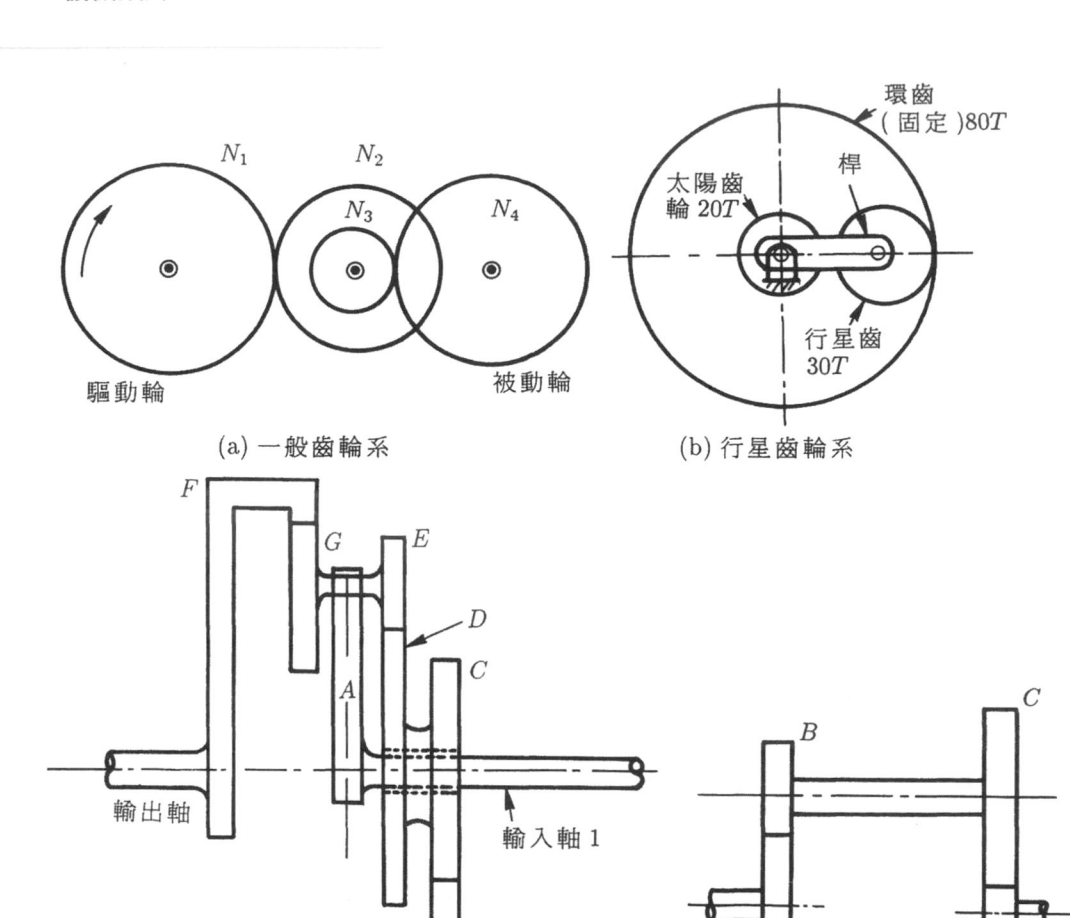

(a) 一般齒輪系 (b) 行星齒輪系

(c) 兩輸入軸齒輪系 (d) 回歸齒輪系

● 圖 9.12 齒輪系

例 9.9

有一回歸齒輪系,如圖 9.12(d)所示,其各齒輪之齒數分別為 $N_A = 96$、$N_B = 36$、$N_C = 120$,齒輪 A 與 B 之徑節 $P_{d1} = 6$,齒輪 C 與 D 之徑節 $P_{d2} = 8$,試求齒輪 D 之齒數 N_D 與齒輪系之速比。

【解】

首先由已知徑節求各齒輪節圓直徑

$$P_{d1} = \frac{N_A}{d_A} \Rightarrow d_A = \frac{96}{6} = 16\text{in} = 406.4\text{mm}$$

$$P_{d1} = \frac{N_B}{d_B} \Rightarrow d_B = \frac{36}{6} = 6\text{in} = 152.4\text{mm}$$

$$P_{d2} = \frac{N_C}{d_C} \Rightarrow d_C = \frac{120}{8} = 15\text{in} = 381\text{mm}$$

由回歸齒輪系之特性得知齒輪 A 及 B 與齒輪 D 及 C 有相同之中心距 C，即

$$C = \frac{1}{2}(d_A + d_B) = \frac{1}{2}(d_C + d_D)$$

$$\Rightarrow d_D = (406.4) + (152.4) - (381) = 177.8\text{mm}$$

再由 $P_{d2} = \dfrac{N_D}{d_D} \Rightarrow N_D = \dfrac{8 \times 177.8}{25.4} = 56$

速比 $= \dfrac{n_{\text{out}}}{n_{\text{in}}} = \dfrac{n_D}{n_A} = \left(\dfrac{-96}{36}\right) \times \left(\dfrac{-120}{56}\right) = 5.714$

例 9.10

有一行星齒輪系如圖 9.12(b)所示，已知由太陽齒輪輸入一轉速為 200rpm(CCW)其各齒輪之齒數如圖所示，求桿與行星齒之轉速。

【解】

首先選擇驅動輪轉速 $n_D = 200\text{rpm}$，被動輪轉速 $n_F = 0$，桿之轉速為 n_r，由

$$\frac{n_F - n_r}{n_D - n_r} = (\pm)\frac{\times N_D}{\times N_F}$$

$$\Rightarrow \frac{0 - n_r}{200 - n_r} = -\frac{20 \times 30}{30 \times 80} \Rightarrow n_r = 40\text{rpm(CCW)}$$

再以行星齒轉速 n_P 為驅動輪轉速，被動輪轉速 $n_F = 0$，則

$$\frac{0 - 40}{n_P - 40} = \frac{30}{80} \Rightarrow n_P = -66.67\text{rpm}(負號表示 CW)$$

例 9.11

如圖 9.12(c)所示，已知兩輸入軸 1 與 2 之轉速分別為 $n_1 = 150\text{rpm(CCW)}$ 與 $n_2 = 300\text{rpm(CW)}$，各齒輪之齒數為 $N_B = 20$，$N_C = 32$，$N_D = 48$，$N_E = 24$，$N_G = 36$，$N_F = 108$，試求輸出軸之轉速與方向。

【解】

令 $R_{o1} = \left(\dfrac{n_0}{n_1}\right)_{\text{輸入軸2固定}}$ ，此時形成行星齒輪系，若取桿(Arm)轉速為 1rpm，則

$$\therefore \frac{n_{01} - 1}{0 - 1} = -\frac{36 \times 48}{108 \times 24} \Rightarrow n_{01} = \frac{5}{3}$$

令 $R_{02} = \left(\dfrac{n_0}{n_1}\right)_{\text{輸入軸1固定}}$，此時形成一般齒輪系，則

$$n_{02} = \frac{36 \times 48 \times 20}{108 \times 24 \times 32} = \frac{5}{12}$$

由 $n_0 = n_1 \times R_{o1} + n_2 \times R_{o2} = 150 \times \dfrac{5}{3} - 300 \times \dfrac{5}{12} = 125\text{rpm(CCW)}$

9.18　齒輪之軸承負載

　　齒面所受作用力，將依齒形之種類產生徑向水平推力、徑向垂直推力或軸向推力等，而這些推力將分別由徑向軸承與止推軸承來支承，即所謂之軸承負載。其中止推軸承之負載即等於作用在齒面之軸向推力，而與止推軸承所在位置無關；但是對於徑向軸承所受之負載，則隨著徑向軸承位置之變化而有所不同，而其負載的方法，常須分別由垂直與水平之靜平衡圖獲得垂直與水平的負載，再求其總負載。如圖 9.13 所示之齒輪軸承之徑向負載情形。

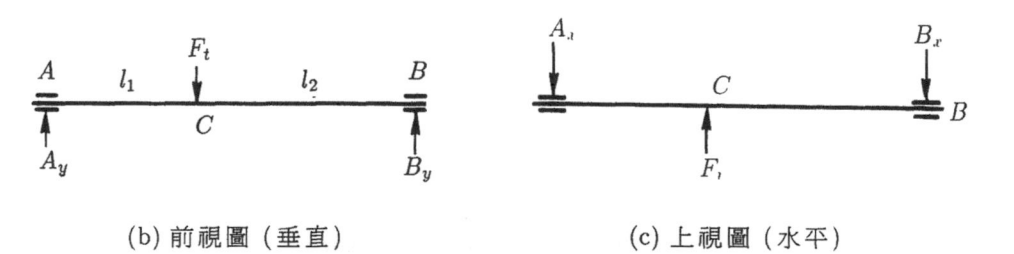

(a) 齒輪與軸承

(b) 前視圖（垂直）　　　　　　　　(c) 上視圖（水平）

● 圖 9.13　齒輪之軸承負載

例 9.12

如圖 9.13 所示，假設主動小齒輪之轉速為 1800rpm，齒數為 24 齒，且承受 50ps 之動力，若已知大齒輪齒數為 30 齒，輪齒壓力角 $\phi = 20°$，徑節 $P_d = 3$，圖中 $l_1 = 150$mm，$l_2 = 200$mm，試求 A 與 B 兩軸承之作用力。

【解】

對小齒輪之節圓直徑 $d_1 = \dfrac{N_1}{P_d} = \dfrac{24}{3} = 8\text{in} = 203.2\text{mm}$

節圓線速 $v = \pi d_1 n_1 = \pi \times 203.2 \times 1800 \times \dfrac{1}{60} = 19.15 \times 10^3 \text{ mm / s}$

由 $HP = F_t v \Rightarrow F_t = \dfrac{50 \times 75}{19.15} = 195.8\text{kgf}$

$\therefore F_r = F_t \tan\phi = 195.8 \times \tan 20° = 71.3\text{kgf}$

由圖 9.13(b)，取 $\Sigma M_A = 0 \Rightarrow B_y = \dfrac{150}{350} \times 195.8 = 83.9\text{kgf}$

取 $\Sigma M_B = 0 \Rightarrow A_y = \dfrac{200}{350} \times 195.8 = 111.9\text{kgf}$

由圖 9.13(c)，取 $\Sigma M_A = 0 \Rightarrow B_x = \dfrac{150}{350} \times 71.3 = 30.6\text{kgf}$

取 $\Sigma M_B = 0 \Rightarrow A_x = \dfrac{200}{350} \times 71.3 = 40.7\text{kgf}$

所以得 A 與 B 軸承之反作用力 R_A 與 R_B 為

$R_A = \sqrt{A_x^2 + A_y^2} = \sqrt{(40.7)^2 + (111.9)^2} = 119.1\text{kgf}$

$R_B = \sqrt{B_x^2 + B_y^2} = \sqrt{(30.6)^2 + (83.9)^2} = 89.3\text{kgf}$

習 題

9.1　斜齒輪之種類有哪些？蝸線斜齒輪、蝸形齒輪、戟齒輪有何不同之處。

9.2　何謂冠狀及 zerol 斜齒輪。

9.3　何謂周節、模數及徑節？其之間關係如何。

9.4　齒輪的大小如何表示。

9.5　何謂齒隙(Backlash)？有何作用。

9.6　何謂齒輪干涉及下切現象？應如何避免之。

9.7 試述漸開線及擺線之齒形有何優點。

9.8 試述兩個相嚙合之正齒輪須滿足哪些條件。

9.9 何謂轉位齒輪？有何特性。

9.10 何謂齒輪之共軛作用？有何特性。

9.11 試推導 Lewis 方程式。

9.12 何謂周轉齒輪系及回歸齒輪系？

9.13 徑節為 5 之齒，沿節圓所量取之厚度為多少？

答：7.98mm

9.14 徑節為 4 而齒數為 20 之齒輪與 63 齒者嚙合，試求其中心距。

答：263.53mm

9.15 有兩徑節為 6 之齒輪，其中心距為 381mm，速比為 6：9，試求出每一齒輪之齒數。

答：$N_1 = 72$，$N_2 = 108$

9.16 已知齒數分別為 30 及 80 之兩齒輪，其周節為 2.5cm，而且齒輪相互內切，試求其中心距。

答：19.894cm

9.17 已知齒數分別為 16 及 40 之兩嚙合齒輪，其徑節為 4。壓力為 20°，試求其周節、中心距及大小齒輪之基圓半徑。

答：$P_c = 19.95$mm，$c = 177.8$mm，$r_{b1} = 148.5$mm，$r_{b2} = 371.3$mm

9.18 一齒輪徑節為 6，齒數為 26，試求其節徑。

答：110.1mm

9.19 兩互相外接之嚙合齒輪，已知齒數分別為 24 及 120，其徑節為 5，試求其中心距。

答：366mm

9.20 有一對嚙合齒輪，已知其中心距為 30 公分，轉速分別為 400rpm 及 1200rpm，試求其節線速度。

答：5.655×10^4cm/min

9.21 有一齒數 20，模數 4 之齒輪與 63 齒數之齒輪嚙合，若已知小齒輪轉速為 200rpm，試求兩齒輪中心距及大齒輪之轉速、線速度。

答：$c = 166$mm，$n_2 = 63.49$rpm，$v_2 = 50.265 \times 10^3$mm/min

9.22　有一齒數 20，徑節爲 4 之齒輪，其轉速爲 1800rpm，壓力角爲 20°，若已知其承受
　　　60ps 之動力，試求齒輪所受之傳動力及徑向推力。
　　　答：F_t = 376kgf，F_r = 137kgf

9.23　有一齒數 36，徑節爲 5，壓力角爲 20°之全長齒正齒輪，若已知其允許彎曲應力爲
　　　276MPa，齒寬爲 75mm，Lewis 齒形因數爲 0.12，試求齒輪轉軸所能承受之扭矩。
　　　答：369.9kgf-m

9.24　有一齒數 36、徑節爲 6、壓力角爲 20°之全深齒正齒輪，若已知其允許彎曲應力爲
　　　276MPa，齒寬爲 75mm，Lewis 齒形因數爲 0.12。試求齒輪可能承受之最大徑向推
　　　力。
　　　答：1.203×10^4N

9.25　有一 2ps 之馬達，以 1800rpm 之轉速帶動一螺旋齒輪，若已知齒輪之法線壓力角爲
　　　20°，螺旋角爲 30°，法線徑節爲 10，齒數 18。試求齒輪所受之傳動動力、軸向推力
　　　及徑向推力。
　　　答：F_t = 30.1kgf，F_r = 12.7kgf，F_a = 17.4kgf

9.26　有一三螺紋蝸桿，其節徑爲 125mm，法線徑節爲 2，若減速比爲 1：10，試求蝸輪
　　　節徑。
　　　答：399.9mm

9.27　有一直齒斜齒輪，其中一齒輪之中點徑節爲 10，齒數爲 51，而傳動馬力爲 12ps，壓
　　　力角爲 14.5°，齒輪錐角爲 74°，齒輪軸轉速爲 300rpm。試求齒輪所受之軸扭矩、傳
　　　動力、軸向推力及徑向推力。
　　　答：T = 28.65kgf-m，F_t = 442.3kgf，F_a = 110kgf，F_r = 31.5kgf

9.28　有一回歸齒輪系，如圖所示，其速度比爲 12，
　　　齒輪 C 及 D 之徑節爲 10，若以 R_A、R_B、R_C
　　　及 R_D 分別表示齒輪 A、B、C 及 D 之節圓半
　　　徑，且已知 $R_A / R_B = 3$，$R_C / R_D = 4$，而每一
　　　齒輪之齒數不得少於 24 齒，試求每一齒輪之
　　　齒數。
　　　答：N_A = 96，N_B = 32，N_C = 128，N_D = 32

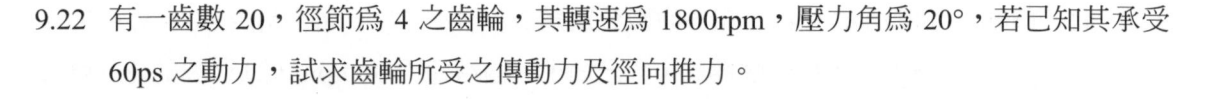

● 習題 9.28

9.29　有一齒輪系如圖所示，若已知各齒數分別為 $N_A = 18$，$N_B = 36$，$N_D = 40$，$N_E = 32$，$N_F = 56$，而齒輪 C 為右旋雙螺紋，若已知主動輪轉速為 900rpm，試求被動輪之轉速及方向。

答：12.86rpm

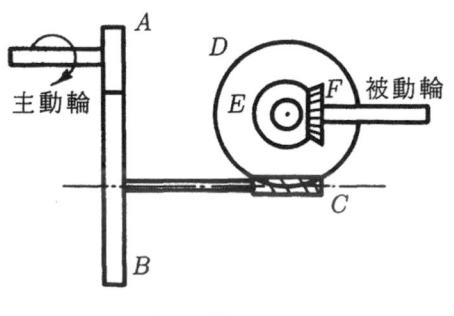

● 習題 9.29

第十章　制動器

本章大綱

0.1 緒論

　　制動器(Break)又名為**煞車器**,係是藉助於兩接觸面間之摩擦阻力、液體黏度或電磁阻力等,以吸取運動原件之能量,致使運動元件減速或完全停止。制動器的設計要素除了摩擦係數、接觸面之間壓力、液體黏度及電磁強度等以外,尚須特別注意散熱的能力。由於制動器與離合器非常類似,所以常可互通使用,因此本章對於在離合器中已經討論過的制動器型式,將不再討論,請讀者自行參考離合器的相關章節,例如盤式與錐式制動器類似於離合器一章所述盤式與錐式離合器。本章除了討論制動器的類型外,並針對機械式的制動器,進行力學的分析。

0.2 制動器的種類

　　制動器若依其產生阻力來源之不同,可分成機械式制動器、液動式制動器與電磁式制動器等三大類。

10.2-1 機械式制動器

　　利用兩接觸面間摩擦力使機械減速或停止之裝置稱為**機械式制動器**,其型式有下列六種:

· **帶狀制動器**:是各種制動器中最簡單的一種,主要利用纖索、皮帶或襯有磨擦材料之柔性鋼帶做為煞車之用,如圖 10.1 所示有**簡單式帶狀制動器**與**差動帶狀制動器**(或稱**自勵式帶狀制動器**)兩種。

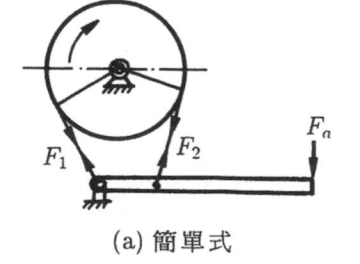

(a) 簡單式

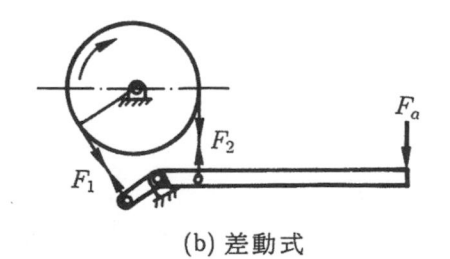

(b) 差動式

● 圖 10.1　帶狀制動器

- **塊狀制動器**：利用塊狀物與輪轂之間摩擦以達到煞車的效果，有短屐式塊狀制動器、長屐式塊狀制動器與樞對稱屐式塊狀制動器等三種，如圖 10.2 所示。

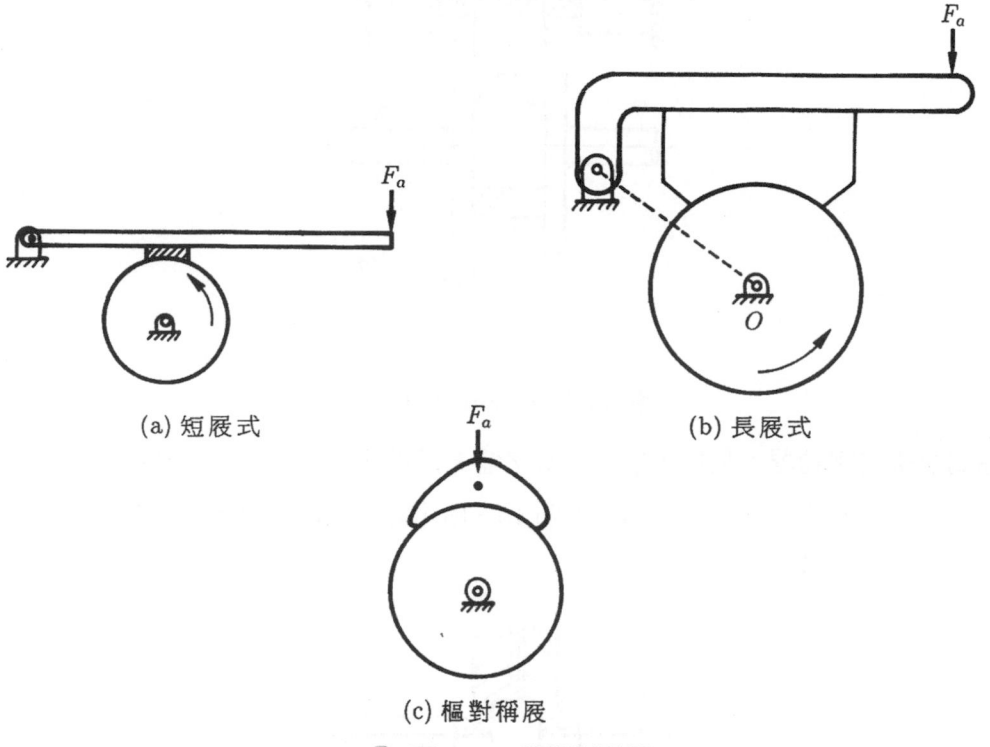

(a) 短屐式　　　　　　　　　　　　　　(b) 長屐式

(c) 樞對稱屐

● 圖 10.2　塊狀制動器

- 內外靴式制動器：利用煞車靴與輪轂內側圓周間之摩擦達成剎車之裝置稱為**內靴式制動器**，若是利用煞車靴與輪轂外側用周間之摩擦達成煞車，則稱之為**外靴式制動器**。如圖 10.3 所示之內靴式制動器，目前均做為汽車煞車之用。

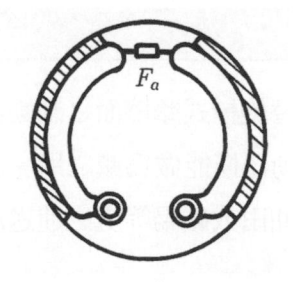

● 圖 10.3　內靴式制動器

- **點式制動器**：如圖 10.4 所示，是利用一相當厚重的鋼製煞車環，將其裝在輪軸上一起轉動，另外使用兩個固定之液壓筒，同時自兩方加壓於剎車環上，即可達到煞車的目的。

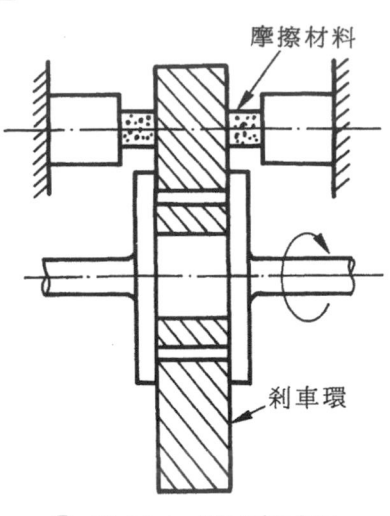

摩擦材料

刹車環

● 圖 10.4　點式制動器

· **盤式或錐式制動器**：利用單層或多層之盤式或錐式離合器，且令其中一組為固定，即成為一種盤式或錐式制動器，如圖 10.5 所示之盤式制動器，常用於飛機、汽車或其他重負載之設備上。

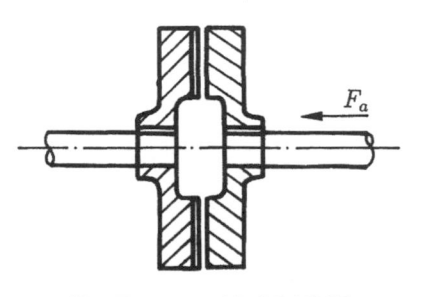

F_a

● 圖 10.5　盤式制動器

10.2-2　液動式制動器

使用液體作為摩擦材料以代替機械式摩擦面之制動器稱為**液動式制動器**，也就是以液體之黏滯性阻力來煞車，此種制動器僅能做為減之用，並無法達到完全停止，若欲停止，則須選用機械式制動器。常用在油田或礦場等處之運送或鑽油井設備的刹車器。

10.2-3　電流式制動器

利用電流所生之熱阻或電磁阻力來刹車之裝置稱為**電流式制動器**，有發電機制動器、渦流制動器與電磁制動器三種：

- **發電機制動器**：利用發電機將動能轉變為電能，再利用電阻熱效應將電能變為熱能而散逸於空氣中，或者利用電能轉變為其他的功用的方式，以達到制動的效果。其缺點就是利用發電機吸收能量，須要經一段時間才能完成制動。
- **渦流制動器**：是由一固定圓盤與轉動圓盤所組成，而圓盤繞有線圈，當開始煞車時，則由於兩圓盤相對運動之滑動率及產生磁場之勵磁電流，使其產生一扭矩來制止轉動圓盤。
- **電磁制動器**：如圖 10.6 所示一塊狀制動器，當電動機轉動時，部份電流流經電磁線圈，於是分離制動器的接觸，但是在電流終止時，制動器藉助於彈簧力，使其夾緊輪轂而產生煞車作用。

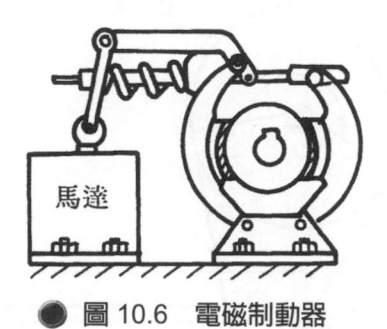

● 圖 10.6　電磁制動器

10.3　帶狀制動器

帶狀制動器的力學分析，依其種類而略有不同，所以就簡單帶狀制動器與差動帶狀制動器兩種分析如下。

10.3-1　簡單帶狀制動器

如圖 10.7 所示之平皮帶的簡單帶狀制動器，以 F_1 與 F_2 分別表示皮帶兩端所受拉力，θ 為皮帶接觸角，b 為皮帶寬，l 為煞車桿長，F_a 為作用在桿端之煞車力，μ 為皮帶與輪轂間之摩擦係數，m 為圖中所示之距離，在不考慮皮帶離心力的影響下，車轂以轉速 n 之順時針方向轉動，則

$$F_1 = F_2 e^{\mu\theta} \tag{10.1}$$

若以 r 表示煞車轂面之半徑，T 為鼓上所受煞車扭矩，則

$$T = (F_1 - F_2)r \tag{10.2}$$

由煞車桿的自由體，並對固定點 O_1 取力矩平衡得

$$F_a = \frac{F_2 m}{l} \tag{10.3}$$

而完全煞車停止所耗之馬力數 HP 為

$$HP = T \times 2\pi n \tag{10.4}$$

必須特別注意：當輪轂的轉動方向改成反時針時，則圖 10.5 中與(10.1)～(10.3)式中之 F_1 與 F_2 均需互相代換。

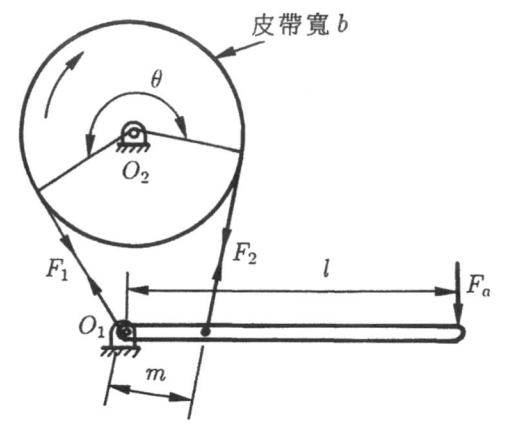

● 圖 10.7　簡單帶狀制動器之力學分析

10.3-2　差動式帶狀制動器

如圖 10.8 所示之差力式帶狀制動器，m_1 與 m_2 分別表示圖中的兩個距離，如同簡單式帶狀制動器的力學分析，可得

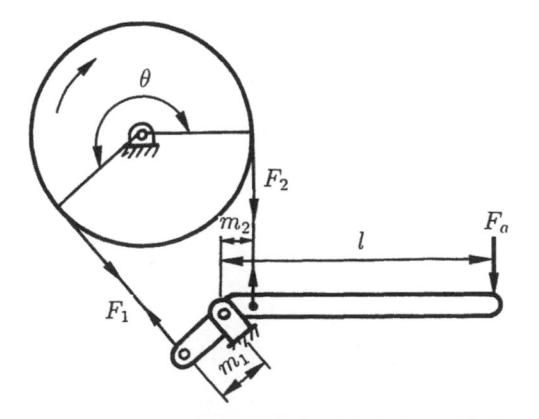

● 圖 10.8　差動式帶狀制動器之力學分析

$$F_1 = F_2 e^{\mu\theta} \tag{10.5}$$

$$T = (F_1 - F_2)r \tag{10.6}$$

$$F_a = \frac{1}{l}(F_2 m_2 - F_1 m_1) \tag{10.7}$$

將(10.5)式代入(10.7)得

$$F_a = \frac{F_2}{l}(m_2 - m_1 e^{\mu\theta}) \tag{10.8}$$

當煞車鼓轉動方向與圖 10.6 中所示相反，即逆時鐘方向轉時，則(10.5)～(10.8)式與圖中之 F_1 與 F_2 之位置需互換，例如(10.8)式將變成

$$F_a = \frac{1}{l}(F_1 m_2 - F_2 m_1) = \frac{F_2}{l}(m_2 e^{\mu\theta} - m_1) \tag{10.9}$$

若圖 10.8 中之 F_1 與 F_a 所造成之扭矩是同向時，表示摩擦阻力有協助其煞車之功用，所以又稱此種制動器為**自勵煞車**，而 $F_1 m_1$ 稱為**自勵力矩**。若(10.8)式中之 $m_1 e^{\mu\theta}$ 大於 m_2，表示 F_a 為負值，也就是說不需藉助於 F_a，即可將煞車轂抓緊而形成一種**自鎖煞車**，除非特殊情況需要自鎖煞車，否則不可設計成 F_a 為小於或等於零的情況。

10.3-3　煞車襯料之強度

令 σ_{sc} 表示輪轂與襯料間之最大壓力，則襯料最先達到確壞的地方是發生在皮帶接觸角內最大拉力的一端，即 F_1 端，由徑向之靜力平衡可得

$$F_1 = \sigma_{sc} br \tag{10.10}$$

例 10.1

有簡單式帶狀制動器，如圖 10.7 所示，已知圖中 $m = 75$mm，桿長 $l = 300$mm，接觸角 $\theta = 250°$，摩擦係數 $\mu = 0.3$，輪轂直徑 $D = 375$mm，煞車襯料寬 $b = 75$mm。若已知襯料之最大承受壓力 $\sigma_{sc} = 0.483$MPa，輪轂轉速 $n = 500$rpm，試求煞車所需之作用力 F_a 與煞車馬力數 HP。

【解】

由 $F_1 = \sigma_{sc}br = 0.483 \times 75 \times (187.5) = 6792.2\text{N}$

$F_1 = F_2 e^{\mu\theta} \Rightarrow F_2 = 6792.2 \times e^{-0.3 \times \left(\frac{250 \times \pi}{180}\right)} = 1834.5\text{N}$

$F_a = F_2 m / l = 1834.5 \times 75/300 = 458.6\text{N}$

由 $HP = \dfrac{(F_1 - F_2)r \cdot 2\pi n}{75 \times 60} = \dfrac{(6792.2 - 1834.5) \times 0.1875 \times 2\pi \times 500}{75 \times 60 \times 9.8} = 66.2\text{ps}$

10.4　短屐式塊狀制動器

如圖 10.9 所示之短屐式制動器，是因煞車屐塊很短，所以可假設輪轂與屐塊間之摩擦力與法線力均集中在中央一塊 B，如果屐塊較長時，應改用下節之長屐式理論。假設 F_n 為輪轂與屐塊間之法線力，$f = \mu F_n$ 表示輪轂與屐塊間之摩擦力，由摩擦力對輪轂中心 O 之力矩 T 而得

$$T = \mu F_n r \tag{10.11}$$

(1) 依圖 10.9 之實線制動器

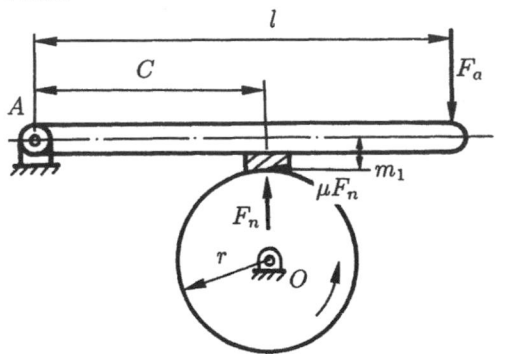

● 圖 10.9　短屐式塊狀制動器力學分析

取剎車桿之自由體，然後對 A 點力矩平衡

$\Sigma M_A = 0 \Rightarrow F_a l = F_n C - \mu F_n m_1$

$$\therefore\ F_a = \frac{1}{l}(F_n C - \mu F_n m_1) \tag{10.12}$$

(2) 依圖 10.9 之虛線制動器

$$由\ \Sigma M_A = 0 \Rightarrow F_a = \frac{1}{l}(F_n C + \mu F_n m_2) \tag{10.13}$$

例 10.2

有一短屨式塊狀制動器，如圖 10.9 中之實線制動器，其輪轂半徑 $r = 150$mm，桿長 l $= 375$mm，圖中 $c = 125$mm，$m_1 = 50$mm，屨塊長爲 $l_1 = 100$mm，屨塊寬 $b = 50$mm，摩擦係數 $\mu = 0.3$。若已知輪轂與襯料間之壓力 $P = 0.83$MPa，試求所需之煞車力 F_a。

【解】

首先由輪轂與襯料間之壓力 P，求得法線作用力 F_n 爲

$F_n = P \times b \times l_1 = 0.83 \times 50 \times 100 = 4150$N

摩擦力 $f = \mu F_n = 0.3 \times 4150 = 1245$N

由煞車桿之自由體，取 $\Sigma M_A = 0$

$$\Rightarrow F_a = \frac{1}{l}(F_n C - \mu F_n m_1) = \frac{1}{375}(4150 \times 125 - 1245 \times 50 - 288 \times 2) = 1217.3\text{N}$$

10.5　長屨式塊狀制動器

　　若塊狀制動器之屨塊較長時，則不可與短屨式塊狀制動器一樣再將法線壓力 P_n 視爲常數，而必須視爲隨著不同的接觸點位置而變化，如圖 10.10 所示，即 P_n 隨著 ϕ 角而變。假設襯料沿輪轂半徑有一致的磨耗量 δ_n，而且磨耗量又與速度及壓力乘積成正比，由於摩擦面均位於相同輪轂半徑 r 的地方，所以有相同速度，因此得知 δ_n 僅與 P_n 成正比，假設比例常數爲 k，則

$$\delta_n = kP_n \tag{10.14}$$

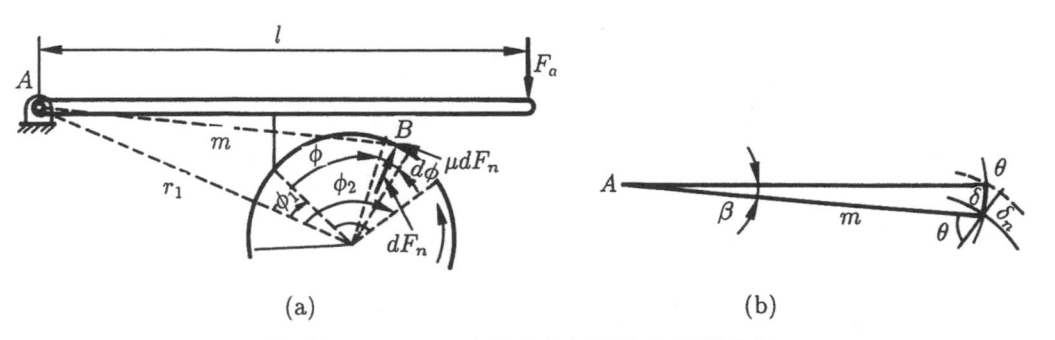

(a)　　　　　　　　　　　　　(b)

● 圖 10.10　長屨式塊狀制動器之力學分析

其中 P_n 爲以煞車桿支點 A 與輪轂中心 O 之連線爲 $\phi = 0$ 之起點，對任意 ϕ 角處之摩擦接觸點 B 的法線壓力，r_1 爲 $\overline{OA}$ 距離，m 爲 $\overline{AB}$ 距離，θ 爲 $\angle OBA$，由圖 10.10(b) 得知 $\delta = \beta m$，$m\sin\theta = r_1\sin\phi$

$$\therefore\ \delta_n = \delta\sin\theta = \beta m\sin\theta = \beta r_1\sin\phi \tag{10.15}$$

由(10.14)與(10.15)式得

$$\delta_n = kP_n = \beta r_1\sin\phi \tag{10.16}$$

爲了保持煞車桿上襯料均能與輪轂接觸，所以 β 必須爲常數，而且 k 與 r_1 亦爲常數，所代入(10.16)式可得

$$\frac{P_n}{\sin\phi} = \frac{P_{\max}}{(\sin\phi)_{\max}} = \frac{P_o}{\sin\phi_o} = \cos t$$

所以得任意位置之 P_n 爲

$$P_n = \frac{P_{\max}}{(\sin\phi)_{\max}}\sin\phi = \begin{cases} \dfrac{P_{\max}}{\sin\phi_2}\sin\phi,\ \text{當}\ \phi_2 < 90° \\[2mm] P_{\max}\sin\phi,\text{當}\ \phi_2 \geq 90° \end{cases} \tag{10.17}$$

若以 M_n 與 M_f 分別表示輪轂作用在煞車桿上法線力與摩擦力對 A 點之力矩，並以 b 表示襯料寬，r 爲輪轂半徑，則

$$M_n = \int_{\phi_1}^{\phi_2} P_n(brd\phi)r_1\sin\phi$$

$$= \frac{brr_1P_m}{(\sin\phi)_{\max}}\int_{\phi_1}^{\phi_2}\sin^2\phi d\phi$$

$$= \frac{brr_1P_m}{4(\sin\phi)_{\max}}(2\alpha - \sin 2\phi_2 + \sin 2\phi_1) \tag{10.18}$$

$$M_f = \int_{\phi_1}^{\phi_2}(r - r_1\cos\phi)\mu P_n brd\phi$$

$$= \frac{\mu br P_{\max}}{(\sin\phi)_{\max}}\int_{\phi_1}^{\phi_2}(r\sin\phi - r_1\sin\phi\cos\phi)\,d\phi$$

$$= \frac{\mu br P_{\max}}{4(\sin\phi)_{\max}}[r_1(\cos 2\phi_2 - \cos 2\phi_1) - 4r(\cos\phi_2 - \cos\phi_1)] \tag{10.19}$$

式中若以反時鐘方向表示 M_n 與 M_f 之正方向，則由煞車桿自由體，取 A 點之力矩平衡 ΣM_A = 0，得

$$F_a = \frac{1}{l}(M_n + M_f) \tag{10.20}$$

若 M_f 產生順時鐘之負值，且其絕對值大於 M_n，則(10.20)式之 F_a 為負值，表示會產生自鎖現象。若以 T 表示摩擦力作用在輪轂中心 O 所摩擦扭矩，則

$$T = \int_{\phi_1}^{\phi_2} r\mu P_n br d\phi = \int_{\phi_1}^{\phi_2} \frac{\mu br^2 P_{max}}{(\sin\phi)_{max}} \sin\phi d\phi$$

$$\therefore \quad T = \frac{\mu br^2 P_{max}}{(\sin\phi)_{max}} (\cos\phi_1 - \cos\phi_2) \tag{10.21}$$

例 10.3

有一長屐式塊狀制動器，其尺寸如圖 10.11 所示，若已知摩擦係數 $\mu = 0.3$，輪轂轉速 $n = 300$rpm，煞車力 $F_a = 680$kgf，屐塊寬 $b = 100$mm。試求襯料所承受之最大壓力 P_{max}、煞車扭矩 T 與煞車馬力 HP。

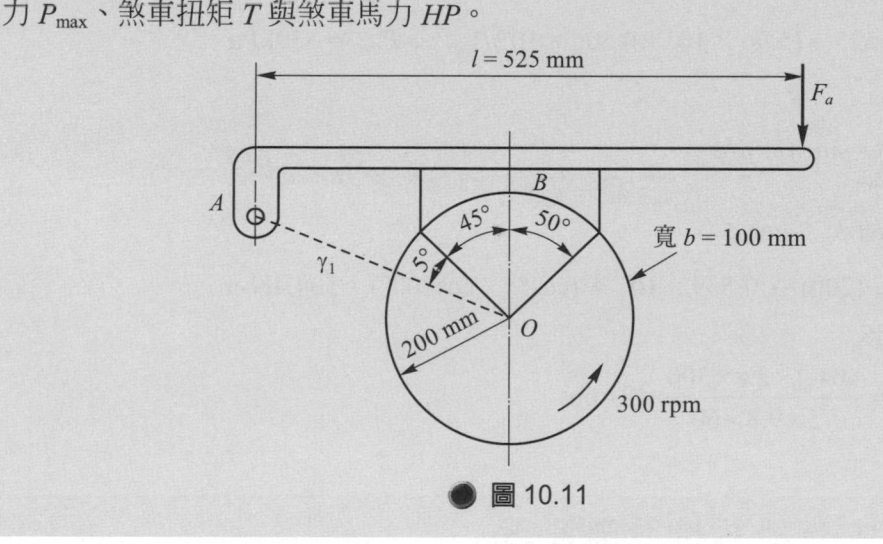

● 圖 10.11

【解】

首先由幾何關係求 r_1 為

$r_1 = r / \cos(45° + 5°) = 200 / \cos 50° = 311.1$mm

由於 $\phi_2 = 100° > 90°$，所以得知 $(\sin\phi)_{max} = 1$，且發生在 $\phi = 90°$ 處法線力對 A 點所生之力矩 M_n 為

$$M_n = \int_{\phi_1}^{\phi_2} \frac{P_{\max}}{(\sin\phi)_{\max}} \sin\phi (brd\phi) r_1 \sin\phi$$

$$= \frac{1}{2} brr_1 P_{\max} \left[\phi_2 - \phi_1 - \frac{1}{2}(\sin 2\phi_2 - \sin 2\phi_1) \right]$$

$$= \frac{1}{2} \times 100 \times 200 \times 311.1 \times P_{\max} \left[95 \times \frac{2\pi}{360} - \frac{1}{2}(\sin 200° - \sin 10°) \right]$$

$$= 5.96 \times 10^6 P_{\max}$$

摩擦力對 A 點所生之力矩 M_f 為

$$M_f = \int_{\phi_1}^{\phi_2} (r - r_1 \cos\phi) \frac{\mu P_{\max}}{(\sin\phi)_{\max}} \sin\phi (br) d\phi$$

$$= \mu br P_{\max} \left[r(\cos\phi_1 - \cos\phi_2) - \frac{r_1}{4}(\cos 2\phi_1 - \cos 2\phi_2) \right]$$

$$= 0.3 \times 100 \times 200 \times P_{\max} \left[200(\cos 5° - \cos 100°) - \frac{311.1}{4}(\cos 10° - \cos 200°) \right]$$

$$= 0.506 \times 10^6 P_{\max}$$

由 $F_a l = M_n + M_f$

$$\Rightarrow 9.8 \times 680 \times 525 = (5.96 \times 10^6 + 0.506 \times 10^6)P_{\max} \Rightarrow P_{\max} = 539\text{kPa}$$

煞車扭力 T 為

$$T = \int_{\phi_1}^{\phi_2} \frac{r\mu P_{\max}}{(\sin\phi)_{\max}} \sin\phi (br) d\phi$$

$$= \mu br^2 P_{\max}(\cos\phi_1 - \cos\phi_2)$$

$$= 0.2 \times 100 \times (200)^2 \times 0.539 \times 10^{-3} \times (\cos 5° - \cos 100°) = 504.4\text{N-m}$$

煞車馬力 HP 為

$$HP = \frac{T \times 2\pi n}{75 \times 60} = \frac{504.4 \times 2\pi \times 300}{75 \times 9.8 \times 60} = 21.6\text{ps}$$

10.6　內外靴式塊狀制動器

　　外靴式塊狀制動器與 10.5 節所討論之長屐式塊狀制動器完全相同，而內靴式塊狀制動器在幾何上與長屐式不同，但是若將其做適當的對應，則長屐式之力學分析的公式(10.14)～(10.21)式均可在內靴式塊狀制動器的力學分析上使用，如圖 10.12 與圖 10.10 能互相對應，所以其法線力所生之力矩 M_n、摩擦力所生之力矩 M_f 與煞車扭力 T 均相同於 10.5 節所討論之(10.18)、(10.19)與(10.21)式。內靴式塊狀制動器是目前汽車廣為使用的煞車器。

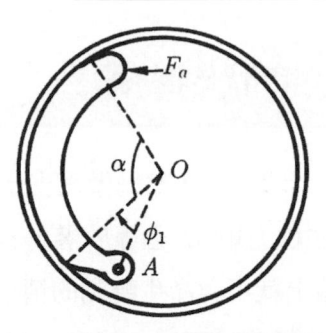

● 圖 10.12　內靴式塊狀制動器力學分析

例 10.4

有一汽車用之煞車器如圖 10.13 所示，若已知 $\theta = \beta$ 時，鼓筒與襯料間之壓力為 P_o，摩擦係數為 μ，襯料寬為 b，摩擦面之半徑為 r，試求煞車扭矩 T。

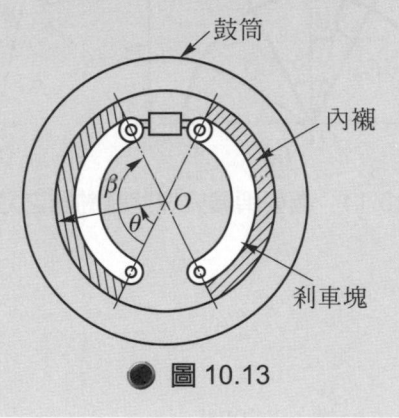

● 圖 10.13

【解】

令 P_n 表示摩擦面之法線壓力，則

$$P_n = \frac{P_o}{\sin \beta} \sin \theta$$

$$\therefore \ T = 2 \int_0^\beta \mu P_n r dA = 2 \int_0^\beta \mu \frac{P_o}{\sin \beta} \sin \theta (rb) r d\theta$$

$$= \frac{2\mu P_o r^2 b}{\sin \beta} \int_0^\beta \sin \theta \, d\theta$$

$$= \frac{2\mu b P_o r^2}{\sin \beta} (1 - \cos \beta)$$

10.7　樞對稱屐式塊狀制動器

如圖 10.14 所示對稱 A 點之屐塊，以 A 點銷做為支承，而沿輪轂半徑方向之法線力也對稱於 A 點，所以對 O 點所生法線力矩 M_n 必等於零，若摩擦力對 A 點所生力矩 $M_f = 0$，則總力矩等於零，所以屐塊理論上就不會產生轉動的情形。令 δ_n 表示襯料在徑向的磨耗量，其值將與速度及正壓力 P_n 之乘積成正比，但是所有接觸面均位於一定半徑 r 處，所以速度均相同，這表示 δ_n 僅與 P_n 正比，若 k 為比例常數，則

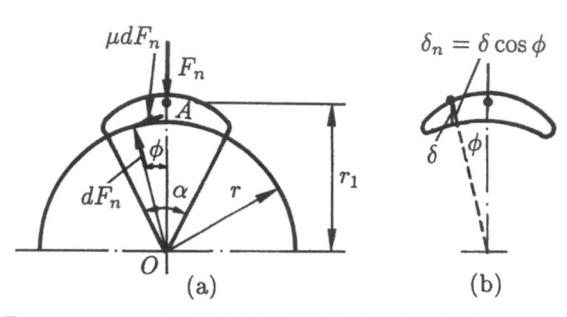

● 圖 10.14　樞對稱屐式塊狀制動器之力學分析

$$\delta_n = kP_n = \delta\cos\phi \tag{10.22}$$

$$\therefore\ P_n \propto \cos\phi$$

$$\Rightarrow \frac{P_n}{\cos\phi} = \frac{P_{\max}}{(\cos\phi)_{\max}} = \frac{P_o}{\cos\phi_o} = \text{const.} \tag{10.23}$$

因為 $(\cos\phi)_{\max} = 1$，是發生在 $\phi = 0$，即 $\overline{OA}$ 線上之接觸點，所以

$$P_n = P_{\max}\cos\phi = \frac{P_o}{\cos\phi_o}\cos\phi$$

摩擦力對 A 之力矩 M_f 必須使其等於零，才能確保屐塊對 A 點不會產生轉動，若以 r_1 表示 $\overline{OA}$ 距離，b 為襯料寬，μ 為摩擦係數，則

$$M_f = 2\int_0^{\frac{\alpha}{2}} (r_1\cos\phi - r)\mu P_n br\,d\phi$$

$$= 2ubrP_{\max}\int_0^{\frac{\alpha}{2}} (r_1\cos^2\phi - r\cos\phi)\,d\phi$$

$$= 2\mu br P_{\max} \left[\frac{r_1}{4}(\alpha + \sin\alpha) - r\sin\frac{\alpha}{2} \right] = 0$$

$$\therefore \ r_1 = \frac{4r\sin(\alpha/2)}{\alpha + \sin\alpha} \tag{10.24}$$

摩擦力對輪轂中心 O 之煞車扭矩 T 為

$$T = 2\int_0^{\alpha/2} \mu P_n br^2 \, d\phi = 2\mu br^2 P_{\max} \int_0^{\alpha/2} \cos\phi \, d\phi$$

$$= 2\mu br^2 P_{\max} \sin(\alpha/2) \tag{10.25}$$

輪轂轉速為 n，則煞車馬力 HP 為

$$HP = T \times 2\pi n \tag{10.26}$$

銷 A 所承受之反作用力 F_a，係沿著 $\overline{OA}$ 之方向，為

$$F_a = 2\int_0^{\alpha/2} P_n br\cos\phi \, d\phi = 2br P_{\max} \int_0^{\alpha/2} \cos^2\phi \, d\phi$$

$$= \frac{1}{2} br P_{\max}(\alpha + \sin\alpha) \tag{10.27}$$

10.8　點式制動器

　　如圖 10.4 所示之點式制動器，在相當小之面積上施以相當大之摩擦阻力以產生煞車之效果，所以稱其為**點煞車**，若以 T 表示煞車扭矩，P 為液壓筒之壓力，r 為液壓筒之半徑，R 為摩擦點距輪軸中心之半徑，F_a 為液壓筒所生之作用力，所以得

$$T = 2\mu F_a R = 2\pi\mu r^2 RP \tag{10.28}$$

10.9　制動器之發熱量

　　當制動器開始煞車時，其溫度即開始升高，等到散熱量等於生熱量時，溫度就維持不變，通常散熱量 H 會等於利車馬力 HP 之生熱量，若以 F_n 表示作用在摩擦面之正壓力，μ 為摩擦係數，v 為速度，n 為輪轂轉速 rpm，則

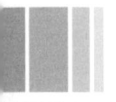

$$HP = \mu F_n v = \mu F_n \times 2\pi rn = H \times \frac{778}{550} \text{ (HP)} = H \times \frac{778}{550} \times \frac{75}{76} \text{ (ps)}$$

式中 H 的單位 Btu／秒。制動器之溫升常以單位面積之煞車馬力為指標,即 HP/in^2,一般工業上常使用 HP/in^2 = 1,對汽車則使用 1.5～2.5。

例 10.5

有一短屐式塊狀制動器,屐長為 88mm,屐寬為 50mm,摩擦係數 μ = 0.3,輪轂半徑為 150mm,轉速為 1800rpm,若已知襯料承受壓力 P_n = 828kPa,試求所生之熱能為多少 kcal/min 及輪轂表面之 HP/in^2 值。

【解】

由 $F_n = P_n \times l \times b = 0.828 \times 88 \times 50 = 3643$N

$$HP = \frac{\mu F_n \times 2\pi rn}{75 \times 60} = \frac{0.3 \times 3643 \times 2\pi \times 0.15 \times 1800}{75 \times 60 \times 9.8} = 42\text{ps}$$

生熱量 H 為

$$H = HP \times \frac{76}{75} \times \frac{746}{4200} \times 60 = 42 \times \frac{76}{75} \times \frac{746}{4200} \times 60 = 454 \text{ kcal/min}$$

$$\text{HP/in}^2 = 42 \times \frac{76}{75} \times \frac{(25.4)^2}{2\pi \times 150 \times 50} = 0.58$$

習 題

10.1 試述制動器之種類及其特性。

10.2 如圖 10.7 所示帶狀制動器,輪徑為 375mm,襯料寬為 75mm,轉速 300rpm,l = 300mm,m = 75mm,θ = 270°,摩擦係數 μ = 0.2,襯料之最大允許壓力為 552kPa,試求煞車力及馬力。

　　答:756.3N,38ps

10.3 帶狀制動器承受 1807N-m 扭矩之作用,輪寬為 50mm,輪徑為 500mm,襯料之摩擦係數為 0.3,襯料與輪間之最大壓力為 828kPa,試求襯料與輪間所需之接觸角。

　　答:228.9°

10.4 已知一帶狀制動器,承受 1500N-m 之扭矩,輪寬為 60mm,輪徑為 600mm,襯料之摩擦係數為 0.3,襯料與輪間之最大壓力為 0.8MPa,試決定襯料與輪間之接觸角。

　　答:81.5°

10.5　如圖所示一短屐塊狀制動器，已知輪徑為 300mm，襯料摩擦係數為 0.2，輪子承受
　　　一扭矩為 600kg-cm，若欲將旋轉輪完全煞住，試決定所需之煞車力 F。

　　　答：34.67kgf

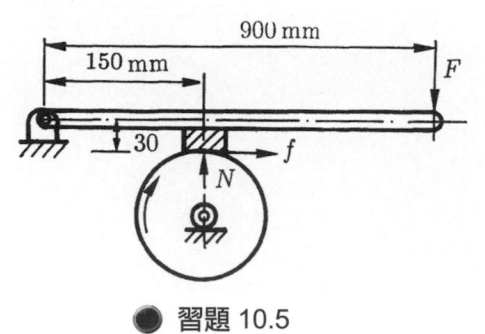
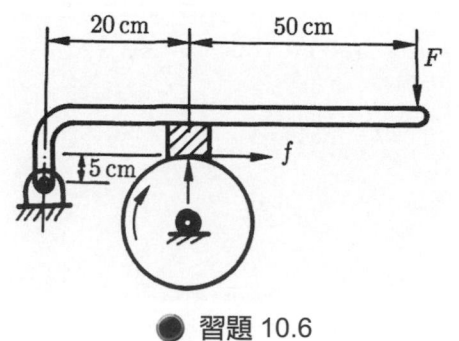

● 習題 10.5　　　　　　　　　　　　　　　　　● 習題 10.6

10.6　如圖所示之短屐塊狀制動器，已知輪轂承受 1000kg-cm 之扭力，輪徑為 20cm，襯料
　　　之摩擦係數為 0.3，試決定所需之煞車力 F。

　　　答：88.1kgf

10.7　如圖所示短屐塊狀制動器，若已知摩擦係數 μ，煞車力 F，試決定制動器對轉輪所生
　　　之制動力矩。

　　　答：$rlF / \mu a$

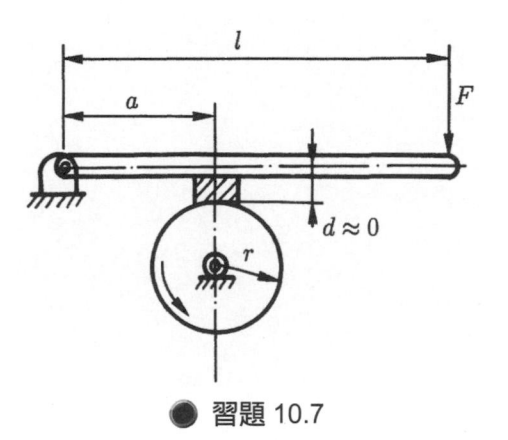

● 習題 10.7

10.8　有一短屐塊狀制動器，屐塊長 100mm，屐塊寬 50mm，摩擦係數為 0.4，輪徑為
　　　300mm，轉速為 1200rpm，襯料壓力為 620kPa，試決定煞車時所生之熱能及輪面之
　　　HP/in^2 值。

　　　答：H = 5.57kcal/s，HP/in^2 = 0.429

第十一章　彈簧與飛輪

本章大綱

1.1　緒論

　　彈簧是利用彈性係數與比例限較大之材料所製成，而且能以其回復力來吸收振動能的一種彈性體。當外力加諸於彈簧體時，彈簧即行變形並儲存該能量，在外力消失時，則會自動且迅速的復原。通常彈簧是做為以下五種用途：做為吸收振動或緩和衝擊之元件；儲存能量再轉換成動力的能源；用以控制元件之運動與壓力之大小；可做力的度量器具；做為力的分配與力的平衡。本章將介紹各種類型的彈簧及一些常用之螺旋彈簧、板片彈簧、盤形彈簧等的力學分析。

1.2　彈簧種類

　　若依彈簧形狀之不同，可分成線狀彈簧及板狀彈簧兩類。

11.2-1　線狀彈簧

　　用圓形、方形或特殊剖面之金屬線或棒，以螺旋或蝸形狀繞製而成者稱為**線狀彈簧**，有五種形式：

- 壓縮彈簧：如圖 11.1 所示，彈簧若受軸向壓力時，則產生剪力，致使彈簧縮短變形者稱之**壓縮彈簧**。此種彈簧用途最廣泛，因其製造費用低廉且每單位體積之彈性能效率甚高。
- 拉力彈簧：如圖 11.2 所示，彈簧若受軸向拉力時，則產生剪力，致使彈簧伸長變形者稱之**拉力彈簧**，其繞線方式類似壓縮彈簧，所不同的是使線圈繞成緊密靠合，且經常保持向中間收縮之力，以便承受拉力而伸長。

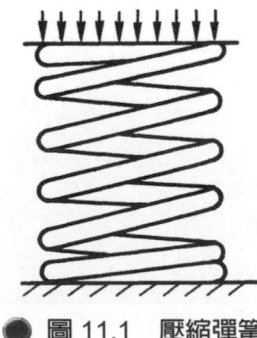

● 圖 11.1　壓縮彈簧

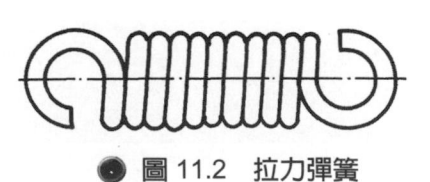

● 圖 11.2　拉力彈簧

- **螺旋扭力彈簧**：如圖 11.3 所示，使線圈繞成螺旋線，當其受力時，彈簧將以其軸線為中心產生扭轉力。

- **蝸旋扭力彈簧**：如圖 11.4 所示，是一種平面螺旋之線圈，且一端固定於軸，常用於鐘錶的發條。

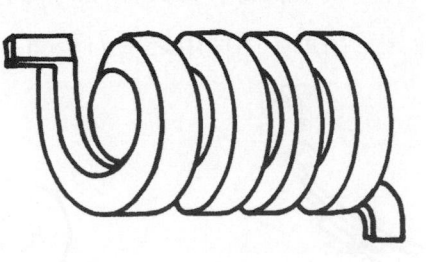

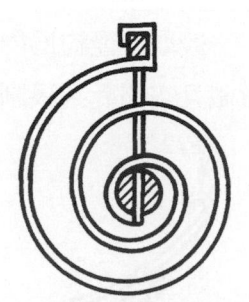

● 圖 11.3　螺旋扭力彈簧　　　● 圖 11.4　蝸旋扭力彈簧

- **錐形彈簧**：如圖 11.5 所示，將線圈繞成螺旋圓錐形，當其受軸向負載時，彈簧會產生拉應力、壓應力或剪應力，但僅能承受小應力，常用做手電筒後蓋上壓縮電池的彈簧。

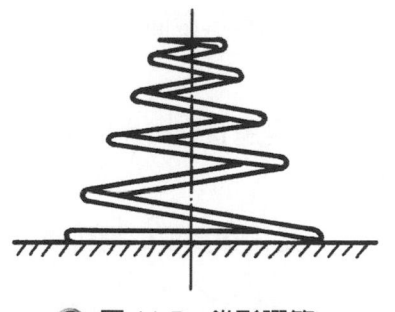

● 圖 11.5　錐形彈簧

11.2-2　板狀彈簧

用扁平或板狀材料所製成之彈簧稱為**板狀彈簧**，又稱平彈簧或稱板片彈簧，可分成以下六種型式：

- **單片彈簧**：如圖 11.6 所示，將一鋼片之一端固定以做為支點，而另一端在承受負載時就會產生所需之彈性，因其類似一懸臂樑，所以又稱**懸臂彈簧**。

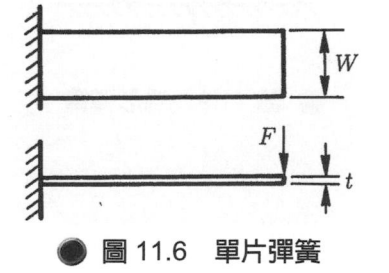

● 圖 11.6　單片彈簧

- 疊片彈簧：為了承受較重的負載，所以將多個單片彈簧重疊組合在一起，且常形成一四分之一橢圓片或二分之一橢圓片之彈簧，如圖 11.7 所示半橢圓疊片彈簧，常用為火車之振動緩衝裝置。

- 圓盤彈簧：如圖 11.8 所示，製成一有中孔之錐形圓環鋼片，又稱皿形彈簧或**碟形彈簧**，一般取外徑約為內徑之兩倍，且孔的大小將會影響其彈性的大小，一般常用於大負載且空間受到限制的情況，如壓床、吊車中所使用之壓力墊圈。

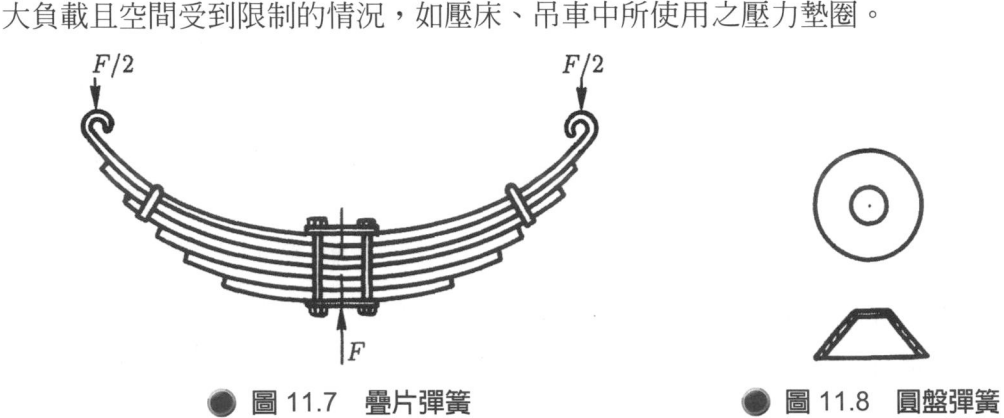

● 圖 11.7　疊片彈簧　　　　　　● 圖 11.8　圓盤彈簧

- 渦形彈簧：如圖 11.9 所示，是以矩形截面之長條鋼片，繞成空間渦形鋼圈，多用於壓縮彈簧。

- 環帶彈簧：如圖 11.10 所示，是將長條鋼片捲成一環帶形狀，常用於電影放映機，是屬於一種伸長式彈簧。

- 環塊彈簧：如圖 11.11 所示，是由很多環形鋼料組合而成之彈簧。

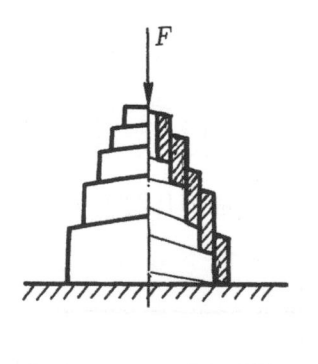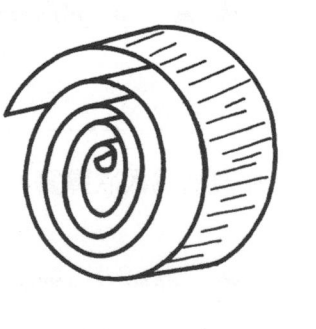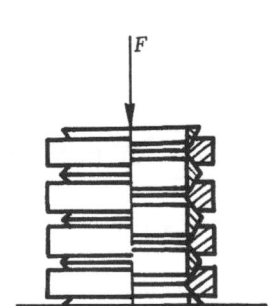

● 圖 11.9　渦形彈簧　　　● 圖 11.10　環帶彈簧　　　● 圖 11.11　環塊彈簧

11.3　彈簧術語

有關彈簧常用的一些重要專有名詞如下：

(1) 彈簧指數：螺旋彈簧之平均直徑 D_m 與彈簧線徑 d 之比值稱爲**彈簧指數** C，以式子表示爲 $C = D_m / d$。

(2) 彈簧常數：作用力 F 與彈簧變形量 δ 之比值稱爲**彈簧常數** k，以式子表示爲 $k = F / \delta$。

(3) **自由長**：在不受任何外力的情況下，彈簧之長度稱之。

(4) 實長：受到完全壓縮之情況下，彈簧之長度稱爲實長，實長與彈簧不受力之間隙和即爲自由長。

(5) 總圈數：從彈簧之一端至其另一端之間所包含之螺旋圈數稱爲總圈數 N。

(6) 有效圈數：在支撐負載時所能有效伸縮之圈數稱爲**有效圈數** N_c，隨著彈簧兩端製造之不同而有不同之有效圈數，例如圖 11.12(a)、(c)與(d)之 $N - N_c$ 值分別爲 1.75、0.5 與 1。

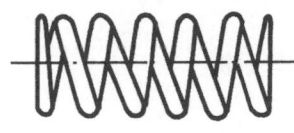

(a) 平直研磨端 　　　　　　　　　(b) 平直未研磨端

(c) 普通端 　　　　　　　　　(d) 普通研磨端

● 圖 11.12　壓縮彈簧之端圈

11.4　圓形螺旋彈簧

如圖 11.13 所示圓形截面之螺旋彈簧，彈簧線截面所受之最大總剪應力 τ 包含有扭轉剪應力 τ_t 及截面最大剪應力 τ_s，若以 F 表示彈簧負載之作用力，T 爲彈簧線所受扭矩，J 表示截面至彈簧線中心面積慣性矩，由圖 11.13(a)之相當伸直彈簧線之材力分析可得

$$T_t = \frac{Tr}{J} = \frac{FR \times \dfrac{d}{2}}{\dfrac{\pi}{32} d^4} = \frac{16FR}{\pi d^3}$$

(11.1)

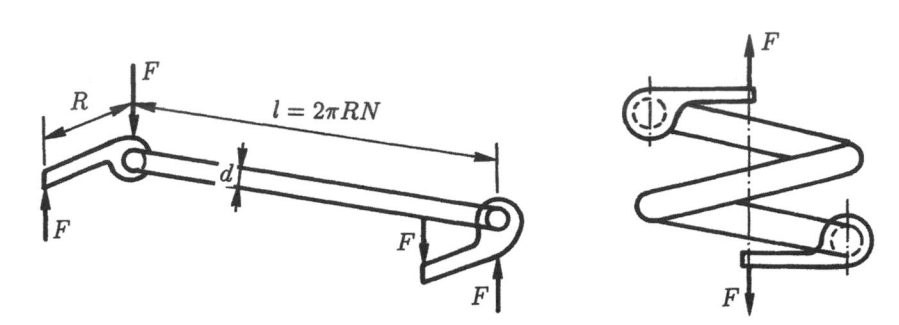

(a) 伸長桿　　　　　　　　　(b) 螺旋桿

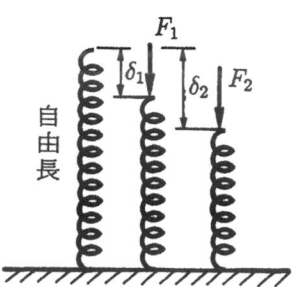

(c) 彈簧壓縮

● 圖 11.13　螺旋彈簧之力學分析

由彈簧指數之定義得知 $C = 2R / d$，所以

$$\tau_s = \frac{4F}{3A} = \frac{16F}{3\pi d^2} = \frac{16FR}{\pi d^3} \times \frac{2}{3C} \tag{11.2}$$

$$\therefore 總剪應力 \ \tau = \tau_t + \tau_s = \left(1 + \frac{2}{3C}\right) \frac{16FR}{\pi d^3} \tag{11.3}$$

若令 $k_s = 1 + \dfrac{2}{3C}$ 代入(11.3)式可得

$$\tau = k_s \frac{16FR}{\pi d^3} \tag{11.4}$$

由(11.3)式亦可用 τ、F 與 d 來表示彈簧指數 C 為

$$C = \frac{\pi d^2 \tau}{8F} - 2/3 \tag{11.5}$$

　　若以 δ 表示彈簧變形量，ϕ 為伸長桿扭轉角，G 為彈簧之剪應力彈性係數，則圖 11.13(a) 之 $R\phi$ 相當於彈簧變形量，即

$$\delta = R\phi = R\left(\frac{Tl}{GJ}\right) = \frac{FR^2(2\pi RN_c)}{G\left(\frac{\pi}{32}\right)d^4}$$

$$\therefore \delta = \frac{64FR^3N_c}{Gd^4} = \frac{8FC^3N_c}{Gd} \tag{11.6}$$

由圖 11.13(c)得 $k = \dfrac{F_1}{\delta_1} = \dfrac{F_2}{\delta_2} = \dfrac{F_2 - F_1}{\delta_2 - \delta_1} = \dfrac{F}{\delta}$ \hfill (11.7)

由(11.6)與(11.7)式得

$$k = \frac{F_2 - F_1}{\dfrac{64R^3N_c}{Gd^4}(F_2 - F_1)} = \frac{Gd^4}{64R^3N_c} = \frac{Gd}{8C^3N_c} \tag{11.8}$$

彈簧材料之總體積 V 為

$$V = \frac{\pi}{4}d^2 \cdot 2\pi RN = \frac{1}{2}\pi^2 d^2 RN \tag{11.9}$$

例 11.1

有一壓縮螺旋彈簧，其線徑為 $d = 5\text{mm}$，若已知彈簧受 90kgf 之靜負載時，會產生 25mm 之變形量，彈簧允許之最大剪應力 $\tau = 620\text{MPa}$，而彈簧兩端之不完全圈數為 1.75 圈，彈簧剪應力彈性係數 $G = 82.8\text{GPa}$，試求彈簧之平均半徑 R、有效圈數 N_c 及所需彈簧材料之體積。

【解】

由 $\tau = \tau_s + \tau_t = \dfrac{4F}{3\left(\dfrac{\pi}{4}\right)d^2} + \dfrac{16FR}{\pi d^3}$

$$\therefore R = \frac{\pi d^3 \tau}{16F} - \frac{1}{3}d = \frac{\pi \times (5)^3 \times 620}{16 \times 90 \times 9.8} - \frac{1}{3} \times (5) = 15.6\text{mm}$$

變形量 δ 為

$$\delta = \frac{FR^2}{G\left(\dfrac{\pi}{32}d^4\right)}(2\pi RN_c)$$

$$\therefore N_c = \frac{\delta Gd^4}{64FR^3} = \frac{25 \times 82800 \times (5)^4}{64 \times 90 \times 9.8 \times (15.6)^3} = 6.04 \text{ 圈}$$

$$V = \frac{\pi}{4}d^2 \times 2\pi RN = \frac{\pi}{4}(5)^2 \times 2\pi \times 15.6 \times (6.04 + 1.75) = 14992\text{mm}^3$$

11.5　方形螺旋彈簧

如圖 11.14 所示之方形螺旋彈簧，若彈簧受一作用力 F，則在 A_1 點處 A_2 點分別所受之扭轉剪應力 τ_{t1} 與 τ_{t2} 為

$$\tau_{t1} = \frac{FR}{\alpha_1 b C_1^2} \tag{11.10}$$

$$\tau_{t2} = \frac{FR}{\alpha_2 b C_1^2} \tag{11.11}$$

對於圖 11.14(a)之 A_2 點與(b)之 A_1 點的截面剪應力 τ_s 為零，但對於圖 11.14(a)之 A_1 點與(b)之 A_2 點的 τ_s 則為

$$\tau_s = \frac{3}{2}\frac{F}{A} = \frac{3F}{2bC_1} \tag{11.12}$$

此時所對應圖 11.14(a)之 A_1 點與 A_2 點之總剪應力 τ_1 與 τ_2 分別為

$$\tau_1 = \tau_{t1} + \tau_{t2} = \frac{FR}{\alpha_1 b C_1^2} + \frac{3F}{2bC_1} \tag{11.13}$$

$$\tau_2 = \tau_{t2} = \frac{FR}{\alpha_2 b C_1^2} \tag{11.14}$$

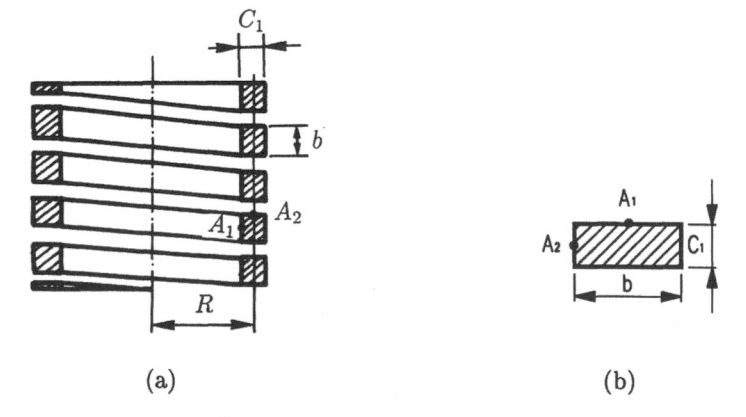

(a)　　　　　　　　　　　(b)

● 圖 11.14　方形螺旋彈簧

若以 θ_1 表示每 1 吋之角變形量,則

$$\theta_1 = \frac{FR}{\beta GbC_1^3} \tag{11.15}$$

式中 α_1、α_2 及 β 是由 b/C_1 之值來決定,當 $b = C_1$ 時,$\beta = 0.1406$,$\alpha_1 = \alpha_2 = 0.208$。

　　若以 δ 表示彈簧之變形量,則

$$\delta = R\theta_1 l = R\left(\frac{FR}{\beta GbC_1^3}\right)(2\pi RN_c)$$

$$\therefore \delta = \frac{2\pi FR^3 N_c}{\beta GbC_1^3} \tag{11.16}$$

例 11.2

有一 13mm × 13mm 之方形螺旋彈簧,有效圈數 $N_c = 5$,平均半徑= 38mm,彈簧剪應力彈性係數 $G = 82.8$GPa。若已知彈簧承受一靜負載 $F = 1360$kgf,試求其最大剪應力及撓度。

【解】

最大剪應力 $\tau_{\max}$ 為

$$\tau_{\max} = \tau_t + \tau_s = \frac{FR}{\alpha bC_1^2} + \frac{3F}{2bC_1}$$

$$= \frac{1360 \times 9.8 \times 38}{0.208 \times 13 \times (13)^2} + \frac{3 \times 1360 \times 9.8}{2 \times 13 \times 13} = 1226.6\text{MPa}$$

撓度 δ 為

$$\delta = R\theta_1 l = R\left(\frac{FR}{\beta GbC_1^3}\right)(2\pi RN_c)$$

$$= \frac{2\pi FR^3 N_c}{\beta GbC_1^3} = \frac{2\pi \times 1360 \times 9.8 \times (38)^3 \times 5}{0.1406 \times 82800 \times (13) \times (13)^3} = 69.1\text{mm}$$

11.6　扭力彈簧

　　如圖 11.15 所示之扭力彈簧,可視為圖(b)與(c)之承受一般彎曲力矩 $M(= T)$ 之情況,則其所受應力 δ 與角度變形為

$$\sigma = \frac{MC_m}{I} \tag{11.17}$$

$$\theta = \frac{Ml}{EI} \tag{11.18}$$

式中 C_m 為中性軸距邊緣之最大距離，I 為對中性軸之面積慣性矩，E 為彈性係數。由於彈性截面形狀與內外緣處之應力將會不同於(11.17)式，所以必須乘一應力集中係數 K 做調整，即

$$\sigma = \frac{\sigma_{yp}}{K(FS)} \tag{11.19}$$

其中 K 值如下：

·矩形內緣 $\quad K_1 = \dfrac{3C^2 - C - 0.8}{3C(C-1)}$ (11.20)

·矩形外緣 $\quad K_2 = \dfrac{3C^2 + C - 0.8}{3C(C+1)}$ (11.21)

·圓形內緣 $\quad K_3 = \dfrac{4C^2 - C - 1}{4C(C-1)}$ (11.22)

·圓形外緣 $\quad K_4 = \dfrac{4C^2 + C - 1}{4C(C+1)}$ (11.23)

式中 C 值：當矩形截面時 $C = 2R/h$；當圓形截面時 $C = 2R/d$。

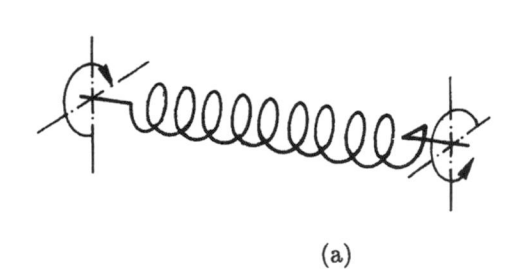

(a)

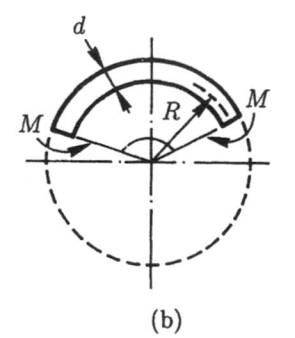

(b)

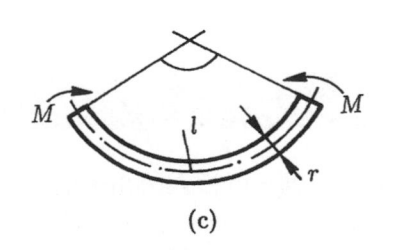

(c)

● 圖 11.15　扭力彈簧之緊分析

例 11.3

有一窗簾扭轉彈簧，線徑為 $d = 1.3$mm，螺旋平均半徑 $R = 11.7$mm，圈數 $N = 400$，彈簧之降伏應力 $\sigma_{yp} = 1035$MPa，彈性係數 $E = 207$GPa，安全係數 $FS = 3$，內緣應力集中係數 $K = 1.05$，試求內緣應力及由最高應力情況鬆釋 10 轉後，彈簧此時所承載之作用扭矩。

【解】

由 $\sigma = \dfrac{\sigma_{yp}}{K(FS)} = \dfrac{1035}{1.05 \times 3} = 328.6$MPa

$M = \dfrac{\sigma I}{C_m} = \dfrac{\sigma \pi d^3}{32} = \dfrac{328.6 \times \pi \times (1.3)^3}{32} = 70.9$N-mm

$\theta_1 = \dfrac{Ml}{EI} = \dfrac{M \times 2\pi RN}{E \times \dfrac{\pi}{64}(d)^4} = \dfrac{70.9 \times 2\pi \times 11.7 \times 400}{207 \times 10^3 \times \dfrac{\pi}{64}(1.3)^4} = 71.84$rad

$\theta_2 = 71.84 - 10 \times 2\pi = 9.01$rad

$\therefore \ M = \dfrac{\theta_2 EI}{l} = \dfrac{9.01 \times 207 \times 10^3 \times \dfrac{\pi}{64}(1.3)^4}{2\pi \times 11.7 \times 400} = 8.89$N-mm

11.7　螺旋彈簧之自然頻率

彈簧在振動時，因其本身之重量而產生一種自然頻率 f 是以 cycles/sec 為單位，而 $\omega = 2\pi f$ 是以 rad/s 為單位，由振動方程式可求得

$$\omega_n = n\pi \sqrt{\dfrac{k}{m}} \tag{11.24}$$

$$\therefore \ f_n = \dfrac{n}{2} \sqrt{\dfrac{k}{m}} \tag{11.25}$$

式中 $n = 1，2，3，\cdots$ 分別表示第 1 個或第 2 個$\cdots$之自然頻率，所以可得最低之自然頻率 f_1 為

$$f_1 = \dfrac{1}{2} \sqrt{\dfrac{k}{m}} \tag{11.26}$$

由(11.7)式得知螺旋彈簧之 $k = \dfrac{Gd^4}{64R^3N_c}$，若以 γ 表示彈簧單位長之重量，則 $m = \dfrac{\gamma}{g}(2\pi RN)$，以上代入(11.26)式得

$$f_1 = \frac{d}{2\pi R^2 N_c}\sqrt{\frac{Gg}{32\gamma}} \text{ cyc/sec} \tag{11.27}$$

而且 $f_2 = 2f_1$，$f_3 = 3f_1$，$\cdots$

11.8 板片彈簧

通常所謂之板片彈簧常以懸臂彈簧及半橢圓片彈簧為代表，所以本節將針對這兩種彈簧進行應力分析。

11.8-1 懸臂彈簧

如圖 11.16(a)所示之單片懸臂彈簧，若以 σ_1 表示彈簧所受之最大應力，δ_1 表示自由端之撓曲量，由材力分析得

$$\sigma_1 = \frac{MC_m}{I} = \frac{(Fl)(t/2)}{\dfrac{1}{12}\times Wt^3} = \frac{6Fl}{Wt^2} \tag{11.28}$$

$$\delta_1 = \frac{Fl^3}{3EI} = \frac{4Fl^3}{Wt^3E} \tag{11.29}$$

由(11.28)與(11.29)消去 F 可得

$$\delta_1 = \frac{2\sigma l^2}{3tE} \tag{11.30}$$

若將圖 11.16(a)所示之懸臂板切成 n 條寬為 b 之板條，然後重疊組合成為圖 11.16(b)所示之疊片彈簧，則此時彈簧所受之最大應力 σ_2 及自由端之撓曲 δ_2 為

$$\sigma_2 = \frac{MC_m}{I} = \frac{(F/n)l(t/2)}{\dfrac{1}{12}\times b\times t^3} = \frac{6Fl}{nbt^2} \tag{11.31}$$

$$\delta_2 = \frac{(F/n)l^3}{3EI} = \frac{4Fl^3}{nbt^3E} = \frac{2\sigma l^2}{3tE} \tag{11.32}$$

　　由圖 11.16(a)及(b)之彈簧顯示，最大應力僅僅發生在固定端，而其他位置之截面積承受較小的應力，爲了使各個截面均得相同之應力，以節省材料，所以將圖 11.16(a)改成圖 11.17(a)所示之三角形單片彈簧，然後再將其分割 n 片，組成圖 11.17(b)之疊片彈簧，令 σ_3 與 δ_3 分別表示圖 11.17(b)所示彈簧之應力與自由端之撓度，則可得

$$\sigma_3 = \frac{6Fl}{nbt^2} \tag{11.33}$$

$$\delta_3 = \frac{6Fl^3}{nbt^3E} = \frac{\sigma l^2}{tE} \tag{11.34}$$

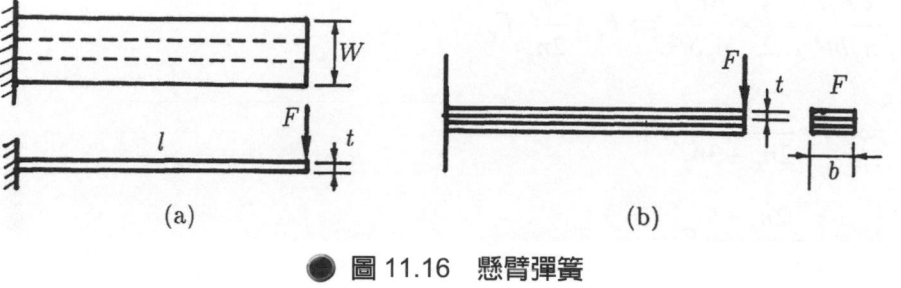

● 圖 11.16　懸臂彈簧

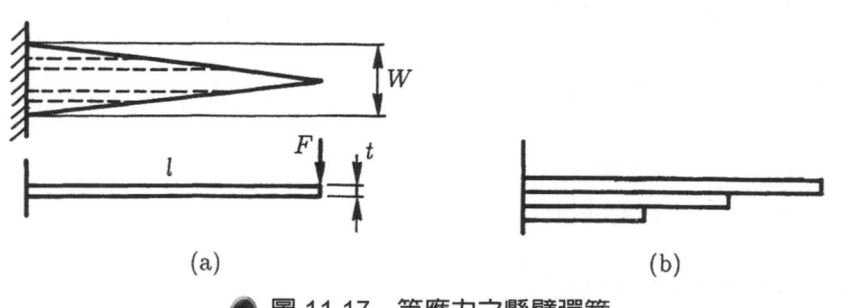

● 圖 11.17　等應力之懸臂彈簧

11.8-2　半橢圓片彈簧

　　如圖 11.18 所示之半橢圓片彈簧，假設全長板片與分級板片在自由端具有相同之撓度，若以下標 f 表示全長疊片，g 表示分級疊片，則由(11.32)與(11.34)可得

$$\delta = \frac{2\sigma_f l^2}{3tE} = \frac{\sigma_g l^2}{tE} \tag{11.35}$$

$$\Rightarrow \sigma_f = \frac{3}{2}\sigma_g \tag{11.36}$$

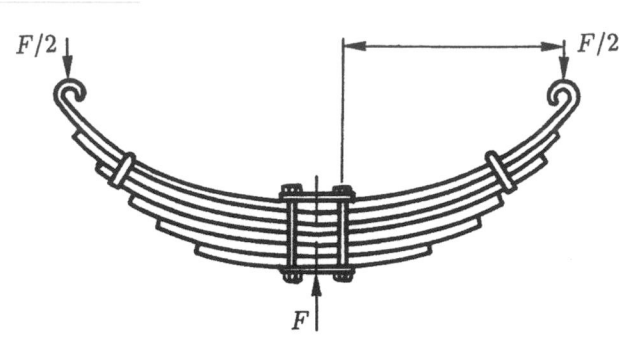

● 圖 11.18　半橢圓片彈簧

由(11.31)、(11.33)與(11.36)式可得

$$\frac{6F_f l}{n_f bt^2}=\frac{3}{2}\times\frac{6F_g l}{n_g bt^2}\Rightarrow F_f=\frac{3n_f}{2n_g}F_g \tag{11.37}$$

$$\Rightarrow F_f=\frac{3n_f}{2n_g+3n_f}F \tag{11.38}$$

$$F_g=\frac{2n_g}{2n_g+3n_f}F \tag{11.39}$$

將(11.38)與(11.39)分別代入(11.31)式可得

$$\sigma_f=\frac{6F_f l}{n_f bt^2}=\frac{18Fl}{bt^2(2n_g+3n_f)} \tag{11.40}$$

$$\sigma_g=\frac{6F_g l}{n_g bt^2}=\frac{12Fl}{bt^2(2n_g+3n_f)} \tag{11.41}$$

將(11.41)式代入(11.35)式，可得

$$\delta=\frac{12Fl^3}{bt^3E(2n_g+3n_f)} \tag{11.42}$$

11.8-3　應力調整

由(11.36)式可知全長疊片之應力大於分級板片有 50%之多，為了使強度能充分利用，所以設計使所有板片均有相同之應力，為了達到這個目標，就須使全長板片有較大之曲率半徑，即如圖 11.19 所示之間隙 C 必須為(11.34)與(11.32)兩式之 δ 差，即

$$C=\frac{6F_g l^3}{n_g bt^3E}-\frac{4F_f l^3}{n_f bt^3E} \tag{11.43}$$

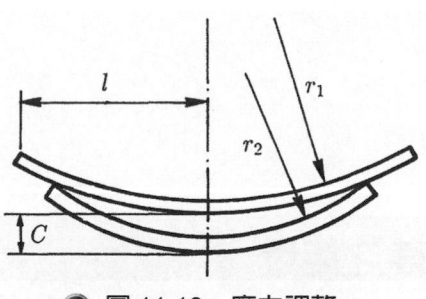

● 圖 11.19　應力調整

由(11.31)與(11.33)式之應力應相同，所以得

$$\frac{6F_g l}{n_g b t^2} = \frac{6F_f l}{n_f b t^2}$$

$$\therefore \quad F_g = \frac{n_g}{n_f} F_f = \frac{n_g}{n} F \tag{11.44}$$

同理 $F_f = \dfrac{n_f}{n} F$ $\tag{11.45}$

將(11.44)與(11.45)式代入(11.43)式可得，

$$C = \frac{6F l^3}{n b t^3 E} - \frac{4F l^3}{n b t^3 E} = \frac{2F l^3}{n b t^3 E} \tag{11.46}$$

若假設 F_b 為中心螺栓上緊閉合之作用力，且其間隙恰等於全長片與分級板片分別在 $F_b / 2$ 作用下之變形量和，即由(11.32)與(11.34)式求得

$$C = \frac{6(F_b / 2) l^3}{n_g b t^3 E} + \frac{4\left(\dfrac{F_b}{2}\right) l^3}{n_f b t^3 E} \tag{11.47}$$

由(11.46)與(11.47)式得

$$F_b = \frac{2 n_g n_f F}{n(2 n_g + 3 n_f)} \tag{11.48}$$

由(11.31)式得，且可視為所有各板片之應力等於未經調整之全長板片負載減去螺栓力之半所生應力，或是等於未經調整之分級板片負載加上螺栓力之半所生應力，即

$$\sigma = \frac{6l}{n_f b t^2}(F_f - F_b / 2) = \frac{6l}{n_g b t^2}\left(F_g + \frac{F_b}{2}\right)$$

$$= \frac{6F l}{n_f b t^2}\left[\frac{3 n_f}{2 n_g + 3 n_f} - \frac{n_g n_f}{n(2 n_g + 3 n_f)}\right]$$

$$\therefore \quad \sigma = \frac{6Fl}{nbt^2} \tag{11.49}$$

(11.49)式即為所有片之應力。

11.9 彈簧貯存之能量

在彈簧承受負載而產生變形時，即開始貯存應變能量 U，其值將隨不同型式之彈簧而變，以下就一些常見彈簧，在靜負載作用下之 U 值。

(1) 圓形線螺旋彈簧

$$U = \frac{1}{2} F \delta \tag{11.50}$$

將(11.6)式之 δ 代入(11.50)式可得

$$U = \frac{32F^2 R^3 N_c}{d^4 G} \tag{11.51}$$

(2) 扭力彈簧

令 M 為其扭力負載，則有 $\theta = \dfrac{Ml}{EI}$ ，$M = \dfrac{\sigma I}{C_m}$ ，$l = 2\pi R N_c$，所以得

$$U = \frac{1}{2} M\theta = \frac{1}{2} \frac{M^2 l}{EI} = \frac{\sigma^2 I^2 \pi R N_c}{C_m^2 EI} \tag{11.52}$$

(3) 矩形懸臂彈簧

由(11.29)式可得圖 11.16(a)之應變能 U 為

$$U = \frac{1}{2} F \delta = \frac{F^2 l^3}{6EI} \tag{11.53}$$

(4) 三角形懸臂彈簧

如圖 11.17(a)所示之三角形懸臂彈簧，所有截面之 $\dfrac{M}{EI_o} = \dfrac{Fl}{EI_o}$ 均相同，利用面積

力矩法可得

$$\delta = \left(\frac{Fl}{EI_o} \right)(l)\left(\frac{l}{2} \right) = \frac{Fl^3}{2EI_o} \tag{11.54}$$

$$\therefore \ U = \frac{1}{2}F\delta = \frac{F^2 l^3}{4EI_o} \tag{11.55}$$

式中 I_o 爲固定端之面積二次矩。

以 U 表示應變能密度

$$U = \frac{U}{V} = C_F \times \frac{\sigma_{\max}^2}{2E} \ \text{或} \ U = C_F \times \frac{\tau_{\max}^2}{2G}$$

式中 C_F 稱爲形狀係數(Form Coefficient)，常用以表示彈簧儲存能量之能力，其值恆小於或等於 1。例如以上四種情形的 C_F 爲

(1) $C_F = \dfrac{1}{2k_s}$

(2) $C_F = \dfrac{1}{4}$

(3) $C_F = \dfrac{1}{9}$

(4) $C_F = \dfrac{1}{3}$

1.10　彈簧之串聯與並聯

假設有 n 個彈簧之彈簧常數分別爲 k_1，k_2，$\cdots$，k_n，若將其串接在一起，則整個系統之總彈簧常數 k 爲

$$\frac{1}{k} = \frac{1}{k_1} + \frac{1}{k_2} + \cdots + \frac{1}{k_n} \tag{11.56}$$

若將這 n 個彈簧並接在一起，則其總彈簧數 k 爲

$$k = k_1 + k_1 + \cdots + k_n \tag{11.57}$$

1.11　飛輪

飛輪之主要功用是消除死點之不連續運動；使轉速平穩運轉；儲存能量或放出能量。由於飛輪有較大之重量，所以不易產生減加速度，而且在原動軸扭矩較負載扭矩爲大時，

就會將多餘之能量儲存在飛輪內，相反地就會放出能量，如此即可使轉速平穩運轉。有關圓盤飛輪、輪輻與輪緣之應力分析及受變動扭矩之飛輪分析分別討論如下。

11.11-1　圓盤飛輪之壓力分析

如圖 11.20 所示之圓盤飛輪，取與紙面垂直方向之厚度為一單位，則由圖(b)之自由體在垂直方向之動力平衡得

$$(2r)\,\sigma_r + \sigma_t(2dr) = 2(r+dr)(\,\sigma_r + d\sigma_r) + \gamma dr\left(\frac{1}{g}\right)(2r)(r\omega^2)$$

整理後得

$$\sigma_t - \sigma_r - r\frac{d\sigma_r}{dr} - \gamma\frac{r^2\omega^2}{g} = 0 \qquad\qquad (11.58)$$

式中 g 為重力速度，ω 為角加速度，γ 為單位體積之重量，v 為蒲以松比，$\sigma_{t\,max}$ 為內邊界之最大切線應力，則由(11.58)式之解(類似第十八章壓入配合一節所討論者)可得

$$\sigma_{t\max} = \frac{\gamma\omega^2}{4g}[(3+v)r_o^2 + (1-v)r_i^2] \qquad\qquad (11.59)$$

對具有圓孔之圓盤飛輪的質量慣性矩 J 為

$$J = \frac{1}{2}\frac{W_o}{g}r_o^2 - \frac{1}{2}\frac{W_i}{g}r_i^2 \qquad\qquad (11.60)$$

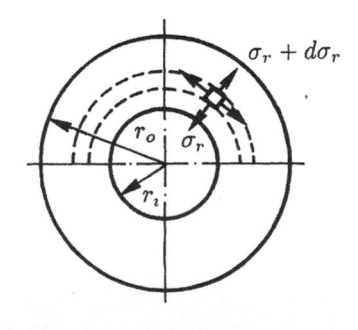
(a)

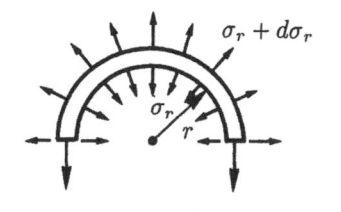
(b)

● 圖 11.20　圓盤飛輪應力分析

式中 $W_o = \gamma \pi l r_o^2$，$W_i = \gamma \pi l r_i^2$，l 為板厚，所以得

$$J = \frac{\gamma \pi l}{2g}(r_o^4 - r_i^4) \tag{11.61}$$

若以 ω_{max} 與 ω_{min} 分別表示最大與最小轉速，則其間動能之變化 ΔKE 為

$$\Delta KE = \frac{1}{2}J(\omega_{max}^2 - \omega_{min}^2) \tag{11.62}$$

11.11-2　含輪幅及輪緣之飛輪

如圖 11.21 所示，以 W 表示輪緣每吋磅重，則輪幅拉應力 σ_1 與輪緣拉應力 σ_2 分別為

$$\sigma_1 = F_1 / A_1 \tag{11.63}$$

$$\sigma_2 = F / A + 6M / bh^2 \tag{11.64}$$

式中 F_1、F 與 M 依據輪幅根數決定，若以 4 根輪幅為例，則

$$F_1 = \frac{Wr^2 n^2}{35200} \times H \text{ lbf} \tag{11.65}$$

$$F = \frac{Wr^2 n^2}{35200} \times (1 - 0.5H) \text{ lbf} \tag{11.66}$$

$$M = 0.1366 F_1 r \text{ in-lbf} \tag{11.67}$$

$$H = \frac{2/3}{(0.073 r^2 / h^2) + 0.643 + (A / A_1)} \tag{11.68}$$

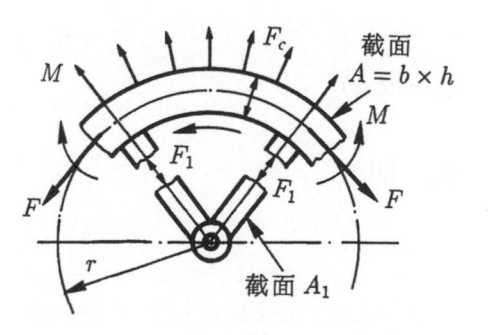

● 圖 11.21　輪幅與輪緣之力學分析

11.11-3　受變動扭矩之飛輪

　　如圖 11.22 所示之飛輪隨工作循環而受各種不同之扭矩負載 T，以 T_m 表示平均扭矩，I 為飛輪對軸之質量慣性矩，則由剛體動力學得

$$\Sigma M_s = I\alpha$$

$$\Rightarrow T - T_m = I\frac{d\omega}{dt} = I\frac{d\omega}{d\theta}\frac{d\theta}{dt} = I\omega\frac{d\omega}{d\theta}$$

$$\Rightarrow \int_A^B (T - T_m)d\theta = I\int_A^B \omega\, d\omega$$

$$\therefore \quad \int_A^B (T - T_m)d\theta = \frac{1}{2}I(\omega_B^2 - \omega_A^2) \tag{11.69}$$

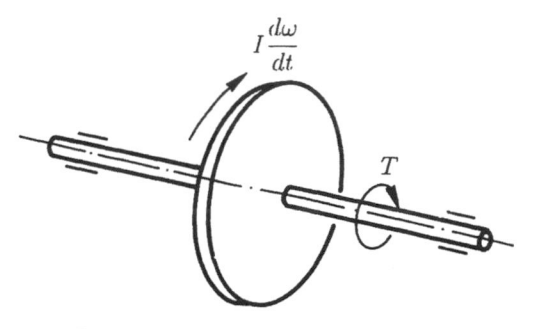

● 圖 11.22　受變動扭矩之飛輪

由於 $\int_A^B (T - T_m)\, d\theta$ 表示由飛輪供給軸之能量 U_{AB} 所以得

$$U_{AB} = \frac{1}{2}I(\omega_B^2 - \omega_A^2) \tag{11.70}$$

$$\therefore \quad U_{max} = \frac{1}{2}I(\omega_{max}^2 - \omega_{min}^2) \tag{11.71}$$

若以 C_f 表示角速度變動係數，即

$$C_f = \frac{\omega_{max} - \omega_{min}}{\omega_m} \tag{11.72}$$

式中 $\omega_m = \frac{1}{2}(\omega_{max} + \omega_{min})$，所以將(11.72)代入(11.71)式得

$$I = \frac{U_{max}}{C_f \omega_m^2} \tag{11.73}$$

習　題

11.1　試述彈簧之種類及其特性。

11.2　何謂彈簧指數及彈簧常數。

11.3　何謂彈簧自由長度及彈簧實長。

11.4　何謂彈簧總圈數及彈簧有效圈數。

11.5　有一壓縮螺旋彈簧，已知其線徑為 3.8mm，承受 445N 之靜負載時，將產生 38mm 之撓度，最大之允許剪應力為 620MPa，兩端之不完全圈數為 1.5，試決定彈簧所需之平均直徑、有效圈數及彈簧材料之體積。彈簧剪應力彈性係數 G = 82.8GPa。

答：D = 27.4mm，N_c = 8.96 圈，V = 10211mm^3

11.6　有一壓縮螺旋彈簧，已知其線徑為 5mm，承受 500N 之靜負載時，將產生 30mm 之撓度，最大之允許剪應力為 600MPa，兩端之不完全圈數為 1.5，試決定彈簧所需之平均直徑，有效圈數及彈簧材料之體積。

答：55.6mm，2.18 圈，12.63 × 10^{3}mm^3

11.7　有一 13 × 13mm 之方形螺旋彈簧，已知其平均直徑為 76mm，承受 13336N 之靜負載，作用圈數為 8，材料之剪應力彈性係數為 G = 82.8GPa，試決定彈簧所受之最大剪應力及撓度。

答：1118.3MPa；110.6mm

11.8　有一窗簾扭轉彈簧，已知其線徑為 1.52mm，螺旋平均直徑為 23mm，圈數為 400，材料之降伏應力 σ_{yp} = 1242MPa，抗拉強度為 σ_u = 2070MPa，安全因數 F_s = 3，彈簧內緣應力集中係數為 1.1，彈性係數 E = 207GPa，試決定內緣應力及由最高應力情況鬆釋 6 轉後所受之作用扭矩。

答：376.4MPa；59.1N-mm

11.9　有一壓縮螺旋彈簧支承一變動負載，已知其線徑為 6mm，彈簧指數為 6，安全因數為 2，彈簧受一平均負載為 600N 應力集中係數為 1.2，剪應力彈性係數 τ_{yp} = 700MPa，剪應力之疲勞強度為 τ_e = 400MPa，試決定彈簧所受之最大及最小負載。

答：647.5N；552.5N

第十二章　螺紋件

本章大綱

12.1 緒論

螺紋件常用來達成下列之目的：使用較低效率之螺紋件，可增加摩擦力防止鬆脫，以做為兩不同元件之鎖緊用；使用高效率之螺紋件，可減少摩擦力降低動力損耗，以做為傳遞動力用；可用以調整兩元件間之相關位置；可用在螺旋測微器之度量用。為了能有效的運用螺紋件，設計者除了必須熟悉螺紋件之術語與種類外，亦須充分了解其受力、預置負載、偏心負載與衝擊負載之強度分析。

12.2 術語

螺紋之各種術語，如圖 12.1 所示，說明如下：

(1) **螺距**(Pitch)P：沿軸向相鄰兩螺紋對應點之距離。

(2) 大徑(Major Diameter)D_o：螺紋之最大直徑。

(3) 小徑(Minor Diameter)D_i：螺紋之最小直徑。

(4) 節圓直徑 D_m：大徑與小徑之平均直徑，即 $D_m = \dfrac{1}{2}(D_o + D_i)$。

(5) 多螺紋線 N：由兩條或兩條以上之螺紋線所組成者稱之。由兩條螺紋線組成者稱雙螺紋；由三條者稱三螺紋。

(6) **導程**(Lead)L：螺紋旋轉一週時沿軸向所行進之距離稱之。對單螺紋則 $L = P$；雙螺紋則 $L = 2P$；N 螺紋線則 $L = NP$。

(7) **右螺紋**：螺紋柱依順時針旋轉時螺紋柱將遠離吾人而前進者稱之。以 RH 表示。

(8) **左螺紋**：螺紋柱依順時針旋轉時螺紋柱將向吾人而接近者稱之。以 LH 表示。

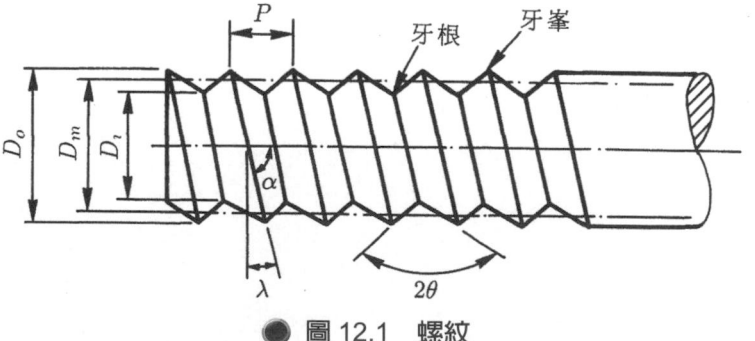

● 圖 12.1 螺紋

(9) **導程角**(Lead Angle) λ：$\tan\lambda = L / \pi D_m = NP / \pi D_m$。

(10) **螺旋角**(Helix Angle) α：導程角之餘角稱之，即 $\tan\alpha = \pi D_m / L$。

(11) **螺紋角**(Thread Angle)2θ：任一螺紋兩邊之夾角。

12.3　螺紋種類

　　螺紋種類可依其功用而成連接用螺紋、動力螺紋與特殊用螺紋等三大類，而各類又含多種不同之螺紋如下：

$$
螺紋 \begin{cases}
連接用螺紋 \begin{cases}
三角形螺紋 \begin{cases}
美國\ ISO\ 公制螺紋 \\
韋氏螺紋 \\
統一制螺紋 \\
CNS\ 國際公制螺紋 \\
V\ 型螺紋 \\
管螺紋
\end{cases} \\
圓形螺紋
\end{cases} \\
動力螺紋 \begin{cases}
方形螺紋 \\
梯形螺紋 \\
鋸齒螺紋
\end{cases} \\
特殊用螺紋 \begin{cases}
木螺釘螺紋 \\
自攻螺紋
\end{cases}
\end{cases}
$$

(1) **美國 ISO 公制三角螺紋**：螺紋角為 60°，螺紋牙峰與牙根皆作成兩個小平面，小平面之寬度為 $\frac{1}{8}P$。螺紋有粗牙螺紋(*NC*)、細牙螺紋(*NF*)與特細螺紋(*NEF*)，其表示法如 $\frac{1}{2}$"–12NC：其中 $\frac{1}{2}$" 表示大徑，每吋有 12 牙。

(2) **韋氏螺紋**(Whitworth thread)：為英國國家標準螺紋，螺紋角 55°，牙峰與牙根處製成圓弧，其表示法如 W$\frac{5}{8}$×11：其中 $\frac{5}{8}$" 表示螺紋大徑，11 表示每吋有 11 牙。

(3) **統一制螺紋**：由美、英國與加拿大三國協定而成；螺紋角為 60°；外螺紋之牙根與牙峰均削平或圓弧；內螺紋則是牙峰削平，牙根為削平或圓弧。螺紋有粗牙(UNC)、細牙(UNF)、特細牙(UNEF)，其表示法為：$\frac{1}{4}$"–20UNC，即螺紋之大徑為 $\frac{1}{4}$"，且每吋有 20 牙。

(4) **CNS 國際公制螺紋**：為中華民國國家標準，除了牙根規定為圓弧外，其他與美國 ISO 公制螺紋之規定相同。其表示法：M12 表示外徑為 12mm 粗牙；M8 × 1 表示外徑為 8mm 且節距為 1mm 細牙。

(5) **V 形螺紋**：螺紋角為 60°，牙峰與牙根均為尖形，其製造容易但是強度低且應力集中係數大。

(6) **管螺紋**：用於管連接之螺紋，通常節距較小，牙深較淺，常分成平形管螺紋(PS)與錐形管螺紋(TS)。其中錐形管螺紋是用於高壓流體之管接頭。

(7) **圓螺紋**：是由 30°螺紋角之弧相接而成，常用於非精密之配合與輕鎖之情況，例如電燈泡用之螺紋。

(8) **方形螺紋**：牙型為方形，其牙深與牙寬幾乎相等，效率高，可傳遞較大動力，例如千斤頂用之螺紋，因其製造不易且成本高，所以常被梯形螺紋所取代。

(9) **梯形螺紋**：常分成 ISO 公制梯形螺紋、ISO 圓角梯形螺紋、ISO 短梯形紋與**愛克姆(Acme)螺紋**等四種螺紋。其中 ISO 梯形螺紋之螺紋角為 30°(TM)，愛克姆螺紋之螺紋角為 29°。

(10) **鋸齒螺紋**：牙形一側與軸線成 90°，而另一側則與軸線成 45°。其僅用於承受單方向之負載，常用於千斤頂、衝床等設備。

12.4　螺紋件種類與用途

　　常用螺紋件有螺栓(Bolt)、螺釘(Screw)、螺椿(Stud)、螺帽(Nut)與墊圈(Washer)，其定義與用途說明如下：

(1) **螺栓**：是指只有螺帽與螺絲頭(Head)者稱之，如圖 12.2(a)所示，常用於連接凸緣部份，是最常用之螺紋件，其頭與螺帽均易於使用扳手鎖緊或鬆開，因此遇有損壞時很容易更換。由於螺栓桿部未作加工，牙峰易受損，因此一般設計貫穿孔徑比螺栓桿外徑大 $\frac{1}{16}$"。此種螺栓常因螺栓頭之不同形狀或特殊用途而在其前面加上不同之字語，例如基礎螺栓(Foundation Bolt)或稱固定螺栓(Anchor Bolt)、環首螺栓(Eye Bolt)，詳見圖 12.2(b)與(c)。

(2) **螺釘**：是指僅有螺絲頭而無配合螺帽者，如圖 12.2(d)所示。常由於考慮空間之限制而不宜使用螺帽時，才選用此種螺釘。由於內螺紋之牙直接改在配件上，若螺牙有損害則不易檢修，因此應設計在不常拆裝之配件上。螺釘之螺紋部份長度應等於直徑之兩倍再加 $\frac{1}{4}$ 吋。對鋼質配合件之內螺紋長度至少應等於其直徑；若為鑄鐵配件則取外徑之一倍半；若為鋁質配件則取外徑之三倍。

(3) **螺椿**：兩端皆為螺紋，而沒有螺絲頭者，如圖 12.2(e)所示。因為在拆卸時，僅須將螺帽鬆開即可，不必將螺椿拆下，所以較螺釘便於拆裝，但是須注意螺帽拆卸時可能會連同螺椿一起自孔內退出。

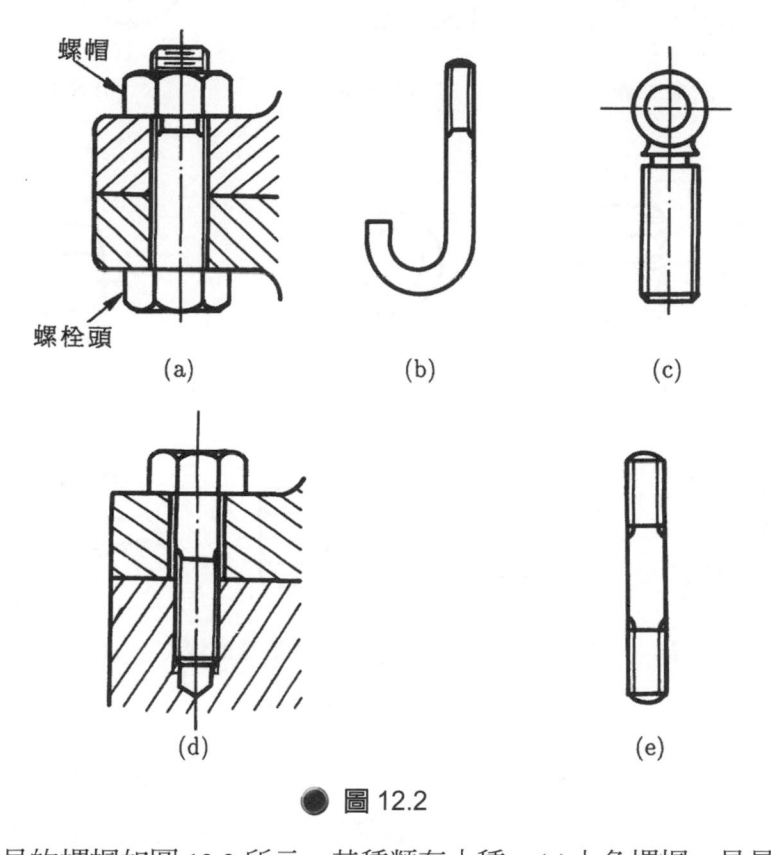

● 圖 12.2

(4) **螺帽**：常見的螺帽如圖 12.3 所示，其種類有十種：(a)六角螺帽，是最常使用之螺帽元件，其高度 h 與直徑 d 的正常關係為 $h = 0.8d$，較薄元件則取 $h = 0.5d$。(b)方螺帽，外形呈四角形所以又稱四方螺帽，常用於木材元件之接合，製造簡單，價格低廉。(c)環螺帽，外形成圓柱形，端面有槽孔或埋孔，便於用起子鬆卸。(d)有槽螺帽，又稱冠形螺帽或堡型螺帽，在螺帽上有數凹槽，以便插入鋼絲防止鬆脫。(e)

環首螺帽，又稱帶圈螺帽，其頭部具有環型之螺帽，以便鉤住吊移之用。(f)蓋頭螺帽，又稱帽蓋帽，螺帽形成密封球面，能防止液體之洩漏或滲入。(g)蝶形螺帽，在螺帽上帶有兩翼形片，便於經常裝卸用，常用於夾具上。(h)凸緣螺帽，在螺帽底部有承座，可增加鎖緊力。(i)球面墊圈螺帽，在螺帽底部有球面承座，常用於接觸面為凹形球面之處，可易於對準中心。(j)彈簧板螺帽，利用彈簧鋼片上沖有凹孔，當鎖上螺栓時，板片即行卡住鎖緊。

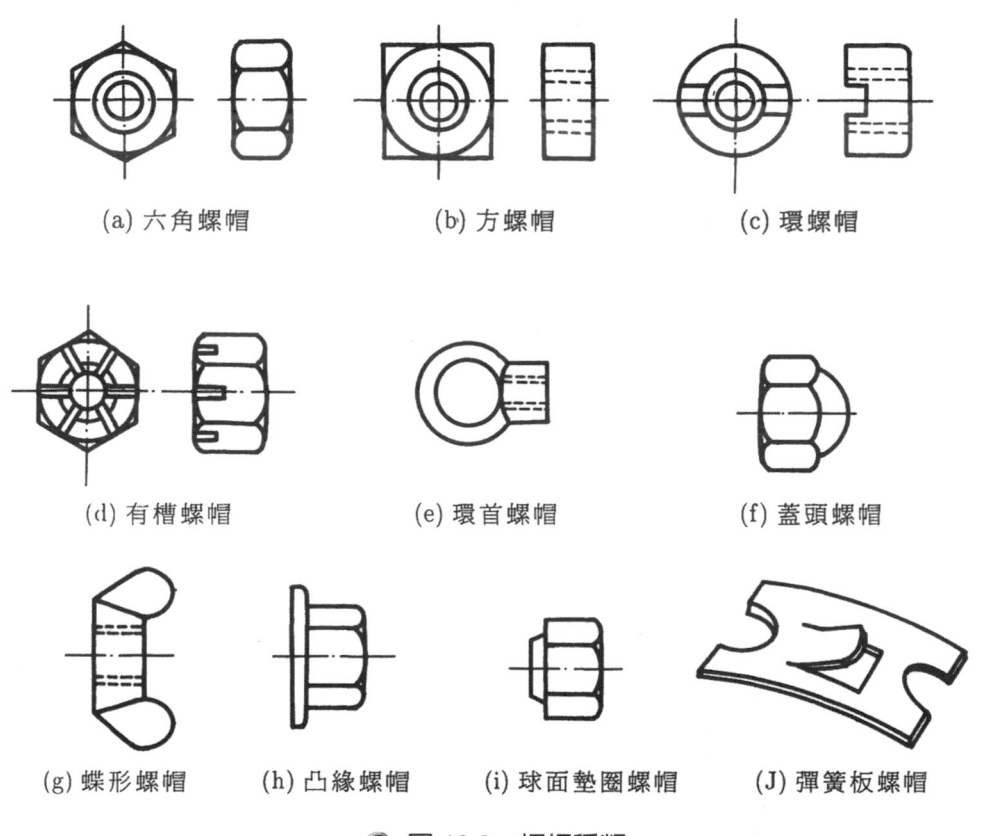

(a) 六角螺帽　　(b) 方螺帽　　(c) 環螺帽

(d) 有槽螺帽　　(e) 環首螺帽　　(f) 蓋頭螺帽

(g) 蝶形螺帽　(h) 凸緣螺帽　(i) 球面墊圈螺帽　(J) 彈簧板螺帽

● 圖 12.3　螺帽種類

(5) **墊圈**：又稱承件，主要是用於兩配合元件之間，一般是促使螺帽較好之承壓面及較均勻之壓力分佈，有五種形式：(a)**普通墊圈**，又稱**平墊圈**，是一種有內外同心圓之圓環且外形在同一平面上。(b)**錐形墊圈**，除了形狀為錐形而非平面外，其餘均與普通墊圈相同。(c)**有齒墊圈**，如圖 12.4 所示帶有齒形之墊圈，具有防止滑退之作用。(d)**彈簧墊圈**，如圖 12.5 所示，其主要目的是產生一種預力。(e)**特殊墊圈**，例如帶尖平或滑面之墊圈。

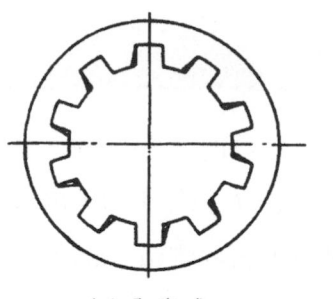
(a) 內齒式

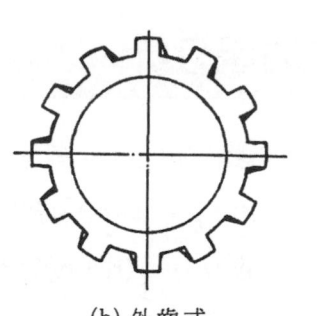
(b) 外齒式

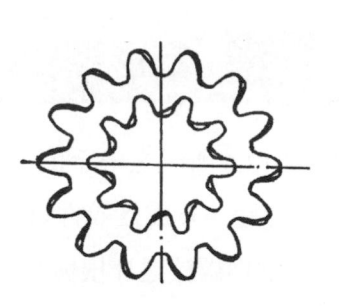
(c) 內外齒式

● 圖 12.4　有齒墊圈

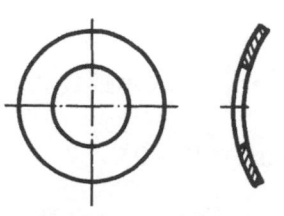

● 圖 12.5　彈簧墊圈

12.5　機械效率與機械利益

一般所稱之機械效率或機械利益常分成三種：

- 機械效率：機械之輸出功與其輸入能量之比值稱為**機械效率**，其值小於等於 1。

- 斜面之機械利益：垂直重量與水平作用力之比值稱為**斜面之機械利益**，若斜面與水平面之傾斜角愈大，則所需之水平作用力愈大，表示機械利益愈小，即費力但是省時間。

- 螺絲之機械利益：輸出功與輸入功之比值稱為**螺旋之機械利益** η(亦常稱**螺紋效率**)，若以 W 表示螺旋所欲舉起之重量，L 表示螺旋導程，N 為螺紋數，p 為節距，F 為產生舉升之作用外力，a 為作用力 F 至螺紋軸中心之距離

$$\eta = \frac{WL}{2\pi aF} = \frac{NpW}{2\pi aF}$$

(12.1)

12.6 方形螺紋之力學分析

如圖 12.6 所示之千斤頂，以 θ 為螺紋角之半，對於方形螺紋而言，$\theta = 0°$，N 為螺紋數，p 為節距，ϕ 為螺紋件之靜摩擦角，$\mu = \tan\phi$ 為摩擦係數，F 為作用力，W 為舉重，r_1 與 r_2 分別為螺紋之牙根與牙峰之半徑，$r_m = \frac{1}{2}(r_1 + r_2)$ 為螺紋平均半徑，$\alpha = \tan^{-1}(Np / 2\pi r_m)$ 為導程角，a 為外力 F 距螺紋軸中心之桿長，方螺紋作用力的情形將分成圖 12.7 所示(a)及(b)兩種進行分析：

(1) 物體 W 開始上升

由圖 12.7(a)之力學分析，以 F_n 表示螺紋面之垂直作用力，

$$\Sigma F_y = 0 \Rightarrow F_n\cos\alpha - \mu F_n\sin\alpha - W = 0$$

$$\Sigma M_0 = 0 \Rightarrow Fa - r_m(F_n\sin\alpha + \mu F_n\cos\alpha) = 0$$

由上兩式消去 F_n 可得

$$F = \frac{Wr_m}{a}\left(\frac{\tan\alpha + \mu}{1 - \mu\tan\alpha}\right) = \frac{Wr_m}{a}\tan(\phi + \alpha) \tag{12.2}$$

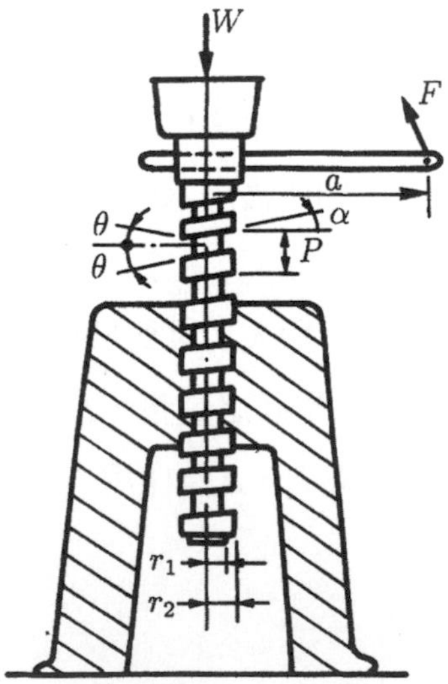

● 圖 12.6 千斤頂

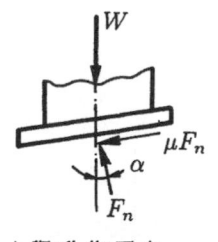
(a) 舉升作用力

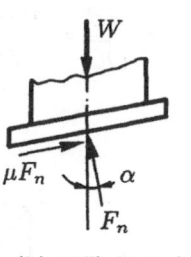
(b) 下降作用力

● 圖 12.7　方螺紋作用力

螺紋效率 η 為

$$\eta = \frac{WNp}{2\pi aF} = \frac{Np}{2\pi r_m \tan(\phi + \alpha)} = \frac{\tan\alpha}{\tan(\phi + \alpha)} \tag{12.3}$$

*注意若考慮螺帽或支座在 $d_f/2$ 處之夾緊扭矩則(12.2)式須改為

$$F = \frac{Wr_m}{a}\tan(\phi + \alpha) + \frac{\mu}{a}\left(\frac{d_f}{2}\right)W$$

(2)　物體 W 開始下降

　　　由圖 12.7(b)所示之力學分析得

　　$\Sigma F_y = 0 \Rightarrow F_n\cos\alpha + \mu F_n\sin\alpha - W = 0$

　　$\Sigma M_0 = 0 \Rightarrow Fa - r_m(F_n\sin\alpha - \mu F_n\cos\alpha) = 0$

由上兩式消去 F_n 得

$$F = -\frac{Wr_m}{a}\tan(\phi - \alpha) \tag{12.4}$$

(12.4)式中當導程角 α 小於摩擦角 ϕ 時，F 為負值，表示 F 作用力方向與圖 12.6 所示反向時才會使 ω 開始下降，也就是說 $F = 0$ 時螺桿有**自鎖現象**。

12.7　梯形或 V 形螺紋之力學分析

　　對於梯形或 V 形螺紋，θ 將不會等於零，例如梯形螺紋之螺紋角 $2\theta = 29°$ 或 $30°$，V 形螺紋則 $2\theta = 60°$ 或 $55°$，如圖 12.8 所示垂直螺紋面之作用力 F_n 所夾 θ_n、θ 及 α 之間的關係為

$$\tan\theta_n = \frac{\overline{CD}}{\overline{OC}} = \frac{\overline{AB}}{\overline{OC}} = \frac{\overline{AO}\tan\theta}{\overline{OC}} = \tan\theta\cos\alpha \tag{12.5}$$

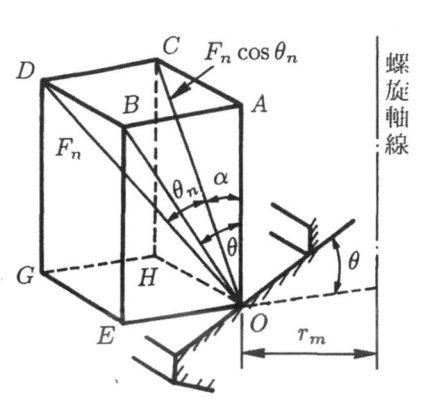

● 圖 12.8　梯形螺紋角度關係

(1)　物體 W 開始上升

　　　由圖 12.9(a)所示之力學分析得

　　$\Sigma F_n = 0 \Rightarrow F_n\cos\theta_n\cos\alpha - \mu F_n\sin\alpha - W = 0$

　　$\Sigma M_0 = 0 \Rightarrow Fa - r_m(F_n\cos\theta_n\sin\alpha + \mu F_n\cos\alpha) = 0$

　　由上兩式消去 F_n 可得

$$F = \frac{Wr_m}{a}\left(\frac{\cos\theta_n\tan\alpha + \mu}{\cos\theta_n - \mu\tan\alpha}\right) \tag{12.6}$$

　　令 $\mu'_n = \tan\phi'_n = \mu/\cos\theta_n$，代入(12.6)式得

$$F = \frac{Wr_m}{a}\times\left(\frac{\tan\alpha + \tan\phi'_n}{1 - \tan\phi'_n\tan\alpha}\right) = \frac{Wr_m}{a}\tan(\phi'_n + \alpha) \tag{12.7}$$

　　一般常取 $\mu'_n \approx \mu' = \mu/\cos\theta$，致於螺紋效率 η 為

$$\eta = \frac{WNp}{2\pi aF} = \frac{Np}{2\pi r_m\tan(\phi'_n + \alpha)} = \frac{\tan\alpha}{\tan(\phi'_n + \alpha)} \tag{12.8}$$

(2)　物體 W 開始下降

　　　由圖 12.9(b)所示之力學分析得

　　$\Sigma F_y = 0 \Rightarrow F_n\cos\theta_n\cos\alpha + \mu F_n\sin\alpha - W = 0$

$$\Sigma M_0 = 0 \Rightarrow Fa - r_m(F_n\cos\theta_n\sin\alpha - \mu F_n\cos\alpha) = 0$$

由上或消去 F_n 可得

$$F = \frac{Wr_m}{a}\left(\frac{\cos\theta_n\tan\alpha - \mu}{\cos\theta_n + \mu\tan\alpha}\right) = \frac{-Wr_m}{a}\tan(\phi'_n - \alpha) \qquad (12.9)$$

(12.9)式中當 $\mu < \cos\theta_n\tan\alpha$ 時 F 之值為負，表示螺桿有自鎖現象。

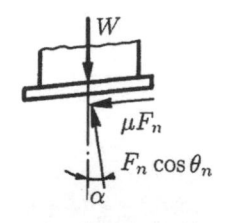

(a) 舉昇作用力

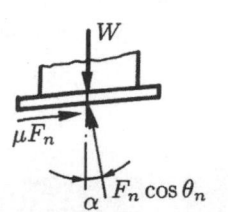

(b) 下降作用力

● 圖 12.9　梯形螺紋作用力

例 12.1

有一 C 形夾角如圖 12.10 所示，將兩長方塊夾在一起。C 形夾中螺紋為單紋之方螺牙，螺距 $p = 2.5\text{mm}$，桿平均直徑為 12.5mm，螺紋面上靜摩擦係數 $\mu = 0.2$，欲使 C 形夾對長方塊產生 2222N 之壓力，試求所須扭矩 T。

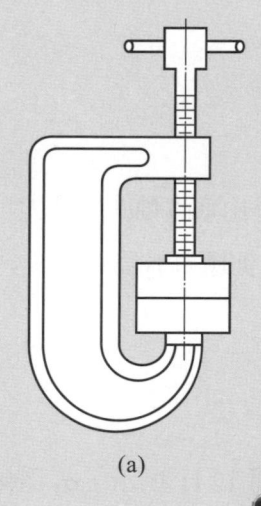

(a)

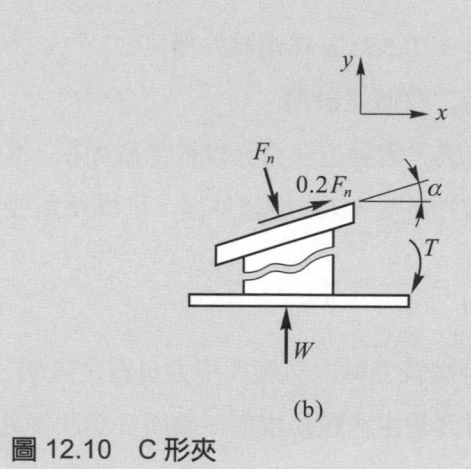

(b)

● 圖 12.10　C 形夾

【解】

取螺紋自由體，如圖 12.10(b)所示，則

$\Sigma F_y = 0 \Rightarrow W - F_n\cos\alpha + 0.2F_n\sin\alpha = 0$ ……(a)

$\Sigma M_0 = 0 \Rightarrow T - r_m(F_n\sin\alpha + 0.2F_n\cos\alpha) = 0$ ……(b)

由(a)(b)式消去 F_n，且 $\tan\alpha = \dfrac{2.5}{\pi(12.5)} \Rightarrow \alpha = 3.64°$，所以

$$T = Wr_m\left(\frac{\sin\alpha + 0.2\cos\alpha}{\cos\alpha - 0.2\sin\alpha}\right)$$

$$= 2222 \times \frac{12.5}{2} \times \frac{\sin 3.64° + 0.2\cos 3.64°}{\cos 3.64° - 0.2\sin 3.64°} = 3.71\text{N-m}$$

12.8　靜態強度設計

用在機械傳動或連接件之螺紋件，其發生破壞的情形，隨著負載之不同而有下五種型式。

(1)　受螺絲軸向負載之破壞

其破壞的地方發生在螺絲根部截面積，以 W 表示軸負，d_1 表示螺紋根部直徑，$(\sigma_{st})_B$ 為螺絲抗拉強度，螺絲所受拉應力 σ_1 為

$$\sigma_1 = \frac{W}{A_1} = \frac{4W}{\pi d_1^2} = \frac{(\sigma_{st})_B}{FS} \qquad (12.10)$$

一般取 $d_1 \doteq 0.5d$，d 為螺紋外徑。

(2)　螺絲受剪力負載之破壞

其破壞之處發生在沒有螺紋部截面積，但是由垂直軸向之剪力 W 所造成，τ_{SB} 為螺絲抗剪強度，d 為螺紋外徑，則螺絲所受之剪應力 τ_2 為

$$\tau_2 = \frac{W}{A} = \frac{4W}{\pi d^2} = \frac{\tau_{SB}}{FS} \qquad (12.11)$$

(3)　同時考慮螺絲受軸向負載與扭力負載之破壞

此種負載生在螺絲根部，其所受應狀態如圖 12.11 所示，σ_1 為軸負載所生之拉應力同(12.10)式，τ_3 為扭力 T 所生之剪應力，所以

$$\tau_3 = \frac{T \cdot \dfrac{d_1}{2}}{J} = \frac{W \cdot \left(\dfrac{1}{2} d_m\right) \tan(\phi + \alpha) \dfrac{d_1}{2}}{\dfrac{\pi}{32} d_1^4}$$

$$\therefore \quad \tau_3 = \frac{8 W d_m \tan(\phi + \alpha)}{\pi d_1^3} \tag{12.12}$$

一般常取 $d_1 = 0.8d$，$d_m = \dfrac{1}{2}(d_1 + d) = 0.9d$ 分別代入(12.10)與(12.12)式可簡化為

$$\sigma_1 \doteq \frac{4W}{\pi (0.8)^2 d^2} \tag{12.13}$$

$$\tau_3 \doteq \frac{7.2 W \tan(\phi + \alpha)}{(0.8)^3 \pi d^2} \tag{12.14}$$

若依最大拉應力理論則

$$\sigma_{\max} = \frac{\sigma_1}{2} + \sqrt{\left(\frac{\sigma_1}{2}\right)^2 + \tau_3^2} = \frac{(\sigma_{st})_B}{FS} \tag{12.15}$$

若依最大剪應力理論則

$$\tau_{\max} = \sqrt{\left(\frac{\sigma_1}{2}\right)^2 + \tau_3^2} = \frac{\tau_{SB}}{FS} \tag{12.16}$$

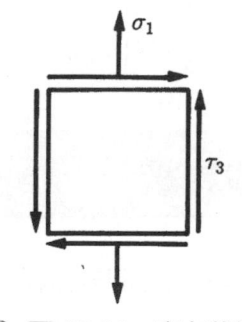

● 圖 12.11　應力狀態

(4) 螺帽之螺紋面受壓力負載之破壞

　　以 H 表示螺帽高度，N 為螺帽總螺紋圈數，而 $H = Np$，以 σ_4 表示螺帽之螺面所受之壓應力，則

$$\sigma_4 = \frac{W}{N\dfrac{\pi}{4}(d^2 - d_1^2)} = \frac{4Wp}{H\pi(d^2 - d_1^2)} = \frac{(\sigma_{SC})_N}{FS} \tag{12.17}$$

式中$(\sigma_{SC})_N$為螺帽之抗壓應力。

(5) 螺帽之螺紋根部受剪力負載的破壞

以 τ_5 表示螺帽之螺紋根部所受之剪應力，則

$$\tau_5 = \frac{W}{\pi d_1 \times \dfrac{H}{2}} = \frac{2W}{\pi d_1 H} = \frac{\tau_{SN}}{FS} \tag{12.18}$$

式中 τ_{SN} 為螺帽抗剪強度。

例 12.2

有一 30 公噸之螺紋壓機，已知螺紋為方牙，螺紋外徑 d = 100mm，螺紋根徑 d_1 = 80mm，螺距 p = 16mm，螺紋之抗壓強度 σ_{SC} = 1.2kg/mm²，若取安全因數 FS = 2，試求所須之螺帽高度 H。

【解】

由螺帽之螺紋面所受之壓應力 σ 得

$$\sigma = \frac{W}{N\dfrac{\pi}{4}(d^2 - d_1^2)} = \frac{4Wp}{H\pi(d^2 - d_1^2)} = \frac{\sigma_{SC}}{FS}$$

$$\therefore H = \frac{4Wp(FS)}{\pi(d^2 - d_1^2)\sigma_{SC}} = \frac{4 \times 30 \times 10^3 \times 16 \times 2}{\pi[(100)^2 - (80)^2] \times 1.2} = 283\text{mm}$$

12.9　螺紋件之預置負載

　　一部機器在尚未開始運轉前，其各元件間若是採用螺紋件接合者，均是依靠螺絲鎖緊所造成之初應力來將各元件連接在一起。當機器開始運轉後，這些元件通常會受到某種變動負載，若負在超過某值以上，則該元件開始有鬆動現象，因而造成不正常狀況，然而此一負載值與螺絲之初應力有密切關係。以下將用圖 12.12 為例分五種情況來探討這個問題。

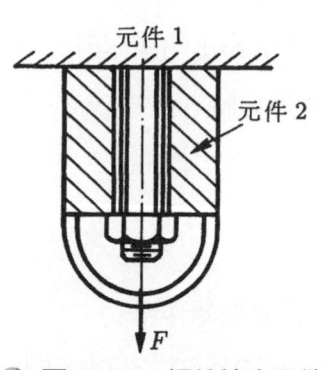

● 圖 12.12　螺絲接合元件

(1) 螺絲不受初應力且元件 1 與 2 間沒有鉎接，當外力 F 開始作用時，整個 F 力均由螺絲承受，此時螺絲受力 F_b 與承載應力 σ_b 為

$$F_b = F \tag{12.19}$$

$$\sigma_b = \frac{F}{As} \tag{12.20}$$

式中 A_S 為螺栓之應力面積，相當於根部截面積。

(2) 螺絲不受初應力但是元件 1 與 2 有鉎接

　　在 F 力開始作用時，元件 2 與螺栓同時承受 F 力之作用，且兩者距有相同之變形量 δ，以帶下標 p 表示元件 2，帶下標 b 表示螺絲，l 為長度，E 為彈性係數，則

$$\delta = \frac{F_b}{k_b} = \frac{F_p}{k_p} = \frac{F_b + F_p}{k_b + k_p} = \frac{F}{k_b + k_p} \tag{12.21}$$

$$k_b = \frac{A_b E_b}{l_b} \tag{12.22}$$

$$k_p = \frac{A_p E_p}{l_p} \tag{12.23}$$

可得 $F_b = \frac{k_b}{k_b + k_p} F \tag{12.24}$

$$F_p = \frac{k_p}{k_b + k_p} F \tag{12.25}$$

(3) 螺絲受一鎖緊初應力 F_0 但是 F 尚未開始作用

此時元件 1 與 2 是否有銲接將不會有影響，所以得

$$F_b = F_0 (表示受拉) \tag{12.26}$$

$$F_p = -F_0 (表示受壓) \tag{12.27}$$

(4) 螺絲受一鎖緊初應力 F_0 而且 F 開始作用

此種受力情況可視為情況(2)與(3)之組合，即

$$F_b = \frac{k_b}{k_b + k_p} F + F_0 \,(螺栓僅會受拉) \tag{12.28}$$

$$F_p = \frac{k_p}{k_b + k_p} F - F_0 \,(元件 2 可能受拉或受壓) \tag{12.29}$$

當 $F < \frac{(k_b + k_p)}{k_p} F_0 \Rightarrow$ 表示元件 2 受壓，此時元件 1 及 2 是否銲接均不會有鬆動現象。

當 $F > \frac{k_b + k_p}{k_p} F_0 \Rightarrow$ 表示元件 2 受拉，此時若元件 1 及 2 沒有銲接，則機件 2 將產生

鬆動，此種現象通常不被允許。

所以說 $F = \frac{(k_b + k_p)F_0}{k_p} = F_{cr}$ 為元件 2 鬆動之臨界值，如果元件 1 及 2 有銲接則 F_b

與 F_p 將維持(12.28)與(12.29)式，若沒有銲接，則 F 大於此臨界值時，$F_p = 0$，而

$F_b = F_o + F$。

(5) 螺絲受一鎖緊初應力 F_0 而 $F < F_{cr}$ 且具有變動情況：

以帶下標 m 表示平均值，帶下標 r 表示波幅，則

$$F_{bm} = \frac{1}{2}(F_{b,\max} + F_{b,\min}) = \frac{k_b}{k_b + k_p} F_m + F_o \tag{12.30}$$

$$F_{br} = \frac{1}{2}(F_{b,\max} - F_{b,\min}) = \frac{k_b}{k_b + k_p} F_r \tag{12.31}$$

$$F_{p,\min} = \frac{k_p}{k_b + k_p} F_{\max} - F_0 \tag{12.32}$$

若 F 具有變動值，則初應力的存在會降低螺絲的疲勞效應。

例 12.3

如圖 12.12 所示之螺絲接合之元件，若已知螺絲受一鎖緊之初應力 $F_0 = 4.9\text{kN}$，且承受一外力 $F = 5.3\text{kN}$，螺絲相當之彈簧常數 k_b 與元件 2 之 k_p 間的關係為 $k_p = 6k_b$，試求螺栓與元件 2 所受之力 F_b 與 F_p。

【解】

由 $F_b = \dfrac{k_b}{k_b + k_p} F + F_0 = \dfrac{1}{1+6} \times 5.3 + 4.9 = 5.66\text{kN}$

$F_p = \dfrac{k_p}{k_b + k_p} F - F_0 = \dfrac{6}{1+6} \times 5.3 - 4.9 = -0.36\text{kN}$

F_p 負值表示元件 2 還不致於鬆動。

例 12.4

如圖 12.12 所示，已知螺栓外徑 $d = 12\text{mm}$，其應力面積 $A_S = 80.9\text{mm}^2$，螺栓與元件 2 同長度，螺栓之降伏強度 $(\sigma_{yp})_b = 483\text{MPa}$，抗拉強度 $(\sigma_u)_b = 690\text{MPa}$，疲勞限 $(\sigma_e)_b = 207\text{MPa}$，應力集中係數 $k = 3.5$，元件 2 之總作用面積 $A_p - 387\text{mm}^2$，若負載 F 在 0～12kN 間連續變動，且螺栓與元件 2 有相同材料，試求

(1)無初值應力存在時之螺栓的安全因數。

(2)避免元件 2 之壓縮損失，所須最小之鎖緊初應力 F_0 值。

(3)在 $F_0 = 13\text{kN}$ 之螺絲安全因數 FS 及元件所受之最小力。

【解】

(1) $\sigma_m = \dfrac{6000}{80.9} = 74.2\text{MPa}$

$\sigma_r = 3.5 \times \dfrac{6000}{80.9} = 259.6\text{MPa} > \sigma_e = 207\text{MPa}$

表示 $FS < 1$，即不安全

(2) 螺栓總面積 $A_b = \dfrac{1}{4} \pi d^2 = \dfrac{\pi}{4} \times (12)^2 = 113.1\text{mm}^2$

由 $F_p = \dfrac{k_p}{k_b + k_p} F_{max} - F_0 = 0$

$\therefore F_0 = \dfrac{k_p}{k_b + k_p} F_{max} = \dfrac{A_p}{A_b + A_p} F_{max} = \dfrac{387}{113.1 + 387} \times 12000 = 9286.1\text{N}$

(3) $F_{bm} = \dfrac{k_b}{k_b + k_p} \times F_m + F_0 = \dfrac{113.1}{113.1 + 387} \times 6000 + 13000 = 14357\text{N}$

$\sigma_m = \dfrac{14357}{80.9} = 177.5\text{MPa}$

$F_{br} = \dfrac{k_b}{k_b + k_p} \times F_r = \dfrac{113.1}{113.1 + 387} \times 6000 = 1356.9\text{N}$

$\Rightarrow \sigma_r = \dfrac{1356.9}{80.9} = 16.8\text{MPa}$

由 $\dfrac{1}{(FS)_1} = \dfrac{\sigma_m}{\sigma_u} + \dfrac{k\sigma_r}{\sigma_e} = \dfrac{177.5}{690} + \dfrac{3.5 \times 16.8}{207} \Rightarrow (FS)_1 = 1.85$

$\dfrac{1}{(FS)_2} = \dfrac{\sigma_m + k\sigma_r}{\sigma_{yp}} = \dfrac{177.5 + 3.5 \times 16.8}{483} \Rightarrow (FS)_2 = 2.04$

取較小值，所以 $FS = (FS)_1 = 1.85$

$F_{p,\min} = \dfrac{k_p}{k_b + k_p} F_{\max} - F_0 = \dfrac{387}{80.9 + 387} \times 12000 - 13000 = -3\text{N}$

12.10 偏心負載之設計

如圖 12.13 所示之兩元件，是利用螺絲予以接合，假設兩元件足夠的厚與重，所以可視為一剛體，與鉚釘偏心負載的設計完全相同，由圖中得知作用力 F 對每支螺絲所生之作用力將含有兩項：一種為沿 F 方向之平均剪力，另一種為 F 對 A 點之力矩所產生之拉應力 F_1，F_2，$\cdots$，F_6，假設此拉力的大小與螺絲距 A 點之距離 a_1，a_2，$\cdots$，a_6 成正比，所以有

$$\frac{F_1}{a_1} = \frac{F_2}{a_2} = \frac{F_3}{a_3} = C \tag{12.33}$$

$$\frac{F_4}{a_1} = \frac{F_5}{a_2} = \frac{F_6}{a_3} = C \tag{12.34}$$

由靜力平衡 $\Sigma M_A = 0$ 可得

$$Fl = F_1 a_1 + F_2 a_2 + F_3 a_3 + F_4 A_4 + F_5 a_5 + F_6 a_6$$

$$= 2C(a_1^2 + a_2^2 + a_3^2) \tag{12.35}$$

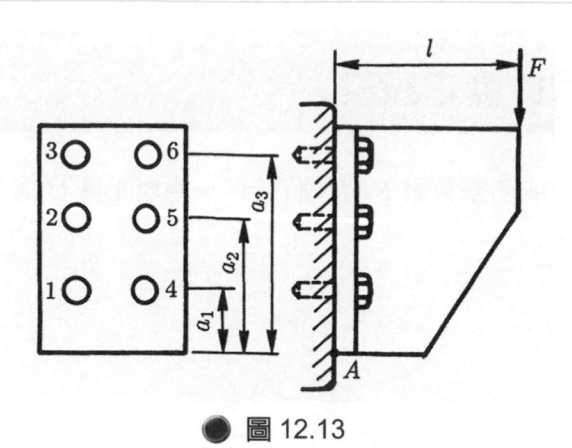

● 圖 12.13

求解 F_1，F_2，…，F_6 時可先由(12.35)式求得 C 值，再利用(12.33)與(12.34)式獲得，其中最大之拉力發生在距 A 點最遠的地方，其拉應力為

$$\sigma_3 = \sigma_6 = \frac{F_3}{\frac{1}{4}\pi d_1^2} = \frac{4F_3}{\pi d_1^2} \tag{12.36}$$

每支螺絲所受之平均剪應力

$$\tau = \frac{F/N}{\frac{1}{4}\pi d^2} = \frac{2F}{3\pi d^2} \tag{12.37}$$

每支螺絲所受之總應力就是(12.36)與(12.37)式之合成應力，如圖 12.14 所示之應力狀態，依最大拉應力理論得

$$\sigma_{\max} = \frac{\sigma_3}{2} + \sqrt{\left(\frac{\sigma_3}{2}\right)^2 + \tau^2} = \frac{(\sigma_{st})_B}{FS}$$

依最大剪應力理論得

$$\tau_{\max} = \sqrt{\left(\frac{\sigma_3}{2}\right)^2 + \tau^2} = \frac{\tau_{SB}}{FS}$$

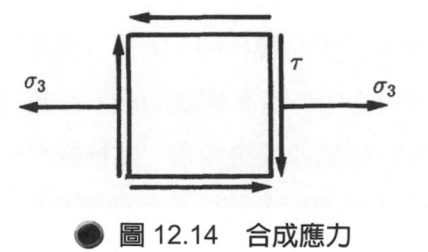

● 圖 12.14　合成應力

12.11　衝擊負載之設計

螺絲受突然的施力或衝擊負載 F 時，將貯存一應變能量 U 為

$$U = \frac{1}{2}F\delta = \frac{F^2}{2k} \tag{12.38}$$

$$k = \frac{EA}{l} \tag{12.39}$$

式中 $A = \pi d^2 / 4$，螺絲所受之應力 σ 為

$$\sigma = \frac{F}{As} = \frac{4F}{\pi d_1^2} = \frac{(\sigma_{st})_B}{FS} \tag{12.40}$$

例 12.5

有一直徑 $d = 12$mm 之螺絲，長 $l = 375$mm，應力面積 $A_s = 80.9$mm^2，彈性係數 $E = 207$GPa，降伏強度 $\sigma_{yp} = 483$MPa，若已知螺絲承受一衝擊應變能 $U = 5645.5$N-mm，試求螺絲之安全因數。

【解】

$$A = \frac{\pi}{4}d^2 = \frac{\pi}{4} \times (12)^2 = 113.1\text{mm}^2$$

$$k = \frac{EA}{l} = \frac{207 \times 10^3 \times 113.1}{375} = 62431.2\text{N/mm}$$

$$U = \frac{1}{2}F\delta = \frac{F^2}{2k} \Rightarrow F = \sqrt{2kU} = (2 \times 62431.2 \times 5645.5)^{1/2} = 26550.2\text{N}$$

$$\text{由} \frac{F}{A_S} = \frac{\sigma_{yp}}{FS} \Rightarrow FS = \frac{483 \times 80.9}{26550.2} = 1.47$$

12.12　差速螺桿與複式螺桿

當設計一種移動速度較快或較慢之螺桿時，除了以選擇單或多螺紋，或細或粗螺紋的方式以外，尚可利用其旋轉部份之內外皆有螺紋的設計來達成。若兩個螺旋方向相同且齒距不同時，則中心之被動螺桿的移動速度會較慢，此種螺桿稱為**差速螺桿**；若兩個螺旋方向相反，則中心之被動螺桿的移動速度會較快，此種螺桿稱為**複式螺桿**。

習　題

12.1　試述螺紋種類及其特性。

12.2　試述螺栓、螺釘、螺樁之不同點及其用途。

12.3　何謂機械效率及機械利益。

12.4　有一螺旋起重機,已知其舉升之物體重為 800kg,螺旋導程為 10mm 手柄長 500mm,若不考慮擦力的損失,試決定作用在手柄端之力量。

　　　答:2.55kgf

12.5　已知一螺旋導程為 19mm,加在手柄端之力為 23kgf,手柄長為 635mm,摩擦損失為 40%,試決定所能承載之重量。

　　　答:2897.9kgf

12.6　有一螺旋起重機,已知螺旋之導程為 6mm,加於手柄之力為 50kg,手長為 300mm,摩擦損失為 40%,試決定所能舉升重量。

　　　答:9424.8kgf

12.7　有一單螺線方螺紋,已知節徑為 10mm,螺距為 25mm,摩擦係數 $\mu = 0.2$,忽略軸環之摩擦,試決定在以 76mm/s 之速率升起 2270kgf 重物所需之馬力。

　　　答:0.104ps

12.8　有一 M16 × 2mm 節距之螺帽,如圖所示套在一內徑 18mm,外徑 30mm、長 100mm 之鋁管,已知鋁之彈性係數為 7300kgf/mm²,螺栓之彈性係數為 21000kgf/mm²,若螺帽再轉 $\frac{1}{4}$ 圈時,試決定鋁及螺栓之應力。

　　　答:$\sigma_a = 20.48\text{kgf/mm}^2$, $\sigma_b = 46.07\text{kgf/mm}^2$

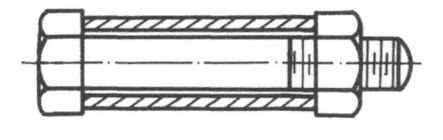

● 習題 12.8

12.9　有一 M12 之 300mm 長之鋼質螺栓,已知其承受 6.8N-m 之衝擊能量,彈性係數為 207GPa,應力面積為 80.9mm²,試決定螺栓根部所受之應力。

　　　答:402.7MPa

12.10 何謂差式螺桿及複式螺桿。

附錄

附錄 A　常用物理量之單位及其轉換

單位名稱	單位因次	公制單位 (SI 單位)	公制重量單位 (工程公制)	美國慣用單位 (工程英制)	英制單位
長　　度	L	m(米) 0.3048	m 0.3048	ft(呎) 1.	ft 1.
時　　間	T	s(秒) 1.	s 1.	s 1.	s 1.
質　　量	M	kg(公斤) 1.	公制 slug 1/9.8	英制 slug 2.2046/32.2	lbm(磅) 2.2046
力	F	N(牛頓) 9.8	kgf 1.	lbf 2.2046	pdl(磅達) 2.2046×32.2
速　　度	L/T	m/s 0.3048	m/s 0.3048	ft/s 1.	ft/s 1
加　速　度	L/T^2	m/s^2 0.3048	m/s^2 0.3048	ft/s^2 1.	ft/s^2 1
衝 量 或 動　　量	FT (ML/T)	N・s 9.8	kgf・s 1.	lbf・s 2.2046	pdl・s 2.2046×32.2
功或動能 (1)	FL (ML^2/T^2)	N・m=J 9.8	kgf・m 1	lbf・ft 2.2046/0.3048	pdl-ft $\dfrac{2.2046 \times 32.2}{0.3048}$
功　　率	FL/T	Wat(J/s) 550	PS=75 kg-m/s 76/75≈	HP=550 lbf-ft/s 1.	pdl-ft/s 550×32.2
壓　　力	F/L^2	bar=10^5Pa(N/m^2) 0.98	kgf/cm^2 1.	psi(lbf/m^2) 14.2	pdl/ft^2 $14.2 \times 32.2 \times 144$

附錄 B　向量之基本性質

1. 向量定義

　　具有大小與方向之量，如力、速度、加速度等等，稱之為向量；僅有大小無方向之量，如時間、溫度等等，則稱為無向量。通常所指向量有下列三種：

(1) **自由向量**：其原點可以自由決定而不受任何拘束者稱之。如速度、加速度等等。

(2) **滑動向量**：其原點可在其向量直線上自由移動者稱之。如靜力學中所指之力。

(3) **拘束向量**：其原點是固定唯一無二者稱之。如材力中所指之力。

2. 向量加減

　　幾個向量相加減時，具有可交換性，即是運算先後程序可以任意選擇，其結果不變。向量加減的方法有圖解法與方程式兩種。例如向量 $\vec{A} = A_x \vec{x} + A_y \vec{j} + A_z \vec{k}$ 與向量 $\vec{B} = B_x \vec{i} + B_y \vec{j} + B_z \vec{k}$ 相加時，其結果如下：

(1) 方程式法：$\vec{A} + \vec{B} = (A_x + B_x)\vec{i} + (A_y + B_y)\vec{j} + (A_z + B_z)\vec{k}$。

(2) 圖解法：

　　① 利用平形四邊形定律求得合向量 $\vec{C}$。

　　② 利用餘弦定律求合向量 $\vec{C}$ 之大小 C，即

$$C^2 = a^2 + b^2 - 2ab\cos(180° - \theta)$$

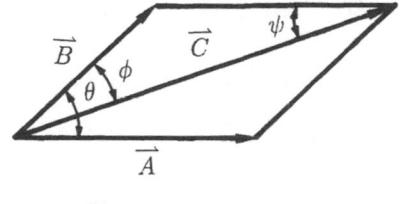

● 圖 B.1　向量相加

　　　　式中 a，b 為 $\vec{A}$、$\vec{B}$ 之大小；θ 為 $\vec{A}$ 與 $\vec{B}$ 之夾角。

　　③ 利用正弦定律求夾角 ϕ 及 ψ，如圖 B.1。

$$\frac{a}{\sin\phi} = \frac{b}{\sin\psi} = \frac{c}{\sin(180° - \theta)}$$

3. 單位向量

　　大小為 1 之向量即該向量方向之單位向量。以作用力 $\vec{F} = F_x \vec{i} + F_y \vec{j} + F_z \vec{k}$ 為例，在 $\vec{F}$ 方向之單位向量 $\vec{e}_F$ 為

$$\vec{e}_F = \frac{\vec{F}}{\sqrt{F_x^2 + F_y^2 + F_z^2}} = \frac{\vec{F}}{|\vec{F}|}$$

式中 $|\vec{F}| = (F_x^2 + F_y^2 + F_z^2)^{1/2}$ 表示 $\vec{F}$ 的大小。

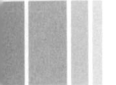

4. 方向餘弦

假設 α，β，γ 分別表示向量 $\vec{F} = F_x\vec{i} + F_y\vec{j} + F_z\vec{k}$ 與 x，y，z 軸之夾角，則

$$\cos\alpha = \frac{F_x}{|\vec{F}|} \quad \cos\beta = \frac{F_y}{|\vec{F}|} \quad \cos\gamma = \frac{F_z}{|\vec{F}|}$$

其中 $\cos\alpha$，$\cos\beta$ 與 $\cos\gamma$ 稱為 $\vec{F}$ 的方向餘弦。其具備兩項特性如下：

$$\cos^2\alpha + \cos^2\beta + \cos^2\gamma = 1$$

$$\vec{e_F} = \cos\alpha\vec{i} + \cos\beta\vec{j} + \cos\gamma\vec{k}$$

5. 無向積 $\vec{A} \cdot \vec{B}$

以 θ 表示任意兩向量 $\vec{A}$ 與 $\vec{B}$ 之夾角，則 $\vec{A}$ 與 $\vec{B}$ 之無向積

$$\vec{A} \cdot \vec{B} = AB\cos\theta \quad \text{或} \quad \vec{A} \cdot \vec{B} = A_x B_x + A_y B_y + A_z B_z$$

式中 A、B 分別表示向量 $\vec{A}$ 與 $\vec{B}$ 的大小。無向積 $\vec{A} \cdot \vec{e_B}$ 之物理量表示 $\vec{A}$ 向量在 $\vec{B}$ 方向之分量或投影。

6. 有向積 $\vec{A} \times \vec{B}$

$\vec{A}$ 與 $\vec{B}$ 之有向積表示其大小為 $\vec{A}$ 與 $\vec{B}$ 所形成平形四邊形之面積；其方向垂直於 $\vec{A}$ 與 $\vec{B}$ 之平面且由 $\vec{A}$ 到 $\vec{B}$ 之右螺旋所定義，其向量表示法為

$$|\vec{A} \times \vec{B}| = AB\sin\theta$$

$$\vec{A} \times \vec{B} = \begin{vmatrix} \vec{i} & \vec{j} & \vec{k} \\ A_x & A_y & A_z \\ B_x & B_y & B_z \end{vmatrix} = \begin{vmatrix} A_y & A_z \\ B_y & B_z \end{vmatrix}\vec{i} - \begin{vmatrix} A_x & A_z \\ B_x & B_z \end{vmatrix}\vec{j} + \begin{vmatrix} A_x & A_y \\ B_x & B_y \end{vmatrix}\vec{k}$$

7. 三向量 $\vec{C} \cdot (\vec{A} \times \vec{B})$

$\vec{A}$，$\vec{B}$ 與 $\vec{C}$ 之三向積表示 $\vec{A}$、$\vec{B}$、$\vec{C}$ 所形成六面體之體積量。三向積只有大小而無方向。其用於靜力學中的例子為力對軸所性之力矩大小。三向積之分量表示法為

$$\vec{C} \cdot (\vec{A} \times \vec{B}) = \begin{vmatrix} C_x & C_y & C_z \\ A_x & A_y & A_z \\ B_x & B_y & B_z \end{vmatrix}$$

三向量具有下列特性

$$\vec{C} \cdot (\vec{A} \times \vec{B}) = \vec{B} \cdot (\vec{C} \times \vec{A}) = \vec{A} \cdot (\vec{B} \times \vec{C})$$

8. 函數梯度

假如 ϕ 為任一函數且 $\nabla = \dfrac{\partial}{\partial x} \vec{i} + \dfrac{\partial}{\partial y} \vec{j} + \dfrac{\partial}{\partial z} \vec{k}$，則函數 ϕ 之梯度表示如下：

$$\nabla \phi = \frac{\partial \phi}{\partial x} \vec{i} + \frac{\partial \phi}{\partial y} \vec{j} + \frac{\partial \phi}{\partial z} \vec{k} = \text{grad. } \phi$$

其物理意義表示為 $\phi = C$ 之法線向量。在工程力學上的應用是指所有保守力 $\vec{F}$ 均可表成函數梯度，以式子表示為

$$\vec{F} = \nabla \phi$$

(註：此理論之證明詳見第五章)

9. 向量旋度

向量 $\vec{A}$ 之旋度表示為 $\nabla \times \vec{A}$。以分量表示如下：

$$\nabla \times \vec{A} = \begin{vmatrix} \vec{i} & \vec{j} & \vec{k} \\ \dfrac{\partial}{\partial x} & \dfrac{\partial}{\partial y} & \dfrac{\partial}{\partial z} \\ A_x & A_y & A_z \end{vmatrix} = \text{Curl} \vec{A}$$

其物理意義為：假如 $\vec{A}$ 向量為一剛體上任一點繞一軸之線速度 $\vec{v}$，且 $\vec{\omega}$ 表示剛體的角速度，則：

$$\nabla \times \vec{v} = 2\vec{\omega}$$

向量旋度具有下列特性：

$$\nabla \times \nabla \phi = 0$$

此式表示所有保守力 $\vec{F}$ 之旋度均為零，即 $\nabla \times \vec{F} = \nabla \times \nabla \phi = 0$。

10. 向量相等與向量等效

　　當兩向量之大小與方向相同時，則稱兩向量相等。如果兩向量對某物體產生之外效應完全相同時，則稱兩向量等效。此外效應是指運動效應或變形效應。不相等之向量，可能是等效向量。

附錄 C　常見自由體之作用力

1. 軟索、皮帶、鏈條

　　(1) 索重不計：

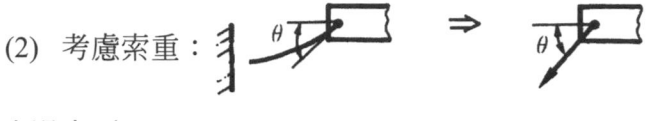

　　(2) 考慮索重：

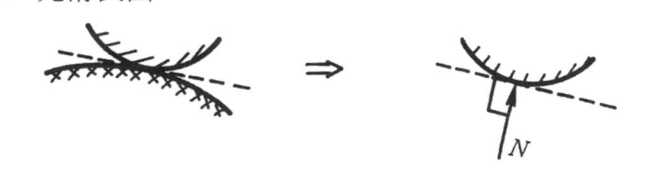

2. 光滑表面

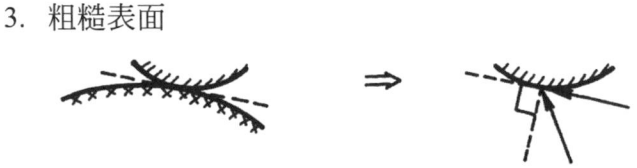

3. 粗糙表面

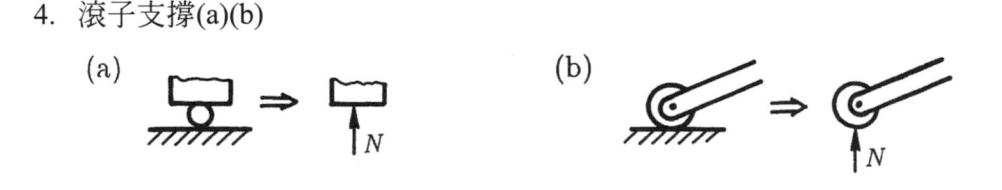

4. 滾子支撐(a)(b)

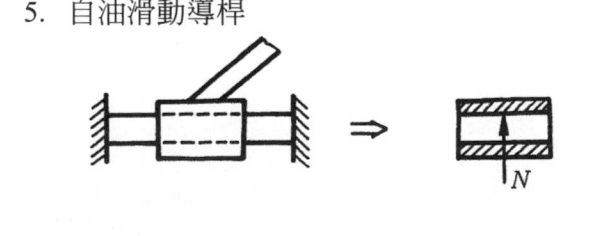

5. 自油滑動導桿

6. 重力

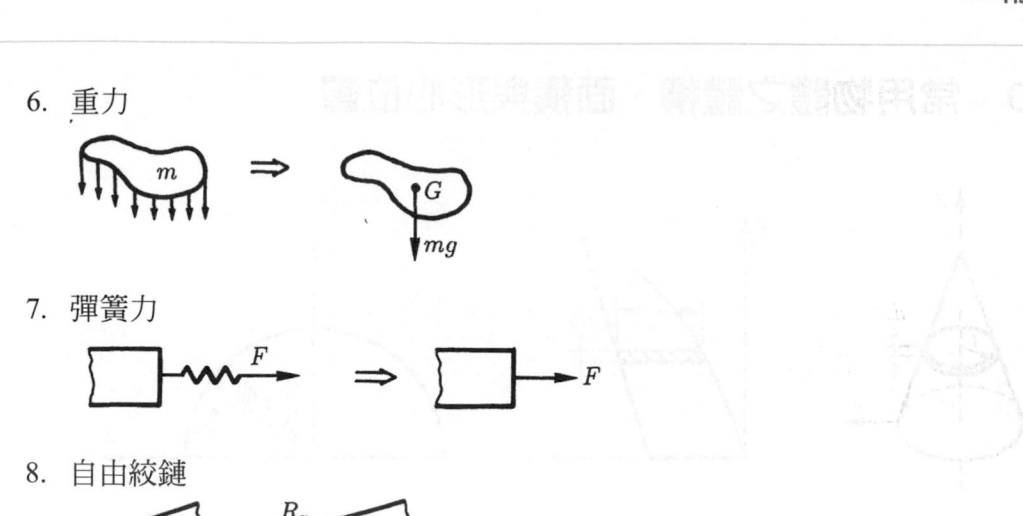

7. 彈簧力

8. 自由絞鏈

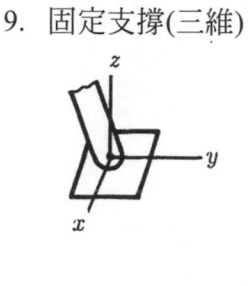

9. 固定支撐(三維)　　　　　　　　　　　　　固定支撐(二維)

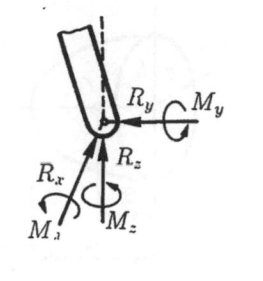

10. 球支撐

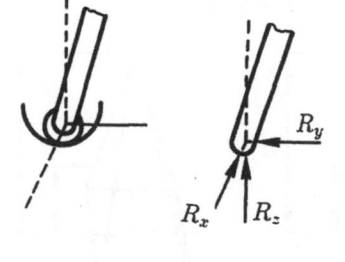

附錄 D　常用物體之體積、面積與形心位置

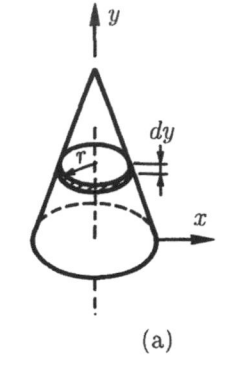
(a)

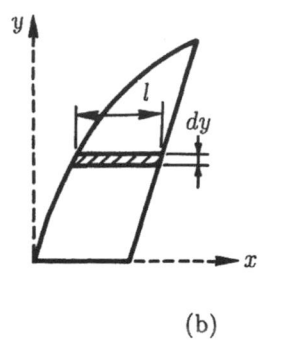
(b)

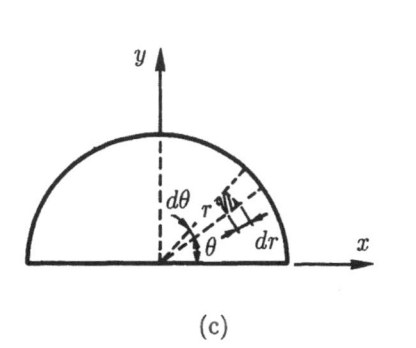
(c)

● 圖 D.1　積分元素之選擇

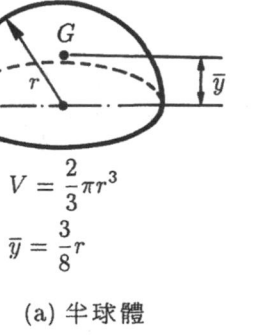

$$V = \frac{2}{3}\pi r^3$$

$$\bar{y} = \frac{3}{8}r$$

(a) 半球體

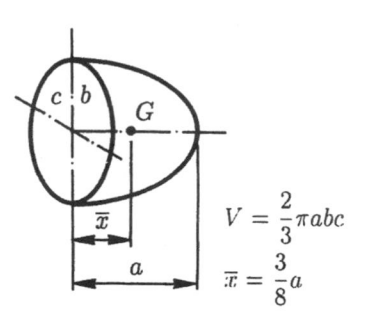

$$V = \frac{2}{3}\pi abc$$

$$\bar{x} = \frac{3}{8}a$$

(b) 半橢圓體

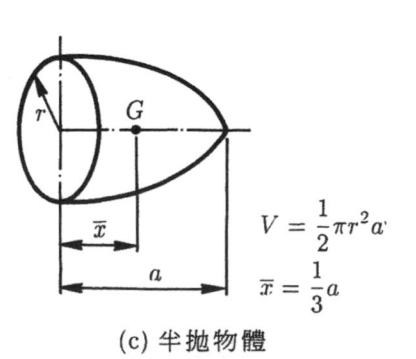

$$V = \frac{1}{2}\pi r^2 a$$

$$\bar{x} = \frac{1}{3}a$$

(c) 半拋物體

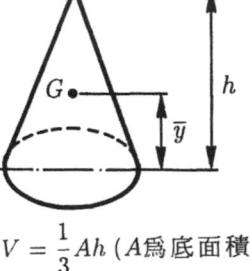

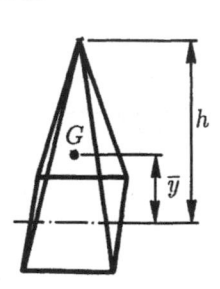

$$V = \frac{1}{3}Ah \ (A爲底面積)$$

$$\bar{y} = \frac{1}{4}h$$

(d) 錐　體

● 圖 D.2　體積形心

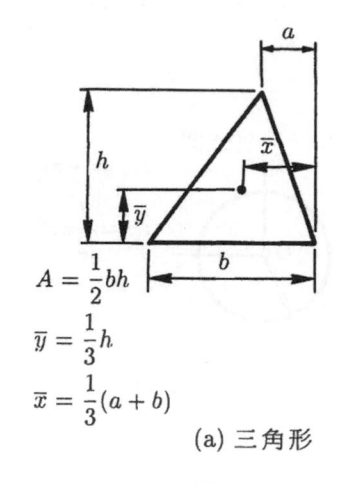

$$A = \frac{1}{2}bh$$

$$\bar{y} = \frac{1}{3}h$$

$$\bar{x} = \frac{1}{3}(a+b)$$

(a) 三角形

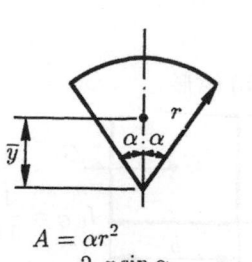

$$A = \alpha r^2$$

$$\bar{y} = \frac{2}{3}\frac{r\sin\alpha}{\alpha}$$

(b) 扇形

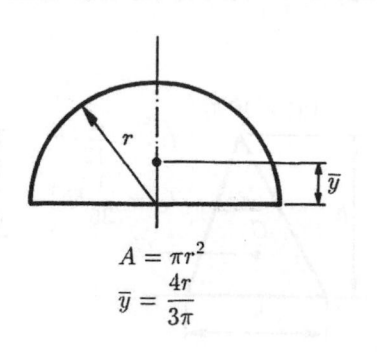

$$A = \pi r^2$$

$$\bar{y} = \frac{4r}{3\pi}$$

(c) 半圓

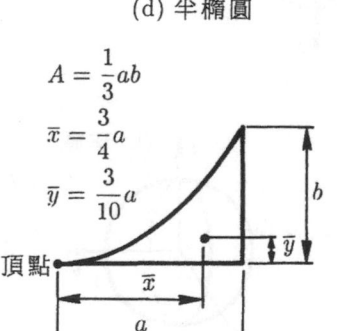

$$A = \frac{\pi}{4}ab$$

$$\bar{x} = \frac{4a}{3\pi}$$

$$\bar{y} = \frac{4b}{3\pi}$$

(d) 半橢圓

頂點

$$A = \frac{2}{3}ab$$

$$\bar{x} = \frac{3}{8}a$$

$$\bar{y} = \frac{2}{5}b$$

(e) 拋物線㈠

$$A = \frac{1}{3}ab$$

$$\bar{x} = \frac{3}{4}a$$

$$\bar{y} = \frac{3}{10}a$$

頂點

(f) 拋物線㈡

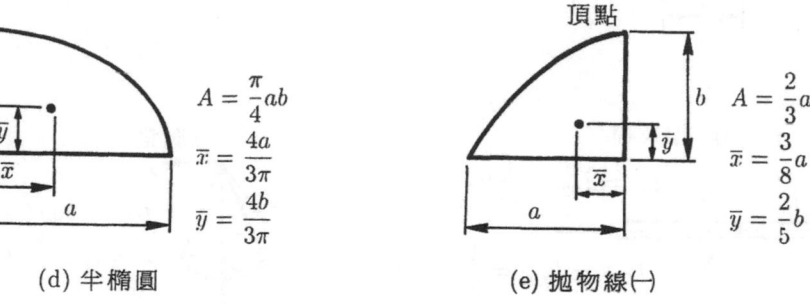

$$A = \frac{2}{3}ab$$

$$\bar{y} = \frac{2}{5}b$$

(g) 拋物線㈢

● 圖 D.3　面積形心

附錄 E　常用物體之面積與質量慣性矩

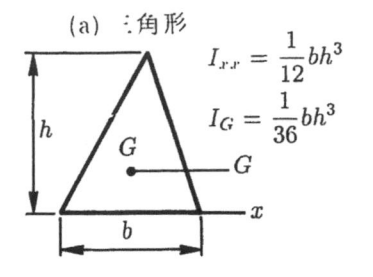

(a) 三角形

$$I_{xx} = \frac{1}{12}bh^3$$

$$I_G = \frac{1}{36}bh^3$$

(b) 矩形

$$I_{GG} = \frac{1}{12}bh^3$$

(c) 圓形

$$I_{xx} = \frac{1}{4}\pi r^4$$

$$I_G = \frac{1}{2}\pi r^4$$

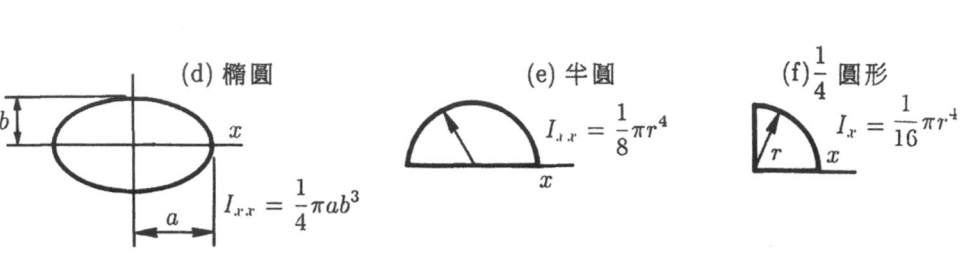

(d) 橢圓

$$I_{xx} = \frac{1}{4}\pi ab^3$$

(e) 半圓

$$I_{xx} = \frac{1}{8}\pi r^4$$

(f) $\frac{1}{4}$ 圓形

$$I_x = \frac{1}{16}\pi r^4$$

(g) 細長桿

$$I_{xx} = I_{yy} = \frac{1}{12}ml^2$$

$$I_{x'x'} = I_{y'y'} = \frac{1}{3}ml^2$$

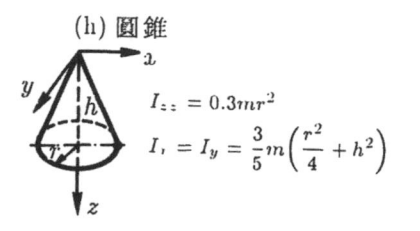

(h) 圓錐

$$I_{zz} = 0.3mr^2$$

$$I_x = I_y = \frac{3}{5}m\left(\frac{r^2}{4} + h^2\right)$$

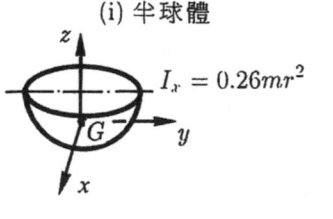

(i) 半球體

$$I_x = 0.26mr^2$$

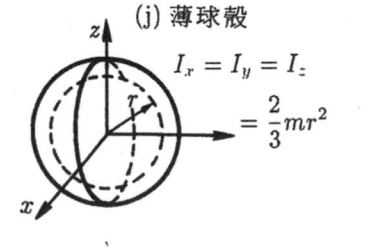

(j) 薄球殼

$$I_x = I_y = I_z$$

$$= \frac{2}{3}mr^2$$

(k) 球體

$$I_x = I_y = I_z$$

$$= \frac{2}{5}mr^2$$

(l) 薄圓板

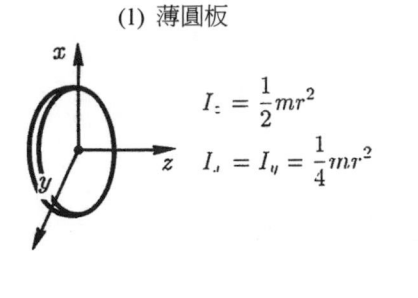

$$I_z = \frac{1}{2}mr^2$$
$$I_x = I_y = \frac{1}{4}mr^2$$

(m) 薄圓環

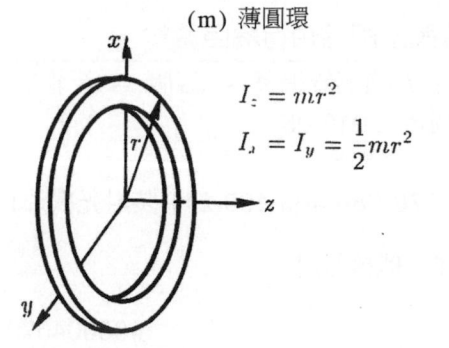

$$I_z = mr^2$$
$$I_x = I_y = \frac{1}{2}mr^2$$

(n) 圓柱

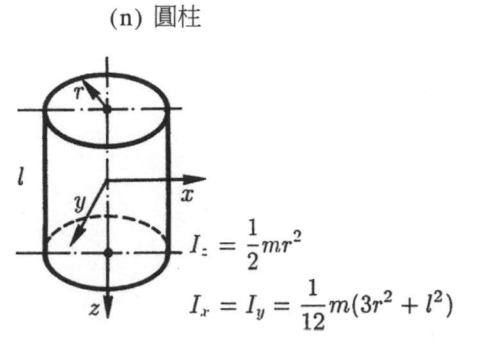

$$I_z = \frac{1}{2}mr^2$$
$$I_x = I_y = \frac{1}{12}m(3r^2 + l^2)$$

(o) 半圓柱

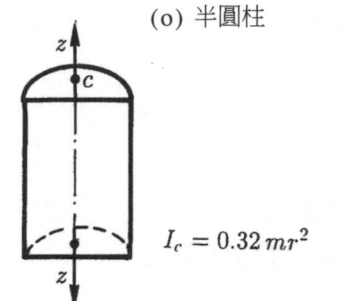

$$I_c = 0.32\,mr^2$$

(p) 長方體

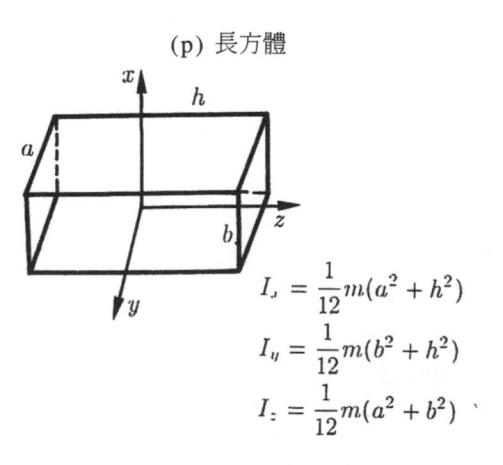

$$I_x = \frac{1}{12}m(a^2 + h^2)$$
$$I_y = \frac{1}{12}m(b^2 + h^2)$$
$$I_z = \frac{1}{12}m(a^2 + b^2)$$

(q) 長方薄板

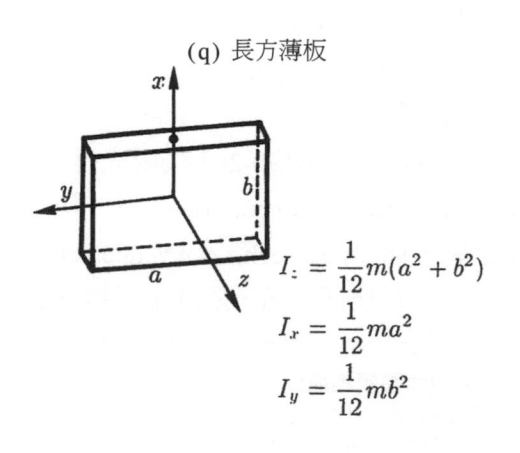

$$I_z = \frac{1}{12}m(a^2 + b^2)$$
$$I_x = \frac{1}{12}ma^2$$
$$I_y = \frac{1}{12}mb^2$$

國家圖書館出版品預行編目資料

機械設計 / 陳炯錄編著. -- 五版. -- 新北市：
　全華圖書, 2016.05
　　面；　公分
　ISBN 978-986-463-190-2(平裝附光碟片)

　1.CST：機械設計

446.19　　　　　　　　　　　105004572

機械設計

作者／陳炯錄

發行人／陳本源

執行編輯／楊智博

出版者／全華圖書股份有限公司

郵政帳號／0100836-1 號

印刷者／宏懋打字印刷股份有限公司

圖書編號／02351047

五版六刷／2022 年 5 月

定價／新台幣 390 元

ISBN／978-986-463-190-2(平裝附光碟片)

全華圖書／www.chwa.com.tw

全華網路書店 Open Tech／www.opentech.com.tw

若您對本書有任何問題，歡迎來信指導 book@chwa.com.tw

臺北總公司(北區營業處)
地址：23671 新北市土城區忠義路 21 號
電話：(02) 2262-5666
傳真：(02) 6637-3695、6637-3696

南區營業處
地址：80769 高雄市三民區應安街 12 號
電話：(07) 381-1377
傳真：(07) 862-5562

中區營業處
地址：40256 臺中市南區樹義一巷 26 號
電話：(04) 2261-8485
傳真：(04) 3600-9806(高中職)
　　　(04) 3601-8600(大專)

版權所有 · 翻印必究

✂ （請由此線剪下）

歡迎加入

全華會員

● **會員獨享**
會員享購書折扣、紅利積點、生日禮金、不定期優惠活動…等。

● **如何加入會員**
掃 QRcode 或填妥讀者回函卡直接傳真 (02) 2262-0900 或寄回，將由專人協助登入會員資料，待收到 E-MAIL 通知後即可成為會員。

如何購買　全華書籍

1. **網路購書**
全華網路書店「http://www.opentech.com.tw」，加入會員購書更便利，並享有紅利積點回饋等各式優惠。

2. **實體門市**
歡迎至全華門市（新北市土城區忠義路 21 號）或各大書局選購。

3. **來電訂購**
(1) 訂購專線：(02) 2262-5666 轉 321-324
(2) 傳真專線：(02) 6637-3696
(3) 郵局劃撥（帳號：0100836-1　戶名：全華圖書股份有限公司）
※ 購書未滿 990 元者，酌收運費 80 元。

OpenTech.com.tw 全華網路書店

全華網路書店 www.opentech.com.tw
E-mail: service@chwa.com.tw

※ 本會員制如有變更則以最新修訂制度為準，造成不便請見諒。

廣　告　回　信
板橋郵局登記證
板橋廣字第 540 號

行銷企劃部　收

全華圖書股份有限公司
23671
新北市土城區忠義路 21 號

✂（請由此線剪下）

讀者回函卡

掃 QRcode 線上填寫 ▶▶

姓名：＿＿＿＿＿＿＿＿＿＿ 生日：西元＿＿＿年＿＿月＿＿日 性別：□男 □女

電話：（　　）＿＿＿＿＿＿ 手機：＿＿＿＿＿＿＿＿＿

e-mail：（必填）＿＿＿＿＿＿＿＿＿＿＿＿＿＿＿＿＿

註：數字零，請用 Ø 表示，數字 1 與英文 L 請另註明並書寫端正，謝謝。

通訊處：□□□□□

學歷：□高中・職 □專科 □大學 □碩士 □博士

職業：□工程師 □教師 □學生 □軍・公 □其他

學校/公司：＿＿＿＿＿＿＿ 科系/部門：＿＿＿＿＿＿＿

・需求書類：

□ A. 電子 □ B. 電機 □ C. 資訊 □ D. 機械 □ E. 汽車 □ F.工管 □ G. 土木 □ H.化工 □ I. 設計
□ J.商管 □ K. 日文 □ L. 美容 □ M.休閒 □ N. 餐飲 □ O. 其他

・本次購買圖書為：＿＿＿＿＿＿＿＿ 書號：＿＿＿＿＿＿＿

・您對本書的評價：

封面設計：□非常滿意 □滿意 □尚可 □需改善，請說明＿＿＿＿＿＿＿

內容表達：□非常滿意 □滿意 □尚可 □需改善，請說明＿＿＿＿＿＿＿

版面編排：□非常滿意 □滿意 □尚可 □需改善，請說明＿＿＿＿＿＿＿

印刷品質：□非常滿意 □滿意 □尚可 □需改善，請說明＿＿＿＿＿＿＿

書籍定價：□非常滿意 □滿意 □尚可 □需改善，請說明＿＿＿＿＿＿＿

整體評價：請說明＿＿＿＿＿＿＿

・您在何處購買本書？

□書局 □網路書店 □書展 □團購 □其他

・您購買本書的原因？(可複選)

□個人需要 □公司採購 □親友推薦 □老師指定用書 □其他

・您希望全華以何種方式提供出版訊息及特惠活動？

□電子報 □DM □廣告 (媒體名稱)

・您是否上過全華網路書店？(www.opentech.com.tw)

□是 □否 您的建議＿＿＿＿＿＿＿

・您希望全華出版哪方面書籍？＿＿＿＿＿＿＿

・您希望全華加強哪些服務？＿＿＿＿＿＿＿

感謝您提供寶貴意見，全華將秉持服務的熱忱，出版更多好書，以饗讀者。

填寫日期： ／ ／

2020.09 修訂

親愛的讀者：

感謝您對全華圖書的支持與愛護，雖然我們很慎重的處理每一本書，但恐仍有疏漏之處，若您發現本書有任何錯誤，請填寫於勘誤表內寄回，我們將於再版時修正，您的批評與指教是我們進步的原動力，謝謝！

全華圖書 敬上

勘 誤 表

書　號	書　　名	作　者
頁　數	行　數	錯誤或不當之詞句	建議修改之詞句

我有話要說：(其它之批評與建議，如封面、編排、內容、印刷品質等・・・)